全国普通高等教育"十三五"重点建设规划教材

有机化学

（第 2 版）

主　编　陈金珠
副主编（按姓氏笔画排序）
　　　　吕　波　吴苏琴　聂旭亮
参　编（按姓氏笔画排序）
　　　　邓昌晞　王锋禄　刘长相　延　永
　　　　张建刚　张桂林　商希礼　熊万明

北京理工大学出版社
BEIJING INSTITUTE OF TECHNOLOGY PRESS

内 容 简 介

本书以农林院校《有机化学》教学大纲和硕士研究生入学统一考试农学门类联考考试大纲为依据，以培养和造就一批"厚基础、强能力、高素质、广适应"的创造性专业人才为目的，广泛借鉴国内外同类教材的优点，结合编者多年的教学经验编写而成。全书共分16章，绪论部分介绍有机化学相关的基本知识，后续章节着重介绍各类有机化合物的结构与性质，最后集中介绍波谱技术在有机分析中的应用。全书在保持系统性的基础上，分散难点，突出重点，借以培养学生科学的思维能力、分析解决问题的能力和创新能力。

本书可以作为高等农林院校农、林、牧、渔及其他相关学科各本、专科生教学用书，也可以供农业院校科技工作者及科研人员参考。

版权专有　侵权必究

图书在版编目（CIP）数据

有机化学／陈金珠主编. —2 版. —北京：北京理工大学出版社，2017.1（2021.1 重印）
ISBN 978 - 7 - 5682 - 3520 - 4

Ⅰ. ①有… Ⅱ. ①陈… Ⅲ. ①有机化学-高等学校-教材 Ⅳ. ①O62

中国版本图书馆 CIP 数据核字（2016）第 324739 号

出版发行 ／ 北京理工大学出版社有限责任公司
社　　址 ／ 北京市海淀区中关村南大街 5 号
邮　　编 ／ 100081
电　　话 ／ (010)68914775(总编室)
　　　　　　(010)82562903(教材售后服务热线)
　　　　　　(010)68948351(其他图书服务热线)
网　　址 ／ http://www.bitpress.com.cn
经　　销 ／ 全国各地新华书店
印　　刷 ／ 北京虎彩文化传播有限公司
开　　本 ／ 787 毫米×1092 毫米　1/16
印　　张 ／ 20.75　　　　　　　　　　　　　　　责任编辑 ／ 王玲玲
字　　数 ／ 481 千字　　　　　　　　　　　　　　文案编辑 ／ 王玲玲
版　　次 ／ 2017 年 1 月第 2 版　2021 年 1 月第 4 次印刷　责任校对 ／ 周瑞红
定　　价 ／ 39.80 元　　　　　　　　　　　　　　责任印制 ／ 王美丽

图书出现印装质量问题，请拨打售后服务热线，本社负责调换

前　言

本书第 1 版自 2011 年发行以来，被许多兄弟院校采用，得到了同行专家和同学们的好评。一些院校的教师在使用过程中对本书提出了许多建设性的意见和建议。为了适应新时期高等教育改革的发展趋势，创新有机化学课程教学思路，全面反映学科核心知识点和基本特点，考虑到不同学校不同专业对教学的要求不完全相同，我们在第 1 版的基础上，结合兄弟院校特别是使用本书院校教师的建议和学生学习的需求，对第 1 版教材进行修订和完善。

修订后的教材保持了原书的体系和特色，补充了反映学科发展的新内容；调整了部分章节的框架，删除了第 1 版各章节后面"个别化合物"的介绍，结合农林院校考研要求的变化，对部分习题进行更换。同时，将每章节的重要知识点编辑成二维码的形式，方便学生扫码学习，有利于学生快速把握有机化学的核心知识点。

本书由江西农业大学（陈金珠、吴苏琴、聂旭亮、邓昌晞、刘长相、熊万明）、南京农业大学（吕波）、华南农业大学（王锋禄、张桂林）、山西农林大学（张建刚）、商洛学院（延永）、滨州学院（商希礼）等六所高等农林院校 12 位老师共同修订。在修订校稿过程中，江西农业大学黄建平和彭大勇老师给予了很大的关心与支持，并提出许多宝贵意见和建议，在此表示最诚挚、最衷心的感谢。

由于能力有限，虽经修订，书中谬误及不妥之处仍难避免，欢迎读者批评指正。

编　者

第1版前言

本书是全国高等农业院校"十二五"创新型规划教材，是以21世纪对本科生的培养目标，即培养和造就一批"厚基础、强能力、高素质、广适应"的创造性专门人才为指导思想，广泛收集并借鉴国内外同类教材的优点，结合编者多年的教学经验编写而成。

在编写过程中，考虑到目前农林院校学时少，而基本内容多的特点，为了使所编教材适合农林院校本专科学生学习，极力做到科学性、规律性和系统性的统一，本书在内容编排方面突出了以下几个特色：

1. 以农林院校《有机化学》教学大纲和硕士研究生入学统一考试农学门类联考考试大纲为依据，在保持系统性的基础上，尽量减少重复，分散难点，突出重点。

2. 以结构和性质的关系作为主线，分析结构特点，进行逻辑推理，借以培养学生分析问题、解决问题的能力。

3. 结合本学科的发展趋势与科研动态，增设一些世界发展前沿课题内容，借以扩大学生的知识面和提高学生的学习兴趣。

4. 在每章之后，对重要知识点进行了系统的归纳总结，以便提高学生的学习效率。另外，精心选编了大量的思考题和习题，可以帮助学生及时巩固、熟练掌握以及灵活运用所学知识。

本书由江西农业大学（陈金珠、刘长相、熊万明、吴苏琴、聂旭亮、邓昌晞）、福建农林大学（王宗华、刘国强）、华南农业大学（王锋禄、张桂林）、沈阳农业大学（杨绍明、郑敏华）等四所高等农林院校12位老师共同编写。在编写过程中，江西农业大学黄长干教授给予了很大的关心与支持，并提出许多宝贵意见和建议。编写和出版过程中也得到了参编各院校领导和教研室同志们的大力支持与帮助，在此表示衷心的感谢。

限于编者水平，本书虽经多次修改，书中难免有疏漏之处，恳请专家、同行和使用本教材的同学们批评指正。

编 者

目 录

绪论 1
  第1节 有机化学的研究对象 1
    一、有机化合物和有机化学 1
    二、有机化合物的一般特点 2
    三、有机化合物的研究方法 3
    四、有机化学与农业科学的关系 3
  第2节 有机化合物的分子结构 4
    一、共价键 4
    二、有机化合物分子结构 7
    三、有机化合物的物理性质与分子结构的关系 9
  第3节 酸碱理论 10
    一、质子理论 10
    二、电子理论 11
  第4节 有机化合物的分类 11
    一、按碳架不同分类 11
    二、按官能团不同分类 12
  习题 13

第1章 饱和烃 14
  第1节 烷烃 14
    一、烷烃的同系列和同分异构现象 14
    二、烷烃的命名 15
    三、烷烃的结构 19
    四、烷烃的构象 19
    五、烷烃的物理性质 22
    六、烷烃的化学性质 23
    七、烷烃的来源和用途 27
  第2节 环烷烃 27
    一、环烷烃的分类、命名 27
    二、环烷烃的结构 29
    三、环烷烃的物理性质 34
    四、环烷烃的化学性质 35
  习题 36

第2章 不饱和烃 38
  第1节 单烯烃 38

一、烯烃的异构和命名 38
　　　二、烯烃的结构 40
　　　三、烯烃的物理性质 41
　　　四、烯烃的化学性质 42
　第 2 节　炔烃 50
　　　一、炔烃的异构和命名 50
　　　二、炔烃的结构 50
　　　三、炔烃的物理性质 51
　　　四、炔烃的化学性质 51
　第 3 节　二烯烃 55
　　　一、二烯烃的分类和命名 55
　　　二、共轭二烯烃的结构和共轭效应 56
　　　三、共轭二烯烃的化学性质 58
　习题 59

第 3 章　芳香烃

　第 1 节　单环芳烃 63
　　　一、单环芳烃的异构和命名 63
　　　二、苯的结构 65
　　　三、单环芳烃的物理性质 67
　　　四、单环芳烃的化学性质 67
　　　五、苯环上取代反应的定位规律 73
　第 2 节　稠环芳香烃 77
　　　一、萘 77
　　　二、蒽和菲 80
　　　三、致癌芳烃 80
　第 3 节　非苯芳烃 81
　　　一、芳香性和休克尔规则 81
　　　二、非苯芳烃 81
　习题 83

第 4 章　旋光异构

　第 1 节　有机分子的旋光性 86
　　　一、旋光性和旋光仪 86
　　　二、比旋光度 87
　第 2 节　物质的旋光性和分子结构的关系 88
　　　一、手性与手性分子 88
　　　二、手性分子的识别 89
　　　三、旋光性产生的原因 90
　第 3 节　含有手性碳原子化合物的旋光异构 91
　　　一、含有一个手性碳原子化合物的旋光异构 91

二、含有两个手性碳原子化合物的旋光异构 ……………………………………… 95
　　三、含手性碳原子环状化合物的旋光异构 ………………………………………… 96
第 4 节　不含手性碳原子化合物的旋光异构 ……………………………………………… 97
　　一、取代丙二烯型化合物 …………………………………………………………… 97
　　二、取代联苯型化合物 ……………………………………………………………… 97
　　三、螺旋型化合物 …………………………………………………………………… 98
第 5 节　手性环境与手性药物 ……………………………………………………………… 98
　　一、自然界中的手性 ………………………………………………………………… 98
　　二、药物中的手性 …………………………………………………………………… 99
　　三、生理效应产生的原因 ………………………………………………………… 100
第 6 节　手性化合物的获取 ……………………………………………………………… 101
　　一、天然产物中提取 ……………………………………………………………… 101
　　二、外消旋体的拆分 ……………………………………………………………… 101
　　三、手性合成 ……………………………………………………………………… 101
习题 …………………………………………………………………………………………… 102

第 5 章　卤代烃 ……………………………………………………………………………… 105
第 1 节　卤代烷烃 ………………………………………………………………………… 105
　　一、卤代烷烃分类和命名 ………………………………………………………… 105
　　二、卤代烷烃的物理性质 ………………………………………………………… 106
　　三、卤代烷烃的化学性质 ………………………………………………………… 107
第 2 节　亲核取代反应与消除反应历程 ………………………………………………… 111
　　一、亲核取代反应历程 …………………………………………………………… 111
　　二、消除反应的历程 ……………………………………………………………… 114
　　三、亲核取代反应和消除反应的竞争 …………………………………………… 116
第 3 节　卤代烯烃和卤代芳烃 …………………………………………………………… 117
　　一、分类和命名 …………………………………………………………………… 117
　　二、化学性质 ……………………………………………………………………… 118
习题 …………………………………………………………………………………………… 120

第 6 章　醇、酚和醚 ……………………………………………………………………… 122
第 1 节　醇 ………………………………………………………………………………… 122
　　一、醇的分类和命名 ……………………………………………………………… 122
　　二、醇的物理性质 ………………………………………………………………… 124
　　三、醇的化学性质 ………………………………………………………………… 125
第 2 节　酚 ………………………………………………………………………………… 130
　　一、酚的分类及命名 ……………………………………………………………… 130
　　二、酚的物理性质 ………………………………………………………………… 131
　　三、酚的化学性质 ………………………………………………………………… 132
第 3 节　醚 ………………………………………………………………………………… 136
　　一、醚的分类和命名 ……………………………………………………………… 136

二、醚的物理性质 ··· 137
　　　三、醚的化学性质 ··· 138
　　　四、环醚 ··· 140
　习题 ··· 141

第7章　醛、酮和醌 ··· 143
第1节　醛和酮 ··· 143
　　　一、醛、酮的分类和命名 ·· 143
　　　二、醛、酮的物理性质 ··· 145
　　　三、醛、酮的化学性质 ··· 145
第2节　醌 ··· 156
　　　一、醌的命名 ··· 156
　　　二、醌的物理性质 ··· 156
　　　三、醌的化学性质 ··· 157
　习题 ··· 158

第8章　羧酸、羧酸衍生物和取代酸 ·· 161
第1节　羧酸 ·· 161
　　　一、羧酸的分类和命名 ··· 161
　　　二、羧酸的物理性质 ·· 163
　　　三、羧酸的化学性质 ·· 163
第2节　羧酸衍生物 ··· 168
　　　一、羧酸衍生物的命名 ··· 168
　　　二、羧酸衍生物的物理性质 ··· 169
　　　三、羧酸衍生物的化学性质 ··· 169
第3节　取代酸 ··· 173
　　　一、羟基酸 ··· 173
　　　二、羰基酸 ··· 177
　　　三、互变异构现象 ··· 178
　　　四、乙酰乙酸乙酯和丙二酸二乙酯在有机合成上的应用 ················ 180
　习题 ··· 182

第9章　含氮化合物 ··· 185
第1节　胺 ··· 185
　　　一、胺的分类和命名 ·· 185
　　　二、胺的结构 ··· 186
　　　三、胺的物理性质 ··· 187
　　　四、胺的化学性质 ··· 188
第2节　重氮化合物 ··· 194
　　　一、脂肪族重氮化合物 ··· 194
　　　二、芳香族重氮化合物 ··· 194
第3节　酰胺 ·· 196

　　　　一、酰胺的命名 …………………………………………………………… 196
　　　　二、酰胺的结构 …………………………………………………………… 196
　　　　三、酰胺的物理性质 ……………………………………………………… 196
　　　　四、酰胺的化学性质 ……………………………………………………… 197
　　　　五、碳酸的酰胺 …………………………………………………………… 198
　　习题 …………………………………………………………………………… 200
第10章　含硫、含磷及含硅有机化合物 ……………………………………… 202
　　第1节　有机硫化合物 ………………………………………………………… 202
　　　　一、分类和命名 …………………………………………………………… 202
　　　　二、物理性质 ……………………………………………………………… 203
　　　　三、化学性质 ……………………………………………………………… 203
　　第2节　有机磷化合物 ………………………………………………………… 204
　　　　一、分类和命名 …………………………………………………………… 205
　　　　二、膦的制备 ……………………………………………………………… 205
　　　　三、维蒂希反应 …………………………………………………………… 206
　　　　四、磷酸酯 ………………………………………………………………… 207
　　第3节　有机硅化合物 ………………………………………………………… 208
　　　　一、分类和命名 …………………………………………………………… 208
　　　　二、化学性质 ……………………………………………………………… 208
　　第4节　现代有机农药 ………………………………………………………… 210
　　　　一、有机硫农药 …………………………………………………………… 210
　　　　二、有机磷农药 …………………………………………………………… 210
　　习题 …………………………………………………………………………… 213
第11章　杂环化合物和生物碱 ………………………………………………… 215
　　第1节　杂环化合物 …………………………………………………………… 215
　　　　一、杂环化合物的分类和命名 …………………………………………… 215
　　　　二、杂环化合物的结构和芳香性 ………………………………………… 217
　　　　三、杂环化合物的性质 …………………………………………………… 218
　　　　四、重要的衍生物 ………………………………………………………… 221
　　第2节　生物碱 ………………………………………………………………… 228
　　　　一、生物碱的概述 ………………………………………………………… 228
　　　　二、重要的生物碱简介 …………………………………………………… 229
　　　　三、生物碱的性质和提取方法 …………………………………………… 232
　　　　四、生物碱试剂 …………………………………………………………… 232
　　习题 …………………………………………………………………………… 233
第12章　糖类化合物 …………………………………………………………… 235
　　第1节　单糖 …………………………………………………………………… 235
　　　　一、单糖的构型 …………………………………………………………… 235
　　　　二、单糖的环状结构 ……………………………………………………… 238

    三、单糖的物理性质 ·· 241
    四、单糖的化学性质 ·· 242
    五、重要的单糖及单糖衍生物 ··· 246
  第 2 节 二糖 ·· 248
    一、还原性二糖 ··· 248
    二、非还原性二糖 ·· 249
  第 3 节 多糖 ·· 250
    一、淀粉和糖元 ··· 251
    二、纤维素 ··· 253
    三、杂多糖 ··· 254
  习题 ··· 256

第 13 章 氨基酸、蛋白质和核酸 ·· 257
  第 1 节 氨基酸 ··· 257
    一、氨基酸的构型、分类和命名 ·· 257
    二、α-氨基酸的物理性质 ··· 259
    三、α-氨基酸的化学性质 ··· 259
  第 2 节 蛋白质 ··· 263
    一、蛋白质的分类 ·· 263
    二、蛋白质的结构 ·· 263
    三、蛋白质的理化性质 ·· 266
  第 3 节 核酸 ·· 268
    一、核酸组成 ·· 268
    二、核苷和核苷酸 ·· 269
    三、核酸的结构 ··· 270
  习题 ··· 273

第 14 章 脂类、萜类和甾类化合物 ·· 275
  第 1 节 油脂 ·· 275
    一、油脂的分布与功能 ·· 275
    二、油脂的结构与组成 ·· 275
    三、油脂的命名 ··· 277
    四、油脂的物理性质 ··· 278
    五、油脂的化学性质 ··· 278
  第 2 节 肥皂及合成表面活性剂 ··· 282
    一、肥皂的去污作用 ··· 282
    二、合成表面活性剂 ··· 283
  第 3 节 类脂 ·· 284
    一、蜡 ··· 284
    二、磷脂 ·· 285
  第 4 节 萜类化合物 ··· 286

  一、萜类化合物结构与分类 287
  二、重要的萜类化合物 287
 第 5 节 甾族化合物 290
  一、甾族化合物概述 290
  二、重要甾族化合物 291
 习题 294

第 15 章 有机化合物的波谱分析 296
 第 1 节 电磁波和吸收光谱 296
 第 2 节 紫外光谱 297
  一、基本原理 297
  二、发色团与助色团 298
  三、紫外谱图解析 299
 第 3 节 红外光谱 300
  一、基本原理 300
  二、红外光谱的表示方法 302
  三、图谱解析 303
 第 4 节 核磁共振谱 304
  一、基本原理 304
  二、化学位移 305
  三、自旋——自旋偶合与裂分 307
  四、核磁共振氢谱的表示方法 308
  五、图谱解析 308
 第 5 节 质谱 310
  一、基本原理 310
  二、质谱图的表示方法 311
  三、谱图解析 312
 习题 313

参考文献 316

绪　论

第1节　有机化学的研究对象

一、有机化合物和有机化学

有机化学是研究有机化合物的化学。有机化合物简称有机物，主要含有碳和氢，有的还含有氧、氮、卤素、硫、磷，因此有机化合物可以定义为"碳氢化合物及其衍生物"。所谓碳氢化合物的衍生物，是指碳氢化合物中的一个或几个氢原子被其他原子或原子团取代而得的化合物。因此有机化学的完整定义应该是：研究碳氢化合物及其衍生物的化学。它主要研究有机化合物的组成、结构、理化性质、合成方法、应用以及有机化合物之间相互转化所遵循的理论和规律。由于含碳化合物数目很多，据统计，到目前为止，人类已发现和合成的有机化合物超过3 600万种，并且这个数目还在不断地迅速增长中，所以把有机化学作为一门独立的学科来研究是很必要的。

回顾有机化学的发展史，人们早已在生产劳动中逐渐积累了利用自然界存在的有机化合物的丰富经验。我国在夏、商时代就知道酿酒和制醋；古代医药学家对动植物进行了治疗疾病的调查研究。明朝伟大的药学大师李时珍撰写了举世闻名的巨著《本草纲目》，其为世界上第一部药物大全书。在制药工业方面，我国很早就掌握了药物的浸制、调剂等技术，并将天然药物制成丸、散、丹等中药剂型，由我国创造的中药学相关理论对提取、利用天然药物方面作出了重大的贡献。

随着人类生产劳动和科学实践的发展，人们对有机物的认识和利用也逐渐加深和提高。18世纪以来，先后从动植物中分离出一系列较纯的有机化合物，如甘油、草酸、酒石酸、枸橼酸、乳酸、吗啡、尿素等。但由于当时这些有机物的来源只限于动、植物有机体，有机物到底如何形成的问题尚不能得到解释。当时有些学者提出了"生命力"学说，认为有机物只能在生物体中，在神秘的"生命力"影响下产生，人类只能从动、植物体中得到它们，而不能用人工的方法以无机物为原料制取。这种看法使有机物和无机物之间形成了一条不可逾越的鸿沟，严重阻碍了有机化学的发展。

1828年，德国化学家维勒(F. Wöhler)以已知的无机物氰酸铵(NH_4OCN)合成了尿素。这一发现说明，在实验室中用无机物为原料，可以合成出有机物，而不必依赖神秘的"生命力"。这一事实无疑给"生命力"学说一个有力的冲击。其反应式如下：

$$KOCN + NH_4Cl \longrightarrow NH_4OCN + KCl$$

$$NH_4OCN \xrightarrow{\triangle} H_2N-\overset{\overset{\displaystyle O}{\|}}{C}-NH_2$$

19世纪中期到20世纪初,有机化工的原料逐渐变为以煤焦油为主。人工合成染料的发现,使染料、制药工业蓬勃发展,推动了对芳香族化合物和杂环化合物的研究。30年代以后,以乙炔为原料的有机合成兴起。40年代前后,有机化工的原料又逐渐转变为以石油和天然气为主,发展了合成橡胶、合成塑料和合成纤维工业。由于石油资源将日趋枯竭,以煤为原料的有机化学工业必将重新发展。当然,天然的动、植物和微生物体仍是重要的研究对象。随着科学技术的飞速发展,有机化学研究出现了多个分支领域,主要如下:

天然产物化学主要研究天然产物的组成、合成、结构和性能。20世纪初至30年代,先后确定了单糖、氨基酸、核苷酸牛胆酸、胆固醇和某些萜类的结构,肽和蛋白质的组成;30—40年代,确定了一些维生素、甾族激素、多聚糖的结构,完成了一些甾族激素和维生素的结构和合成的研究;40—50年代前后,发现青霉素等一些抗生素,完成了结构测定和合成;50年代完成了某些甾族化合物和吗啡等生物碱的全合成、催产素等生物活性小肽的合成,确定了胰岛素的化学结构,发现了蛋白质的螺旋结构、DNA的双螺旋结构;60年代完成了胰岛素的全合成和低聚核苷酸的合成;70—80年代初,进行了前列腺素、维生素B_{12}、昆虫信息素激素的全合成。

物理有机化学是定量地研究有机化合物结构、反应性和反应机理的学科。它是在价键的电子学说的基础上,引用了现代物理学、物理化学的新进展和量子力学理论而发展起来的。20世纪20—30年代,通过反应机理的研究,建立了有机化学的新体系;50年代的构象分析和哈米特方程开始半定量估算反应性与结构的关系;60年代出现了分子轨道对称守恒原理和前线轨道理论。

有机分析即有机化合物的定性和定量分析。19世纪30年代建立了碳、氢定量分析法;90年代建立了氮的定量分析法;有机化合物中各种元素的常量分析法在19世纪末基本上已经齐全;20世纪20年代建立了有机微量定量分析法;70年代出现了自动化分析仪器。

由于有机化学与其他学科互相渗透,形成了许多分支边缘学科,比如生物有机化学、材料有机化学、量子有机化学、海洋有机化学等。

二、有机化合物的一般特点

与无机化合物,特别是与无机盐类相比,有机化合物一般具有如下特点:

1. 易燃烧

多数有机化合物较易燃烧,甚至有些有机化合物很容易燃烧,如汽油、酒精等。

2. 熔、沸点较低

许多有机化合物在常温下是气体、液体。常温下为固体的有机化合物,它们的熔点也很低,一般不超过300 ℃,这是因为有机化合物多为共价化合物,一般是由较弱的分子间吸引力维持。

3. 易溶于有机溶剂而不易溶于水

有机物是共价化合物,一般极性较弱或无极性,而水是强极性的。因此,多数有机物一般难溶或不溶于水而易溶于有机溶剂。

4. 热稳定性差

一般有机化合物的热稳定性差,受热易分解,许多有机化合物在200 ℃~300 ℃时即逐渐分解。

5. 反应慢,副反应多

有机化合物参与的化学反应多涉及分子中共价键的断裂和形成,与无机化合物相比,它的反应速率慢,而且往往除主产物以外,还有副产物出现。因此有机反应需要注意选择最佳反应条件,尽量减少副反应发生。

以上是多数有机化合物的共同理化特性,但也有许多特例,如有机物 CCl_4 不仅不能燃烧,还可用作灭火剂。

三、有机化合物的研究方法

有机化合物一般来自天然或人工合成两方面,研究有机化合物的性质以及确定它们的分子结构,必须经过大量细致的物理和化学分析工作。现从以下几点简单介绍研究有机化合物的方法。

1. 分离提纯

常用的分离提纯方法有蒸馏、分馏、萃取、重结晶、升华、色谱分离法等。

2. 纯度的测定

纯的有机物有固定的物理常数,如熔点、沸点、相对密度、折射率等。可以通过测定这些固定的物理常数,从而确定有机化合物的纯度。

3. 分子式的确定

有机化合物含有哪些元素常用钠熔法测定。即将少量样品与金属钠一起熔化,然后用水处理,有机化合物中的卤素、硫和氮分别转变成 X^-、S^{2-} 和 CN^- 进入水溶液,然后再用常规方法进行测定。现在有机化合物的元素分析一般在自动化仪器中进行。另外,利用沸点升高法、凝固点降低法、渗透压法等测定方法,可以测定化合物的相对分子质量。目前,还可以利用高分辨率的质谱技术测定有机化合物的相对分子质量,进而确定分子式。

4. 结构式的确定

有机化合物的结构可以根据它的紫外光谱、红外光谱、核磁共振谱和质谱并结合它们的化学性质进行确定。对单晶样品,可通过 X 射线单晶衍射进行结构确定。

四、有机化学与农业科学的关系

众所周知,在现代技术领域中,生物技术与信息技术、新材料科学一起被列为当今三大前沿科学。而农业科学是以生物学为核心的综合性科学,涉及一系列的基础学科,其中与有机化学的关系甚为密切。前已述及,人类对有机化合物的认识、加工和利用始于农业,而有机化学的纵深发展也依赖于农业。因为农业不但为有机化学工业提供了各式各样的原料,而且提出了许多研究课题,从而拓展了有机化学的研究领域,丰富了有机化学的研究内容。同时,有机化学的日益发展,也促进了农业的科技进步。

从 20 世纪初开始,人类就致力于满足迅速增长的衣食住行的基本需求,于是开始合成肥料、合成纤维和其他高分子材料。其后,又创造了各种农药、药物、各种高效饲料和肥料的添加剂、食品添加剂,生产了更多、更可口的食物,来满足人们食味多样化的需求。农业科学如果没有有机化学的支撑,现代生活便难以想象,即使是今天也是如此。比如,要获得作物优质高产,提高和作物病虫害作斗争的有效性,除了改良品种和进行生物防治外,目前仍离不开农药防治,合成低毒高效与环境友好的新农药离不开有机化学;为了使作物的农艺学形状、果实色泽、果实大小、品质风味、抗逆能力等符合人们的需要,就要对作物的生长发育进行人工调控,所需的植物生长调节剂的研制也离不开有机化学;为了提高农产品的附加值,对农副产品进行的深度加工以及改善食品的色、香、味等都与有机化学密切相关;为了提高防治疾病的有效性,药物的研制和开发需要有机化学;随着人口的日益增长,耕地面积的日益减少,再加上自然灾害频频发生,人类将面临着贫困和饥饿的挑战,而人工合成食品的任务也离不开有机化学。因此可以说,有机化学与人们的衣食住行密切相关,学好有机化学不仅是学好专业课的基础,也是驾驭和创造物质世界的基础。

正如有机合成艺术大师 Woodward 所说:"有机化学家在老的自然界旁边又建立起一个新的自然界。"有机合成化学家可以合成自然界有的,也可以合成自然界没有的但人们所需要的某些物质。目前,有机化学正在农业科学领域上发挥着重要作用,尤其在生命科学中已呈现出巨大的发展空间,包括后基因时代的化学、小分子的化学生物学、糖化学生物学以及天然产物化学等。可以预期,有机化学必将为人类的生存繁衍和繁荣昌盛做出更大的贡献。

第 2 节　有机化合物的分子结构

有机化合物结构中,主要存在的化学键是共价键,有机化合物发生化学反应时,必然涉及共价键的形成与断裂,因此,对共价键理论及相关知识的学习,是认识有机化合物的结构、性质及其变化规律的基础。

一、共价键

以量子力学理论为依据的关于共价键的理论有两种,即价键理论和分子轨道理论,它们从不同的角度分别对共价键的本质进行了阐述。本书仅对共价键理论作简要介绍。

1. 价键理论

价键理论又称为电子配对理论,是量子力学中处理化学键问题的一种近似方法,与另一种近似处理方法——分子轨道理论是互相补充的。

量子力学的价键理论认为,共价键是由参与成键的原子的电子云重叠形成的,电子云重叠得多,则形成的共价键越稳定,因此电子云必须在各自密度最大的方向上重叠,这就决定了共价键的方向性。一般来说,原子核外未成对电子数也就是该原子可能形成的共价键的数目。例如,氢原子外层只有一个未成对的电子,所以它只能与另外一个氢原子或其他一价的原子结合形成双原子分子,而不可能再与第二个原子结合,这就是共价键的饱和性。氢分子的形成如图 0-1 所示。

图 0-1　氢分子的形成

共价键的饱和性和方向性决定了每一个有机分子都是由一定数目的某几种元素的原子按特定的方式结合形成的。当原子的原子轨道能量相近时,可以进行杂化,组成能量相等的杂化轨道,使成键能力更强,体系能量降低,成键后达到最稳定的分子状态。所谓杂化,就是能量相近的原子轨道在成键时将能量进行混杂并重新组成几个能量等同的新轨道的过程,产生的新轨道称作杂化轨道。

例如,碳原子外层电子构型是$(2s)^2(2p_x)^1(2p_y)^1$,在形成共价键时,可以采取三种不同的杂化方式形成三种空间形状不同的杂化轨道进行成键,这三种杂化轨道分别是 sp^3、sp^2 和 sp 杂化轨道,它们的形成过程如图 0-2 所示。

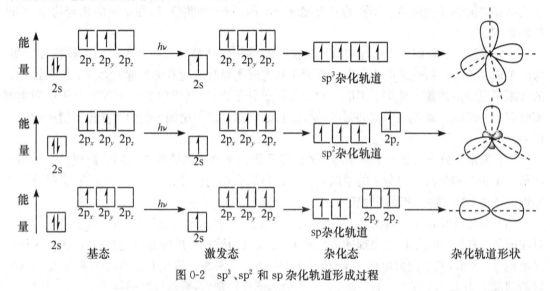

图 0-2 sp^3、sp^2 和 sp 杂化轨道形成过程

共价键按原子轨道重叠的方式不同,分成两种:σ 键和 π 键。

(1) σ 键 原子轨道沿着两核连线方向,以"头碰头"的方式重叠而形成的共价键,称为 σ 键,如图 0-3 所示。

(2) π 键 原子轨道沿着两核连线方向靠拢,以"肩并肩"的方式重叠而形成的共价键,称为 π 键,如图 0-4 所示。

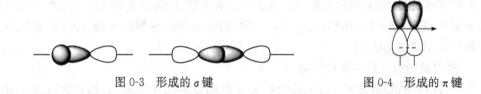

图 0-3 形成的 σ 键　　　　　　　　图 0-4 形成的 π 键

(3) σ 键和 π 键的比较

① σ 键重叠程度比较大,电子的流动性小,键比较稳定;而 π 键重叠程度比较小,电子的流动性大,易极化,键比较活泼。

② σ 键是轴对称,以 σ 键相连的两个原子可以绕轴自由旋转;而 π 键是面对称,以 π 键相连的两个原子不能自由旋转。

③ σ 键可以单独存在,且两个原子间只能形成一个 σ 键;而 π 键不能单独存在,但可以形

成一个或两个 π 键。因此，单键一定是 σ 键。双键中有一个 σ 键、一个 π 键。

2. 共价键的属性

在描述共价键形成分子时，常常要用到键长、键能、键角、键的极性及极化等表征共价键性质的物理量，这些物理量统称为共价键的属性，它们可利用近代物理方法测定。

（1）键长　两个原子形成共价键，是由两个原子借助于原子核对共用电子对的吸引而联系在一起的，但两个原子核之间还有很强的斥力，使得两原子核不能无限制地靠近，而保持一定的距离。实际上，成键的吸引力和核间的斥力是相互竞争的，这就使得两核之间的距离有时较远，有时较近，这种变化叫作键的伸缩振动。键长是两核之间最远与最近距离的平均值，或者说两核之间的平衡距离。不同的共价键键长不同，同一种共价键，在不同的化合物中，其键长的差别是很小的。

（2）键能　共价键形成过程中放出的能量或共价键断裂过程中所吸收的能量称为键能。将两个以共价键连接起来的原子拆开成原子状态时所吸收的能量称为键离解能。以单键结合的双原子分子的离解能即等于键能。对于多原子分子来说，其键能实际上等于分子中同类键离解能的平均值。键能表示键的强度，键能越大，键越稳定。比如 σ 键的键能比 π 键的键能大得多。

（3）键角　分子内某一个原子与另外两原子形成的两个共价键在空间上形成的夹角叫作键角。键角与键长决定着分子的空间结构。键角的大小与分子的几何外形有关，也受分子中邻近原子的影响，在一定范围内变化。

（4）键的极性和分子的极性　由电负性差别较大的原子形成的共价键，由于成键的电子对在电负性较强的原子周围出现的概率较大，从而使得这样形成的共价键有极性，键的极性以偶极矩（μ）表示，其单位为库仑·米（$C \cdot m$），它是一个矢量。有机化合物中一些常见的共价键的偶极矩为 $1.3 \times 10^{-30} \sim 11.7 \times 10^{-30}$ $C \cdot m$，偶极矩越大，键的极性越强。

当两个相同原子形成共价键时，成键的电子云是对称分布的，因而这样的共价键是没有极性的，如双原子单质分子中的共价键。当电负性不同的两原子形成共价键时，成键的电子密度偏向电负性大的原子一边，所以，电负性大的原子一端显负电性（用 δ^- 表示），而电负性小的原子一端就显正电性（用 δ^+ 表示）。例如：

$$\overset{\delta^+}{H} \longrightarrow \overset{\delta^-}{Cl} \qquad \overset{\delta^+}{H_3C} \longrightarrow \overset{\delta^-}{Cl}$$

共价键有极性，但有机化合物分子却不一定有极性，因为分子的极性是它所含各共价键极性的矢量和，它与分子的空间结构有关。一般而言，分子的对称性越高，分子的极性越小。分子的极性也用偶极矩表示。

3. 共价键断裂方式与反应类型

（1）共价键的断裂方式　有机化合物分子之间发生化学反应，必然包含着这些分子中某些化学键的断裂和新的化学键的形成，从而形成新的分子。

有机化合物中的化学键绝大多数是共价键，其断裂方式主要有以下两种。

1）均裂　共价键断裂时，组成该键的一对电子平均分给两个成键的原子或基团，这种断裂方式称为均裂。均裂产生的具有未成对电子的原子或基团称为自由基。其通式表达如下：

$$A:B \xrightarrow{\text{均裂}} A \cdot + B \cdot$$
$$\qquad\qquad\qquad A 自由基 \quad B 自由基$$

2) 异裂 共价键断裂时,组成该键的一对电子保留在一个原子或基团而形成负离子,另一个原子或基团则缺一个电子而形成正离子,这种断裂方式称为异裂。其通式表达如下:

$$A:B \xrightarrow{异裂} A^{\oplus} + B^{\ominus}$$
$$\text{正离子} \quad \text{负离子}$$

(2) 反应类型 有机化学反应,按反应时旧键的断裂与新键的形成关系不同,主要分为离子型反应、自由基反应和协同反应三种类型。前两种反应类型,都是先断旧键,后成新键。

1) 离子型反应 是指旧键的断裂形成正负离子的反应。

2) 自由基反应 是指旧键的断裂形成自由基的反应。

3) 协同反应 是指旧键的断裂和新键的形成在反应中同时进行的反应。

一般来说,在高温、光照或有自由基引发剂存在下的反应,大多数为自由基反应;在极性溶剂中的反应大多数为离子型反应。本书中涉及的反应主要是离子型反应。

二、有机化合物分子结构

1. 有机化合物构造式的表示方法

有机化学中,组成分子的各原子按照一定的次序和方式互相结合。分子中的这种原子间的相互化学关系叫作化学结构。分子中各原子的连接次序和方式的化学式叫作构造式。有机化合物分子结构的表示方法很多:用两个小黑点表示一对共用电子的分子结构叫作电子式;用一根短线表示共价键的分子结构叫作结构式;为了书写方便,常省略结构式中的表示单键的短线,这种分子结构表示叫作结构简式。例如:

物质名称	乙烷	乙烯	乙醇
分子式	C_2H_6	C_2H_4	C_2H_6O
电子式	H:Ċ:Ċ:H (H上下)	Ċ::Ċ (H上下)	H:Ċ:Ċ:Ö:H (H上下)
结构式	H−C−C−H (H上下)	C=C (H上下)	H−C−C−O−H (H上下)
结构简式	CH_3CH_3	$CH_2=CH_2$	CH_3CH_2OH

书写结构式或结构简式的基本要求是:准确地表示出分子中原子的连接顺序和方式。由于结构式书写烦琐,所以写化学反应式的时候,总是用结构简式。在写结构简式时,双键和三键都不能省略。在链状结构中,单键可以省略;在环状结构中,单键也不能省略。一种结构简式只能代表一种结构,不应误会为其他结构。如C_4H_{10}就有两种不同结构:$(CH_3)_2CHCH_3$ 和 $CH_3CH_2CH_2CH_3$,书写结构简式时,不能笼统地写成 C_4H_{10}。

构造式也可以用更简化的键线式表示,碳和氢原子都不必标出,一般只将每条线画成一定角度,键线的端点或键线的交点即为碳原子。碳原子如果与氢以外的其他原子相连,则应将其他原子标明。例如:

$$CH_3-CH-CH_2-CH_3 \quad \text{键线式写成} \quad \diagup\!\!\!\diagdown$$
$$\quad\quad\quad |$$
$$\quad\quad CH_3$$

$$\begin{array}{c}H_2C\\ H_2C\quad CH_2\\ H_2C\quad CH_2\\ CH_2\end{array}\quad\text{键线式写成}\quad \bigcirc$$

$$\underset{\underset{CH_3}{|}}{CH_3-\overset{\overset{O}{\|}}{C}-CH-CH_3}\quad\text{键线式写成}\quad$$

2. 有机化合物立体结构的表示方法

实际上,有机化合物的分子中只有少数的分子是呈直线型结构或平面结构,绝大多数有机化合物分子是立体排布的。分子中原子的空间排布叫作分子构型。研究有机化合物分子的结构,不仅要了解分子的构造,而且要了解分子的立体构型,即"结构"包含构造和构型两个含义。

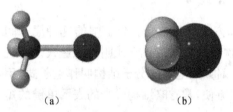

图 0-5 一氯甲烷的分子模型
（a）球棍模型；(b) 比例模型

为了便于理解和研究有机化合物的分子结构,常使用分子模型。常见的模型有球棍模型和比例模型两种。球棍模型以球代表原子或原子团,以棍代表共价键,形象、方便。比例模型按原子半径和键长的比例制作。例如,一氯甲烷的分子模型如图 0-5 所示。

另外,在平面内表示有机化合物的立体结构也常用楔形式（又称为伞形式）、透视式、纽曼（Newman）投影式和费歇尔（Fischer）投影式。例如：

楔形式　　　　　　　　甲烷　　　　　　　乙烷

透视式　　　　　　　　乙烷　　　　　　　丁烷

纽曼投影式　　　　　　乙烷　　　　　　　丁烷

费歇尔投影式　　　　　2-氯丁烷　　　　　乳酸

这几种表达形式在以后的章节中将详细讲述。

3. 结构上的特点

有机物结构上的特点可以概括为组成简单、数目众多、结构复杂。目前人类已经发现和合成了超过 3 600 万种有机物,而且每年还在以数十万的数目增加,组成这些有机化合物的元素除碳外,常常还含有氢、氧、氮、硫、磷、卤素等为数不多的几种元素。但造成其数目众多的主要原因就是同分异构现象普遍存在于有机化合物当中。所谓同分异构,是指具有相同的分子式而结构不同的化合物。同分异构一般分为构造异构和立体异构两大类。构造异构指分子中原子的连接方式和顺序不同;立体异构指分子的构造相同而原子或基团在空间的排布方式不同。各种异构现象将在有关章节中介绍。

三、有机化合物的物理性质与分子结构的关系

有机化合物的物理性质一般包括化合物的状态、熔点、沸点、相对密度、折光率、溶解度等,这些物理性质对有机化合物的鉴定具有极其重要的作用。有机化合物的物理性质都是分子在聚集状态下表现出来的,涉及分子间的关系。首先应该了解分子之间的作用力。

1. 分子间的作用力

分子间的作用力主要有两种:范德华力和氢键。它们是决定物质的熔点、沸点、汽化热、熔解热、溶解度、黏度和表面张力等物理性质的重要因素。

(1) 范德华力 自然界的物质都是以三态的形式存在,即气态、液态和固态。物质以任何形式存在时,分子之间都存在着一定的吸引力,由于这种力最早是由范德华发现的,所以通常把分子间的这种作用力称为范德华力。它主要包括三种力:取向力、诱导力和色散力。范德华力的能量一般在 10 kJ/mol 上下,它与分子大小及分子间的距离关系极大,一般在两原子核间距离为 20~50 nm 时引力最大,距离再大,则引力减小,但距离太近,则引力转为斥力。

(2) 氢键 氢键是配位键的一种特殊形式,是分子间一种较强的作用力。它主要是因为电负性大的氟、氧、氮原子以共价键结合的氢原子,其电子云大大偏向电负性大的氟、氧、氮原子,从而氢原子核带部分正电荷,形成空轨,以至于它可以接受同一分子或另一分子的带孤电子对的氟、氧或氮原子形成配位键,从而产生静电引力。这种引力称为氢键,用虚线表示,它存在分子间氢键和分子内氢键两种形式,例如:

氢键的能量为 10~30 kJ/mol,比一般分子间力大,但只及一般共价键键能的数十分之一。

2. 熔点

熔点(缩写为 m.p.)是物质的液态与固态平衡时的温度。熔融是晶格中的质点从高度有序的排列转变成较混乱的排列的结果。有机化合物的晶体中,大多是分子晶体,结构单元为分子,分子间力维持着它们的晶体状态。熔点除了与分子间力有关外,还与晶体结构中分子的排列是否紧密有很大关系。

① 在一个同系列中,相对分子质量越大,分子运动所需的动能就越大,熔点也就越高。

② 分子的对称性大,则在晶体中的结构紧密,要破坏其晶体结构,提高其混乱度,使其熔

融,就需要较大能量,所以熔点较高。

在有些同系列中,同系物的熔点与相对分子质量的关系呈锯齿形上升的趋势。这是因为含偶数个碳原子的化合物,虽然其相对分子质量较后一个含奇数个碳原子的同系物小,但由于对称性较大,在晶体中结构更为紧密,所以熔点反而比后一个同系物的熔点高一些。

3. 沸点

沸点(缩写为 b.p.)是指液态分子的饱和蒸气压与外界压力相等时的温度。有机化合物多为共价化合物,它的沸点实际上是分子的热运动克服液态分子间的引力,转为气态分子的最低温度。有机化合物的沸点规律如下:

① 分子的极性大,则分子间的引力大,克服此引力,需要较高动能。所以极性大的分子沸点较高。

② 相对分子质量大,则分子运动所需动能增大,分子间引力也增大,沸点较高。在一个同系列中,化合物的沸点随着相对分子质量的增加而增高。

③ 直链化合物的沸点一般比有支链的高。因为支链多,空间阻碍较大,使分子间相距较远,范德华力减小。故其他条件相同时,侧链越多,沸点越低。

④ 当分子间存在氢键时,分子间作用力大大增加,沸点明显增高。分子间氢键使分子互相缔合,需要更大能量才能克服这种引力。

分子内存在氢键时,会影响分子间氢键的形成,相对地降低化合物的沸点。如邻硝基苯酚可以借分子内氢键形成一个较稳定的六元环;而对硝基苯酚只能形成分子间氢键,所以不存在分子内氢键。因此邻硝基苯酚的沸点比对硝基苯酚的低。

4. 在溶剂中的溶解度

溶解度是一定温度下物质在某溶剂中形成饱和溶液时的浓度。如果没有特别注明温度,一般指常温(20 ℃～25 ℃)时的溶解度。

物质的溶解性与溶质和溶剂的结构有关。一般根据"相似相溶"原理来判断,即结构相似者互相溶解,极性相近者互相溶解。

水是极性溶剂,有机分子中某些极性基团能与水形成氢键,从而增加了有机分子的水溶性,这些基团称为亲水基。常见的亲水基团有羟基、羧基、氨基等。

有机分子中的某些基团不能与水形成氢键,从而减小了有机分子在水中的溶解度,增加了在有机溶剂中的溶解度,这类基团称为疏水基。常见的疏水基团有烃基、卤原子等。

一种有机物能否溶解于水,可从分子中亲水基团的多少和疏水基团的大小等因素大致推断。如果分子中烃基增加,则水溶性减小;如果分子中亲水基团增加,则化合物的水溶性增加。

第3节 酸碱理论

目前广泛应用于有机化学中的两个酸碱理论是布朗斯特酸碱质子理论和路易斯酸碱电子理论。简单介绍如下:

一、质子理论

酸碱的质子理论是分别由丹麦的化学家布朗斯特(Brönsted)和英国的化学家劳埃

(Lowry)同时于1923年提出的,称为布朗斯特-劳埃酸碱质子理论。该理论的基本点是:凡是能给出质子的物质为酸,能接受质子的物质为碱。例如:

质子酸：$HCl, CH_3COOH, C_6H_5-OH, HSO_4^-, NH_4^+$ 等

质子碱：$Cl^-, CH_3COO^-, CH_3O^-, NH_3, C_6H_5-O^-$ 等

一个酸给出质子后产生的酸根,即为该酸的共轭碱;一个碱接受质子后形成的质子化合物,即为该碱的共轭酸。因此质子酸碱又称为共轭酸碱。

$$H_2SO_4 + C_2H_5OH \rightleftharpoons C_2H_5\overset{\oplus}{O}H_2 + HSO_4^{\ominus}$$
$$\text{酸} \quad\quad \text{碱} \quad\quad \text{碱的共轭酸} \quad \text{酸的共轭碱}$$

从质子理论可看出,一个化合物是酸还是碱实际上是相对的,根据反应对象不同而不同。例如,乙醇在浓酸中接受质子,属于碱;但它与强碱作用给出质子,又属于酸了。

$$C_2H_5ONa \xleftarrow{Na} C_2H_5OH \xrightarrow{H_2SO_4} C_2H_5\overset{\oplus}{O}H_3 SO_4^{\ominus}$$

酸碱的强度常用离解常数 K_a、K_b 或 pK_a、pK_b 表示。酸越强,它的共轭碱的碱性就越弱。不同强度的酸碱之间可以发生反应,分别转化为对应的共轭酸或共轭碱。

酸碱的质子理论扩大了酸碱的范围,应用十分方便。它的缺点是那些不交换 H^+ 而具有酸性的物质不能包含在内。

二、电子理论

酸碱的电子理论是美国的化学家路易斯(Lewis G. N.)于1923年提出的。该理论的基本点是:能够接受电子对的物质为酸,能够给出电子对的物质为碱。路易斯酸和碱又可以分别称为电子对受体和供体。实际上,路易斯酸是亲电试剂,路易斯碱是亲核试剂。

常见的路易斯酸有下列几种类型:可以接受质子的分子,如 BF_3、$AlCl_3$、$ZnCl_2$、$FeCl_3$ 等;金属离子,如 Ag^+、Cu^{2+} 等;正离子,如 R^+、H^+、Br^+、NO_2^+ 等。

常见的路易斯碱有以下几种类型:具有孤电子对的分子,如 NH_3、RNH_2、ROH、ROR、RSH 等;负离子,如 X^-、OH^-、RO^-、R^-、SH^- 等;烯或芳香化合物等。

路易斯碱和布朗斯特碱两者没有多大差别,而路易斯酸比布朗斯特酸范围广泛,并把质子作为酸。此外,HCl、NH_4^+ 在布朗斯特酸碱理论中属于酸,而在路易斯酸碱理论中却为酸碱反应的配合物。

第4节 有机化合物的分类

对数以千万计的有机化合物,按照不同的标准,可以将它们分成许多类。但为了方便研究和学习,一般采用按有机化合物的骨架和所含官能团来进行分类。

一、按碳架不同分类

根据碳的骨架不同,可以把有机物分成以下三类。

1. 链状化合物

链状化合物为分子中碳原子首尾不相接的化合物。这类化合物可以为直链,也可以含有支链。例如:

$$CH_3-CH_2-CH_2-CH_3 \qquad H_2C=C-CH_2-CH_3$$
$$\qquad\qquad\qquad\qquad\qquad\qquad\quad |$$
$$\qquad\qquad\qquad\qquad\qquad\qquad\quad CH_3$$
丁烷   2-甲基-1-丁烯

由于类似其结构的长链状化合物最早是在脂肪中发现的,因此又称它们为脂肪族化合物。

2. 碳环化合物

碳环化合物为分子中碳原子首尾相接的环状化合物。碳环化合物又可分为两类:

(1) 脂环化合物 性质与脂肪族化合物的相似,在结构上可以看作是由开化合物关环而成。例如:

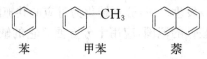
甲基环戊烷   乙基环己烷

(2) 芳环化合物 分子中含有苯环的化合物。例如:

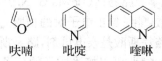
苯   甲苯   萘

3. 杂环化合物

这类化合物分子中的环是由碳原子和其他元素(如氧、硫、氮等)的原子组成的。例如:

呋喃   吡啶   喹啉

二、按官能团不同分类

官能团是决定分子主要性质的原子或基团,含有相同官能团的化合物在化学性质上基本相同,因此,研究含有某类官能团的一种化合物的性质,就可了解该类其他化合物的主要特性。几类比较重要的化合物和它们所含的官能团见表 0-1。

表 0-1 主要的官能团及其结构

化合物类别	官能团名称(结构)	具体化合物举例(名称)
烯烃	碳碳双键($\diagdown C=C \diagup$)	$CH_2=CH_2$(乙烯)
炔烃	碳碳三键($-C\equiv C-$)	$CH\equiv CH$(乙炔)
卤代烃	卤素(—X)	CH_3-X(卤代甲烷)
醇和酚	羟基(—OH)	CH_3CH_2-OH(乙醇)
醚	醚键($\diagdown C-O-C \diagup$)	CH_3-O-CH_3(甲醚)
醛	醛基($-\overset{O}{\overset{\|}{C}}-H$)	CH_3CHO(乙醛)

续表

化合物类别	官能团名称(结构)	具体化合物举例(名称)
酮	酮基(—C(=O)—)	CH₃COCH₃(丙酮)
羧酸	羧基(—C(=O)-OH)	CH₃COOH(乙酸)
胺	氨基(—NH₂)	CH₃—NH₂(甲胺)
硝基化合物	硝基(—NO₂)	⌬—NO₂(硝基苯)
磺酸	磺酸基(—SO₃H)	⌬—SO₃H(苯磺酸)

习 题

1. 下列化合物各属于哪一类化合物？
   (1) CH₃CH=CHCH₃　　(2) ⌬—CH₂OH　　(3) CH₃—⌬—OH
   (4) [噻吩-SO₃H]　(5) [环己烷]　(6) ⌬—CHO　(7) [环己酮]
   (8) ⌬—COOH　(9) [4-羟基-2-乙基噻唑]　(10) CH₃COOC₂H₅

2. 下列化合物是否有偶极矩？如果有，请指出偶极矩的方向。
   (1) CH₃CH₃　(2) CH₂Cl₂　(3) CH₃Br　(4) CH₃CH₂OH　(5) CH₃OCH₃
   (6) CH₃CHO　(7) CH₃COCH₃　(8) HCOOH　(9) CH₃NHCH₃

3. σ键和π键分别是怎样形成的？它们各自有哪些特点？

4. 试说明范德华力和氢键有哪些异同点。

5. 下列哪些化合物易溶于水？哪些易溶于有机溶剂？
   (1) C₆H₅CH₃　(2) CH₃OCH₃　(3) CH₃COCH₃　(4) HOCH₂CH₂OH
   (5) CH₃COOH　(6) CH₃Cl

6. 下列分子或离子，哪些是路易斯酸？哪些是路易斯碱？
   (1) H₃O⁺　(2) CH₃CH₂OH　(3) CN⁻　(4) CH₃O⁻　(5) CH₃NH₂
   (6) Ag⁺　(7) ZnCl₂　(8) SO₃　(9) AlCl₃　(10) CH₃COCH₃

第1章 饱 和 烃

分子中只含有碳和氢两种元素的有机化合物称为碳氢化合物,简称为烃。其他有机化合物可以看成是烃的衍生物,所以一般认为烃是有机化合物的母体,同时烃也是有机化学工业的基础原料。

烃的种类很多,根据烃分子中碳原子的连接方式,可大体分类如下:

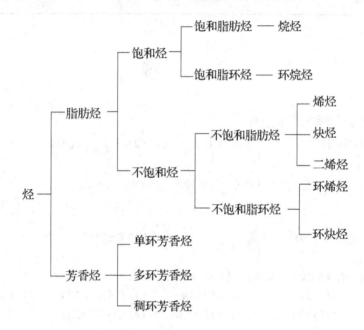

本章主要介绍烷烃和环烷烃。

第1节 烷 烃

一、烷烃的同系列和同分异构现象

如果烃分子中的所有原子都以单键互相连接,则该烃称为饱和烃。开链的饱和烃称为烷烃。最简单的烷烃是甲烷(CH_4)。比甲烷更复杂的烷烃有乙烷(C_2H_6)、丙烷(C_3H_8)、丁烷(C_4H_{10})、戊烷(C_5H_{12})等。从以上分子式可以看出烷烃的通式为 C_nH_{2n+2}。此外,从甲烷开始,每增加一个碳原子,就相应增加两个氢原子,即任何两个相邻烷烃在组成上都是相差一个 CH_2,不相邻的则相差两个或多个 CH_2 基团。这些具有相同通式、结构和性质相似、组成上相差一个或多个 CH_2 的一系列化合物称为同系列。同系列中的各个化合物互称为同系物。相邻同系物在组成上相差的 CH_2 叫作同系差。同系列在有机化学中普遍存在,由于同系列中同系物的结构和性质相似,其物理性质也随着分子中碳原子数目的增加而呈规律性变化,所以掌握了同系列中几个典型的有代表性的成员的化学性质,就可推知同系列中其他成员的一般化学性质,为研究庞大的有机化合物提供了方便。

在烷烃的同系列中,甲烷、乙烷和丙烷分子中的碳原子都只有一种排列方式,但丁烷(C_4H_{10})却有如下两种排列方式:

$$CH_3CH_2CH_2CH_3 \qquad CH_3\underset{|}{\overset{CH_3}{C}}HCH_3$$

正丁烷(b.p. -0.5 ℃) 异丁烷(b.p. -10.2 ℃)

戊烷(C_5H_{12})则有 3 种排列方式,如下:

$$CH_3CH_2CH_2CH_2CH_3 \qquad CH_3\underset{|}{\overset{CH_3}{C}}HCH_2CH_3 \qquad H_3C-\underset{\overset{|}{CH_3}}{\overset{\overset{|}{CH_3}}{C}}-CH_3$$

正戊烷(b.p. 36 ℃) 异戊烷(b.p. 28 ℃) 新戊烷(b.p. 9.5 ℃)

上述化合物具有相同的分子式,但结构不相同。这种具有相同的分子式而结构不相同的有机化合物称为**同分异构体**,这种现象称为**同分异构现象**。通常把由于分子中原子之间连接的方式或次序不同而引起的异构现象称为**构造异构**。烷烃的构造异构是由碳原子之间的连接方式或次序不同而引起的,这种异构又称为**碳链异构**。

随着烷烃分子中碳原子数的增加,碳原子间就有更多的连接方式,异构体的数目明显增加。例如 C_6H_{14} 有 5 个异构体,C_7H_{16} 有 9 个,$C_{10}H_{22}$ 及 $C_{15}H_{32}$ 则分别有 75 个和 4 374 个异构体。

思考题 1-1 写出分子式为 C_6H_{14} 烷烃的所有构造异构体。

思考题 1-2 下列化合物哪些是同一化合物?哪些是构造异构体?
(1) $CH_3C(CH_3)_2CH_2CH_3$ (2) $CH_3CH_2CH(CH_3)CH_2CH_3$
(3) $CH_3CH(CH_3)(CH_2)_2CH_3$ (4) $(CH_3)_2CHCH_2CH_2CH_3$
(5) $CH_3(CH_2)_2CH(CH_3)CH_3$ (6) $(CH_3CH_2)_2CHCH_3$

二、烷烃的命名

有机化合物种类繁多、数目庞大,即使同一分子式也有不同的异构体,若没有一个完整的命名方法来区分各个化合物,在文献中就会造成极大的混乱。因此,认真学习每一类化合物的命名,是学习有机化学的一项重要内容。烷烃的命名法是有机化合物命名法的基础,在学习中要特别重视。

烷烃常用的命名方法有普通命名法和系统命名法两种。

1. 普通命名法

普通命名法又称为习惯命名法,其在历史上逐渐形成,沿用至今,仅适用于结构较为简单的烷烃。其基本原则是:

① 根据烷烃中碳原子的数目,把烷烃称为"某"烷。碳原子数由一到十依次用甲、乙、丙、丁、戊、己、庚、辛、壬、癸表示;若碳原子数大于十,则用汉字数字十一、十二、十三、……表示,例如:

$CH_3(CH_2)_3CH_3$　　　$CH_3(CH_2)_6CH_3$　　　$CH_3(CH_2)_9CH_3$　　　$CH_3(CH_2)_{14}CH_3$
　　戊烷　　　　　　　辛烷　　　　　　　十一烷　　　　　　　十六烷

② 为了区别不同的构造异构体,常在其名称前冠以"正""异""新"等前缀。直链烷烃称"正"某烷;"异"某烷指在链端第二个碳上连有一个甲基而无其他支链的烷烃;"新"某烷指在链端第二个碳上连有两个甲基而无其他支链的烷烃。例如:

　　$CH_3CH_2CH_2CH_3$　　CH_3CHCH_3　　$CH_3CHCH_2CH_3$　　正丁烷　　异丁烷　　异戊烷　　新己烷

显然这样的命名方法对于含碳数少、结构比较简单的烷烃是适用的,对于结构比较复杂的烷烃,必须采用系统命名法。

2. 碳、氢原子分类和烷基的概念

(1) 碳原子和氢原子的分类　根据碳原子在分子中所处的不同位置而分为四类:只与一个碳原子相连的碳原子称为一级碳或伯碳,常以 1°表示;与两个碳原子相连的碳原子称为二级碳或仲碳,常以 2°表示;与三个碳原子相连的碳原子称为三级碳或叔碳,常以 3°表示;与四个碳原子相连的碳原子称为四级碳或季碳,常以 4°表示。不难看出,除季碳原子上不连有氢原子外,其他碳原子都连有氢原子,故把伯、仲、叔碳原子上结合的氢原子相应地称为伯、仲、叔氢。例如:

不同类型的碳原子和氢原子的反应活性有所不同,这将在化学性质中加以讨论。

(2) 烷基的概念　烷烃分子中去掉一个氢原子后所余下的原子团称为烷基。烷基的名称与相应烷烃对应。它们的通式为 C_nH_{2n+1}—,常以 R—表示,所以烷烃也可以用 RH 表示。为了区别组成相同,结构不同的烷基,也使用正、异、新、仲、叔等词头表示。常见烷基如下:

CH_3—　　CH_3CH_2—　　$CH_3CH_2CH_2$—　　$(CH_3)_2CH$—　　$CH_3CH_2CH_2CH_2$—
　甲基　　　　乙基　　　　　丙基　　　　　　异丙基　　　　　　丁基

　　$(CH_3)_2CHCH_2$—　　　　CH_3CH_2CH—　　　　$(CH_3)_3C$—
　　　　　　　　　　　　　　　　　　CH_3
　　　　异丁基　　　　　　　　　仲丁基　　　　　　　　叔丁基

　　　$(CH_3)_2CHCH_2CH_2$—　　　　$(CH_3)_3CCH_2$—
　　　　　　异戊基　　　　　　　　　　新戊基

3. 系统命名法

系统命名法是采用国际通用的 IUPAC(International Union of Pure and Applied Chemistry,

国际纯粹与应用化学联合会)命名原则,它是一种有机化合物普遍通用的命名方法。

根据系统命名法,直链烷烃的命名法与普通命名法基本一致,只是把"正"字取消。而带有支链的烷烃看作是直链烷烃的衍生物,其命名的基本原则如下。

(1) 选主链 选择最长碳链作主链,根据主链所含碳原子数目的多少称为"某烷",作为母体名称;其他烷基(支链)看作主链上的取代基。例如:

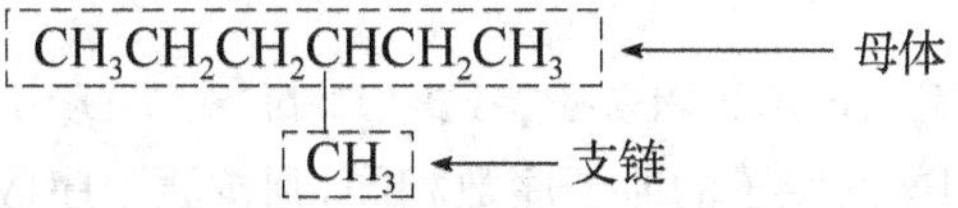

$$\underset{\text{母体}}{\boxed{CH_3CH_2CH_2CHCH_2CH_3}}$$
$$\underset{\text{支链}}{\boxed{CH_3}}$$

如果构造式中含有几个等长的碳链可作主链,则应选择取代基最多的那条碳链作为主链。例如:

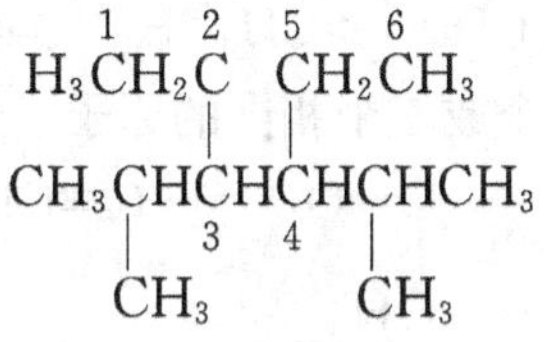

(Ⅰ) 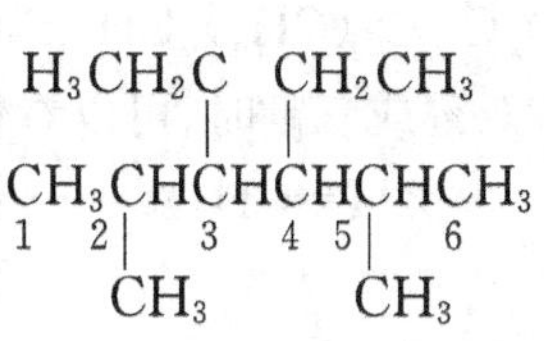   (Ⅱ)

在上例中,有两条最长碳链都含有六个碳,但按(Ⅰ)中的主链进行编号只有两个支链,而按(Ⅱ)中主链进行编号却有四个支链,因此选(Ⅱ)中编号的碳链为主链。

(2) 定编号 从离取代基最近的一端开始,将主链上的碳原子用阿拉伯数字1,2,3,…编号。将取代基的位置和名称写在母体名称之前,阿拉伯数字与汉字之间用"-"隔开。例如:

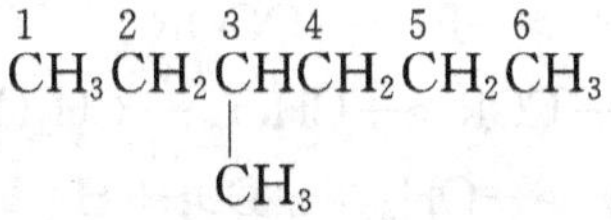

$$\overset{1}{C}H_3\overset{2}{C}H_2\overset{3}{C}H\overset{4}{C}H_2\overset{5}{C}H_2\overset{6}{C}H_3$$
$$\underset{}{|}$$
$$CH_3$$

3-甲基己烷

① 如果含有几个相同的取代基时,要把它们合并起来。取代基的数目用二、三、四、……表示,写在取代基的前面,其位次必须逐个注明,位次的数字之间要用逗号隔开。当主链上有几个相同的取代基,并有多种编号可能时,应当选择取代基具有"最低系列"的那种编号。例如:

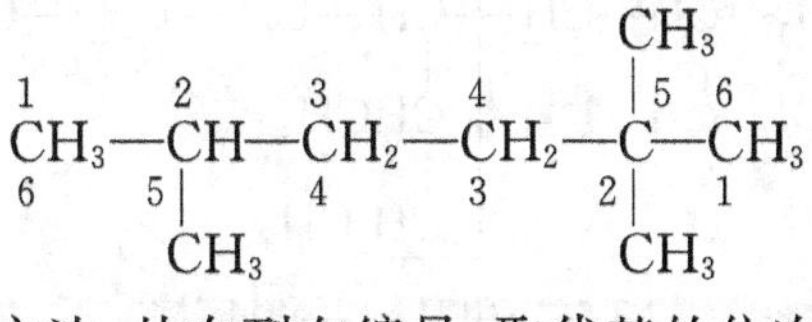

上述化合物有两种编号方法,从右到左编号,取代基的位次为2,2,5;从左到右编号,取代基的位次为2,5,5。逐项对比每个取代基的位次,第一项均为2,第二项编号分别为2和5,因此应该从右到左编号。该编号法称为"最低系列"编号。该化合物名称为2,2,5-三甲基己烷。

② 若主链上连有多个不相同的取代基,离主链两端位次相同(即编号相同)时,则应按照"次序规则"选择取代基小的一边开始编号。例如:

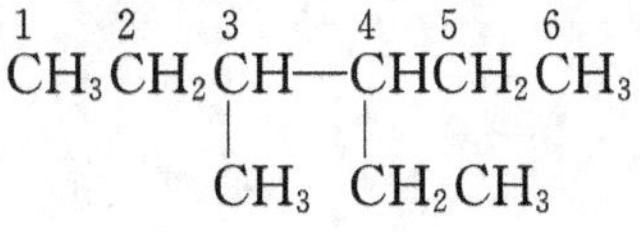

上述化合物中,按照"次序规则"要求,甲基不如乙基优先,故编号从甲基一端开始,该化合物名称为 3-甲基-4-乙基己烷。

为了表达化合物的立体化学关系,须决定有关原子或基团的排列顺序,其方法称为基团的优先"次序规则",主要内容如下:

a. 将与主链直接相连的原子按原子序数由大到小排列,原子序数大的基团为"优先"基团。例如:

$$I>Br>Cl>S>P>F>O>N>C>D>H$$

b. 如果与主链直接相连的原子的原子序数相同,则按原子序数由大到小比较与其相连的原子;如仍相同,再依次外推,直至比较出优先基团为止。

由此可得出几种常见烷基的较优次序:

$$(CH_3)_3C— > (CH_3)_2CH— > CH_3CH_2CH_2— > CH_3CH_2— > CH_3—$$

c. 当基团含有双键或三键时,可以看作连有两个或三个相同的原子。例如:

基团:　—CH=CH$_2$　　—C=O　　—C=O　　—C≡CH　　—C≡N
　　　　　　　　　　　　　|　　　　　　|
　　　　　　　　　　　　　H　　　　　OH

可分别看作:

$$—CH—CH_2 \quad —CH—O \quad —C—O \quad —C—C \quad —C—N$$
　　　　　　　|　　　　　　|　　　|　　|　　|
　　　　　CH$_2$　　　　　O　　OH　　C　　N

根据次序规则,常见的取代基团的优先次序排列如下:

—I > —Br > —Cl > —SO$_3$H > —F > —OCOR > —OR > —OH > —NO$_2$ > —NR$_2$ > —NHR > —COOH > —CONH$_2$ > —COR > —CHO > —CH$_2$OH > —CR$_3$ > —C$_6$H$_5$ > —C≡CH > —CHR$_2$ > —CH=CH$_2$ > —CH$_2$R > —CH$_3$ > —D > —H

(3) 写名称　按照取代基的位次(用阿拉伯数字表示)、相同取代基的数目(用中文数字"二、三、四、……"表示)、取代基的名称、母体名称的顺序写出全称。阿拉伯数字之间用","隔开;阿拉伯数字与汉字之间用短画线"-"相连;不同取代基列出顺序应按"优先基团后列出"的原则进行。例如:

$$\underset{\underset{CH_2CH_3}{|}}{\underset{\underset{CH_3 \quad CH_3 \quad CHCH_3}{|\quad\quad|\quad\quad|}}{CH_3—CH—CH—CH—CH_2—CH_2—CH_3}}$$

2,3,5-三甲基-4-丙基庚烷

思考题 1-3　用系统命名法命名下列化合物。

(1) (CH$_3$)$_2$CH—CH$_2$—C(CH$_3$)$_3$　　(2) CH$_3$—CH$_2$—CH—CH—C—CH$_2$CH$_3$
　　　　　　　　　　　　　　　　　　　　　　　　　　　　|　　|　　|
　　　　　　　　　　　　　　　　　　　　　　　　　　　CH$_3$　C$_2$H$_5$　H
　　　　　　　　　　　　　　　　　　　　　　　　　　　　　　　　　|
　　　　　　　　　　　　　　　　　　　　　　　　　　　　　　　　CH—C$_2$H$_5$
　　　　　　　　　　　　　　　　　　　　　　　　　　　　　　　　　|
　　　　　　　　　　　　　　　　　　　　　　　　　　　　　　　　CH$_3$

$$(3)\ CH_3-CH_2-\underset{CH_3}{\underset{|}{CH}}-\underset{CH_3}{\underset{|}{CH}}-\underset{CH_3}{\underset{|}{CH}}-CH_3 \quad \text{(with } CH_2CH_2CH_3 \text{ branch)}$$

思考题 1-4 写出下列化合物的构造式。
(1) 3,3-二甲基戊烷　　(2) 2,2,3-三甲基丁烷　　(3) 异己烷

三、烷烃的结构

1. 甲烷的结构

形成甲烷分子时,氢原子的 1s 轨道沿碳原子的 sp^3 轨道对称轴的方向与其最大限度地重叠形成 σ 键。甲烷分子中的四个∠HCH 键角均为 $109°28'$,四个 C—H 键键长完全相等 (0.109 nm),近代物理方法已经证实,甲烷的空间立体结构为正四面体,如图 1-1(a)所示。

常用 Kekule 模型(或称球棍模型)和 Stuart 模型(或称比例模型)表示甲烷分子结构,如图 1-1(b)和 1-1(c)所示。

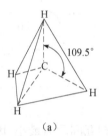
(a)

(b)

(c)

图 1-1 甲烷的分子结构及分子模型
(a) 甲烷的正四面体结构;(b) Kekule 模型;(c) Stuart 模型

2. 其他烷烃的结构

其他烷烃分子中的碳原子,也都是以 sp^3 杂化轨道与其他原子形成 σ 键,因此也都具有四面体结构,但各个碳原子上相连的四个原子或基团并不完全相同,因此每个碳原子上的键角并不完全相等,但都接近于 109.5°,例如丙烷中 C—C—C 键角为 112°。X 射线研究表明,高级烷烃晶体的碳链是锯齿形的,但为了方便,在书写构造式时,一般仍写成直链的形式。

四、烷烃的构象

烷烃分子中,由于 C—C σ 键可以围绕键轴自由旋转,使分子中的原子或基团在空间产生的不同排列方式,称为构象。由此而产生的异构体,称为构象异构体。构象对有机化合物的性质和反应有重要影响,在某些情况下,甚至起着重要的作用,因此,熟悉有机化合物分子的构象是非常必要的。

1. 乙烷的构象

构象可以用楔形式、透视式或纽曼(Newman)投影式来表示。楔形式中,实线表示键伸向

纸面上,虚线表示键伸向纸面后方,楔形线表示键伸向纸面前方;透视式中,用斜线表示 C—C 单键且省略碳,每个碳原子上的其他三个键夹角均为 120°;纽曼投影式中,投影方法是:沿着相邻两个碳原子的 C—C 单键键轴进行投影,用圆圈和圆心表示相邻的两个碳,较远的碳原子以圆圈表示,较近的碳原子以圆心表示,碳原子所连的原子或基团,按一定角度分别与碳原子相连。

在常温下,乙烷分子中的两个甲基并不是固定在一定位置上的,而是可以绕 C—C σ 键自由旋转,在旋转过程中形成许多不同的空间排列形式。理论上乙烷分子可以有无数种构象,但从能量的观点看只有两种极限式构象:交叉式构象和重叠式构象(图 1-2)。

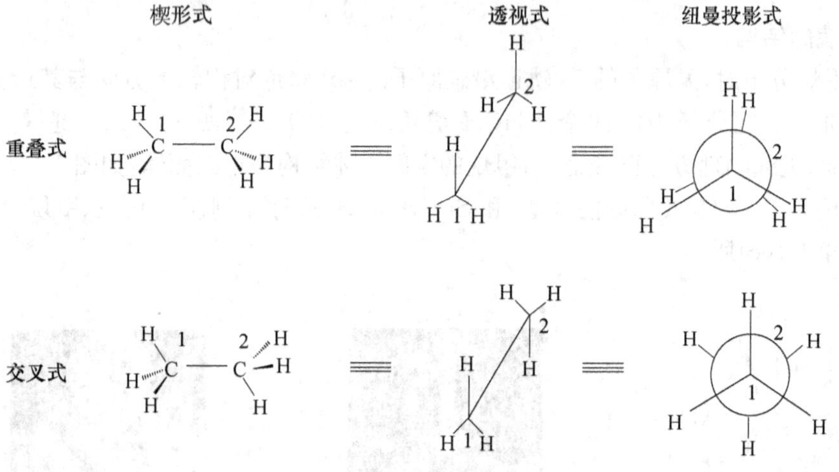

图 1-2 乙烷分子的构象

在交叉式构象中,两个碳原子上的氢原子之间的距离最远,相互间斥力最小,因而内能最低,稳定性也最大,这种构象称为优势构象。在重叠式构象中,两个碳原子上的氢原子两两相对,距离最近相互间斥力最大,内能最高,分子也最不稳定。其他构象内能介于二者之间,如图 1-3 所示。

乙烷从交叉式构象转变成重叠式构象,需要吸收 12.6 kJ/mol 的能量,说明 C—C σ 键的旋转也并非完全自由,只是这个能量差很小,室温下分子的热运动产生的能量就可以提供。室温下乙烷分子是由无数构象组成的动态平衡混合物,其中以优势构象——交叉式构象为主,不能分出单一构象的乙烷分子,只有在相当低的温度时,才能得到较稳定的单一交叉式构象的乙烷。

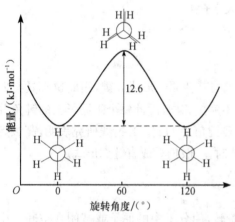

图 1-3 乙烷不同构象的能量曲线图

2. 丁烷的构象

正丁烷可以看作是乙烷分子中每个碳原子上各有一个氢原子被甲基取代的化合物,其构象更为复杂,现主要讨论绕 C_2 和 C_3 之间的 σ 键键轴旋转所形成的四种极限构象,如图 1-4 所示。

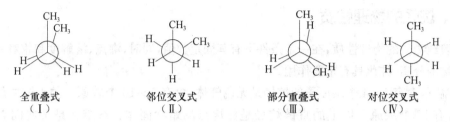

图 1-4 丁烷的四种典型构象的纽曼投影式

在以上四种极限构象中,对位交叉式构象中的两个最大基团——甲基相距最远,相互间的排斥力最小,内能最低,为优势构象;全重叠式构象中的两个最大基团——甲基相距最近,内能最高,为最不稳定的构象。四种极限构象的稳定性为:(Ⅳ)>(Ⅱ)>(Ⅲ)>(Ⅰ)。丁烷的几种极限构象与能量的关系如图 1-5 所示。

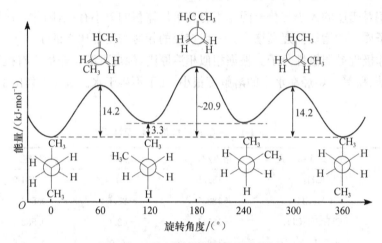

图 1-5 丁烷不同构象的能量曲线图

室温下对位交叉式构象约占 68%,邻位交叉式构象约占 32%,其他构象极少。但这些构象之间的能量差并不是很大,仍可以通过分子的热运动实现相互的转化,不能分离出丁烷的各种构象。结构复杂的烷烃,其构象也更复杂,但它们也主要以对位交叉式构象存在。

思考题 1-5 写出下列每一个构象式所对应的烷烃的构造式。

思考题 1-6 写出下列化合物最稳定的构象式,分别用楔形式和纽曼投影式表示。
(1) 1,2-二溴乙烷(CH_2BrCH_2Br)　　(2) $HOCH_2CH_2OH$

五、烷烃的物理性质

一般纯物质的物理性质,在一定条件下有其固定数值,同时,沸点、溶解度和相对密度对有机化合物的分离、纯化具有重要作用。

室温下,含有 1~4 个碳原子的烷烃是无色气体,含有 5~16 个碳原子的直链烷烃是无色液体,含有 17 个碳原子以上的直链烷烃是低熔点的蜡状固体。石蜡就是某些固态烷烃的混合物。

直链烷烃的沸点随着相对分子质量的增加而有规律地升高。烷烃异构体中,直链烷烃的沸点比支链烷烃的沸点高。

直链烷烃的熔点也随着相对分子质量的增加而有规律地升高,但变化不像沸点那样有规律,一般来说,对称性大的烷烃的熔点要高一些。例如,8 个碳原子的正辛烷的熔点是 −56 ℃,而它的异构体 2,2,3,3-四甲基丁烷的熔点是 101 ℃。

烷烃的相对密度的大小与分子间作用力和单位体积的大小有关,因此,烷烃的相对密度也随着相对分子质量的增加而逐渐增大。一般烷烃的相对密度都比水的小。

烷烃是非极性或弱极性分子。根据相似相溶原则,烷烃可溶于非极性有机溶剂中,如四氯化碳、汽油、苯、醚等。烷烃在水中的溶解度很小,几乎不溶于水。表 1-1 列出了一些烷烃的物理常数。

表 1-1 一些直链烷烃的物理性质

名 称	分子式或结构式	熔点/℃	沸点/℃	相对密度 d_4^{20}	状 态
甲烷	CH_4	−182.5	−161.4	0.424 0	气态
乙烷	CH_3CH_3	−182.7	−88.6	0.546 2	
丙烷	$CH_3CH_2CH_3$	−187.1	−42.6	0.582 4	
丁烷	$CH_3(CH_2)_2CH_3$	−138.3	−0.5	0.578 8	
戊烷	$CH_3(CH_2)_3CH_3$	−129.7	36.1	0.626 3	液态
己烷	$CH_3(CH_2)_4CH_3$	−95.3	68.7	0.659 4	
庚烷	$CH_3(CH_2)_5CH_3$	−90.7	98.4	0.683 7	
辛烷	$CH_3(CH_2)_6CH_3$	−56.8	125.6	0.708 2	
壬烷	$CH_3(CH_2)_7CH_3$	−53.8	150.7	0.717 9	
癸烷	$CH_3(CH_2)_8CH_3$	−29.7	174	0.729 9	
十一烷	$CH_3(CH_2)_9CH_3$	−25.6	195	0.740 3	
十二烷	$CH_3(CH_2)_{10}CH_3$	−9.5	216.2	0.748 3	
十三烷	$CH_3(CH_2)_{11}CH_3$	−6.5	234.0	0.756 5	
十四烷	$CH_3(CH_2)_{12}CH_3$	5.5	252.0	0.763 6	
十五烷	$CH_3(CH_2)_{13}CH_3$	10.0	270.0	0.768 5	
十六烷	$CH_3(CH_2)_{14}CH_3$	18.1	286.5	0.773 3	
十七烷	$CH_3(CH_2)_{15}CH_3$	22.0	303	0.776 7	固态
十八烷	$CH_3(CH_2)_{16}CH_3$	28.0	217	0.776 8	
十九烷	$CH_3(CH_2)_{17}CH_3$	32.0	330	0.777 6	

思考题 1-7 比较下列各组化合物的沸点高低,并说明理由。
(1) 正丁烷、异丁烷 (2) 正辛烷、2,2,3,3-四甲基丁烷
(3) 庚烷、2-甲基己烷、3,3-二甲基戊烷

六、烷烃的化学性质

烷烃分子中所有的键都是 σ 键,所以烷烃的化学性质稳定,在常温下一般不与强酸、强碱、强氧化剂、强还原剂作用。因此,液态烷烃是常用的有机溶剂、润滑剂和化妆品等的基质,固态烷烃常用作金属防腐剂和建筑、铺路的材料。

在适当条件下,如高温、光照($h\nu$)等,烷烃也可以发生氧化、裂化、卤代等反应。

1. 氧化与燃烧

烷烃性质比较稳定,很难被常规的氧化剂氧化,即使是酸性的高锰酸钾溶液。但是烷烃在空气中或氧气中易燃烧,生成二氧化碳和水,同时放出大量的热量。

$$C_nH_{2n+2} + \frac{3n+1}{2}O_2 \longrightarrow nCO_2 + (n+1)H_2O$$

内燃机使用汽油、煤油、柴油作燃料,家庭用天然气作燃料,正是利用了这个反应放出的热量。如果燃烧不充分,则有一氧化碳和炭黑生成,从而造成能源浪费和环境污染。

低级烷烃($C_1 \sim C_6$)蒸气与空气混合至一定的比例时,遇到明火或火花便燃烧而放出大量的热,从而使生成的 CO_2 及 H_2O 急剧膨胀而发生爆炸,这是煤矿中发生爆炸事故的主要原因之一。甲烷的爆炸极限是 5.53%~14%,也就是说,甲烷在空气中的比例在此范围内时遇到火花则爆炸;而低于 5.53% 或高于 14% 时遇到火花只是燃烧而不爆炸。

2. 裂化反应

烷烃在隔绝空气的条件下可裂解生成小分子烃,也可脱氢转变为烯烃和氢气,这种反应叫裂化反应。例如:

$$CH_3CH_2CH_2CH_3 \xrightarrow[\triangle]{\text{热裂}} \begin{cases} \xrightarrow{\text{脱氢}} H_2 + CH_3CH_2CH=CH_2 & \text{1-丁烯} \\ \xrightarrow{\text{裂解}} CH_4 + CH_3CH=CH_2 & \text{丙烯} \\ \xrightarrow{\text{裂解}} CH_3CH_3 + CH_2=CH_2 & \text{乙烯} \end{cases}$$

工业上一般利用催化裂化把高沸点的重油转变为低沸点的汽油,从而提高石油的利用率,增加汽油的产量,提高汽油的质量。

3. 卤代反应

烷烃分子中的氢原子被其他原子或基团取代的反应称为取代反应,被卤素所取代的反应称为卤代反应。

甲烷与氯气在黑暗中不发生反应,但在加热或光照下,甲烷分子中的氢原子会被氯原子取代,生成一氯甲烷和氯化氢,同时有热量放出。

$$CH_4 + Cl_2 \xrightarrow[\text{或} h\nu]{\triangle} CH_3Cl + HCl$$

在氯气过量情况下,该反应并不能停止在这一步,生成的一氯甲烷继续与氯气作用,进一步生成二氯甲烷、三氯甲烷(氯仿)和四氯甲烷(四氯化碳)。

$$CH_3Cl + Cl_2 \xrightarrow[\text{或}h\nu]{\triangle} CH_2Cl_2 + HCl$$

$$CH_2Cl_2 + Cl_2 \xrightarrow[\text{或}h\nu]{\triangle} CHCl_3 + HCl$$

$$CHCl_3 + Cl_2 \xrightarrow[\text{或}h\nu]{\triangle} CCl_4 + HCl$$

所得产物一般为混合物,但控制反应条件可以使其主要产物为某一种氯代烃。例如,将反应控制在 400 ℃～450 ℃,CH_4 和 Cl_2 之比为 10∶1 时,则主要产物为 CH_3Cl;若控制 CH_4 与 Cl_2 之比为 0.263∶1,则主要产物为 CCl_4。

其他烷烃的氯代反应与甲烷的氯代反应一样,但对不同烷烃,由于结构的差异,产物较甲烷复杂。例如,丙烷的氯代反应,由于丙烷分子中存在两种氢——伯氢和仲氢,因此可得到 1-氯丙烷和 2-氯丙烷两种不同的氯代产物。

$$CH_3CH_2CH_3 + Cl_2 \xrightarrow{h\nu} \underset{\text{1-氯丙烷}}{CH_3CH_2CH_2Cl} + \underset{\text{2-氯丙烷}}{CH_3\underset{|}{\overset{}{C}H}CH_3}$$
$$\phantom{CH_3CH_2CH_3 + Cl_2 \xrightarrow{h\nu} CH_3CH_2CH_2Cl + CH_3}Cl$$
$$\phantom{CH_3CH_2CH_3 + Cl_2 \xrightarrow{h\nu} \;\;} 45\% \qquad\qquad 55\%$$

丙烷分子中有 6 个伯氢原子和 2 个仲氢原子,理论上伯氢被取代的机会应是仲氢被取代的 3 倍,但 2-氯丙烷含量反而比 1-氯丙烷的含量高,说明仲氢更容易被取代,即活性更强,经计算发现,伯氢和仲氢反应的相对活性比为 1∶3.8。

$$\frac{\text{伯氢}}{\text{仲氢}} = \frac{45/6}{55/2} = 1∶3.8$$

伯氢与叔氢在这种活性上也存在差异,例如异丁烷与氯气反应生成两种氯代产物过程中,伯氢与叔氢的相对活性比为 1∶5。

$$\underset{\underset{CH_3}{|}}{CH_3CHCH_3} + Cl_2 \xrightarrow{h\nu} \underset{\underset{CH_3}{|}}{CH_3CHCH_2Cl} + \underset{\underset{Cl}{|}}{\overset{\overset{CH_3}{|}}{CH_3CCH_3}}$$
$$\phantom{CH_3CHCH_3 + Cl_2 \xrightarrow{h\nu} \;} 63\% \qquad\quad 37\%$$

因此,烷烃中各种氢的活性顺序为:叔(3°)氢＞仲(2°)氢＞伯(1°)氢。上述结论可用键的离解能或自由基的稳定性加以解释。

不同类型氢的离解能不同,3°氢的离解能最小,故反应时这个键最易断裂,所以 3°氢在反应中活性最高。

		键的离解能/(kJ·mol^{-1})
1°氢	$CH_3CH_2CH_2$—H	410
2°氢	$(CH_3)_2CH$—H	397
3°氢	$(CH_3)_3C$—H	380

高级烷烃的氯代反应在工业上具有重要应用。如石蜡、聚乙烯(可以看成相对分子质量很大的烷烃)经氯代反应可以得到氯含量不同的氯化石蜡和氯化聚乙烯,用于高分子材料的阻燃

增塑剂以及耐腐蚀、耐磨性涂料。

思考题 1-8 已知烷烃分子式为 C_5H_{12}，根据氯代反应产物的不同，试推测各烷烃的结构并写出结构式。
(1) 一元氯代产物只有一种；　　(2) 一元氯代产物可以三种；
(3) 一元氯代产物可以有四种；　　(4) 二元氯代产物只可能有两种。

溴代反应与氯代反应相似，也要在高温或光照下才能进行，并生成相应的溴代产物。但是烷烃的溴代反应比氯代反应转化速率慢。不同卤素与烷烃进行卤代反应的相对活性通常有如下的顺序：$F_2>Cl_2>Br_2>I_2$。

氟代反应是强放热反应，难以控制，会引起爆炸，实际工作中应用不多。

碘代反应是吸热反应，不利于反应进行，同时，生成的碘化氢是还原剂，可使碘代烷再还原成原来的烷烃。因此烷烃的卤代反应通常是指氯代和溴代。

4. 烷烃的卤代反应历程

描述化学反应所经历的途径或过程，称为反应历程或反应机理。有机反应历程是根据大量实验事实和逻辑推理得出的。了解反应历程可以正确地分析化合物结构与性能的关系，帮助理解反应，甚至寻找控制反应、提高产率的途径。反应历程已成为有机化学结构理论的重要组成部分。

(1) 卤代反应历程　烷烃与氯在暗处不发生反应，但经紫外线照射，反应即开始进行，而且只要吸收一个光子，即可引起数千个烷烃分子进行氯代。此外，如果在反应物中有少量氧存在，则延缓反应进行。基于这些事实，人们认为烷烃卤代反应的历程属于自由基取代反应历程。它的反应历程包括链的引发、链的增长和链的终止三个阶段。现以甲烷氯代反应为例：

① 链的引发　在紫外线照射或高温条件下，氯分子形成高能量氯自由基，这个过程称为链的引发阶段：

$$Cl:Cl \xrightarrow{h\nu} 2Cl\cdot$$

② 链的增长　氯自由基不稳定，极易与周围甲烷分子发生反应，生成甲基自由基：

$$CH_4 + \cdot Cl \longrightarrow \cdot CH_3 + HCl$$

甲基自由基也很活泼，立刻与周围的氯气作用，生成氯甲烷和氯自由基：

$$\cdot CH_3 + Cl_2 \longrightarrow CH_3Cl + Cl\cdot$$

氯自由基又与甲烷重复反应，生成甲基自由基，甲基自由基再与氯反应生成氯甲烷和氯自由基，反应多次反复，这个过程称为链增长阶段。

③ 链的终止　当反应体系中氯与甲烷的浓度很低时，下列某种或某几种自由基间的碰撞机会增加，自由基消失，结束整个反应。这个过程称为链的终止阶段。

$$\cdot Cl + \cdot Cl \longrightarrow Cl_2$$
$$\cdot CH_3 + \cdot CH_3 \longrightarrow CH_3CH_3$$
$$\cdot CH_3 + \cdot Cl \longrightarrow CH_3Cl$$

(2) 甲烷的卤代反应中的能量变化　化学反应是一个反应物逐渐变为产物的连续过程。在此过程中，反应体系的能量是不断变化的。甲烷的氯化反应是放热的反应，如甲烷生成一氯

甲烷的三步反应中,每一步的反应热和活化能数据如下所示:

$$Cl-Cl \longrightarrow 2Cl\cdot \qquad \Delta H = +242.4 \text{ kJ/mol} \qquad ①$$

$$CH_3-H + Cl\cdot \longrightarrow H-Cl + \cdot CH_3 \qquad \Delta H = +7.5 \text{ kJ/mol} \qquad ②$$
$$E_{a1} = +16.7 \text{ kJ/mol}$$

$$\cdot CH_3 + Cl-Cl \longrightarrow CH_3-Cl + Cl\cdot \qquad \Delta H = -112.9 \text{ kJ/mol} \qquad ③$$
$$E_{a2} = +8.3 \text{ kJ/mol}$$

在链引发阶段只有 Cl—Cl 键断裂,是一个强吸热(242.4 kJ/mol)反应,因此需在光照或高温下才能进行。甲烷的氯化反应的反应热可以从②和③的 ΔH 算出,结果为 $\Delta H = -105.4$ kJ/mol,该反应为放热反应,因此反应是可以自发进行的。但是单纯用反应热来讨论反应活性是不全面的,还必须考虑反应活化能的大小。

化学反应是由反应物逐渐变成生成物的连续过程,这一过程中间需要经历一个过渡态。从反应物到过渡态是能量逐渐升高的过程,达到过渡态时体系的能量最高,此后体系的能量下降。反应物和过渡态之间的能量差称为活化能。

在甲烷的氯代反应中,氯自由基与甲烷分子接近时,H 与 Cl 之间逐渐开始成键,而 CH_3—H 开始伸长,体系能量逐渐上升,到达过渡态时达到最大值。随着 H—Cl 键的逐渐形成,体系能量不断降低,最后形成平面型的甲基自由基和氯化氢。

甲基自由基与氯分子的反应过程与上述反应过程类似。甲烷的氯代反应过程能量变化如图 1-6 所示。

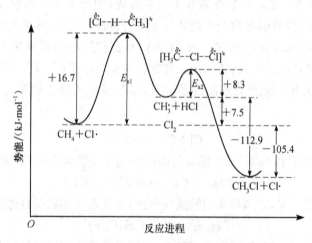

图 1-6 甲烷的氯代反应过程能量变化曲线图

从图 1-6 可以看出,第一步的活化能比第二步的大得多,因此第一步反应速率最慢,是甲烷氯化反应中决定反应速率的一步。

活化能的高低决定过渡态的能量。由于过渡态是不稳定的,因此不能分离进行测定。但过渡态的稳定性与形成的中间体自由基的稳定性是一致的,即生成的自由基稳定,过渡态也稳定,反应的活化能就低,化学反应速率就大。而自由基稳定性次序为

叔自由基 > 仲自由基 > 伯自由基 > 甲基自由基

因此,在烷烃取代反应中,优先生成稳定性较高的(叔或仲)自由基。

七、烷烃的来源和用途

烷烃的主要来源是天然气和石油。天然气中大致含75%的甲烷、15%的乙烷及5%的丙烷,余下为其他的烷烃。石油中所含的烷烃种类最多。不同产区的石油,其组成不相同,大庆等地开采的石油主要含烷烃,而新疆等地开采的石油主要为烷烃和环烷烃的混合物。可根据需要,把从油田开采出来的原油分馏成不同的馏分加以应用。表1-2列出了石油各馏分的组成和用途。

表1-2 石油各馏分的组成和用途

产 品	主要成分	沸点范围/℃	用 途
石油气	$C_1 \sim C_4$ 的烷烃	<20	炼油厂燃料、液化石油气
石油醚(轻汽油)	$C_4 \sim C_6$ 的烷烃	40~70	溶剂、化工原料
汽油	$C_5 \sim C_8$ 的烷烃	40~150	溶剂、内燃机燃料
汽油	$C_8 \sim C_{15}$ 的烷烃	150~250	喷气式飞机燃料
煤油	$C_{11} \sim C_{17}$ 的烷烃	160~300	燃料、工业洗涤剂
柴油	$C_{12} \sim C_{19}$ 的烷烃	180~350	柴油机燃料
润滑油	$C_{16} \sim C_{20}$ 的烷烃与环烷烃		防腐剂
石蜡	$C_{20} \sim C_{30}$ 的烷烃		蜡纸、多级脂肪酸等
燃料油		350以上	船用燃料、锅炉燃料
沥青	$>C_{30}$ 的烷烃	350以上	铺路、防腐剂

石油除了作为能源的重要来源外,还是有机化工的最基本原料。我国目前已建成和正在建设的大型乙烯工厂,如南京的扬子乙烯等,就是把石油(主要是轻质柴油等)裂解为乙烯、丙烯、丁烯、丁二烯、苯、甲苯、二甲苯等,它们是生产树脂、塑料、纤维、橡胶、药物、染料及各类有机产品的基本原料。

第2节 环 烷 烃

分子中含有碳环结构的烷烃称为"环烷烃",单环烷烃的通式为C_nH_{2n},与相同碳数的单烯烃互为同分异构体。环烷烃广泛存在于自然界中,尤其在植物和石油中。

一、环烷烃的分类、命名

1. 分类

环烷烃通常根据分子中所含碳环的数目大致分为单环烷烃和多环烷烃两大类型。在单环烷烃中,根据成环的碳原子数目又可分为:小环(三、四元环)、普通环(五至七元环)、中环(八至十二元环)、大环(十二元环以上)。目前发现最大的环是三十元环,而自然界普遍存在的是五元环和六元环。多环烷烃又按环的结构、连接方式不同,分为螺环、桥环等。

2. 命名

(1) **单环烷烃** 只含有一个碳环的烷烃属于单环烷烃。单环烷烃的命名与烷烃相似，根据成环碳原子的数目称为"环某烷"。例如：

环丙烷　　环丁烷 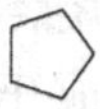　　环戊烷 　　环己烷

取代环烷烃命名时，应对环上的碳原子进行编号，编号顺序遵循"**最低系列**"原则，从最小的取代基开始，并使所有取代基的位次尽可能小。若只有一个取代基，"1"字可省略。例如：

甲基环丙烷 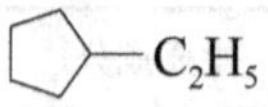　　　　　　乙基环戊烷

1,2-二甲基环丙烷 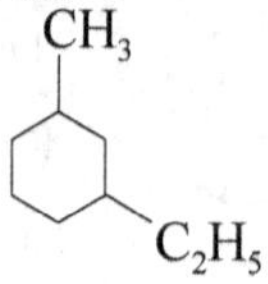　　1-甲基-3-乙基环己烷 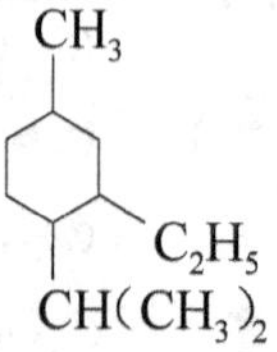　　1-甲基-3-乙基-4-异丙基环己烷

如果取代基较为复杂，通常将环作为取代基（称为环某基）来进行命名。例如：

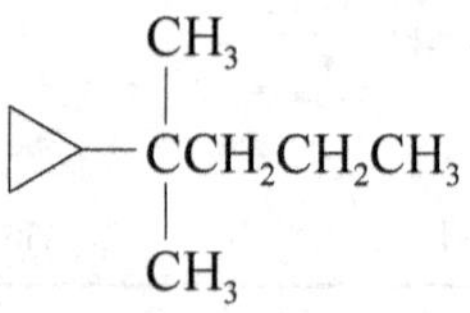

2-甲基-2-环丙基戊烷

另外，当环烷烃中有两个或两个以上的环碳连有取代基时，就会得到不同构型，产生顺反异构。相同的原子或基团在环平面同侧的称为顺式，异侧的称为反式。例如1,2-二甲基环丙烷就有两种异构体：

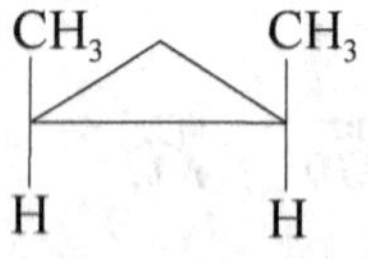

顺-1,2-二甲基环丙烷 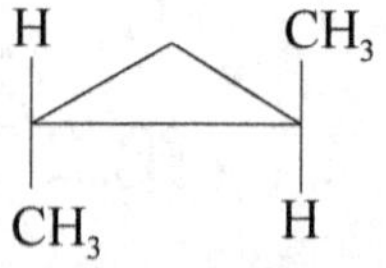　　　　反-1,2-二甲基环丙烷

(2) **多环烷烃** 分子中含有两个或两个以上碳环的烷烃称为多环烷烃。

① **螺环烃** 两个碳环共用一个碳原子的环烷烃称为"螺环烃"，共用的碳原子称为"螺原子"。命名原则：

a. 根据成环的碳原子总数称为"螺[　]某烃"，在"螺"字的后面方括号内，用阿拉伯数字表示每个环中除螺原子以外所含的碳原子数，并按由小到大顺序排列，数字间用下角圆点隔开。

b. 螺环上碳原子的编号从与螺原子相连的小环上的碳原子开始，先编小环，经过螺原子再编大环，并使取代基的位次尽可能小。

c. 写名称时，取代基的位次及名称写在最前面。例如：

螺[2.4]庚烷　　2-甲基-7-乙基螺[4.5]癸烷

② 桥环烃　两个环共用两个或两个以上碳原子的环烷烃称为"桥环烃"。桥环烃中两个环共用的碳原子称为"桥头碳原子",桥头碳原子之间可以是一个键,也可以是一条碳链,称为"桥"。桥环烃的命名原则是:

a. 根据环的数目和构成环的碳原子总数称为"几环[　]某烃",方括号内用阿拉伯数字由大到小列出各道桥上除去桥头碳以外的碳原子数,中间用下角圆点隔开。

b. 母体环上碳原子的编号顺序是从其中一个桥头碳开始编号,经过最长的桥编到第二个桥头碳,再编次长的桥回到第一个桥头碳,最后编最短的桥。在此编号的原则上使官能团或取代基编号最小。

c. 写全称时,取代基的位次及名称写在最前面。例如:

二环[3.2.0]庚烷　　2-甲基二环[3.2.1]辛烷

思考题 1-9　试写出分子式为 C_6H_{12} 的环烷烃的所有构造异构体并命名。

思考题 1-10　命名下列各化合物:

二、环烷烃的结构

1. 影响环稳定性的因素

根据热力学试验得知,各种环烷烃在燃烧时由于环的大小不同,燃烧热不同,表 1-3 给出了一些环烷烃的燃烧热数值。从表 1-3 中可以看出,不同的环烷烃中,每个 CH_2 的燃烧热不全相同,许多比烷烃的燃烧热高。这表明环烷烃具有较高的能量,高出的能量叫作张力能。例如:环丙烷的每个 CH_2 的燃烧热为 697.1 kJ/mol,比烷烃的每个 CH_2 的燃烧热高 38.5 kJ/mol。这个差值就是环丙烷分子中每个 CH_2 的张力能。因为环丙烷中有三个 CH_2,总的张力能为 $38.53 \times 3 = 115.5 (kJ/mol)$。环烷烃的张力能越大,能量越高,分子就越不稳定。环丙烷、环丁烷的张力能比烷烃大得多,因此它们很不稳定,容易开环。环戊烷、环庚烷等张力能不大,因此比较稳定。环己烷无张力能,是很稳定的化合物。

表 1-3 环烷烃的燃烧热

名称	每个 CH_2 的燃烧热/(kJ·mol^{-1})	张力能/(kJ·mol^{-1})	总张力能/(kJ·mol^{-1})
环丙烷	697.1	38.5	115.5
环丁烷	686.2	27.6	110.4
环戊烷	664.0	5.4	27.0
环己烷	658.6	0	0
环庚烷	662.3	3.7	25.9
环辛烷	663.6	5.0	40.0
环壬烷	664.4	5.8	52.2
环癸烷	663.6	5.0	40.0
环十二烷	659.4	0.8	9.6
环十五烷	658.6	0	0
环十六烷	659.0	0.4	6.4
烷烃	658.6		

环烷烃会有张力,这与环烷烃的结构密切相关。分子的总张力是由角张力、扭转张力和范德华力等组成。这些张力产生的原因各不相同。

(1) 角张力 碳原子发生 sp^3 杂化,成键时轨道间键角为 109°28′时,轨道能够达到最大限度重叠,如果由于某种因素的影响比如形成环状化合物,轨道重叠时键角与正常的键角(109°28′)存在一定的偏差,则会降低轨道重叠程度而引起的张力,称角张力。角张力越大,总张力能越大,环越不稳定。

环丙烷分子中三个碳原子都是 sp^3 杂化,轨道间夹角为 109°28′,形成正三角形的三元环以后,其内角为 60°,杂化轨道不可能沿着轨道对称轴的方向实现最大程度的重叠,角张力很大。实际上,环丙烷中的 C—C 键形成一种弯曲键(也叫香蕉键),C—C—C 键角为 105.5°,和正常的键角也存在一定偏差,具有角张力,从而使得环丙烷不稳定(图 1-7)。

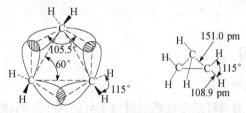

图 1-7 环丙烷分子的轨道结构示意图

环丁烷的结构与环丙烷类似,分子中的原子轨道也是弯曲成键,但弯曲程度不如环丙烷那样强烈,其 C—C—C 键角约为 111.5°,这样角张力比环丙烷稍小些,所以比环丙烷稳定。X 射线衍射证明,环丁烷分子中的四个碳原子不在同一个平面上,而是形成一种折叠形的构象,形象地称为蝶式构象。

环丁烷　　　　　环戊烷

环戊烷、环己烷分子中的碳原子也不在一个平面上，C—C—C 键角接近或保持 109.5°，近于无张力环，所以都比较稳定。

(2) 扭转张力　乙烷由交叉式构象转变为重叠式构象，内能升高。这是因为重叠式中，前后两个 C—H 键之间有电子云的斥力，这种斥力是由键的扭转而产生的，称为扭转张力。一般地说，在两个 sp^3 杂化的碳原子之间，任何与稳定构象——交叉式构象的偏差，都会产生扭转张力，导致稳定性下降。

环丙烷结构中氢原子都是重叠式构象，扭转张力最大，环最不稳定。环丁烷的蝶形结构使得其氢原子并不是完全的重叠式构象，扭转张力较环丙烷要小，内能较低，环稳定性增大。环己烷的椅式构象中，相邻碳原子上的氢都是交叉式构象，扭转张力为零，所以环也最稳定。

(3) 范德华力　非键合原子或基团的距离接近到小于它们的范德华半径之和时，这两个原子或基团间就存在排斥力，即范德华力。例如，在环丙烷结构中，由于氢原子都是重叠式构象，相互间距离最近，排斥力最大，分子的内能最高，环也就最不稳定。

2. 环己烷及取代环己烷的构象

(1) 环己烷的构象　在环己烷分子中，碳原子采用 sp^3 杂化，六个碳原子不在同一平面上，有两种最典型的构象——椅式构象和船式构象，如图 1-8 所示。

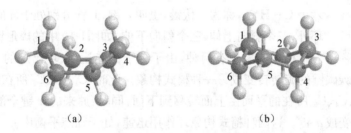

图 1-8　环己烷椅式构象和船式构象的球棍模型
(a) 船式构象；(b) 椅式构象

在船式构象中，C_2、C_3、C_5、C_6 四个碳原子在同一个平面上，C_1、C_4 两个碳原子在平面的同一侧向上翘，形状像一只船，C_1、C_4 为船头，故称船式构象。在椅式构象中，C_1、C_3、C_5 三个碳原子在同一个平面上，C_2、C_4、C_6 三个碳原子在另一个平面上，这两个平面相互平行，相距 0.05 nm，形状像一把椅子，故称椅式构象。

比较环己烷的船式构象和椅式构象可以看出，在船式构象中两个船头碳上的氢 H_a 和 H_b 之间的距离只有 0.183 nm，小于氢原子的范氏半径之和 0.240 nm，分子内存在着较大的范德华力，且两个相邻的碳原子都是重叠式构象，因而具有扭转张力。而在椅式构象中，氢 H_a 和 H_b 之间的距离为 0.251 nm，大于氢原子的范氏半径之和 0.240 nm，范德华力很小，且任意两个相邻碳原子上的碳碳键和碳氢键都处于邻位交叉式构象，没有扭转张力。所以船式构象不如椅式构象稳定，因此，椅式构象为环己烷的优势构象。一般情况下，环己烷及其衍生物主要以稳定的椅式构象存在，如图 1-9 所示。

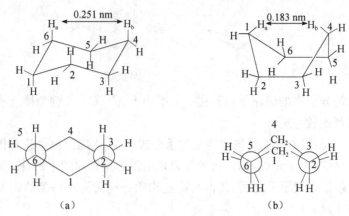

图 1-9 环己烷椅式和船式构象的透视式和纽曼投影式
(a) 椅式；(b) 船式

环己烷的船式构象和椅式构象之间能相互转换，通常环己烷就处于这两种构象的转换平衡中。由于船式构象远不如椅式构象稳定，环己烷几乎都是以椅式构象存在的，所以，在讨论环己烷构象时，只考虑椅式构象。

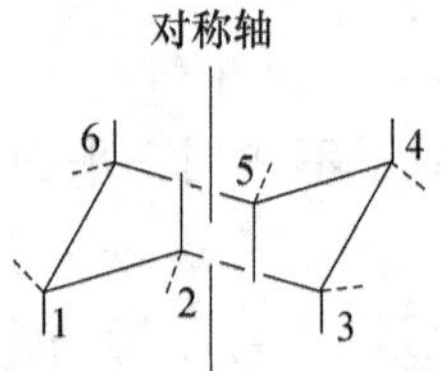

环己烷的椅式构象是一种非常对称的结构，根据与分子对称轴的关系，环己烷中的十二个 C—H 键可以分为两类：与对称轴平行的六个 C—H 键，分处于环的上下两侧，叫作直立键，也叫 a 键，其中三个向上，三个向下，交替排列，如图 1-10 中的实形键；另外与对称轴的夹角为 109°28′ 的六个 C—H 键，称为平伏键，也叫 e 键，同样分别处于环的上下两侧，伸向环外，三个斜向上伸，三个斜向下伸，如图 1-10 中的虚形键。

图 1-10 环己烷椅式构象中的 a 键和 e 键

椅式构象也有两种，由于分子的热运动，环己烷的一种椅式构象在室温下可以通过碳碳键的旋转转变成另一种椅式构象。此时，C_1、C_3、C_5 所在的平面由下面转移到上面，而 C_2、C_4、C_6 所在的平面由上面转移到下面，同时，原来的 a 键全部转变成 e 键，原来的 e 键全部转变成 a 键。这两种椅式构象环作用迅速，处于动态平衡中。

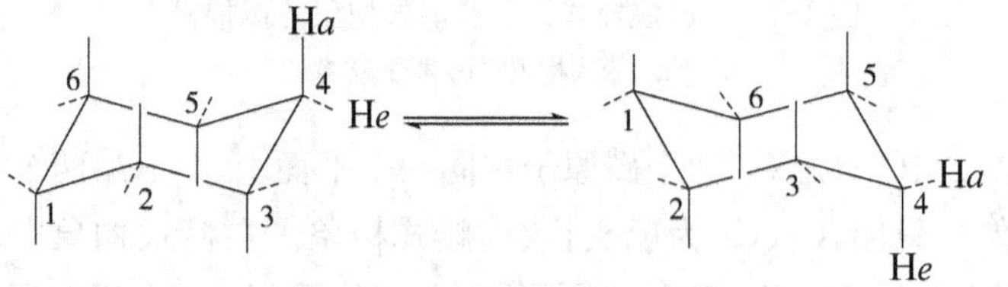

(2) 取代环己烷的构象　由于所有与 a 键相连的氢原子之间的距离要比以 e 键相连的氢原子之间的距离近得多，因此取代环己烷以取代基在 e 键上的椅式构象为优势构象。一元取代环己烷中，取代基处在 e 键为优势构象。例如甲基环己烷的两种椅式构象：

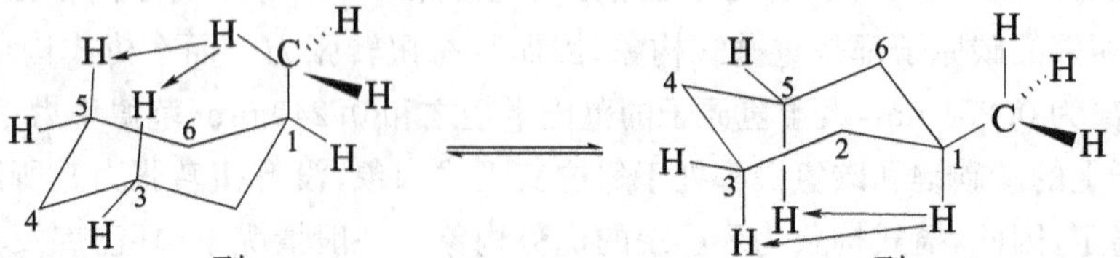

a 型　⇌　e 型

当甲基处在直立键上,与环同侧临近的 H 距离较近,存在着较大的排斥力(范德华力),分子内能高。而当甲基处在平伏键上,向环外伸展,与邻近 H 的距离较远,相互间排斥力小,内能低。因此,e 键相连构象比 a 键相连构象要稳定,两者能量差为 7.6 kJ/mol。室温时,两种构象间可以相互转化,平衡混合物中以 a 键相连的只占 5%,而以 e 键相连的占 95%,为甲基环己烷的优势构象。

随着取代基体积的增大,两种构象间的能级差也增大,e 键相连构象也就更稳定。如叔丁基环己烷达到平衡时,e 键相连构象占 99.99% 以上,几乎全部以 e 键相连构象存在。

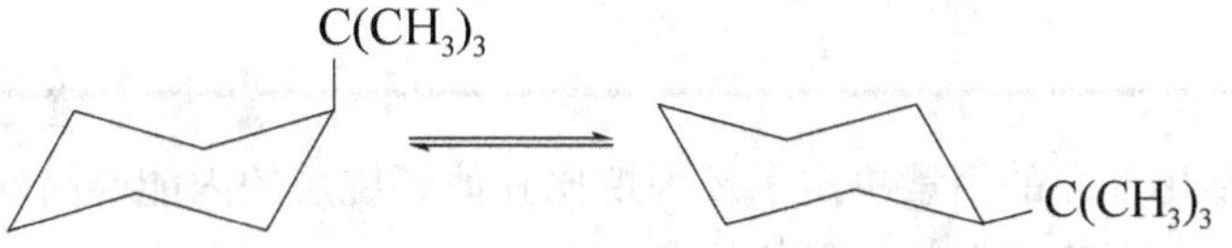

<0.01%　　　　　　　>99.99%

二取代环己烷中的两个取代基可以有不同的异构体,如 1,2-二取代、1,3-二取代和 1,4-二取代等,每种异构体又有顺反两种构型,每一种构型又有不同的构象。

1,2-二甲基环己烷顺反异构体的构象如下:

顺式　　ae型　　　　　　ae型

反式　　aa型　　　　　　ee型

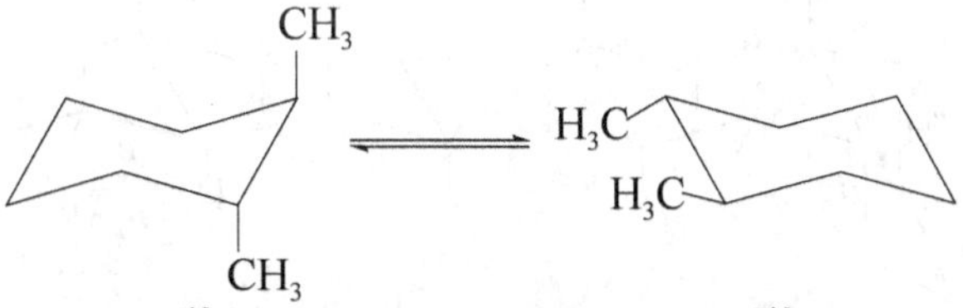

在顺式构型中,两个取代基都是分处在 a 键和 e 键上,并通过环的翻转相互转化,两种构象的能量相同。而在反式构型中,一种构象是两个甲基都处在 a 键上(称为 aa 型),另一种构象两个甲基都处在 e 键上(称为 ee 型),二者可以相互转化。与一取代环己烷的道理相同,ee 型构象比 aa 型构象要稳定。反式构型中的 ee 型也比顺式构型的 ae 型稳定,所以反-1,2-二甲基环己烷比顺-1,2-二甲基环己烷稳定。

同样道理,顺-1,3-二甲基环己烷和反-1,4-二甲基环己烷中,ee 型构象比 aa 型构象稳定。

在反-1-甲基-4-异丙基环己烷中,两个取代基不一样大。两种构象如下:

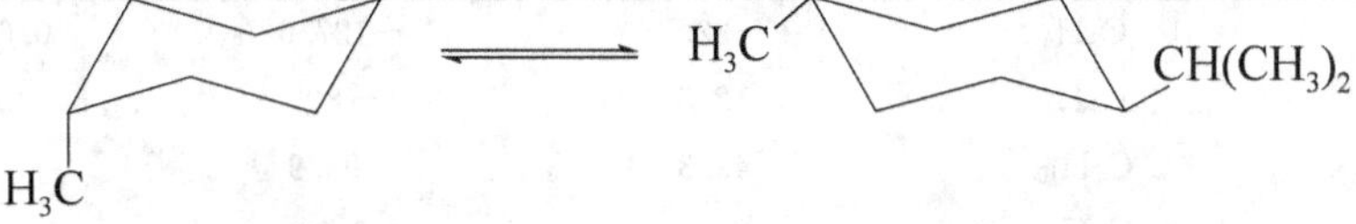

aa型　　　　　　ee型

ee 型比 aa 型构象稳定。在顺-1-甲基-4-异丙基环己烷中,异丙基处在 e 键上更稳定。

总而言之，在多取代的环己烷中，取代基在 e 键上越多的构象越稳定，且有不相同的取代基时，较大的取代基处在 e 键上的构象最稳定。

思考题 1-11 哪几方面的因素决定了环丙烷比其他环烷烃的内能要高？

思考题 1-12 写出下列化合物的优势构象：
(1) 顺-1-甲基-2-乙基环己烷　　(2) 反-1-甲基-3-异丙基环己烷
(3) 顺-1-甲基-4-叔丁基环己烷

（3）十氢化萘的构象

萘完全氢化以后得到十氢化萘。十氢化萘有顺反异构，顺和反十氢萘都由两个环己烷以椅式构象相互稠合而成。如果把一个环当作另一个环的取代基，则顺十氢萘两环以 ae 键相连，反十氢萘两环以 ee 键相连。显然，反十氢萘比顺十氢萘更稳定。

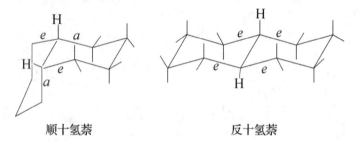

顺十氢萘　　　　　　　反十氢萘

三、环烷烃的物理性质

常温常压下，环丙烷、环丁烷为气体，环戊烷至环十一烷为液体，高级环烷烃为固体。由于环烷烃比相应的开链烷烃的对称性要高，同时，其键的旋转也受到较大的限制，因此环烷烃的沸点、熔点和相对密度比开链的烷烃高，但相对密度仍然小于 1，不溶于水，易溶于有机溶剂。表 1-4 是一些单环烷烃的物理性质。

表 1-4　一些单环烷烃的物理性质

名　称	分子式	沸点/℃	熔点/℃	相对密度 d_4^{20}
环丙烷	C_3H_6	−32.7	−127.6	0.680(−33 ℃)
环丁烷	C_4H_8	12.5	−80	0.703(0 ℃)
环戊烷	C_5H_{10}	49.3	−93.9	0.745 7
环己烷	C_6H_{12}	80.7	6.6	0.778 6
环庚烷	C_7H_{14}	118.5	−12.0	0.809 8
环辛烷	C_8H_{16}	150	14.3	0.834 9

四、环烷烃的化学性质

环烷烃的化学性质与烷烃类似，可发生氧化和取代反应，但由于碳环的存在，还具有一些与烷烃不同的特性。例如，三元和四元环烷烃由于分子中存在张力，所以化学性质上比较活泼，它们与烯烃相似，可以发生开环加成反应生成链状化合物。

1. 加成反应

环丙烷、环丁烷性质与烯烃相似，虽然没有双键，但可以发生开环加成反应，这是小环烷烃的特殊反应。

（1）催化加氢　在催化剂的作用下，环丙烷、环丁烷可以与氢发生开环加成反应，得到开链的烷烃。环戊烷也可以与氢发生开环加成，但需要的条件更强烈，环己烷及更高级的烷烃则很难发生反应。例如：

$$\triangle + H_2 \xrightarrow[80\ ℃]{Ni} CH_3CH_2CH_3$$

$$\square + H_2 \xrightarrow[200\ ℃]{Ni} CH_3CH_2CH_2CH_3$$

$$\pentagon + H_2 \xrightarrow[300\ ℃]{Ni} CH_3CH_2CH_2CH_2CH_3$$

由上述反应条件可以看出，环的大小不同，其稳定性也不相同。发生开环加成反应时，环烷烃的活性顺序是：三元环＞四元环＞五元环、六元环。

（2）与 X_2 的加成　环丙烷、环丁烷及其衍生物可以与溴发生开环加成反应，环戊烷及更大的环则很难与卤素发生开环反应，温度升高时则发生自由基取代反应。例如：

$$\triangle + Br_2 \xrightarrow{室温} BrCH_2CH_2CH_2Br$$

$$\square + Br_2 \xrightarrow{加热} BrCH_2CH_2CH_2CH_2Br$$

溴一般用其水溶液或四氯化碳溶液，呈红棕色，反应后红棕色褪去，所以可以用该反应进行小环烷烃的定性鉴定。

（3）与 HX 的加成　环丙烷及其烷基取代衍生物也容易与卤化氢发生开环加成反应。例如：

$$\triangle + HBr \longrightarrow CH_3CH_2CH_2Br$$

当环丙烷上带有烷基取代基时，与卤化氢发生开环加成反应的位置应在连接氢原子最多与连接氢原子最少的两个成环碳原子之间。加成时，卤素加到含氢较少的碳原子上，氢加到含氢较多的碳原子上（即遵循马氏规则）。例如：

$$\underset{\underset{CH_3}{|}}{\overset{H_3C\ \ \ \ CH_3}{\triangle}} + HBr \longrightarrow CH_3-\underset{\underset{Br}{|}}{\overset{\overset{CH_3}{|}}{C}}-\underset{\underset{CH_3}{|}}{CH}-CH_3$$

环丁烷及更大的环烷烃难与卤化氢发生开环加成反应。

2. 取代反应

在光或热的引发下，环烷烃与卤素作用，可以发生自由基取代反应，生成相应的卤代物。例如：

$$\text{环戊烷} + Br_2 \xrightarrow{300\ ℃} \text{环戊基溴} + HBr$$

$$\text{环己烷} + Cl_2 \xrightarrow{\text{紫外光}} \text{氯代环己烷} + HCl$$

3. 氧化反应

在常温下，环烷烃与一般的氧化剂如高锰酸钾水溶液或臭氧等不能发生反应，即使是环丙烷，也很稳定，因此，可以用高锰酸钾水溶液来鉴别烯烃和环烷烃。

强氧化剂在加热条件下或空气在催化剂存在下可以将环烷烃氧化，随着氧化条件的不同，氧化产物也各有不同。例如：

$$\text{环己烷} \xrightarrow[100\ ℃,1\ MPa]{\text{环烷酸钴}} \text{环己醇} + \text{环己酮}$$

$$\text{环己烷} \xrightarrow[90\ ℃\sim 120\ ℃]{60\%\ HNO_3} \text{己二酸}$$

己二酸是合成尼龙-66 的单体。

综上所述，环丙烷、环丁烷易发生加成反应，而环戊烷、环己烷及高级环烷烃易发生取代反应和氧化反应。它们的化学性质可概括为："小环似烯，大环似烷"。

思考题 1-13 用简明的化学方法区别化合物丙烷、环丙烷。

习　题

1. 用系统命名法命名下列化合物。

(1) $(CH_3)_2CHCH_2CH_2CH_3$　　(2) $(CH_3CH_2)_2CHCH_3$

(3) $(CH_3)_2CHCH(C_2H_5)C(CH_3)_3$　　(4) $(CH_3)_2CHCH_2CH(CH_3)_2$
　　　　　　　　　　　　　　　　　　　　　$|$
　　　　　　　　　　　　　　　　　　　　　C_2H_5

(5) 环上甲基取代　(6) 环己烷取代　(7) 双环取代

(8) 环己基环丙烷　(9) $(H_5C_2)_2C[(CH(CH_3)_2)][C(CH_3)_3]$　(10) 螺环化合物

2. 写出下列化合物的结构式。

(1) 新己烷　　　　　　　　　　(2) 异戊烷

(3) 2,3,4-三甲基-3-乙基戊烷　　(4) 3-甲基-4-乙基壬烷

(5) 顺-1-甲基-4-叔丁基环己烷　 (6) 反-1-甲基-2-溴环戊烷

(7) 反-1,2-二甲基环丙烷　　　　(8) 二环[3.1.1]庚烷

3. 写出 C_6H_{14} 的所有异构体,并用系统命名法命名。

4. 写出下列基团的结构。
(1) 乙基　(2) 异丙基　(3) 叔丁基　(4) 甲基自由基
(5) 仲丁基自由基　(6) 叔丁基自由基　(7) 正丙基自由基

5. 写出符合下列条件的烷烃的结构。
(1) 没有仲碳原子的开链戊烷　(2) 有 2 个叔碳原子的开链己烷
(3) 没有叔碳原子的开链戊烷　(4) 有 1 个季碳原子的开链庚烷
(5) 有 3 个伯碳原子的开链戊烷

6. 将下列化合物的沸点由高到低排列成序。
(1) 2-甲基己烷　(2) 正庚烷　(3) 3,3-二甲基戊烷　(4) 正戊烷

7. 排列下列自由基的稳定性顺序。
(1) $\dot{C}H_3$　(2) $CH_3-\underset{\underset{CH_3}{|}}{\overset{\cdot}{C}}-CH_3$　(3) $CH_3CH_2\dot{C}H_2$　(4) $CH_3\dot{C}HCH_2CH_3$

8. 画出 2,3-二甲基丁烷的几个极限构象式,并指出哪个是优势构象。

9. 画出顺-1-甲基-2-叔丁基环己烷和反-1-甲基-2-异丙基环己烷的优势构象式。

10. 完成下列反应式:

(1) □ + Br_2 $\xrightarrow{\text{室温}}$

(2) ○ + Cl_2 $\xrightarrow{\text{光照}}$

(3) △ $\begin{array}{l} \xrightarrow{Br_2} \\ \xrightarrow{H_2/Ni} \\ \xrightarrow{HBr} \end{array}$

(4) $(CH_3)_3C-C(CH_3)_3 + Cl_2 \xrightarrow{\text{光照}}$

第2章 不饱和烃

分子中含有碳碳双键或碳碳三键的碳氢化合物称为不饱和烃。分子中含有碳碳双键的烃称为烯烃,根据所含碳碳双键的数目的不同,烯烃又可分为单烯烃、二烯烃、多烯烃;分子中含有碳碳三键的烃称为炔烃。碳碳双键和碳碳三键分别是烯烃和炔烃的官能团。

第1节 单烯烃

分子中只含有一个碳碳双键的烃称为单烯烃,通式为 C_nH_{2n}。含有相同碳原子数目的单烯烃与单环烷烃是同分异构体。

一、烯烃的异构和命名

1. 烯烃的异构

烯烃的异构现象比较复杂,既具有碳链不同和官能团位置不同而产生的构造异构,又可能具有由于 C=C 双键不能旋转而产生的构型异构——顺反异构。

(1) 构造异构 分子中碳原子以不同的方式或次序连接,形成碳链异构。例如,丁烯有两种碳链异构体:

$$H_2C=CHCH_2CH_3 \qquad H_2C=C(CH_3)CH_3$$
$$\text{1-丁烯} \qquad\qquad \text{2-甲基丙烯}$$

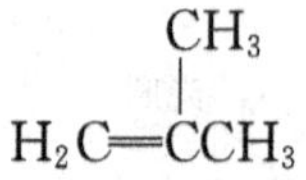

碳链相同的烯烃由于双键位置不同,形成位置异构。例如:

$$CH_3CH_2CH=CH_2 \qquad CH_3CH=CHCH_3$$
$$\text{1-丁烯} \qquad\qquad \text{2-丁烯}$$

(2) 构型异构 由于双键不能自由旋转,当两个双键碳原子都连有两个不同的原子或基团时,就可能产生两种不同的空间排布方式。例如:

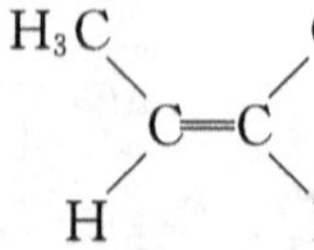

顺-2-丁烯 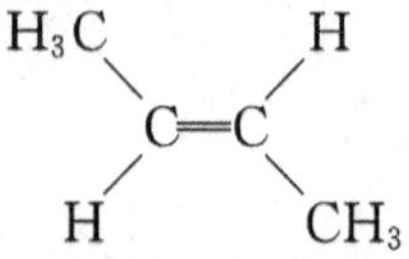　　　反-2-丁烯

这两个异构体的分子式和结构式均相同,二者的区别仅在于原子或基团在空间的排列方式不同。两个相同的原子或基团(如两个氢原子或两个甲基)在双键同一侧的称为顺式,在异

侧的称为反式。将烯烃这种由于分子中原子或基团在空间的排列方式不同而产生的异构现象，称为顺反异构，也称几何异构。顺反异构是立体异构的一种。

但是，并不是所有的烯烃都具有顺反异构，产生顺反异构现象必须具备两个条件：
① 分子中有限制自由转动的因素，如碳碳双键；
② 双键两端碳原子必须和两个不同的原子或基团相连。即

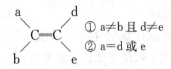

2. 烯烃命名

简单的单烯烃可以按普通命名法命名，例如：

$$H_2C=CH_2 \quad H_2C=CHCH_3 \quad H_2C=C(CH_3)CH_3$$

乙烯　　　　丙烯　　　　　异丁烯

烯烃的系统命名法基本上与烷烃的相似，其要点如下：

① 选择含有双键的最长碳链作为主链，根据主链中所含碳原子的数目称为"某烯"。主链碳原子数在十以内时用天干表示，例如主链含有三个碳原子时，即称为丙烯；在十以上时，用中文字十一、十二、……表示，并在烯之前加上"碳"字，例如十二碳烯。

② 给主链编号时，从距离双键最近的一端开始，侧链视为取代基，双键的位次须标明，用两个双键碳原子位次较小的一个表示，放在烯烃名称的前面。

③ 其他与烷烃的命名规则相同。

$$\underset{\text{3,3-二甲基-1-戊烯}}{CH_3CH_2C(CH_3)_2CH=CH_2} \quad \underset{\text{3,5-二甲基-2-己烯}}{CH_3CH(CH_3)CH_2CH(CH_3)CH=CHCH_3} \quad \underset{\text{3-甲基-2-乙基-1-丁烯}}{CH_3CH(CH_3)CH(C_2H_5)C=CH_2}$$

思考题 2-1　写出分子式为 C_6H_{12} 的烯烃的各种构造异构体，并命名。

具有顺反异构体的烯烃，可以采用顺/反异构命名法和 Z/E 命名法。

(1) 顺/反异构命名法　当两个双键碳上连有两个相同的原子或基团时，可用顺反命名法命名。两个相同的原子或基团处于双键的同侧，称为顺式，反之称为反式。书写时，在系统命名的名称前面加上顺或反，并用短线与烯烃名称隔开。例如：

$$\underset{\text{反-2-戊烯}}{\begin{matrix}H_3C\\H\end{matrix}C=C\begin{matrix}H\\CH_2CH_3\end{matrix}} \quad \underset{\text{顺-2-戊烯}}{\begin{matrix}H\\H_3C\end{matrix}C=C\begin{matrix}H\\CH_2CH_3\end{matrix}}$$

(2) Z/E 命名法　在烯烃的顺反异构体中,若两个双键碳原子上连接四个不同的原子或基团,则不能用顺反命名法命名,而应采用 Z/E 命名法。例如：

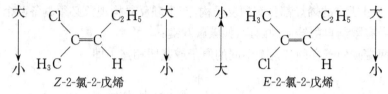

用 Z/E 命名法时,首先根据"次序规则"将每个双键碳原子上所连的两个原子或基团排出优先次序,大者称为较优基团。当两个较优基团位于双键的同一侧时,称为 Z 式(德文 Zusammen,同侧之义);当两个较优基团位于双键的异侧时,称为 E 式(德文 Entgegen,相反之义)。书写时,将(Z 或 E)放在烯烃名称之前,并用半字线与烯烃名称相连。

Z/E 命名法适用于所有烯烃的顺反异构体的命名,它和顺反命名法所依据的规则不同,彼此之间没有必然的联系。顺式可以是 Z,也可以是 E,反之亦然。例如：

顺-2-戊烯　　　　　顺-3-甲基-2-戊烯
Z-2-戊烯　　　　　E-3-甲基-2-戊烯

3. 重要的烯基

烯烃分子去掉一个氢原子后剩下的一价基团称为某烯基,烯基的编号自去掉氢原子的碳原子开始。重要的烯基有：

$H_2C=CH-$　　　$CH_3CH=CH-$　　　$CH_2=CHCH_2-$
乙烯基　　　　1-丙烯基(丙烯基)　　　2-丙烯基(烯丙基)

二、烯烃的结构

烯烃结构的特点是分子中含有 C=C,乙烯是最简单的烯烃,现以乙烯为例讨论烯烃的结构。

乙烯的分子式 C_2H_4,构造式为 $H_2C=CH_2$。现代物理方法证明：乙烯分子中的两个碳原子和四个氢原子都在同一平面上,相邻键之间的夹角约为 120°,碳碳双键的键长是 0.134 nm,碳氢键的键长 0.109 7 nm。根据杂化轨道理论,乙烯分子中的碳原子以 sp^2 杂化方式参与成键。这三个 sp^2 杂化轨道处于同一平面,互成 120°。两个碳原子各用一个 sp^2 轨道相互结合,形成一个 sp^2-sp^2 C—C σ 键,每个碳原子的其余两个 sp^2 轨道分别与氢原子的 1s 轨道重叠,形成四个 sp^2-s C—H σ 键,这样形成的五个 σ 键都在同一个平面上。每个碳原子上还有一个未参与杂化的 2p 轨道,其对称轴垂直于五个 σ 键所在的平面,且相互平行,肩并肩重叠形成 π 键,π 键电子云对称分布在分子平面的上方和下方,如图 2-1 所示。

因此,烯烃的双键是由一个 σ 键和一个 π 键组成的。

由于 π 键的形成,以双键相连的两个碳原子之间不能再以 C—C σ 键为轴"自由旋转",否则 π 键将被破坏。两个碳原子之间增加了一个 π 键,所以双键碳原子核比单键碳原子核更为靠近,其键长(0.134 nm)比乙烷中的 C—C σ 键的键长(0.154 nm)要短,碳碳双键的键能(611 kJ/mol)也比碳碳单键键能(347 kJ/mol)要大,但不是单键键能的两倍。π 键的键能为 611－347＝264 (kJ/mol),所以 π 键不如 C—C σ 键稳定,比较容易断裂。

为了书写方便,双键一般用两条短线表示,一条代表 σ 键,另一条代表 π 键。乙烯的立体模型如图 2-2 所示。

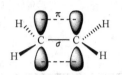

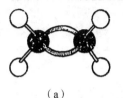

图 2-1 乙烯分子中的 σ 键和 π 键

图 2-2 乙烯的立体模型示意图
(a) Kekule 模型;(b) Stuart 模型

思考题 2-2 判断下列化合物有无顺反异构体,若有,写出其构型式并用 Z/E 命名法命名:
(1) 2-甲基-2-己烯　(2) 3-己烯　(3) 3-甲基-4-异丙基-3-庚烯

三、烯烃的物理性质

烯烃在常温常压下的状态、沸点和熔点等都和烷烃的相似。含 2~4 个碳原子的烯烃为气体,含 5~18 个碳原子的为液体,19 个碳原子以上的为固体。它们的沸点、熔点和相对密度都随相对分子质量的增加而递升,同碳原子的末端双键烯烃的沸点略低于双键位置在碳链中间的异构体,直链烯烃的沸点略高于支链异构体。一般而言,与反式异构体相比,顺式异构体具有较高的沸点和较低的熔点。烯烃的相对密度都小于 1,都是无色物质,不溶于水,易溶于非极性和弱极性的有机溶剂,如石油醚、乙醚、四氯化碳等。一些烯烃的物理常数见表 2-1。

表 2-1 一些烯烃的物理常数

名　称	熔点/℃	沸点/℃	相对密度 d_4^{20}
乙烯	−169.2	−103.7	0.384 0^{−10}
丙烯	−185.2	−47.4	0.519 3
1-丁烯	−185.4	−6.3	0.595 1
顺-2-丁烯	−138.9	3.7	0.621 3
反-2-丁烯	−106.5	0.88	0.604 2
异丁烯	−140.4	−6.9	0.590 2
1-戊烯	−138.0	30.0	0.640 5
顺-2-戊烯	−151.4	36.9	0.655 6
反-2-戊烯	−136.0	36.4	0.648 2
2-甲基-1-丁烯	−137.6	31.1	0.650 4
3-甲基-1-丁烯	−168.5	20.7	0.627 2
2-甲基-2-丁烯	−133.8	38.5	0.662 3
1-己烯	−139.8	63.4	0.673 1

续表

名　称	熔点/℃	沸点/℃	相对密度 d_4^{20}
2,3-二甲基-2-丁烯	−74.3	73.2	0.708 0
1-庚烯	−119.0	93.6	0.697 0
1-辛烯	−101.7	121.3	0.714 9
1-壬烯		146.0	0.730 0
1-癸烯	−66.3	170.3	0.740 8

四、烯烃的化学性质

单烯烃的化学性质与烷烃的不同，它很活泼，主要原因是分子中存在碳碳双键。双键中的 π 键不牢固，易断裂，发生加成、氧化、聚合等反应。受碳碳双键的影响，与双键碳相邻的碳原子上的氢(称为 α-H 原子)也表现出一定的活泼性。

单烯烃的主要化学反应如下：

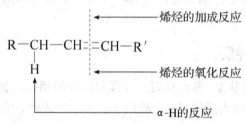

1. 烯烃的亲电加成

加成反应是烯烃最典型的反应。在反应中，π 键断开，双键上的两个碳原子和其他原子或基团结合，形成两个较强的 σ 键，这类反应称为加成反应。

$$\text{C=C} + X-Y \longrightarrow \overset{X\ \ Y}{\underset{}{\text{C}-\text{C}}}$$

从反应历程来判断，烯烃的加成反应大多属于亲电加成反应。凡是由亲电试剂进攻而引发的反应，都称为亲电反应。如果这个反应是加成反应，则称为亲电加成反应。具有亲电性能的试剂称为亲电试剂，其特点是带有正电荷或部分正电荷的缺电子试剂，烯烃主要的亲电加成试剂有 H^+、X^+ 等。

(1) 与 X_2 的加成　烯烃能与卤素发生加成反应，生成邻二卤化物，不同的卤素反应活性不同。卤素反应活性顺序是：$F_2 > Cl_2 > Br_2 > I_2$，F_2 的加成过于剧烈而难以控制，I_2 的加成则比较困难(Br_2 比 I_2 快 10^4 倍)，因此常用溴和氯与烯烃发生加成反应。

例如，将烯烃气体通入溴的四氯化碳溶液后，溴的红棕色很快褪色，表明发生了加成反应。在实验室里常利用这个反应来检验烯烃的存在。

$$CH_2=CH_2 + Br_2 \xrightarrow{CCl_4} BrCH_2CH_2Br$$

下面以乙烯和溴的加成反应为例，来说明烯烃和卤素加成的反应历程。

研究发现，当把干燥的乙烯通入溴的无水四氯化碳溶液中(置于玻璃容器中)时，不易发生反应，若置于涂有石蜡的玻璃容器中时，则更难反应。但当加入少量水时，就容易发生反应，溴水的颜色褪去,这说明溴与乙烯的加成反应是受极性物质如水、玻璃(弱碱性)影响的。还发现,当乙烯和溴分别在溴水溶液、氯化钠的水溶液中进行加成时,除生成1,2-二溴乙烷外,还分别生成 2-溴乙醇、1-氯-2-溴乙烷,说明在反应过程中 Cl^- 和 H_2O 参与反应。

根据这些事实可以推测,卤素与烯烃的加成反应是分步进行的离子型反应。第一步是乙烯双键受极性物质的影响,使 π 电子云发生极化。同样,Br_2 在接近双键时,在 π 电子的影响下也会发生极化,被极化的溴分子中带部分正电荷的一端向乙烯中的 π 键进攻,形成环状溴鎓离子中间体:

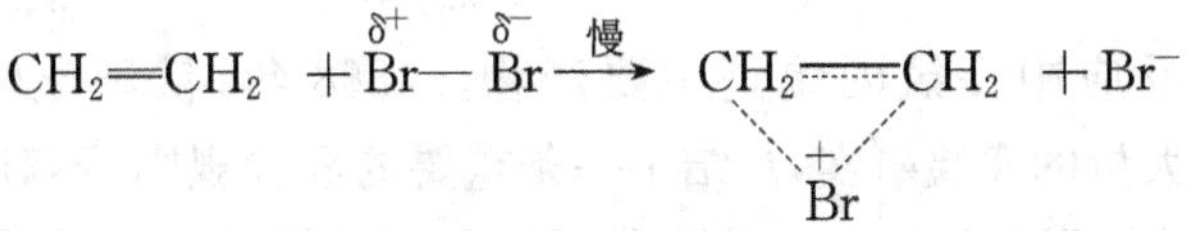

$$CH_2=CH_2 + \overset{\delta+}{Br}-\overset{\delta-}{Br} \xrightarrow{慢} CH_2\underset{\underset{Br}{+}}{\text{------}}CH_2 + Br^-$$

在这步反应中,由于 π 键的断裂和溴分子中 σ 键的断裂都需要一定的能量,因此反应速度较慢,是决定加成反应速度的一步。

第二步,溴负离子或氯负离子、水分子进攻溴鎓离子生成产物。这一步反应是离子之间的反应,反应速度较快。

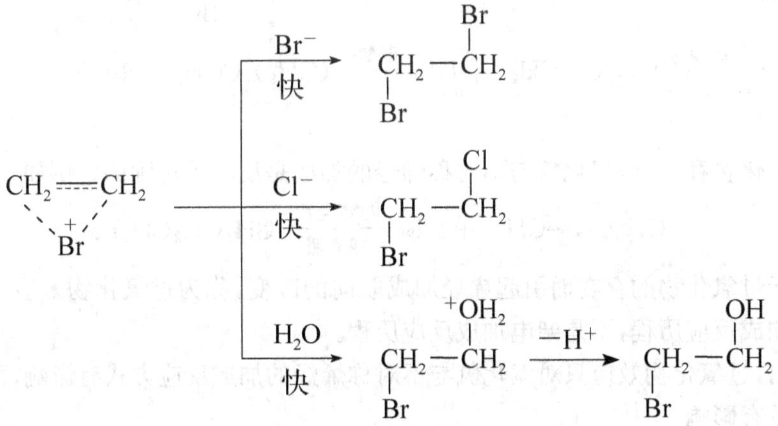

上面的加成反应实质上是亲电试剂 Br^+ 首先对 π 键的进攻引起的加成反应,因此称为亲电加成反应。

(2) 与 HX 的加成　烯烃与卤化氢气体或浓的氢卤酸溶液反应,生成相应的卤代烷烃。例如:

$$CH_2=CH_2 + HX \longrightarrow CH_3CH_2X$$

不同卤化氢与相同的烯烃进行加成,反应活性顺序为:HI>HBr>HCl,氟化氢一般不与烯烃加成。

烯烃与卤化氢的加成反应历程和烯烃与卤素的加成相似,也是分步进行的亲电加成反应。不同的是第一步进攻的是 H^+,且不生成溴鎓离子,而生成碳正离子中间体,而后 X^- 进攻碳正离子生成产物。反应历程如下:

第一步　$\overset{\delta+}{C}=\overset{\delta+}{C} + \overset{\delta+}{H}-\overset{\delta-}{X} \xrightarrow{慢} -\overset{|}{\underset{|}{C}}-\overset{|}{\underset{+}{C}}- + X^-$

碳正离子

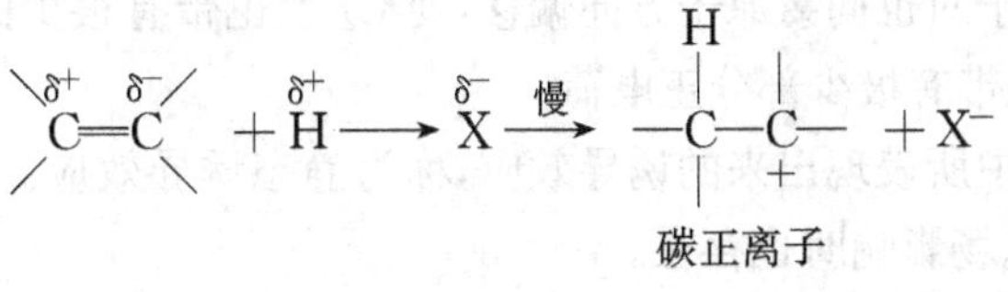

第二步 $\quad\overset{|\ |}{\underset{H}{-C-C+}} + X^- \xrightarrow{快} \overset{|\ |}{\underset{H\ \ X}{-C-C-}}$

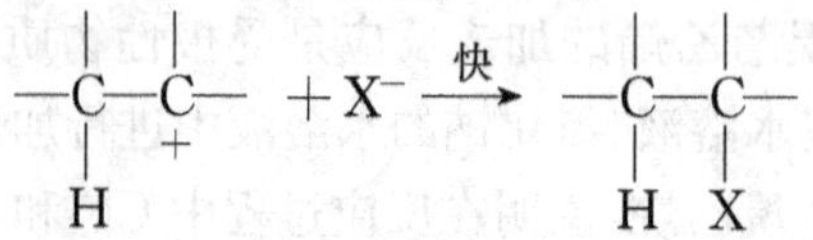

当不对称的烯烃与卤化氢加成时,生成两种不同的产物,其中一种为主要产物。例如:

$$CH_3CH=CH_2 + HCl \longrightarrow CH_3\underset{Cl}{\overset{|}{C}}HCH_3 + CH_3CH_2CH_2Cl$$
$$\qquad\qquad\qquad\qquad\qquad\qquad\text{2-氯丙烷}\qquad\quad\text{1-氯丙烷}$$

实验证明,上述反应中 2-氯丙烷是主要产物。1868 年,俄国化学家马尔科夫尼科夫(Markovnikov)根据大量的实验事实,总结了一条重要的经验规则:不对称烯烃与 HX 发生加成反应时,氢原子总是加到含氢较多的双键碳原子上,卤原子加在含氢较少的双键碳原子上。这个规则称为马尔科夫尼科夫规则,简称马氏规则。应用马氏规则可以预测不对称烯烃与不对称试剂加成时的主要产物。例如:

$$CH_3CH_2CH=CH_2 + HBr \xrightarrow{醋酸} CH_3CH_2\underset{Br}{\overset{|}{C}}HCH_3 \quad 80\%$$

$$(CH_3)_2C=CH_2 + HBr \xrightarrow{醋酸} (CH_3)_2\underset{Br}{\overset{|}{C}}CH_3 \quad 100\%$$

但在过氧化物存在下,溴化氢与不对称烯烃的加成是反马氏规则的。例如:

$$CH_3CH=CH_2 + HBr \xrightarrow[\text{或光照}]{\text{过氧化物}} CH_3CH_2CH_2Br$$

这种由于过氧化物的存在而引起烯烃加成取向的改变,称为过氧化物效应。该反应的历程是自由基加成反应历程,不是亲电加成反应历程。

必须指出,过氧化物效应只对溴化氢与不对称烯烃的加成反应方式有影响,而对其他卤化氢的加成则没有影响。

马氏规则是由实验总结出来的,它也可以通过以下理论进行解释。

1) 诱导效应

① 诱导效应含义　由于成键原子的电负性不同,当它们之间形成共价键时,共用电子对会偏向电负性大的原子,使共价键产生极性,而且这个键的极性可以通过静电作用力沿着碳链在分子内传递,使分子中成键电子云向某一方向发生偏移,这种效应称为诱导效应,用符号 I 表示。"$\longrightarrow$"表示电子云偏移的方向。例如,在 1-氯丁烷分子中:

$$\overset{\delta^+\delta^+\delta^+\delta^+}{\underset{4}{CH_3}} \longrightarrow \overset{\delta^+\delta^+\delta^+}{\underset{3}{CH_2}} \longrightarrow \overset{\delta^+\delta^+}{\underset{2}{CH_2}} \longrightarrow \overset{\delta^+}{\underset{1}{CH_2}} \longrightarrow \overset{\delta^-}{Cl}$$

由于氯的电负性比碳的大,使 C—Cl 键的共用电子对向氯原子偏移,如图中箭头所指。因此氯原子带部分负电荷(δ^-),C_1 带部分正电荷(δ^+)。在静电引力作用下,相邻 C—C 键本来对称共用的电子对也向氯原子方向偏移,使 C_2 上也带有很少的正电荷,同样依次影响的结果,C_3 和 C_4 上也带有极少部分正电荷。

分子在静态中所表现出来的诱导效应,称为静态诱导效应。它是分子在静止状态的固有性质,没有外界电场影响时也存在。

在化学反应中,分子在受外电场的影响或在反应时受极性试剂进攻的影响而引起的电子云分布的改变,称为动态诱导效应。

② **吸电子基、供电子基** 诱导效应的强度由原子或基团的电负性决定,一般以氢原子作为比较基准。比氢原子电负性大的原子或基团表现出吸电性,称为吸电子基,具有吸电诱导效应,用-I表示;比氢原子电负性小的原子或基团表现出供电性,称为供电子基,具有供电诱导效应,用+I表示。

$$\underset{-I效应}{-\overset{|}{\underset{|}{C}}\rightarrow G} \quad \underset{比较标准}{-\overset{|}{\underset{|}{C}}-H} \quad \underset{+I效应}{-\overset{|}{\underset{|}{C}}\leftarrow G}$$

常见原子或基团的诱导效应强弱次序为:

吸电诱导效应(-I):$-NO_2>-COOH>-F>-Cl>-Br>-I>-OH$

供电诱导效应(+I):$(CH_3)_3C->(CH_3)_2CH->CH_3CH_2->CH_3-$

③ **诱导效应特点** 诱导效应沿着碳链传递,迅速减弱或消失。诱导效应在一个σ体系传递时,一般认为每经过一个碳原子,即降低为原来的1/3,经过三个原子以后,影响就很小了,超过五个原子后便可忽略不计。诱导效应具有叠加性,当几个原子或基团同时对某一键产生诱导效应时,方向相同,效应相加;方向相反,效应相减。此外,诱导效应沿单键传递时,只涉及电子云密度分布的改变,共用电子对并不完全转移到另一原子上。

诱导效应对于理解很多化学反应都是有帮助的。马氏规则很容易由诱导效应得到解释。例如,当丙烯与HBr加成时,丙烯分子中的甲基是一个供电子基,结果使双键上的π电子云发生偏移,导致含氢原子较少的双键碳原子带部分正电荷(δ^+),含氢原子较多的双键碳原子则带部分负电荷(δ^-)。加成时,进攻试剂HBr分子中带正电荷的H^+首先加到带负电荷的(即含氢较多的)双键碳原子上,然后,Br^-才加到另一个双键碳上,产物符合马氏规则。

$$CH_3\longrightarrow \overset{\delta^+}{CH}\overset{\delta^-}{=\!=\!=}CH_2+H-Br\longrightarrow [CH_3-\overset{+}{CH}-CH_3]\xrightarrow{Br^-} CH_3\overset{Br}{\overset{|}{CH}}CH_3$$

2) **碳正离子稳定性** 根据诱导效应还可以判断反应过程中生成的活性中间体碳正离子的稳定性,进而解释马氏规则。例如,2-甲基丙烯和HBr加成,第一步反应生成的碳正离子中间体有两种可能:

$$(CH_3)_2C=CH_2+HBr\longrightarrow \begin{cases} CH_3-\overset{\overset{CH_3}{|}}{CH}-\overset{+}{CH_2} & (Ⅰ)\\ \\ CH_3-\overset{\overset{CH_3}{|}}{\underset{\underset{CH_3}{|}}{\overset{+}{C}}} & (Ⅱ) \end{cases}$$

究竟生成哪一种碳正离子,这取决于碳正离子的相对稳定性。

根据物理学上的规律,一个带电体系的稳定性取决于所带电荷的分散程度,电荷越分散,体系能量越低,因而越稳定。由于烷基是供电子基团,表现出供电诱导效应,所以碳正离子上连接的烷基越多,正电荷的分散程度越大,碳正离子的稳定性越高。一般烷基碳正离子的稳定性次序为：

$$叔碳正离子 > 仲碳正离子 > 伯碳正离子 > 甲基碳正离子$$

根据碳正离子的稳定性次序，碳正离子（Ⅱ）比（Ⅰ）稳定，所以碳正离子（Ⅱ）为该加成反应的主要中间体。（Ⅱ）一旦生成，很快与 Br^- 结合，生成 2-溴-2-甲基丙烷，符合马氏规则。

(3) 与 H_2SO_4 的加成　烯烃与冷的浓硫酸混合，反应生成硫酸氢酯，硫酸氢酯水解生成相应的醇。不对称烯烃与硫酸的加成反应遵从马氏规则。例如：

$$CH_2\!=\!CH_2 + HOSO_3H \longrightarrow CH_3CH_2OSO_3H \xrightarrow[\triangle]{H_2O} CH_3CH_2OH + H_2SO_4$$

$$CH_3CH_2CH\!=\!CH_2 + HOSO_3H \longrightarrow CH_3CH_2\underset{OSO_3H}{CHCH_3} \xrightarrow[\triangle]{H_2O} CH_3CH_2\underset{OH}{CHCH_3} + H_2SO_4$$

这是工业上用来制备醇的方法之一。同时，由于硫酸氢酯能溶于浓硫酸，因此可用来提纯某些化合物。例如，烷烃一般不与浓硫酸反应，也不溶于硫酸，用冷的浓硫酸洗涤烷烃和烯烃的混合物可以除去烷烃中的烯烃。

(4) 与 H_2O 的加成　在酸（常用硫酸或磷酸）催化下，烯烃与水直接加成生成醇。不对称烯烃与水的加成反应也遵从马氏规则。例如：

$$H_2C\!=\!CH_2 + HOH \xrightarrow[300\ ℃,7\ MPa]{H_3PO_4/硅藻土} CH_3CH_2OH$$

$$CH_3\!-\!CH\!=\!CH_2 + HOH \xrightarrow[200\ ℃,2\ MPa]{H_3PO_4/硅藻土} CH_3\underset{OH}{CHCH_3}$$

这也是醇的工业制法之一，称为直接水合法。

(5) 与 HOX 的加成　烯烃与卤素（氯或溴）的水溶液发生加成反应，生成卤代醇。若为不对称烯烃与次卤酸加成，其主要产物是带正电的卤素离子加到连有较多氢原子的双键碳上，羟基则加到连有较少氢原子的双键碳上。例如：

$$(CH_3)_2C\!=\!CH_2 + HOBr \longrightarrow CH_3\!-\!\underset{OH}{\overset{CH_3}{C}}\!-\!CH_2Br$$

思考题 2-3　完成下列反应：

(1) $(CH_3)_2C\!=\!CH_2 + HBr \longrightarrow$

(2) $(CH_3)_2C\!=\!CHCH_3 + HBr \xrightarrow{过氧化物}$

(3) ![环戊烯基] $+ H_2O \xrightarrow{H_2SO_4}$

思考题 2-4　写出丙烯与溴的氯化钠水溶液反应的方程式及反应历程。

2. 氧化反应

烯烃容易被氧化，氧化产物与烯烃结构、氧化剂和氧化条件等有关。

(1) 彻底氧化　能将碳碳双键彻底氧化断裂成两部分的氧化剂有：

1) $KMnO_4/H^+$ 氧化　烯烃与酸性 $KMnO_4$ 溶液作用,得到碳碳双键断裂的氧化产物。根据烯烃结构的不同,分别生成二氧化碳、酮或羧酸。例如：

$$R-CH=CH_2 \xrightarrow[H_2SO_4]{KMnO_4} R-\underset{OH}{\underset{|}{C}}=O + O=\underset{OH}{\underset{|}{C}}-OH$$

羧酸　　　　　　　　　$\longrightarrow CO_2 + H_2O$

$$\underset{R'}{\overset{R}{\diagdown}}C=CH-R'' \xrightarrow[H_2SO_4]{KMnO_4} \underset{R'}{\overset{R}{\diagdown}}C=O + O=\underset{OH}{\underset{|}{C}}-R''$$

酮　　　　　羧酸

反应后高锰酸钾溶液的紫红色消失,现象明显,可用来检验烯烃。通过分析氧化得到的产物,可以推测原来烯烃的结构,酸性 $K_2Cr_2O_7$ 同样可用于检验烯烃。

2) 臭氧氧化　将含有 6%～8% 臭氧的氧气通入烯烃或烯烃的非水溶液中,能迅速生成糊状臭氧化合物,后者不稳定易爆炸,因此反应过程中不必把它从溶液中分离出来,可以直接在溶液中水解生成羧酸、酮或还原水解得到醛、酮。为防止产物醛被过氧化氢氧化,水解时通常加入还原剂(如锌粉)。例如：

$$\underset{R'}{\overset{R}{\diagdown}}C=CH-R'' \xrightarrow{O_3} \left[\underset{R'}{\overset{R}{\diagdown}}\underset{O-O}{\overset{O}{\underset{|}{C}}\diagup\overset{|}{\underset{H}{C}}}\diagdown\overset{R''}{\diagup}\right] \xrightarrow{Zn/H_2O} \underset{R'}{\overset{R}{\diagdown}}C=O + R''-\underset{H}{\underset{|}{C}}=O$$

臭氧化物　　　　　　　酮　　　醛

通过臭氧化和臭氧化物的还原水解,原来烯烃中的 $CH_2=$ 氧化成甲醛,$RCH=$ 氧化成醛 $(RCHO)$,$(R)R'C=$ 氧化成酮 $(RCOR')$。例如：

$$(CH_3)_2C=CHCH_3 \xrightarrow[\text{②}Zn/H_2O]{\text{①}O_3} CH_3COCH_3 + CH_3CHO$$

根据烯烃臭氧化所得到的产物,可以推测原来烯烃的结构。

(2) 部分氧化　能将烯烃部分氧化且仅断裂 π 键的氧化剂有：

1) $KMnO_4/OH^-$ 氧化　烯烃与冷的碱性 $KMnO_4$ 溶液或中性 $KMnO_4$ 溶液反应,在双键上引入两个羟基,生成邻二醇。反应过程中,高锰酸钾溶液的紫红色消失,并有棕褐色的二氧化锰沉淀生成。例如：

$$CH_3CH_2CH=CH_2 + KMnO_4 \xrightarrow[OH^-]{\text{冷}} CH_3CH_2\underset{OH}{\underset{|}{C}}H-\underset{OH}{\underset{|}{C}}H_2 + MnO_2\downarrow$$

这一反应常用于制备邻二醇化合物。

2) 空气催化氧化　将乙烯与空气或氧气混合,在银催化下,乙烯被氧化生成环氧乙烷,这是工业上生产环氧乙烷的主要方法。

$$CH_2=CH_2 + \frac{1}{2}O_2 \xrightarrow[250\ ℃]{Ag} H_2C\underset{O}{\overset{\diagup\diagdown}{-}}CH_2$$

环氧乙烷是重要的有机合成中间体,用它可以制造乙二醇、合成洗涤剂、乳化剂、抗冻剂、塑料等。

3) 过氧酸氧化　烯烃可以被有机过氧酸氧化,氧化产物称为环氧化物,这类反应称为环氧化反应。

使用环氧化剂氧化烯烃制备环氧化物,常用的过氧酸有过氧乙酸(CH_3CO_3H)、过氧苯甲酸($C_6H_5CO_3H$)、过氧三氟乙酸(F_3CCO_3H)等。

$$\underset{H}{\overset{H_3C}{\diagdown}}C=C\underset{H}{\overset{CH_2CH_3}{\diagup}} + CH_3\overset{O}{\overset{\|}{C}}-O-OH \longrightarrow \underset{H}{\overset{H_3C}{\diagdown}}\underset{O}{\overset{}{C-C}}\underset{H}{\overset{CH_2CH_3}{\diagup}} + CH_3COOH$$

环氧化反应是顺式加成,环氧化产物仍保留原来烯烃的构型。如环氧化反应体系中有大量的醋酸和水,环氧化物可进一步发生开环反应,生成羟基酯,后者水解得到羟基处于反式的邻二醇。

思考题 2-5　完成下列氧化反应:

$$(CH_3)_2C=CHCH_3 \xrightarrow{\begin{array}{c}①\ O_3\\②\ Zn/H_2O\end{array}} \\ \xrightarrow[H^+]{KMnO_4} \\ \xrightarrow[OH^-]{KMnO_4}$$

思考题 2-6　某化合物 A,经臭氧化、锌还原水解或用酸性 $KMnO_4$ 溶液氧化都得到相同的产物,A 的分子式为 C_7H_{14},推测其结构式。

3. 还原反应(催化加氢)

常温常压下,烯烃与氢气不发生加成反应,但在催化剂存在下,可与氢气加成生成相应的烷烃。例如:

$$R-CH=CH_2 + H_2 \xrightarrow{催化剂} R-CH_2CH_3$$

反应后,产物比反应物增加了氢原子,所以氢化反应是还原反应的一种形式。

在催化剂存在下,烯烃与氢气加成生成烷烃的反应,称为催化加氢(或称催化氢化)。使用催化剂可以降低活化能,使反应容易进行。常用催化剂为铂、钯、镍等。实验室常用活性较高的瑞利镍作催化剂。瑞利镍是用氢氧化钠处理铝镍合金,把铝溶去,得到具有高催化活性的镍粉,用它作催化剂。加氢反应可在室温下进行。

催化氢化反应历程可以认为是氢被吸附在催化剂表面上,烯烃与催化剂络合,氢分子在催化剂上发生键的断裂,形成活泼的氢原子;氢原子与双键的碳原子结合,还原成烷烃,脱离催化剂表面。

氢化反应是放热反应,1 mol 不饱和化合物氢化时放出的热量称为氢化热。每个双键的氢化热大约为 125 kJ/mol,可以通过测定不同烯烃的氢化热,比较烯烃的相对稳定性。例如:

$$\underset{H_3C}{\overset{H}{>}}C=C\underset{CH_3}{\overset{H}{<}} + H_2 \xrightarrow{Ni} CH_3CH_2CH_2CH_3 \quad \Delta H = -119.7 \text{ kJ} \cdot \text{mol}^{-1}$$

$$\underset{H}{\overset{H_3C}{>}}C=C\underset{H}{\overset{CH_3}{<}} + H_2 \xrightarrow{Ni} CH_3CH_2CH_2CH_3 \quad \Delta H = -115.5 \text{ kJ} \cdot \text{mol}^{-1}$$

从氢化热的数据可知反-2-丁烯更稳定。

烯烃的催化加氢在工业上和研究工作中具有重要意义,如油脂氢化制备硬化油、人造奶油等;为除去粗汽油中的少量烯烃杂质,可进行催化加氢反应,将少量烯烃还原为烷烃,从而提高油品的质量。催化加氢反应是定量进行的,根据吸收氢气的体积,确定分子中所含碳碳双键的数目。

4. α-H 原子的卤代

与双键碳直接相连的碳原子称为 α-C 原子,α-C 上的氢原子称为 α-H 原子。α-H 原子受双键的影响,具有比较活泼的性质。烯烃与卤素在室温下可发生双键的亲电加成反应,但在高温(500 ℃～600 ℃)时,则主要发生 α-H 原子被卤原子取代的反应。例如,丙烯与氯气在约 500 ℃时主要发生取代反应,生成 3-氯-1-丙烯。

$$CH_3CH=CH_2 + Cl_2 \xrightarrow{500\ ℃} ClCH_2CH=CH_2 + HCl$$

与烷烃的卤代反应相似,烯烃的 α-H 原子的卤代反应也是受光、高温、过氧化物(如过氧化苯甲酸)等的引发,进行自由基型取代反应。

这个反应是工业上生产 3-氯-1-丙烯的方法。3-氯-1-丙烯可用于制备甘油、环氧氯丙烷和树脂等。

如果用 N-溴代丁二酰亚胺(N-bromo succinimide,NBS)为溴化剂,在光或过氧化物作用下,则 α-溴代可以在较低温度下进行。例如:

$$CH_3CH=CH_2 + \underset{O}{\overset{O}{\underset{\|}{\bigcirc}}}\!\!\!N\!\!-\!\!Br \xrightarrow[CCl_4]{光} BrCH_2CH=CH_2 + \underset{O}{\overset{O}{\underset{\|}{\bigcirc}}}\!\!\!N\!\!-\!\!H$$

思考题 2-7 完成下列反应式:

(1) $CH_3CH=CHCH_3 \xrightarrow[\text{高温}]{Cl_2}$

(2) $CH_3CH=CHCH_3 \xrightarrow[\text{室温}]{Cl_2\text{-}CCl_4}$

(3) (环己烯)-$CH_3 \xrightarrow{NBS}$

5. 聚合反应

烯烃在催化剂或引发剂的作用下,π 键断裂,自发自由基加成,生成相对分子质量较高的聚合物的反应叫作聚合反应。反应中的烯烃分子称为单体,反应中生成的高分子化合物叫作聚合物。例如：

$$n\text{CH}_2=\text{CH}_2 \xrightarrow[60\ ℃\sim 65\ ℃, 0.1\sim 1\ \text{MPa}]{\text{TiCl}_4\text{-Al}(\text{C}_2\text{H}_5)_3} \text{[CH}_2-\text{CH}_2\text{]}_n$$
聚乙烯

很多高分子聚合物均有广泛的用途，如聚乙烯无毒、耐酸、耐碱、抗腐蚀，广泛用于食品包装。如果加入适当的添加剂，加工成型，可成为常用的聚乙烯塑料制品。聚氯乙烯用作管材、板材等；聚1-丁烯用作工程塑料；聚四氟乙烯称为塑料王，广泛用于电绝缘材料、耐腐蚀材料和耐高温材料等。

第2节 炔 烃

分子中含有碳碳三键的烃称为炔烃，通式为 C_nH_{2n-2}。含有相同碳原子数目的炔烃与二烯烃是同分异构体。

一、炔烃的异构和命名

炔烃的同分异构现象比烯烃的简单，只有碳链异构和位置异构，无顺反异构体存在。炔烃的系统命名法与烯烃的相似，只是将"烯"字改为"炔"字。例如：

$$\text{CH}_3\text{CH}_2\text{CH}_2\text{C}\equiv\text{CH} \qquad \text{CH}_3-\text{C}\equiv\text{C}-\overset{\text{CH}_3}{\underset{\text{H}}{\text{C}}}-\text{CH}_3 \qquad \text{H}_3\text{C}-\overset{\text{CH}_3}{\underset{\text{CH}_3}{\text{C}}}-\text{C}\equiv\text{C}-\overset{\text{CH}_3}{\underset{\text{H}}{\text{C}}}-\text{CH}_3$$

1-戊炔　　　　　　4-甲基-2-戊炔　　　　　　2,2,5-三甲基-3-己炔

此外，分子中同时含有双键和三键的化合物，称为烯炔类化合物。命名时，选择包括双键和三键在内的最长碳链为主链，编号时应遵循最低系列原则，书写时先烯后炔。当双键和三键等距离时，编号应从双键一端编起。例如：

$$\text{CH}_2=\text{CH}-\text{CH}_2-\text{C}\equiv\text{CH} \qquad \text{CH}_3\text{CH}_2\text{CH}=\text{CH}-\text{C}\equiv\text{CH}$$

1-戊烯-4-炔　　　　　　　　　3-己烯-1-炔

炔烃分子去掉一个氢原子后剩下的基团称为"某炔基"。炔基的编号自去掉氢原子的碳原子开始。例如：

$$\text{CH}\equiv\text{C}- \qquad \text{CH}_3\text{C}\equiv\text{C}- \qquad \text{CH}\equiv\text{CCH}_2-$$

乙炔基　　　　1-丙炔基　　　　2-丙炔基

二、炔烃的结构

乙炔是最简单的炔烃，分子式是 C_2H_2，构造式为 $CH\equiv CH$。由现代物理方法测得，乙炔分子中四个原子排列在一条直线上，键角为180°，键长为0.120 nm。根据杂化轨道理论，乙炔分子中的碳原子以 sp 杂化方式参与成键。两个碳原子各以一个 sp 杂化轨道互相重叠构成一个 C—C σ键，每个碳原子又各以一个 sp 杂化轨道与一个氢原子的 1s 轨道重叠，各形成一个 C—H σ键。此外，两个碳原子还各有两个相互垂直的未杂化的 2p 轨道，其对称轴彼此平行，相互"肩并肩"重叠形成两个相互垂直的 π 键，从而构成碳碳三键。两个 π 键电子云以

C—C σ 键轴为对称轴呈圆筒状对称分布,如图 2-3 所示。

其他炔烃中的三键也都由一个 σ 键和两个 π 键组成的。

由于两个三键碳原子核之间的电子云密度较大,使两个碳原子核较乙烯更为靠近,因此其键长(0.120 nm)比乙烯中的碳碳双键的键长(0.134 nm)要短。但碳碳三键键能只有 836.8 kJ/mol,比三个 C—C σ 键的键能(347 kJ/mol×3)小,这主要是因为 p 轨道是侧面重叠,重叠程度较小。

乙炔分子的立体模型如图 2-4 所示。

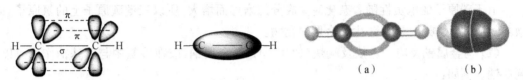

图 2-3　乙炔分子中 π 键的形成及电子云分布

图 2-4　乙炔的结构
(a) Kekule 模型;(b) Stuart 模型

三、炔烃的物理性质

简单炔烃的沸点、熔点以及相对密度一般比碳原子数相同的烷烃和烯烃高一些,这是由于炔烃分子较短小、细长,在液态和固态中,分子可以彼此靠得很近,分子间的范德华力很强。炔烃分子的极性比烯烃的略强,不易溶于水,易溶于石油醚、乙醚、苯、四氯化碳等有机溶剂中。一些炔烃的物理常数见表 2-2。

表 2-2　部分炔烃的物理常数

名称	熔点/℃	沸点/℃	相对密度 d_4^{20}	折射率 n_D^{20}
乙炔	−80.8	−84	0.618 1(−32 ℃)	1.000 5(0 ℃)
丙炔	−101.5	−23.2	0.706 2(−50 ℃)	1.386 3(−40 ℃)
1-丁炔	−125.7	8.1	0.678 4(0 ℃)	1.396 2
2-丁炔	−32.3	27.2	0.691 0	1.392 1
1-戊炔	−90	40.2	0.690 1	1.385 2
2-戊炔	−101	56.1	0.710 7	1.403 9
3-甲基-1-丁炔	−89.7	29.3	0.666 0	1.372 3
1-己炔	−131.9	71.3	0.715 5	1.398 9
1-己炔	−92	84	0.731 5	1.413 8
3-己炔	−51	81.5	0.723 1	1.411 5

四、炔烃的化学性质

炔烃的化学性质与烯烃的相似,也有加成、氧化和聚合等反应。但由于组成碳碳三键和双键的碳原子杂化方式不同,造成两者在化学性质上有差别,即炔烃的亲电加成反应活性不如烯烃,且炔烃三键碳上的氢显示一定的酸性。

炔烃的主要化学反应如下:

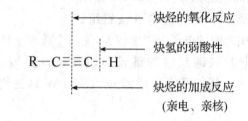

1. 端炔氢的酸性

由于碳原子的电负性随着杂化时 s 成分的增加而增大，所以三键碳原子上的氢原子具有微弱的酸性，可被金属取代，生成金属炔化物。

（1）与金属钠反应　乙炔及端炔（RC≡CH）与金属钠，或在液氨中与氨基钠作用可以得到炔钠。例如：

$$CH≡CH + 2Na \xrightarrow{190\,℃ \sim 220\,℃} NaC≡CNa + H_2$$

$$RC≡CH + NaNH_2 \xrightarrow{液氨} RC≡CNa + NH_3$$

金属炔化物与卤代烷发生取代反应，可在炔烃中引入烷基，这是增长炔烃碳链的重要方法。例如：

$$CH_3CH_2C≡CNa + CH_3Br \longrightarrow CH_3CH_2C≡CCH_3 + NaBr$$

（2）与重金属离子的反应　将乙炔及端炔（RC≡CH）通入硝酸银或氯化亚铜的氨溶液中，可分别析出灰白色或砖红色沉淀。由于此反应非常灵敏，现象明显，可用来鉴别乙炔和其他端炔。例如：

$$RC≡CH \begin{cases} \xrightarrow{Ag(NH_3)_2NO_3} RC≡CAg \downarrow \text{（灰白色）} \\ \xrightarrow{Cu(NH_3)_2Cl} RC≡CCu \downarrow \text{（砖红色）} \end{cases}$$

干燥的炔化银及炔化亚铜不稳定，受热或撞击时易发生爆炸，所以实验完毕后，应立即用稀硝酸处理，以免发生危险。

思考题 2-8　用化学方法鉴别下列化合物：
戊烷、1-戊炔、1-戊烯

2. 亲电加成

炔烃同烯烃一样，能与卤素、卤化氢、水等亲电试剂发生加成反应，但反应一般较烯烃困难。三键中的碳原子为 sp 杂化，与 sp^2 和 sp^3 杂化比较，含有较多的 s 成分，成键电子更靠近原子核，原子核对成键电子的约束力较大，所以三键的 π 电子比双键的 π 电子难以极化。即 sp 杂化的碳原子电负性较强，不容易给出电子与亲电试剂结合，因此三键的亲电加成反应比双键的加成反应困难。

（1）与 X_2 的加成　炔烃可与氯和溴发生亲电加成反应，反应历程与烯烃和卤素的加成类

似,例如:

$$RC{\equiv}CH \xrightarrow{Br_2/CCl_4} RC\underset{Br}{\overset{Br}{|}}=CH \xrightarrow{Br_2/CCl_4} R-\underset{Br}{\overset{Br}{\underset{|}{C}}}-\underset{Br}{\overset{Br}{\underset{|}{CH}}}$$

由于炔烃也能使溴的四氯化碳溶液褪色,所以此反应也可用于炔烃的定性鉴定。

烯烃可使溴的四氯化碳溶液立即褪色,炔烃的反应活性比烯烃的小,因此,炔烃使溴的四氯化碳溶液褪色速度更慢。当分子中含有碳碳双键和三键时,卤素优先与双键加成,三键不反应,如果卤素过量,则碳碳双键和三键都被加成。例如:

$$CH_2{=}CHCH_2C{\equiv}CH \xrightarrow[1:1]{Br_2} H_2\underset{Br}{\overset{Br}{\underset{|}{C}}}-\underset{}{\overset{Br}{\underset{|}{CH}}}CH_2C{\equiv}CH$$

(2) 与 HX 的加成　炔烃可以和卤化氢 HX(X=Cl、Br、I)进行加成反应,并遵循马氏规则,但不如烯烃容易。反应也是分两步进行,控制 HX 用量,可使反应停留在加一分子 HX 阶段。例如:

$$HC{\equiv}CH \xrightarrow[HgCl_2]{HCl} \underset{\text{氯乙烯}}{H_2C{=}CH-Cl} \xrightarrow[HgCl_2]{HCl} \underset{1,1\text{-二氯乙烷}}{CH_3CHCl_2}$$

氯乙烯是合成聚氯乙烯塑料的单体。

(3) 与 H_2O 的加成　炔烃与水的加成也遵循马氏规则,但需在催化剂硫酸汞和稀硫酸的存在下进行,炔烃首先与一分子的水加成,生成的产物称为烯醇。由于该烯醇结构中羟基直接连在双键碳上,很不稳定,立即发生分子内重排,即羟基上的氢原子转移到相邻的双键碳上,原来的碳碳双键转变为碳氧双键,形成醛或酮。例如:

$$HC{\equiv}CH + H_2O \xrightarrow{HgSO_4/H_2SO_4} [H_2C{=}CH-OH] \xrightarrow{重排} CH_3CHO$$

$$CH_3C{\equiv}CH + H_2O \xrightarrow{HgSO_4/H_2SO_4} [CH_3-\underset{OH}{\overset{}{\underset{|}{C}}}{=}CH_2] \xrightarrow{重排} CH_3\overset{O}{\overset{\|}{C}}CH_3$$

上述反应是工业上合成乙醛和丙酮的重要方法之一。由于汞盐有剧毒,因此很早就开始进行非汞催化剂的研究,并已取得很大进展。

端炔(RC≡CH)与水加成生成甲基酮。例如:

$$\underset{\text{端炔}}{RC{\equiv}CH} \xrightarrow[HgSO_4/H_2SO_4]{H_2O} [R-\underset{OH}{\overset{}{\underset{|}{C}}}{=}CH_2] \xrightarrow{重排} \underset{\text{甲基酮}}{R\overset{O}{\overset{\|}{C}}CH_3}$$

3. 亲核加成

乙炔能与 HCN、ROH、RCOOH 等含有活泼氢的化合物发生加成反应。反应的结果可以看作是这些试剂中的氢原子被乙烯基($CH_2{=}CH-$)取代,因此这类反应统称为乙烯基化反应。例如:

$$HC{\equiv}CH + HCN \xrightarrow[80\ ℃\sim 90\ ℃,0.7\ MPa]{Cu_2Cl_2,NH_4Cl} H_2C{=}CHCN$$
丙烯腈

这是工业上早期生产丙烯腈的方法之一,目前已被丙烯的氨氧化法取代。丙烯腈是合成腈纶和丁腈橡胶的重要单体,也是制备某些药物的原料。

4. 氧化反应

炔烃很容易发生氧化反应,若用高锰酸钾溶液氧化炔烃,三键断裂,最后得到完全氧化的产物。反应后高锰酸钾的紫红色褪色,可用于炔烃的鉴定。与烯烃类似,炔烃的结构不同,氧化产物也不相同。例如:

$$CH_3CH_2C{\equiv}CH \xrightarrow[H^+]{KMnO_4} CH_3CH_2COOH + H_2O + CO_2\uparrow$$

$$CH_3CH_2C{\equiv}CCH_2CH_3 \xrightarrow[H^+]{KMnO_4} 2CH_3CH_2COOH$$

因此,由氧化产物的结构也可推知原炔烃的结构。

5. 催化加氢

炔烃在铂、钯、镍等金属催化下与氢气加成,反应无法停留在中间生成烯烃的阶段,最终得到烷烃。例如:

$$RC{\equiv}CR' \xrightarrow[Ni,Pd\ 或\ Pt]{H_2} RCH{=}CHR' \xrightarrow[Ni,Pd\ 或\ Pt]{H_2} RCH_2CH_2R'$$

如果只希望得到烯烃,可使用活性较低的催化剂,如林德拉(Lindlar)催化剂(沉积在 $BaSO_4$ 或 $CaCO_3$ 上的金属钯,经醋酸铅或喹啉使钯部分中毒,降低其活性)。在其催化下,反应可以停留在烯烃的阶段,且主要得到顺式烯烃。例如:

$$RC{\equiv}CR' + H_2 \xrightarrow{林德拉催化剂} \underset{HH}{\overset{RR'}{C{=}C}}$$

若用金属钠或锂在液氨中还原炔烃,则主要得到反式烯烃。例如:

$$RC{\equiv}CR' \xrightarrow{Na,NH_3(液)} \underset{HR'}{\overset{RH}{C{=}C}}$$

思考题 2-9 完成下列反应式:

(1) $CH_3C{\equiv}CCH_3 + H_2 \xrightarrow{林德拉催化剂}$

(2) $CH_3CH_2C{\equiv}CH + H_2O \xrightarrow[H_2SO_4]{HgSO_4}$

(3) $CH_3CH_2C{\equiv}CH + HBr \longrightarrow$

(4) $CH_3CH_2C{\equiv}CCH_3 \xrightarrow[H^+]{KMnO_4}$

6. 聚合反应

炔烃与烯烃相似,也能通过自身加成发生聚合反应,但较烯烃困难,仅能生成有几个分子聚合起来的低聚物。例如,将乙炔通入氯化亚铜和氯化铵的盐酸溶液中,得到二聚或三聚产物。例如:

$$2HC\equiv CH \xrightarrow{CuCl, NH_4Cl} CH_2=CHC\equiv CH$$
$$\text{乙烯基乙炔}$$

第3节 二 烯 烃

分子中含有两个碳碳双键的不饱和烃称为二烯烃,通式为 C_nH_{2n-2}。碳原子数相同的炔烃和二烯烃互为同分异构体。

一、二烯烃的分类和命名

1. 二烯烃的分类

根据二烯烃分子中碳碳双键的相对位置不同,可分为以下三类:

(1) 累积二烯烃 碳碳双键连在一个碳原子上的二烯烃称为累积二烯烃。例如:

$$H_2C=C=CH_2(\text{丙二烯})$$

(2) 共轭二烯烃 碳碳双键之间仅隔着一个单键的二烯烃称为共轭二烯烃。此类二烯烃结构、性质比较特殊,因此在理论和实际应用上都比较重要。例如:

$$CH_2=CH-CH=CH_2(1,3\text{-丁二烯})$$

(3) 隔离二烯烃 碳碳双键被两个或两个以上单键隔开的二烯烃称为隔离二烯烃。由于两个双键之间相距较远,相互影响小,它们的性质类似于单烯烃。例如:

$$H_2C=CH-CH_2-CH=CH_2(1,4\text{-戊二烯})$$

2. 二烯烃的命名

二烯烃的命名规则与单烯烃的相似。命名时,选择含有两个碳碳双键的最长碳链为主链,称为"某二烯",主链碳原子的编号从距离双键最近的一端开始,并在名称之前标明每个双键的位置。例如:

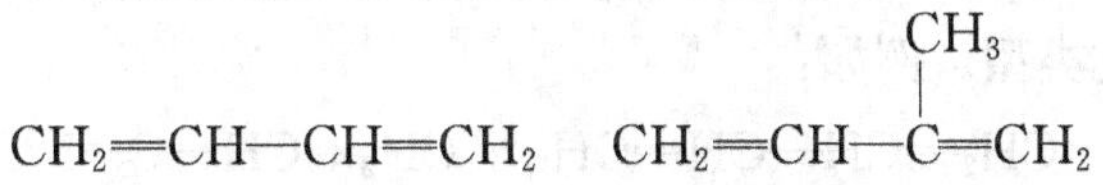

$$\begin{array}{cc} CH_2=CH-CH=CH_2 & CH_2=CH-\overset{\overset{\displaystyle CH_3}{|}}{C}=CH_2 \\ 1,3\text{-丁二烯} & 2\text{-甲基-}1,3\text{-丁二烯} \end{array}$$

与单烯烃一样,二烯烃的双键两端连接的原子或基团各不相同时,也存在顺反异构现象。命名时要逐个标明其构型。例如,2,4-己二烯有三种构型式:

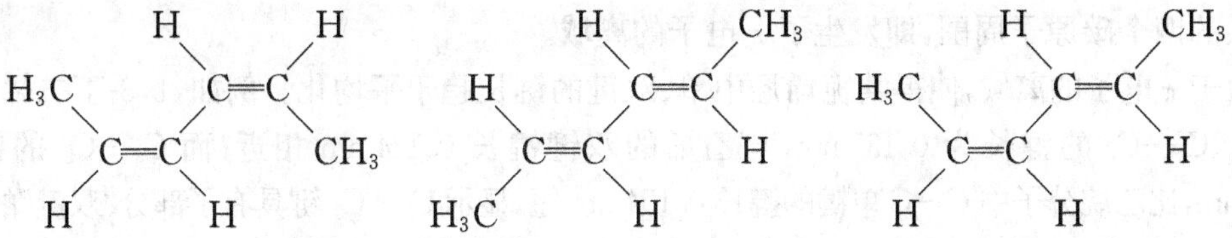

顺,顺-2,4-己二烯　　　反,反-2,4-己二烯　　　顺,反-2,4-己二烯
2Z,4Z-2,4-己二烯　　　2E,4E-2,4-己二烯　　　2Z,4E-2,4-己二烯

思考题 2-10 下列化合物有无顺反异构体？若有，写出其构造式并命名。
(1) 1,3-戊二烯　　(2) 3-甲基-2,4-庚二烯

二、共轭二烯烃的结构和共轭效应

1. 1,3-丁二烯的结构

共轭二烯烃在结构和性质上都表现出一系列的特性。1,3-丁二烯是最简单的共轭二烯烃，它的结构体现了所有共轭二烯烃的结构特征。用物理方法测得，1,3-丁二烯分子中的四个碳原子和六个氢原子在同一平面上，其键长和键角的数据如图 2-5 所示。

根据杂化轨道理论，在 1,3-丁二烯分子中，四个碳原子都是 sp^2 杂化的，相邻碳原子之间以 sp^2 杂化轨道沿键轴方向相互重叠形成三个 C—C σ 键，其余的 sp^2 杂化轨道分别与氢原子的 1s 轨道沿键轴方向相互重叠形成六个 C—H σ 键，这些 σ 键都在同一平面上，它们之间的夹角都接近 120°，即 1,3-丁二烯分子是一个平面分子。每个碳原子上还剩下一个未参加杂化的 p 轨道，这四个 p 轨道的对称轴都与该分子平面相垂直，且彼此平行，因此，不仅 C_1 与 C_2、C_3 与 C_4 的 p 轨道发生了侧面重叠，而且 C_2 与 C_3 的 p 轨道也有一定程度的重叠（但比 C_1—C_2 或 C_3—C_4 之间的重叠要弱一些），形成了包含四个碳原子的四个 π 电子的大 π 键，如图 2-6 所示。

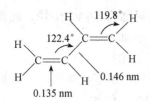
图 2-5　1,3-丁二烯的分子结构
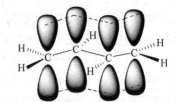
图 2-6　1,3-丁二烯分子中 p 轨道的重叠示意图

2. 共轭体系和共轭效应

共轭体系是指分子中发生原子轨道重叠的部分，可以是整个分子，也可以是分子的一部分。根据形成共轭体系的轨道不同，可分为以下几种类型：

(1) π-π 共轭体系　　由两个以上 π 键的 p 轨道相互重叠而成的体系。凡含有双键与单键交替连接的结构都属此类型。例如：

$$CH_2\!\!=\!\!CH\!-\!CH\!\!=\!\!CH_2 \quad CH_2\!\!=\!\!CH\!-\!C\!\!\equiv\!\!N$$
　　　1,3-丁二烯　　　　　丙烯腈

在孤立的双键体系中，构成 π 键的一对电子是在两个碳原子间运动，称为 π 电子的定域。而在 1,3-丁二烯分子中，π 电子云并不是"定域"在 C_1—C_2 和 C_3—C_4 之间，而是扩展到整个共轭体系的四个碳原子周围，即发生了 π 电子的离域。

由于 π 电子的离域，使得共轭烯烃中单、双键的键长趋于平均化。例如，1,3-丁二烯分子中 C_1—C_2、C_3—C_4 的键长为 0.135 nm，与乙烯的双键键长 0.134 nm 相近；而 C_2—C_3 的键长为 0.146 nm，比乙烷分子中 C—C 单键的键长 0.154 nm 短，显示 C_2—C_3 键具有了部分"双键"的性质。

同样，由于 π 电子的离域，使共轭烯烃的能量显著降低，稳定性明显增加。这可以从氢化热的数据中看出。例如，1,3-戊二烯（共轭烯烃）和 1,4-戊二烯（非共轭烯烃）分别加氢时，它们

的氢化热明显不同：

$CH_2=CHCH_2CH=CH_2 + 2H_2 \longrightarrow CH_3CH_2CH_2CH_2CH_3$ （$\Delta H = -254 \text{ kJ} \cdot \text{mol}^{-1}$）

$CH_3CH=CHCH=CH_2 + 2H_2 \longrightarrow CH_3CH_2CH_2CH_2CH_3$ （$\Delta H = -226 \text{ kJ} \cdot \text{mol}^{-1}$）

两个反应产物相同，1,3-戊二烯的氢化热比1,4-戊二烯的低28 kJ/mol，说明共轭体系更稳定。这种能量差值是由共轭烯烃分子内电子离域引起的，故称为离域能或共轭能。一般共轭链越长，共轭能越大，体系的能量越低，该化合物越稳定。

像1,3-丁二烯这样，由于共轭体系内原子间的相互影响，引起键长和电子云分布平均化，体系能量降低，分子更稳定的现象称为共轭效应，用符号C表示。共轭效应分为吸电子的共轭效应（用-C表示）和供电子的共轭效应（用+C表示）两种。

(2) p-π共轭体系 由p轨道与π键中的p轨道相互重叠而成的体系。根据p轨道上容纳的电子数不同，p-π共轭又可分为：缺电子p-π共轭体系（p轨道中无电子）、等电子p-π共轭体系（p轨道中有一个电子）、富电子p-π共轭体系（p轨道中有两个电子），如图2-7所示。

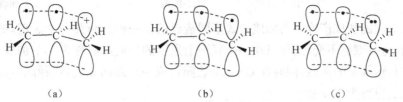

图2-7 p-π共轭的三种类型

(a) 烯丙基碳正离子缺电子p-π共轭体系；(b) 烯丙基碳自由基等电子p-π共轭体系；
(c) 烯丙基碳负离子富电子p-π共轭体系

(3) 超共轭体系 由于C—C σ键可以绕键轴旋转，因此，α-C上每一个C—H σ键都可以旋转至与p轨道或π键中的p轨道发生部分重叠，这样所形成的体系即是σ-p超共轭或σ-π超共轭体系，但比上述共轭体系弱得多，结构如图2-8所示。

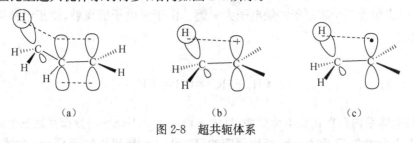

图2-8 超共轭体系
(a) 丙烯分子中的σ-π超共轭；(b) 碳正离子的σ-p超共轭；(c) 碳自由基的σ-p超共轭

在丙烯分子中，甲基的C—H σ键可以与π键中的p轨道部分重叠，形成σ-π超共轭体系，如图2-8(a)所示。由于超共轭效应的影响，双键碳原子上有较多烷基取代的烯烃更稳定。

碳正离子中带正电的碳具有三个sp^2杂化轨道，此外还有一个空的p轨道，与碳正离子相连的烷基的C—H σ键可以与此空p轨道有一定程度的重叠，使σ电子离域并扩展到空的p轨道上，这种σ-p超共轭效应的结果使碳正离子的正电荷有所分散，增加了碳正离子的稳定性，如图2-8(b)所示。和碳正离子相连的C—H键越多，能起超共轭效应的C—H σ键就越多，越有利于碳正离子上正电荷的分散，使碳正离子更趋于稳定，所以碳正离子的稳定性次序为：$3°R^+ > 2°R^+ > 1°R^+ > CH_3^+$。同样，碳自由基的稳定性次序也为：$3°R· > 2°R· >$

1°R· > CH_3· 。

三、共轭二烯烃的化学性质

共轭二烯烃除具有单烯烃的性质外,由于两个双键彼此之间的相互影响,还表现出一些特殊的化学性质。

1. 共轭二烯烃的1,2-和1,4-加成

共轭二烯烃可以与卤素、卤化氢等亲电试剂发生亲电加成,且比单烯烃更容易。与一分子亲电试剂发生的加成反应通常有两种可能。例如:

$$CH_2\!=\!\overset{1}{C}H\overset{2}{C}H\!=\!\overset{3}{C}H_2 \quad \begin{array}{l} \xrightarrow{HBr} CH_2\!=\!CHCHBrCH_3 + CH_3CH\!=\!CHCH_2Br \\ \quad\quad\quad\quad\quad 1,2\text{-加成} \quad\quad\quad\quad\quad 1,4\text{-加成} \\ \xrightarrow{Br_2} CH_2\!=\!CHCHBrCH_2Br + CH_2BrCH\!=\!CHCH_2Br \\ \quad\quad\quad\quad\quad 1,2\text{-加成} \quad\quad\quad\quad\quad\quad 1,4\text{-加成} \end{array}$$

这两种不同的加成产物是由加成方式不同造成的。一种是断开一个π键,试剂加到这个双键的两端,另一双键不变,这种只在一个双键上发生的加成反应称为1,2-加成反应;另一种是试剂加在共轭体系的两端,同时在 C_2—C_3 之间形成一个新的π键,这种同时发生在两个双键上的加成反应称为1,4-加成。

产生这两种加成方式的原因是分子中存在共轭效应。如1,3-丁二烯与HBr的1,4-加成反应,第一步就是在 H^+ 影响下,丁二烯被极化,H^+ 即与附近显负电性的第一个碳加成,生成碳正离子:

$$H^+ + \overset{\delta^-}{C}H_2\!=\!\overset{\delta^+}{C}H\!-\!\overset{\delta^-}{C}H\!=\!\overset{\delta^+}{C}H_2 \longrightarrow CH_3\!-\!\overset{+}{\underset{2}{C}}H\!-\!\overset{}{\underset{3}{C}}H\!=\!\overset{}{\underset{4}{C}}H_2$$

在碳正离子中,带正电荷的碳正离子为 sp^2 杂化,它的空的p轨道可以与π键中的p轨道发生重叠,形成包含三个碳原子的缺电子大π键。由于π电子的离域,使正电荷得到分散,体系能量降低。

$$\overset{1}{C}H_3\!-\!\overset{2}{H}C\overset{\oplus}{=\!=\!=}\overset{3}{C}H\overset{}{=\!=\!=}\overset{4}{C}H_2$$

由于共轭体系内存在正负电荷交替,且大π键电子云不是平均分布在这三个碳原子上,而是正电荷主要集中在 C_2 和 C_4 上,所以反应的第二步,Br^- 既可以加到 C_2 上,生成1,2-加成产物;也可以加到 C_4 上,生成1,4-加成产物。

$$\overset{1}{C}H_3\!-\!\overset{2}{H}C\overset{\oplus}{=\!=\!=}\overset{3}{C}H\overset{}{=\!=\!=}\overset{4}{C}H_2 + Br^- \begin{array}{l} \xrightarrow{\text{加到}C_2\text{上}} CH_3\!-\!\underset{|}{\overset{}{C}}H\!-\!CH\!=\!CH_2 \quad 1,2\text{-加成} \\ \quad\quad\quad\quad\quad\quad\quad\quad Br \\ \xrightarrow{\text{加到}C_4\text{上}} CH_3CH\!=\!CHCH_2Br \quad 1,4\text{-加成} \end{array}$$

共轭二烯烃的1,2-加成和1,4-加成是同时进行的,两种加成产物的比例取决于反应物的结构、反应温度、溶剂的极性等。一般在较高温度下或极性溶剂中,反应以1,4-加成产物为主;在较低的温度下或非极性溶剂中,以1,2-加成产物为主。

2. 双烯合成

1928 年,德国化学家狄尔斯(Diels O.)和阿德尔(Alder K.)发现,共轭二烯烃与含有碳碳双键或碳碳三键的化合物能进行 1,4-加成反应,生成六元环状化合物,这类反应称为 Diels-Alder 反应,又称双烯合成反应。这是共轭二烯烃的另一特征反应。例如:

$$\text{二烯} + \text{烯} \xrightarrow{\Delta} \text{六元环}$$

$$\text{二烯} + \text{炔} \xrightarrow{\Delta} \text{六元环}$$

在这类反应中,两种反应物相互作用,旧键的断裂和新键的生成同时进行,经过一个环状过渡态,而没有活性中间体(碳正离子或自由基等)生成。

双烯合成反应中,通常将共轭二烯烃称为双烯体,与共轭二烯烃进行双烯合成的不饱和化合物称为亲双烯体。实践证明,双烯体上连有给电子基团,如 R—,亲双烯体上连有吸电子基团,如—CHO、—COR、—COOR、—CN、—NO_2 时,反应比较容易进行。

$$\text{丁二烯} + \text{马来酸酐} \xrightarrow{\Delta} \text{环状产物}$$

$$\text{丁二烯} + \text{丙烯醛} \xrightarrow{\Delta} \text{环己烯甲醛}$$

双烯合成反应是由直链化合物合成环状化合物的重要方法之一,在理论和实际生产中都占有重要地位。

思考题 2-11 由乙炔和其他必要原料合成 1,3-丁二烯。

思考题 2-12 完成下列反应式:

(1) $\triangle \xrightarrow{Br_2}$

(2) $CH_2=\underset{\underset{CH_3}{|}}{C}CH=CH_2 \xrightarrow{HBr}$

(3) $CH_2=\underset{\underset{CH_3}{|}}{C}CH=CH_2 + CH_2=CH-CN \longrightarrow$

习　题

1. 命名下列化合物:

(1) $\underset{\underset{CH_3}{|}}{\overset{\overset{H}{|}}{C}}=\underset{\underset{CH_2CH_3}{|}}{\overset{\overset{CH_2CH_2CH_3}{|}}{C}}$　　(2) $\underset{\underset{H}{|}}{\overset{\overset{CH_3}{|}}{C}}=\underset{\underset{C(CH_3)_3}{|}}{\overset{\overset{H}{|}}{C}}$　　(3) 环己烯—CH_3

(4) HC≡CCH(CH₃)₂   (5) CH₃CH₂C≡CAg   (6) CH₃CH=CH—C≡CH

(7) H₂C=C=CH—CH₃   (8)
$$\begin{array}{c} CH_3 \\ CH_2=C \quad H \\ \quad \diagdown C=C \diagup \\ H \quad CH_3 \end{array}$$
    (9)

(10) H₃C—⟨ ⟩—CH₃

2. 写出下列化合物的结构式：

(1) 1-甲基环戊烯   (2) Z-2-戊烯   (3) 异戊二烯

(4) E-3-甲基-2-戊烯   (5) 顺,反-2,4-己二烯   (6) 异丁烯

(7) 3-甲基-3-戊烯-1-炔   (8) 顺-3-正丙基-4-己烯-1-炔

3. 下列化合物哪些有顺反异构体？若有，写出其顺反异构体并用 Z/E 标记法命名。

(1) CH₃CH=CHCH₃   (2) CH₃CH₂CH=C(CH₃)₂   (3) CH₂=CH—CH=CHCH₃

(4) CH₃CH=CH—CH=CHCH₃   (5) CH₃CH=CCl₂   (6) CH₃CH=CH—C≡CH

4. 分别写出 2-甲基-2-戊烯与下列试剂反应的主要产物：

(1) 稀冷 KMnO₄   (2) H₂/Pd   (3) O₃, Zn/H₂O   (4) Cl₂(低温)

(5) HBr, 过氧化物   (6) HOBr   (7) 热的酸性 KMnO₄   (8) H₂SO₄

5. 下列化合物与 HBr 发生亲电加成反应生成的活性中间体是什么？排出各活性中间体的稳定次序：

(1) CH₂=CH₂   (2) CH₂=CHCH₃   (3) CH₂=C(CH₃)₂   (4) CH₂=CHCl

6. 完成下列反应式：

(1) CH₃C(CH₃)=CHCH₃ + HCl ⟶

(2) CH₃CH=CH₂ + Cl₂ ⟶

(3) CH₂=CHCH₂CH₃ + H₂O $\xrightarrow{H^+}$

(4) (1-甲基环己烯) $\xrightarrow[②H_2O]{①H_2SO_4}$

(5) (CH₃)₂C=CHCH₃ $\xrightarrow{KMnO_4/OH^-}$

(6) CH₃CH₂CH—C=CH₂ $\xrightarrow[②Zn/H_2O]{①O_3}$
           |
           CH₃

(7) (环己基)=CH₂ + HBr $\xrightarrow{过氧化物}$

(8) CH₃CH=CH₂ $\xrightarrow{NBS}$

(9) CH₃C≡CCH₃ + H₂ $\xrightarrow{Lindlar\ 催化剂}$

(10) CH₃C≡CH + NaNH₂ $\xrightarrow{液氨}$ CH₃CH₂Br

(11) CH₃CH₂C≡CH + H₂O $\xrightarrow[H_2SO_4]{HgSO_4}$

(12) (环戊二烯) + CH₂=CH—CN ⟶

(13) (丁二烯) + (环己烯) ⟶

(14) ▱—CH₃ + HBr ⟶

7. 用化学方法鉴别下列化合物：
(1) 丙烷,丙烯,丙炔,环丙烷　　(2) 环戊烯,环己烷,甲基环丙烷

8. 由丙烯合成下列化合物：
(1) 2-溴丙烷　(2) 1-溴丙烷　(3) 2-丙醇　(4) 1-氯-2,3-二溴丙烷

9. 完成下列转化：
(1) CH≡CH ⟶ CH₃CH₂C≡CCH₂CH₃
(2) H₂C=CH—CH=CH₂ ⟶ ⬡(CH₂Br)(CH₂Br)

10. 某化合物 A,其分子式为 C_8H_{16},它可以使溴水褪色,也可以溶于浓硫酸,经臭氧化、锌还原水解只得到一种产物 $CH_3CH_2\overset{O}{\overset{\|}{C}}CH_3$,写出其可能的结构。

11. 某化合物的分子式为 C_6H_{10},能与两分子溴加成而不能与氧化亚铜的氨溶液起反应。在汞盐的硫酸溶液存在下,能与水反应得到 4-甲基-2-戊酮和 2-甲基-3-戊酮的混合物。试写出 C_6H_{10} 的构造式。

12. 有四种化合物 A、B、C、D,分子式均为 C_5H_8,都可以使溴的四氯化碳溶液褪色。A 与氯化亚铜碱性氨溶液作用生成红棕色沉淀,B、C、D 则不反应。当用热的酸性 $KMnO_4$ 溶液氧化时,A 得到 CO_2 和 $CH_3CH_2CH_2COOH$;B 得到乙酸和丙酸;C 得到戊二酸;D 得到丙二酸和 CO_2。试写出 A、B、C、D 的结构式。

13. 某化合物 A 的分子式为 C_5H_{10},能吸收一分子 H_2,与酸性 $KMnO_4$ 作用生成一分子 C_4 的酸,但经臭氧化还原水解后,得到两个不同的醛。试推测 A 可能的结构式,该烯烃有无顺反异构？

14. 某化合物的分子式为 $C_{15}H_{24}$,催化氢化可吸收 4 mol 氢气,得到 $(CH_3)_2CH(CH_2)_3CH(CH_3)(CH_2)_3CH(CH_3)CH_2CH_3$。用臭氧处理,然后用锌还原水解,得到两分子甲醛,一分子丙酮,一分子 $O=CHCH_2CH_2\overset{O}{\overset{\|}{C}}CH=O$,一分子 $CH_3\overset{O}{\overset{\|}{C}}CH_2CH=O$,不考虑顺反异构,试写出该化合物的构造式。

第3章 芳 香 烃

芳香烃一般是指含有苯环并具有特殊化学性质的碳氢化合物。芳香族化合物最初是从天然的树脂和香精油中获得的具有芳香气味的化合物，称为芳香烃（简称芳烃）。后来发现这些化合物往往都含有苯环，于是人们就将苯及含有苯环的化合物称为芳香族化合物。后来深入研究发现，有些含有苯环的化合物不具有香味，而另外一些不含苯环的化合物又具有香味，而且这类化合物的结构和性质与苯环的相似。所以芳香族化合物的定义就不科学了，但由于历史原因，这一名称至今仍然使用。不过芳香族化合物这一名称有了新的含义，现在芳香二字不再是指芳香气味，而是指一种性质，即芳香性。所谓芳香性，就是像苯环那样化学性质非常稳定，不易发生加成和氧化反应，容易发生取代反应，不同于一般不饱和化合物的性质。所以，现在芳香烃是指含有苯环结构和不含苯环但是结构、性质与苯环相似的化合物。

根据分子式中是否含有苯环，可将芳香烃分为两大类：苯系芳香烃和非苯芳烃。

1. 苯系芳香烃

根据苯环的个数与连接方式的不同，苯系芳香烃有可分为：

单环芳烃：分子式中只含有一个苯环的芳烃，包括苯及其同系物和苯基取代的不饱和烃。例如：

苯　　甲苯　　苯乙烯　　苯乙炔

多环芳烃：分子式中含有两个或多个苯环，苯环之间通过单键或碳链连接的芳烃。例如：

二联苯　　三联苯　　二苯甲烷

稠环芳烃：分子式中含有两个或多个苯环，苯环之间通过共用苯环上两个相邻碳原子的芳烃。例如：

萘　　蒽　　菲

2. 非苯芳烃

分子式中不含苯环，但含有结构、性质与苯环相似的碳环，具有芳香族化合物的共同特性的芳烃。例如：

环丙烯正离子　　环戊二烯负离子　　环庚三烯正离子

本章重点讨论含有苯环结构的芳香烃。

第1节 单环芳烃

一、单环芳烃的异构和命名

苯是典型的单环芳烃,苯环上的氢原子被烃基取代形成苯的衍生物。

简单的一元烷基苯中,当烷基中碳原子数目≥3时,就会产生碳链异构。命名时以苯环为母体,把烷基作为取代基,称为某苯。例如:

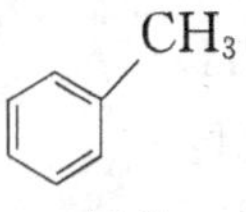

甲苯 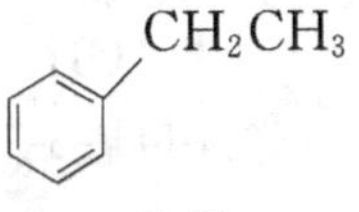　　　乙苯 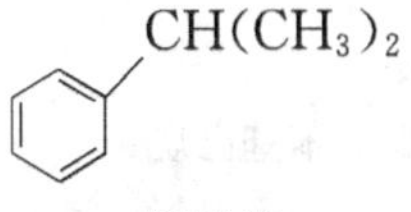　　　异丙苯 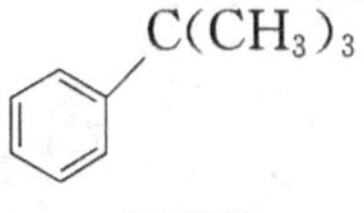　　　叔丁苯

二元取代烷基苯有三种位置异构体,分别为邻、间、对位。邻位是指两个取代基在苯环上处于相邻的位置;间位是指两个取代基间隔了一个碳原子;对位是指两个取代基在对角的位置。命名时,两个取代基的位置邻、间、对也可用1,2-、1,3-、1,4-表示。例如:

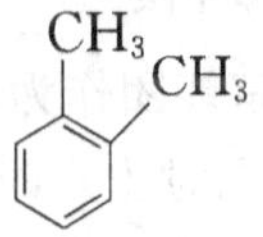

邻二甲苯 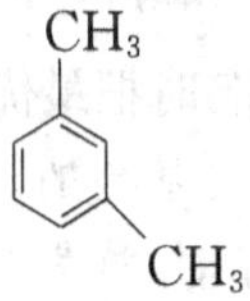　　　间二甲苯 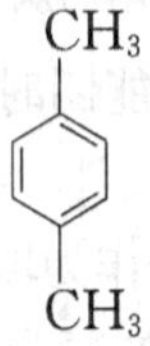　　　对二甲苯

三元取代烷基苯也有三种位置异构体,分别为连、偏、均位。命名时,三个取代基的位置连、偏、均也可以用1,2,3-、1,2,4-、1,3,5-表示。例如:

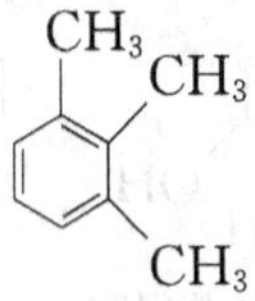

连三甲苯 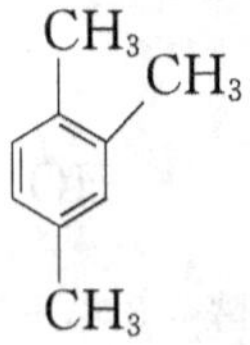　　　偏三甲苯 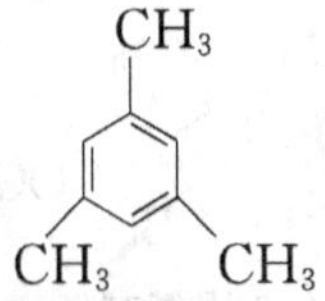　　　均三甲苯

当苯环上有两个或多个取代基时,会产生多种位置异构体。命名时编号从其中最小的取代基连接的苯环上的碳开始,编号应符合最低系列原则。当最低系列原则无法确定哪一种编号优先时,与单环烷烃的情况一样,命名时应让次序规则中较小的基团位次尽可能小。例如:

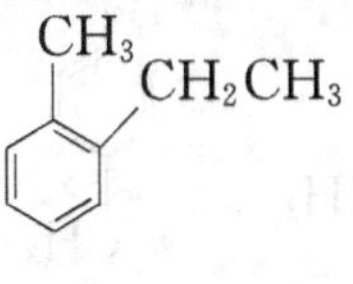

1-甲基-2-乙基苯 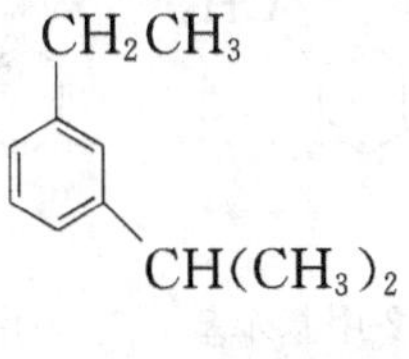　　　1-乙基-3-异丙基苯 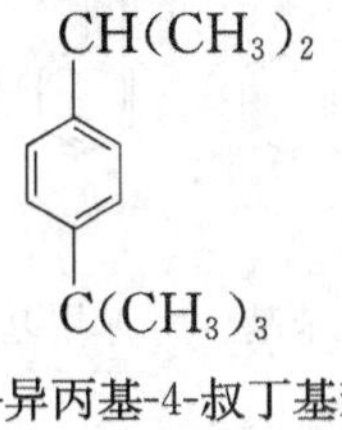　　　1-异丙基-4-叔丁基苯

1-甲基-2-乙基-4-异丙基苯　1-甲基-2-乙基-5-异丙基苯　1-甲基-5-乙基-2-异丙基苯

当苯环上连有较复杂的烷基时，命名时常把苯环作为取代基。例如：

2,4-二甲基-1-苯基己烷　　　　2,4-甲基-5-苯基己烷

当苯环上或者侧链上连有官能团（卤素和硝基除外）时，命名时把苯环作为取代基。例如：

苯乙烯　　苯乙炔　　苯甲醛　　苯甲酸　　苯磺酸　　硝基苯

当苯环上连有不同的官能团时，命名时把最优先官能团作为母体，其他的官能团都作为取代基，编号要遵循最低系列原则。当醇羟基与酚羟基同时出现时，前者优先。RO—作为取代基时，称为"烷氧基"；RCO—作为取代基时，称为"某酰基"。

常见的官能团的优先次序为：—COOH＞—SO$_3$H＞—COOR＞—COX＞—CONH$_2$＞—CN＞—CHO＞—CO—（酮基）＞—OH（醇＞酚）＞—NH$_2$＞—OR＞—R＞—X(X=F,Cl,Br,I)＞—NO$_2$。例如：

4-氨基苯酚　3-甲氧基-4-溴苯甲醛　3,4,5-三羟基苯甲酸　4-羟基苯甲醇

芳烃分子失去一个氢原子后剩下的基团叫作芳基，用 Ar— 表示。苯分子中消去一个氢原子后剩下的基团 C$_6$H$_5$—叫作苯基，用 Ph— 表示。甲苯分子中消去一个甲基上的氢原子后剩下的原子团叫作苯甲基或苄基。甲苯分子中消去一个苯环上的氢原子后剩下的原子团有三种不同的位置异构体。例如：

苯基　　苯甲基　　2-甲基苯基　　3-甲基苯基　　4-甲基苯基

思考题 3-1 写出分子式为 C_9H_{12} 的单环芳烃的所有同分异构体,并命名。

思考题 3-2 命名下列化合物。

(1) 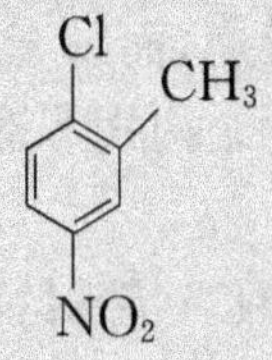 2-氯-3-甲基-5-硝基苯(结构式)

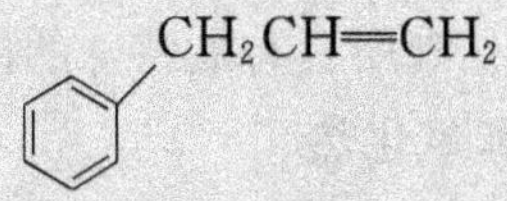

(2) 苯-$CH_2CH=CH_2$

(3) H_3C、C_6H_5、H、CH_3 取代的烯烃结构

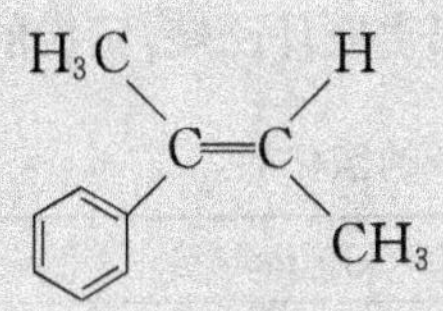

(4) 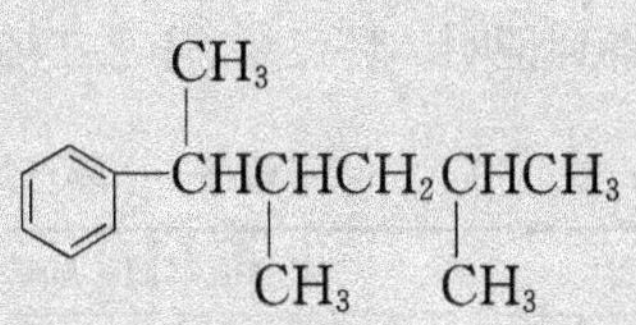 苯基上连有 $CHCH_3$-CH_2-$CHCH_3$,其中一个 CH 上连 CH_3,另一个连 CH_3

二、苯的结构

1. 苯的凯库勒结构式

1825 年,人们在煤焦油中发现一种无色油状液体,命名为苯。苯的分子式为 C_6H_6,从分子式看,苯具有高度的不饱和性。然而,在一般条件下,苯不能与高锰酸钾发生氧化反应,也不能与卤素、卤化氢发生加成反应,却容易发生取代反应。只有在加压的条件下,苯可催化加氢生成环己烷,这说明苯具有六碳环的碳架结构。苯的一元取代产物只有一种结构,这说明苯环上的六个碳和六个氢是一样的。

1865 年,德国化学家凯库勒提出,苯是一个六元环碳架结构,每个碳原子和一个氢相连,在六元环中存在 3 个双键和 3 个单键,而且单键和双键交替相连,这种结构称为苯的凯库勒式。

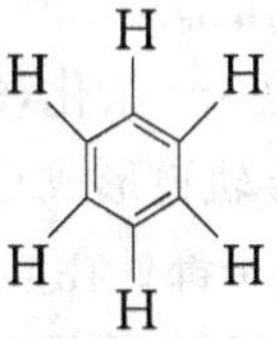

按照凯库勒提出的结构式,苯分子中的六个氢是等同的,因此一元取代产物只有一种。但是按照凯库勒结构式,苯的邻位二元取代产物应该有两种,事实上,苯的邻位二元取代产物也只有一种。

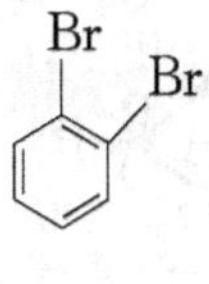

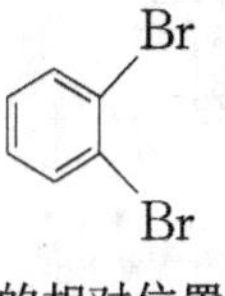

(不同之处是双键和溴的相对位置)

为了解释这个问题,凯库勒提出苯中的双键没有固定的位置,而是在快速地来回移动,使得两个邻位二元取代物处于快速平衡中,因而不能分离开来:

尽管如此，凯库勒还是无法解释苯不易发生加成和氧化反应，而易于发生取代反应的原因，也不能解释为什么苯所具有的特殊的稳定性。因此，凯库勒结构式不是苯环的真实结构。

2. 苯的稳定性和氢化热

苯容易发生取代反应，反应产物中仍然保留了苯环，说明苯具有特殊的稳定性，这也可从它的低氢化热值得到证明。环己烯、环己二烯和苯氢化后都生成环己烷，它们的氢化热见表3-1。

表3-1　环己烯、环己二烯和苯的氢化热

物　质	实测值/(kJ·mol^{-1})	估计值/(kJ·mol^{-1})	差值/(kJ·mol^{-1})
环己烯	−119.5	—	—
环己二烯	−231.8	−239.0	7.2
苯	−208.5	−358.5	150

从氢化热的数据可看出，苯比设想的环己三烯稳定得多。氢化反应是放热反应，苯与氢加成生成环己二烯，应该放出热量，但从以上数据可以看出，苯与氢加成生成环己二烯不但不会放出热量，还要吸收 23.3 kJ/mol 的热量，可见加成反应会破坏苯的稳定性，因此苯不易加成。

3. 苯分子结构的近代观点

现代物理测定方法证明，苯分子的六个碳原子和六个氢原子都在一个平面内，六个碳原子相互连接形成一个正六边形，所有的碳碳键键长都一样，均为 0.139 nm，介于单键和双键之间。所有的碳氢键键长都是 0.108 nm，所有的键角都是 120°。

杂化轨道理论认为：苯分子中六个碳原子都是 sp^2 杂化，每个碳原子都以 sp^2 杂化轨道与相邻的两个碳原子形成 C—C σ 键，与氢原子的 1s 轨道形成 C—H σ 键。由于碳原子是 sp^2 杂化，所以所有的键角都是 120°，所有碳原子和氢原子都处在同一个平面内。另外，苯环上每个碳原子各有一个未参加杂化的 p 轨道，它们垂直于环的平面，相互平行，侧面相互重叠形成闭合的环状大 π 键。每个碳碳双键的键长相等，其数值介于碳碳单键和碳碳双键之间。由于大 π 键的存在，π 电子均匀地离域在大 π 键轨道中，分布于环的两侧，把环夹在中间，形成一个夹心面包状，因此苯的结构可表示为如图 3-1 所示。

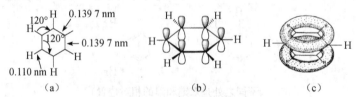

图 3-1　苯的结构
(a) 苯分子的 σ 键；(b) 苯分子中的 p 轨道；(c) 苯分子中的 π 电子云

苯分子的这种结构式解释了凯库勒结构式所不能解释的实验事实。由于苯分子中形成闭合的环状大 π 键，π 电子云高度离域产生了一个大的离域能，离域能使得体系能量大大降低，因此，苯分子非常稳定，不易起加成和氧化反应，而易发生取代反应。

三、单环芳烃的物理性质

单环芳烃一般为无色有特殊气味的液体，不溶于水，而溶于汽油、乙醚、四氯化碳等有机溶剂。相对密度 0.86～0.93，燃烧时带黑烟。它们的蒸气有毒，能损坏造血器官和神经系统。长期吸入苯会引起中毒，严重者可能导致白血病。芳烃的熔点和结构之间符合一般规律，在各异构体中，对称性大者，熔点较高，溶解度较小，因此，在二元取代物中，对位异构体的熔点通常比另外两个异构体的熔点高得多。表 3-2 列出了苯及其同系物的一些物理常数。

表 3-2　苯及其同系物的物理常数

名　称	熔点/℃	沸点/℃	相对密度/(g·cm^{-3})	折光率 n^{20}
苯	5.5	80.1	0.876 5	1.500 1
甲苯	−9.5	110.6	0.866 9	1.496 1
乙苯	−95	136.3	0.867 0	1.495 9$^{10\ ℃}$
邻二甲苯	−15	144.4	0.867 0	1.505 5
间二甲苯	−47.9	139.1	0.864 2	1.497 2
对二甲苯	13.5	138.4	0.861 1	1.495 8
丙苯	−99.5	159.2	0.862 0	1.492 0
异丙苯	−96	152.4	0.861 8	1.491 5
连三甲苯	−25.4	176	0.894 4	1.513 9
偏三甲苯	−43.8	169	0.875 8	1.504 8
均三甲苯	−44.7	165	0.865 2	1.488 8
苯乙烯	−30.6	145.2	0.906 0	1.546 8
苯乙炔	−44.8	142.4	0.928 1	1.548 5

从表 3-2 可见，在苯的同系物中，每增加一个 CH_2，沸点增加 20 ℃～30 ℃，碳原子数相同的异构体，其沸点相差不大。如二甲苯的三种异构体，它们的沸点分别为 144.4 ℃、139.1 ℃、138.4 ℃，相差在 6 ℃以内，很难用蒸馏的方法将它们分开，所以工业二甲苯通常是混合物。

四、单环芳烃的化学性质

苯环中有闭合的环状大 π 键，π 电子的高度离域，使苯具有特殊的稳定性，一般条件下，苯不易发生加成和氧化反应；π 电子分布在苯环的两侧，电子云密度较大，易引起亲电取代试剂进攻发生取代。苯环虽然稳定，难以氧化，苯环上的侧链由于受苯环上大 π 键的影响，α-H 变得很活泼，很容易发生氧化和取代反应。而且在剧烈条件下，苯也能够发生苯环的加成反应和氧化反应。

1. 亲电取代反应

单环芳烃的重要的亲电取代反应主要有卤代、硝化、磺化和傅-克反应。

（1）卤代反应　苯与卤素在铁或三卤化铁的催化作用下，苯环上的氢被卤原子取代，生成卤苯。

$$\text{C}_6\text{H}_6 + \text{Cl}_2 \xrightarrow{\text{Fe 或 FeCl}_3} \text{C}_6\text{H}_5\text{Cl (氯苯)} + \text{HCl}$$

$$\text{C}_6\text{H}_6 + \text{Br}_2 \xrightarrow{\text{Fe 或 FeBr}_3} \text{C}_6\text{H}_5\text{Br (溴苯)} + \text{HBr}$$

卤代仅限于氯代和溴代,卤素与苯的反应活性为:$\text{Cl}_2 > \text{Br}_2$。

(2) 硝化反应 苯在浓硝酸和浓硫酸的混合酸共热作用下,发生硝化反应,苯环上的氢原子被硝基取代,生成硝基苯:

$$\text{C}_6\text{H}_6 + \text{HNO}_3 \xrightarrow[55\ ℃\sim 60\ ℃]{\text{H}_2\text{SO}_4} \text{C}_6\text{H}_5\text{NO}_2 \text{(硝基苯)} + \text{H}_2\text{O}$$

硝基苯是具有苦杏仁气味的黄色油状液体,其蒸气有毒。

硝基苯容易被还原,还原产物随还原介质的不同而有所不同。在酸性条件下,硝基苯可用铁等金属还原为苯胺;也可用催化加氢的方法还原。例如:

$$\text{C}_6\text{H}_5\text{NO}_2 \xrightarrow{\text{Fe/HCl}} \text{C}_6\text{H}_5\text{NH}_2$$

苯胺是制造染料、农药、医药等化工产品的重要原料。农药杀菌剂敌锈钠、除草剂邻酰胺、苯胺灵和氯苯胺灵就是由苯胺及其衍生物合成的。

(3) 磺化反应 苯与浓硫酸或者发烟硫酸反应,生成苯磺酸。磺化反应是可逆反应,苯磺酸通过热的水蒸气,可以水解脱去磺酸基。

$$\text{C}_6\text{H}_6 + \text{H}_2\text{SO}_4 \text{(发烟)} \rightleftharpoons \text{C}_6\text{H}_5\text{SO}_3\text{H (苯磺酸)} + \text{H}_2\text{O}$$

苯磺酸是有机强酸,在水中溶解度很大,有机分子中引入磺酸基后可增加在水中的溶解度。磺化反应的可逆性在有机合成中十分有用,在合成时可通过磺化反应保护芳环上的某一位置,待其他取代基进入苯环后再将它除去。例如:

$$\text{C}_6\text{H}_5\text{OH} + \text{H}_2\text{SO}_4\text{(浓)} \longrightarrow \text{2,4-(SO}_3\text{H)}_2\text{C}_6\text{H}_3\text{OH} \xrightarrow{\text{Br}_2/\text{FeBr}_3} \text{Br-2,6-(SO}_3\text{H)}_2\text{C}_6\text{H}_2\text{OH} \xrightarrow[\Delta]{\text{H}_3\text{O}^+} \text{邻-BrC}_6\text{H}_4\text{OH}$$

(4) 傅瑞德尔-克拉夫茨反应(Friendel-Crafts,简称傅氏反应) 在无水三氯化铝等催化剂作用下,苯环上的氢原子被烷基或酰基取代而生成烷基苯或芳酮的反应叫作傅-克反应。苯环上的氢原子被烷基取代称为烷基化反应,被酰基取代称为酰基化反应。

1) 傅氏烷基化反应 在无水三氯化铝的作用下,苯与卤代烷反应,苯环上的氢原子被烷基取代,生成烷基苯。常用的烷基化试剂为卤代烷,有时也用醇、烯烃等。常用的催化剂为无水三氯化铝,有时也用三氯化铁、三氟化硼等。

$$\text{C}_6\text{H}_6 + \text{CH}_3\text{Cl} \xrightarrow{\text{无水 AlCl}_3} \text{C}_6\text{H}_5\text{CH}_3 + \text{HCl}$$

$$\text{C}_6\text{H}_6 + \text{CH}_3\text{CH}_2\text{Cl} \xrightarrow{\text{无水 AlCl}_3} \text{C}_6\text{H}_5\text{CH}_2\text{CH}_3 + \text{HCl}$$

烷基化试剂含有三个或者三个以上的碳原子时,碳正离子往往会发生重排而产生异构化产物,例如:

$$\text{C}_6\text{H}_6 + \text{CH}_3\text{CH}_2\text{CH}_2\text{Cl} \xrightarrow{\text{无水 AlCl}_3} \text{C}_6\text{H}_5\text{CH(CH}_3)_2 + \text{C}_6\text{H}_5\text{CH}_2\text{CH}_2\text{CH}_3$$

异丙苯　　　　正丙苯
65%~69%　　　31%~35%

这是因为生成的中间体一级烷基碳正离子不稳定时,容易发生重排,异构化为更稳定的二级烷基碳正离子。

$$\text{CH}_3\overset{+}{\text{C}}\text{HCH}_2\text{—H} \xrightarrow{\text{重排}} \text{CH}_3\overset{+}{\text{C}}\text{HCH}_3$$

二级碳正离子作为亲电试剂与苯进行反应,得到异丙苯。由于它的活性不如一级碳正原子,因此产物中仍有一定数量的直链烷基苯。

2) 傅氏酰基化反应　在无水三氯化铝的作用下,苯与酰卤或者酸酐反应,苯环上的氢原子被酰基取代,生成芳酮。常用的酰基化试剂为酰氯和酸酐。

$$\text{C}_6\text{H}_6 + \text{CH}_3\text{COCl} \xrightarrow{\text{无水 AlCl}_3} \text{C}_6\text{H}_5\text{COCH}_3 + \text{HCl}$$
苯乙酮

$$\text{C}_6\text{H}_6 + (\text{CH}_3\text{CO})_2\text{O} \xrightarrow{\text{无水 AlCl}_3} \text{C}_6\text{H}_5\text{COCH}_3 + \text{CH}_3\text{COOH}$$

酰基化反应的历程与烷基化反应类似,也是亲电取代反应。但不同的是,亲电试剂酰基正不会发生重排。利用这一性质可以获得烷基化反应不能获得的长的直链烷基苯,如:

$$\text{C}_6\text{H}_6 + \text{CH}_3\text{CH}_2\text{CH}_2\text{COCl} \xrightarrow{\text{无水 AlCl}_3} \text{C}_6\text{H}_5\text{COCH}_2\text{CH}_2\text{CH}_3 \xrightarrow[\text{HCl}]{\text{Zn-Hg}} \text{C}_6\text{H}_5\text{CH}_2\text{CH}_2\text{CH}_2\text{CH}_3$$

1-苯基-1-丁酮　　　　　　正丁苯

由于碳正离子(含酰基正离子)的亲电性不如硝基正离子等,因此,当苯环上带有强吸电子基(如—NO_2、—CN、—SO_3H)等时,不能发生傅氏反应。

(5) 亲电取代反应的反应机理　苯环中有闭合的环状大 π 键,π 电子分布在苯环的两侧,电子云密度较大,易于引起亲电取代试剂进攻发生亲电取代反应。苯环典型的亲电取代反应主要有卤代、硝化、磺化和傅-克反应。亲电取代反应历程如下:

首先,在催化剂的作用下产生有效的亲电试剂 E^+:

$$E-Nu \xrightarrow{催化剂} E^+ + Nu^-$$

其次,带正电的亲电试剂 E^+ 进攻苯环,形成一个不稳定的碳正离子中间体。这一步的反应速度较慢,是决定整个取代反应速度的一步:

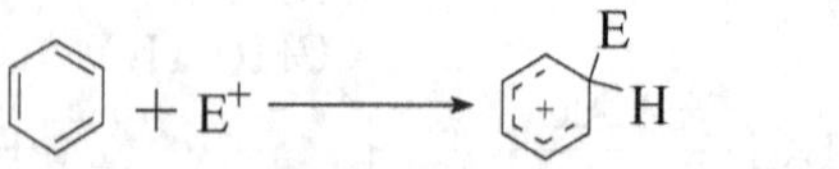

$$\text{苯} + E^+ \longrightarrow \text{碳正离子中间体}\ \sigma\text{-配合物}$$

最后,碳正离子中间体的能量较高,不稳定,所以 sp^3 杂化的碳原子很容易失去一个氢,重新恢复到原来稳定的苯环结构:

$$\text{中间体} \longrightarrow \text{苯-E} + H^+$$

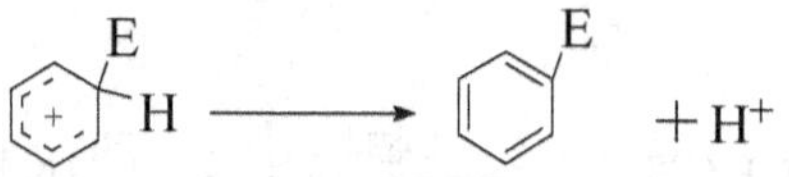

① 卤代反应反应历程如下,现以溴为例说明:

首先如果催化剂是 Fe,Fe 与溴分子生成 $FeBr_3$,溴分子再在 $FeBr_3$ 作用下生成亲电试剂溴正离子和四溴化铁络离子:

$$Br:Br + Fe \longrightarrow FeBr_3$$

$$Br:Br + FeBr_3 \longrightarrow Br^+ + [FeBr_4^-]$$

Br^+ 进攻苯环的 π 电子云,使苯环 π 键断裂,生成一个不稳定的碳正离子中间体——σ-配合物:

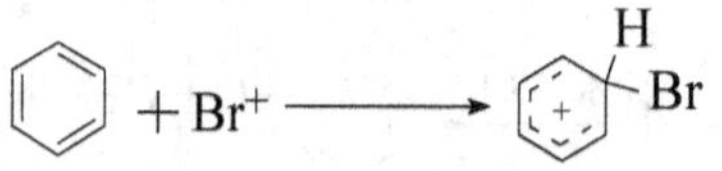

$$\text{苯} + Br^+ \longrightarrow \text{碳正离子中间体}\ \sigma\text{-配合物}$$

这一步的反应速度较慢,是决定整个取代反应速度的一步。

碳正离子中间体——σ-配合物在四溴化铁络离子作用下很快失去一个氢,重新恢复到原来稳定的苯环结构,生成溴苯,同时催化剂也恢复到原来的结构:

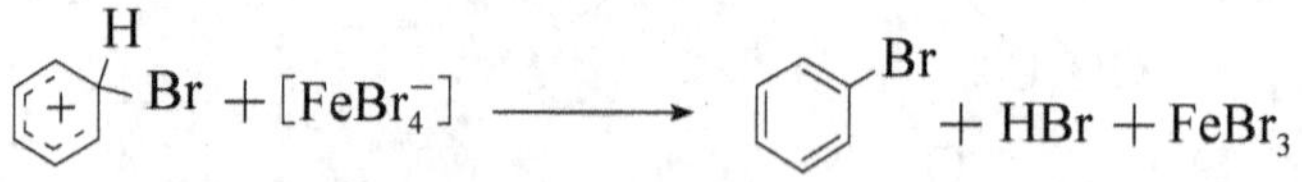

$$\text{中间体} + [FeBr_4^-] \longrightarrow \text{溴苯} + HBr + FeBr_3$$

在这个反应历程中,决定性的步骤是由带正电荷的亲电试剂 Br^+ 进攻苯环引起的,因此是一个亲电取代反应。

② 硝化反应的反应历程如下:

$$HNO_3 + 2H_2SO_4 \rightleftharpoons NO_2^+ + H_3O^+ + 2HSO_4^-$$

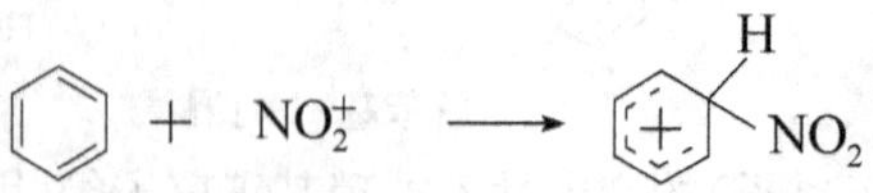

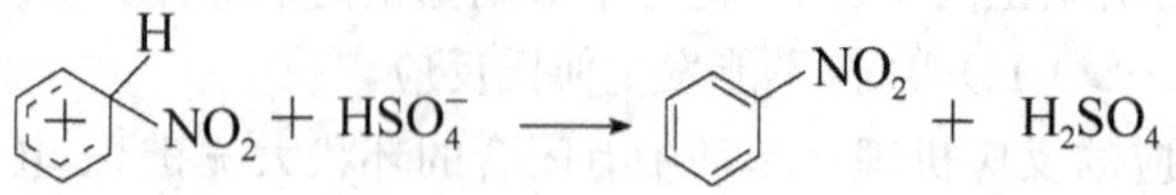

$$\text{苯} + NO_2^+ \longrightarrow \text{中间体}$$

$$\text{中间体} + HSO_4^- \longrightarrow \text{硝基苯} + H_2SO_4$$

③ 磺化反应的反应历程如下:

$$2H_2SO_4 \rightleftharpoons H_3O^+ + HSO_4^- + SO_3$$

$$C_6H_6 + SO_3 \longrightarrow [C_6H_6\cdot SO_3^-]^+ H$$

$$[C_6H_6(H)(SO_3^-)]^+ + HSO_4^- \longrightarrow C_6H_5SO_3^- + H_2SO_4$$

$$C_6H_5SO_3^- + H_3O^+ \longrightarrow C_6H_5SO_3H + H_2O$$

④ 傅氏烷基化反应的历程如下,以氯乙烷为例:

$$CH_3CH_2Cl + AlCl_3 \longrightarrow CH_3CH_2^+ + AlCl_4^-$$

$$C_6H_6 + CH_3CH_2^+ \longrightarrow [C_6H_6(H)(CH_2CH_3)]^+$$

$$[C_6H_6(H)(CH_2CH_3)]^+ + AlCl_4^- \longrightarrow C_6H_5CH_2CH_3 + HCl + AlCl_3$$

酰基化反应的历程与烷基化反应的类似,也是亲电取代反应。

思考题 3-3 完成下列化学反应方程式。

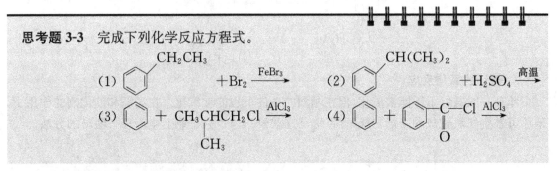

2. 苯的同系物侧链的反应(α-H 反应)

(1) 侧链的卤代反应 在光照或者是高温条件下,苯的同系物与卤素反应,卤素(氯或溴)容易取代苯环侧链上的氢原子。甲苯发生卤代反应时,甲基上的三个氢可以逐个被取代。如果是较长的侧链,卤代反应也可以发生在别的位置上,但通常反应主要是发生在α-位上,即α-H 被取代,这主要是由于苄甲型自由基更加稳定。

$$C_6H_5CH_3 \xrightarrow[\text{或高温}]{Cl_2, \text{光照}} C_6H_5CH_2Cl \xrightarrow[\text{光照或高温}]{Cl_2} C_6H_5CHCl_2 \xrightarrow[\text{光照或高温}]{Cl_2} C_6H_5CCl_3$$

氯化苄(苄氯)   苯二氯甲烷   苯三氯甲烷

$$C_6H_5CH_2CH_3 + Cl_2 \xrightarrow[\text{或者高温}]{\text{光照}} C_6H_5CHClCH_3 + C_6H_5CH_2CH_2Cl$$

α-氯代乙苯 β-氯代乙苯
   91%   9%

苯环侧链的卤代反应的反应历程和烷烃的卤代反应一样,属于自由基取代。

(2) 侧链的氧化反应　苯环不容易被氧化,但苯的同系物侧链容易被氧化,氧化时苯环保持不变,侧链被氧化成羧基。而且无论苯环的烷基侧链有多长,只要和苯环直接相连的碳原子上有氢原子(α-H),一律氧化得到苯甲酸。常用的氧化剂主要有高锰酸钾、重铬酸钾、硝酸等强氧化剂。

$$\text{C}_6\text{H}_5\text{CH}_3 \xrightarrow{\text{KMnO}_4/\text{H}^+} \text{C}_6\text{H}_5\text{COOH (苯甲酸)}$$

$$p\text{-CH}_3\text{C}_6\text{H}_4\text{CH(CH}_3)_2 \xrightarrow{\text{KMnO}_4/\text{H}^+} p\text{-HOOCC}_6\text{H}_4\text{COOH (对苯二甲酸)}$$

但是,如果与苯环直接相连的碳上没有氢原子,侧链则不能被氧化。

$$p\text{-CH}_3\text{C}_6\text{H}_4\text{C(CH}_3)_3 \xrightarrow{\text{KMnO}_4/\text{H}^+} p\text{-HOOCC}_6\text{H}_4\text{C(CH}_3)_3 \text{ (对叔丁基苯甲酸)}$$

3. 苯环的氧化反应

苯环一般条件下不能被氧化,但在剧烈的条件下也能被氧化。在高温和催化剂的作用下,苯环可被空气氧化成顺丁烯二酸酐(俗称马来酸酐),这也是工业上生产马来酸酐的方法。

$$\text{C}_6\text{H}_6 + \text{O}_2 \xrightarrow[400\ ℃\sim500\ ℃]{\text{V}_2\text{O}_5} \text{顺丁烯二酸酐}$$

4. 苯环的加成反应

苯环一般条件下不容易发生加成反应,但在特殊条件下,如在高温、催化剂、高压、紫外光的作用下,也能与氢、卤素等发生加成反应。

$$\text{C}_6\text{H}_6 + 3\text{H}_2 \xrightarrow[200\ ℃,\text{加压}]{\text{Ni}} \text{环己烷}$$

$$\text{C}_6\text{H}_6 + 3\text{Cl}_2 \xrightarrow{\text{紫外光}} \text{1,2,3,4,5,6-六氯环己烷(六六六)}$$

五、苯环上取代反应的定位规律

1. 定位规律

当苯环上有了一个取代基A,再发生亲电取代引入第二个取代基E,理论上取代基E可以进入的位置可以有三种,即进入取代基A的邻位、间位和对位。

如果取代基E进入这五个位置的机会是一样的,则生成的二元取代产物的比例应该是2∶2∶1(因为有2个邻位、2个间位、1个对位),但事实并非如此,实际上得到的二元取代产物主要只有一种或者两种。

苯环上原有的取代基对新引入的取代基进入苯环的位置有一定的影响,而且对苯环再发生亲电取代反应的活性也有很大的影响。把苯环上原有取代基对新引入的取代基进入苯环的位置和难易程度的影响称为定位效应。苯环上原有取代基叫作定位基。

常见的定位基分为邻、对位定位基和间位定位基两大类：

（1）邻、对位定位基

第一类定位基为邻、对位定位基,它们使第二个取代基主要进入它的邻对位。常见的邻、对位定位基有：$-O^-$、$-NR_2$、$-NHR$、$-NH_2$、$-OH$、$-OR$、$-NHCOR$、$-OCOR$、$-R$、$-Ph$、$-X(F,Cl,Br,I)$等。这类定位基结构上的特点是：与苯环直接相连的原子上一般只具有单键或带负电荷,除碳以外,都带有未成键的电子对,这些原子或基团一般具有给电子作用。另外,这类基团对苯环具有活化作用（$-X$例外）,因此又称为致活基。

（2）间位定位基

第二类定位基为间位定位基,它们使第二个基团主要进入它的间位。常见的间位定位基有：$-NH_3^+$、$-NO_2$、$-CF_3$、$-CCl_3$、$-CN$、$-SO_3H$、$-CHO$、$-COR$、$-COOH$、$-COOR$、$-CONH_2$等。这些基团的结构特点是：与苯环相连的原子带正电荷或有极性重键。由于这些基团具有强吸电子作用,对苯环具有钝化作用,因此又称之为致钝基。另外一些基团如$-CF_3$、$-CCl_3$也具有强吸电子作用,因此,也是第二类定位基。

2. 定位规律的理论解释

苯分子中含有闭合的环状大π键,大π键电子云均匀地分布在每一个碳原子上。当苯环上连有一个取代基后,由于受到取代基的诱导效应或者共轭效应等电子效应的影响,不但使苯环上的电子云密度升高或者降低,而且使苯环上的电子云分布发生变化,导致电子云分布不均匀。因此,进一步发生亲电取代反应的难易程度及其取代基进入苯环的主要位置也会随已有取代基的不同而不同。下面以几个典型的定位基为例作简要解释。

（1）邻、对位定位基　一般来说,它们是供电子基（X例外）,即为致活基团,可以通过（+C）和（+I）效应对苯环供电子,使苯环电子云密度增加,尤其在邻、对位上增加较多,因此取代基主要进入邻、对位。

1) 甲基（$-CH_3$）　从诱导效应考虑,甲基是一个供电子基团,所产生的供电子的诱导效应(+I)使苯环上的π电子云密度增加;从共轭效应考虑,甲基的C—H键的σ电子和苯环上的π电子形成了σ-π超共轭体系,所产生的供电子的超共轭效应也使苯环上的π电子云密度增加。诱导效应和超共轭效应的影响是一致的,都使苯环上π电子云密度增加,甲基的存在使苯环再发生亲电取代反应更容易,因此甲基是活化基团。由于电子共轭传递的结果,使邻位和对位增加的π电子相对间位多一些,所以取代基主要进入甲基的邻位和对位。

诱导效应(+I)　　　　超共轭效应

2) 羟基(—OH)　从诱导效应考虑,羟基是一个吸电子基团,所产生的吸电子的诱导效应(—I)使苯环上的π电子云密度降低;从共轭效应考虑,氧原子的p轨道上的孤对电子与苯环的π电子形成p-π共轭体系,氧原子上的p孤对电子向苯环转移,产生供电子的共轭效应(+C),使苯环上π电子云密度增加。诱导效应和共轭效应的影响是相反的,供电子的共轭效应(+C)大于吸电子的诱导效应(—I),总的影响是使苯环上π电子云密度增加。羟基的存在使苯环再发生亲电取代反应更容易,因此羟基是活化基团。由于电子的共轭传递,使邻位和对位增加的π电子相对间位多一些,所以取代基主要进入羟基的邻位和对位。

其他邻、对位定位基,如—O⁻、—NR₂、—NHR 等,对苯环的电子效应与羟基相似。

3) 卤素(—X)　从诱导效应考虑,卤原子是一个吸电子基团,所产生的吸电子的诱导效应(—I)使苯环上的π电子云密度降低;从共轭效应考虑,卤原子的p轨道上的孤对电子与苯环的π电子形成p-π共轭体系,卤原子上的p孤对电子向苯环转移,产生供电子的共轭效应(+C),使苯环上π电子云密度增加。诱导效应和共轭效应的影响也是相反的,由于卤素电负性比较大,吸电子的诱导效应(—I)大于供电子的共轭效应(+C),总的影响是使苯环上π电子云密度降低。卤素的存在使苯环再发生亲电取代反应更困难,因此卤素是钝化基团。由于电子的共轭传递,使邻位和对位减少的π电子相对间位少一些,所以取代基主要进入羟基的邻位和对位。

(2) 间位定位基　间位定位基均为吸电子基,即为致钝基团,它们通过(—C)和(—I)效应使苯环的电子云密度降低,尤其是邻、对位降低得更多,所以其亲电取代反应主要取代电子云密度相对较高的间位,而且反应比苯困难。

从诱导效应考虑,硝基(—NO₂)是一个吸电子基团,所产生的吸电子的诱导效应(—I)使苯环上的π电子云密度降低;从共轭效应考虑,硝基的π轨道和苯环的π轨道形成π-π共轭体系,氮氧双键(—N=O)的电负性大于苯环,使大π键的电子向硝基转移,产生吸电子的共轭效应(—C),使苯环上π电子云密度降低。诱导效应和共轭效应的影响是一致的,总的影响是使苯环上π电子云密度降低。硝基的存在使苯环再发生亲电取代反应更困难,因此硝基是钝化基团。由于电子的共轭传递,使间位减少的π电子相对邻、对位少一些,所以取代基主要进入硝基的间位。

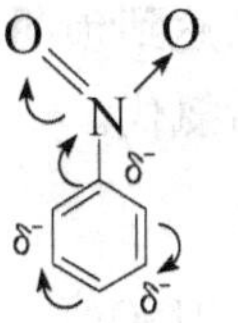

其他间位定位基,如—CN、—SO₃H 等,对苯环的电子效应与硝基相似。

上面对定位规律的理论解释主要从取代基的电子效应方面进行,实际上影响取代反应的因素是很多的,试剂的性质、催化剂的影响、反应的温度、溶剂以及取代基与试剂所占空间的大小等也会对定位产生影响,只是取代基的性质起主要作用。

思考题 3-4 苯甲醚在进行氯代时,为何主要得到对位和邻位产物?从理论上解释。

3. 二取代苯的定位规律

如果苯环上已经有了两个取代基,第三个取代基进入苯环的主要位置服从以下定位规则:

① 两个取代基的定位效应一致时,取代基按定位规则进入取代位置。例如:

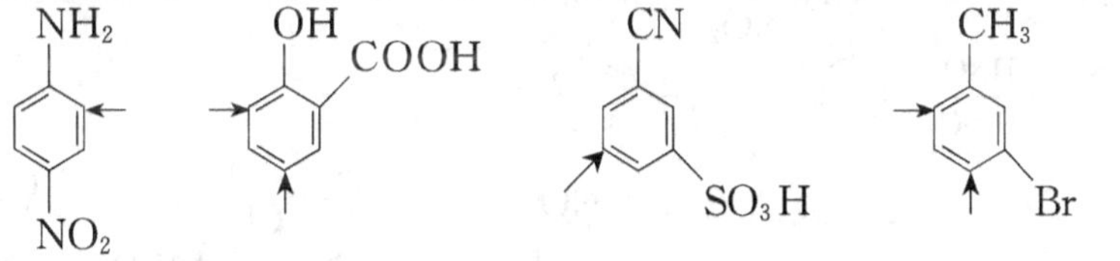

② 两个取代基的定位效应不一致时,又可分为下列两种情况:

a. 两个取代基不同类时,定位效应由邻、对位定位基决定,例如:

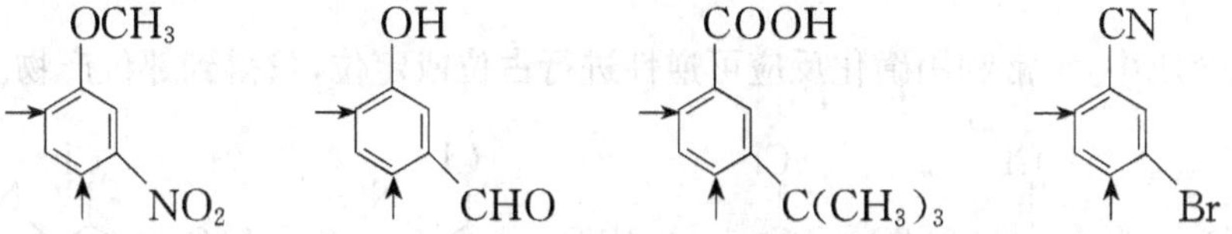

b. 两个取代基属于同一类时,定位效应由定位效应较强的定位基决定,例如:

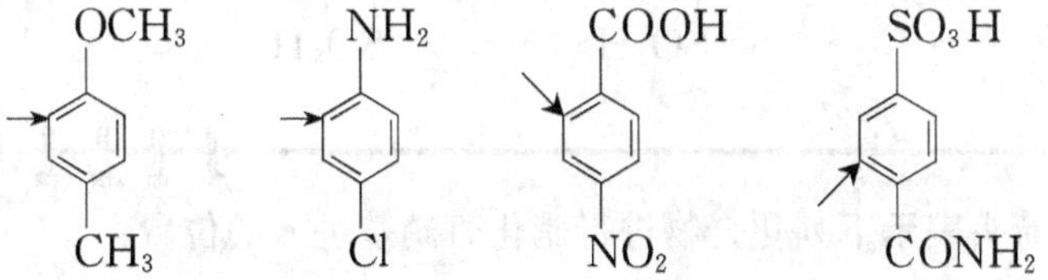

③ 由于空间位阻作用,处于间位的两个原子或基团之间的位置很少发生取代反应,例如:

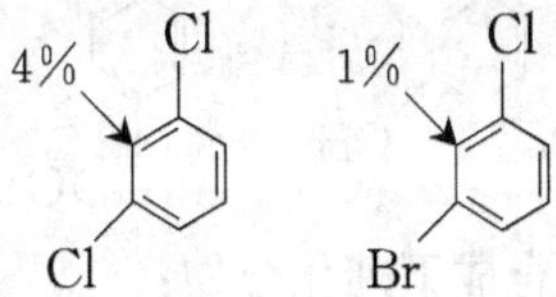

4. 定位规律的应用

苯环上取代反应的规律不仅可以用来预测反应的主要产物,更主要的是可以指导设计合理的合成路线。有机合成的目的是要制备一个纯净的化合物,因此在制备含多个取代基的芳香化合物时就要考虑定位效应,否则难以达到预期目的。例如,由苯合成邻硝基氯苯要先氯代后硝化,而合成间硝基氯苯则要先硝化后氯代。

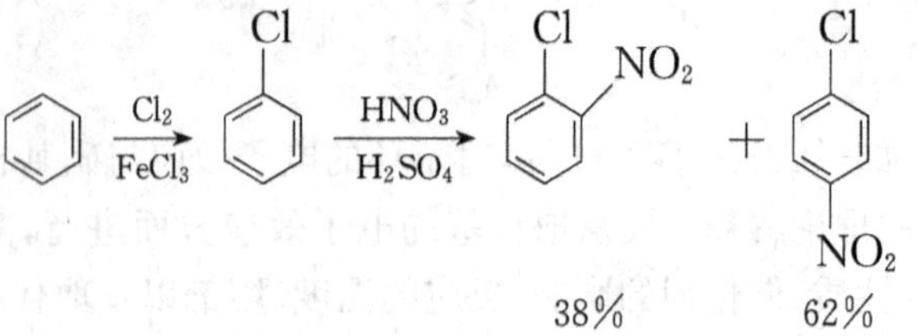

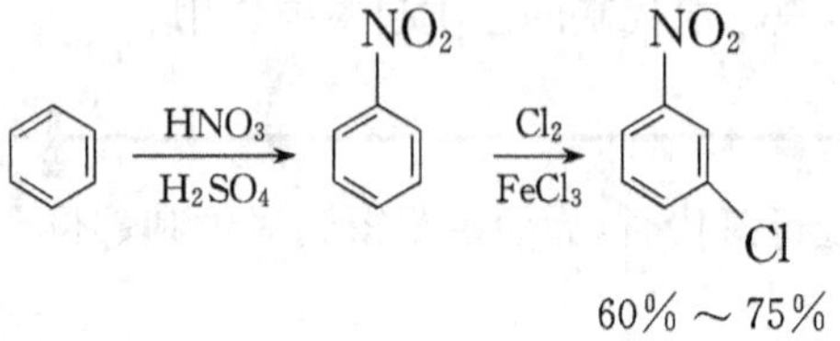

$$\text{苯} \xrightarrow[\text{FeCl}_3]{\text{Cl}_2} \text{PhCl} \xrightarrow[\text{H}_2\text{SO}_4]{\text{HNO}_3} \text{邻-ClC}_6\text{H}_4\text{NO}_2 \; (38\%) + \text{对-ClC}_6\text{H}_4\text{NO}_2 \; (62\%)$$

$$\text{苯} \xrightarrow[\text{H}_2\text{SO}_4]{\text{HNO}_3} \text{PhNO}_2 \xrightarrow[\text{FeCl}_3]{\text{Cl}_2} \text{间-ClC}_6\text{H}_4\text{NO}_2 \; (60\% \sim 75\%)$$

又如,用甲苯制备 4-硝基-2-溴苯甲酸时,考虑各个取代基的定位效应,要先硝化,再溴代,最后氧化。

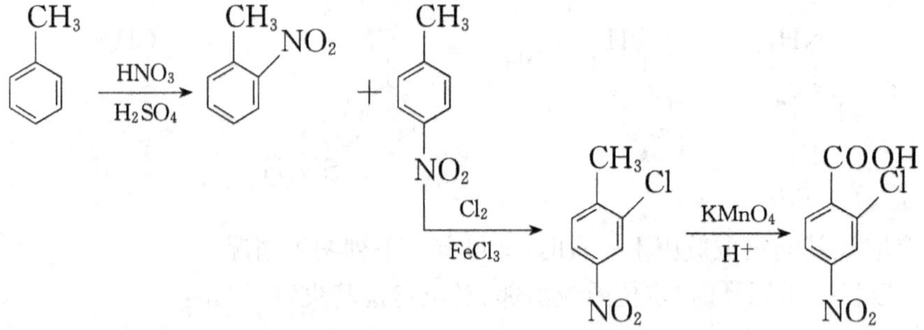

$$\text{甲苯} \xrightarrow[\text{H}_2\text{SO}_4]{\text{HNO}_3} \text{邻硝基甲苯} + \text{对硝基甲苯} \xrightarrow[\text{FeCl}_3]{\text{Cl}_2} \text{2-氯-4-硝基甲苯} \xrightarrow[\text{H}^+]{\text{KMnO}_4} \text{2-氯-4-硝基苯甲酸}$$

在有机合成中,常常利用磺化反应可逆性进行占位或定位,只得到邻位产物。

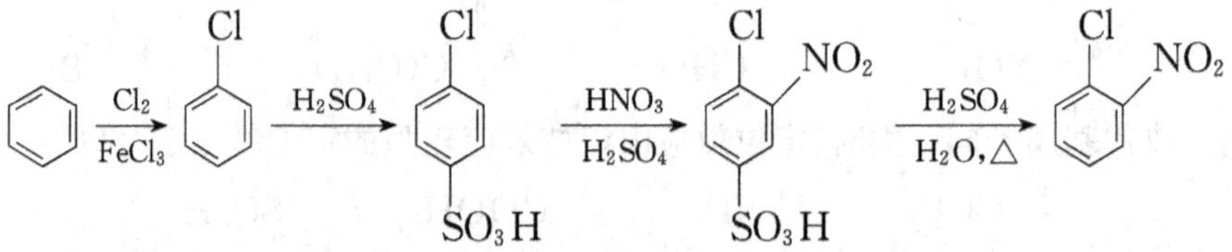

$$\text{苯} \xrightarrow[\text{FeCl}_3]{\text{Cl}_2} \text{PhCl} \xrightarrow{\text{H}_2\text{SO}_4} \text{对-ClC}_6\text{H}_4\text{SO}_3\text{H} \xrightarrow[\text{H}_2\text{SO}_4]{\text{HNO}_3} \text{2-硝基-4-磺酸基氯苯} \xrightarrow[\text{H}_2\text{O}, \triangle]{\text{H}_2\text{SO}_4} \text{邻硝基氯苯}$$

思考题 3-5 用箭头表示下列化合物进行硝化时硝基进入的位置:

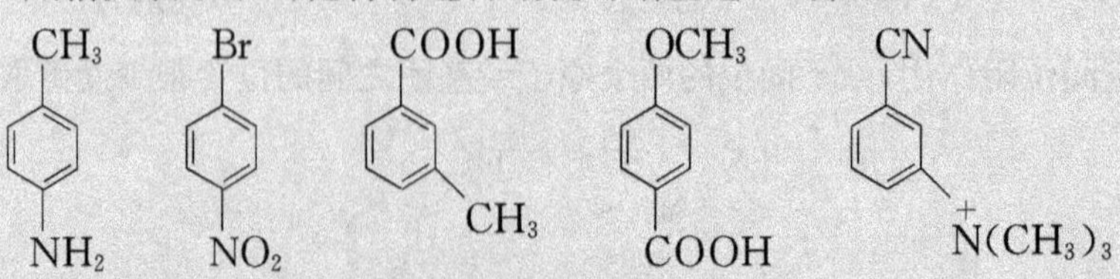

对-$\text{CH}_3\text{C}_6\text{H}_4\text{NH}_2$ ； 对-$\text{BrC}_6\text{H}_4\text{NO}_2$ ； 间-$\text{HOOCC}_6\text{H}_4\text{CH}_3$ ； 对-$\text{CH}_3\text{OC}_6\text{H}_4\text{COOH}$ ； 间-$\text{NCC}_6\text{H}_4\overset{+}{\text{N}}(\text{CH}_3)_3$

思考题 3-6 以苯或甲苯为原料合成下列化合物:
(1) 间硝基溴苯 (2) 3-硝基-4-氯苯甲酸

第2节 稠环芳香烃

稠环芳香烃是由两个或多个苯环彼此间至少通过共用两个相邻的碳原子稠合而成的化合物。重要的稠环芳烃有萘、蒽、菲等，存在于煤焦油中，它们是合成染料和药物的重要原料，也是一些天然产物的基本骨架。许多稠环芳香烃有致癌作用。

一、萘

1. 萘的命名

萘由两个苯环稠合而成，分子中十个碳原子不完全相同，因此命名时有固定编号。环上连有取代基，都需要注明取代基的位次，如下：

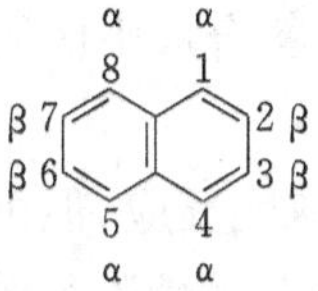

其中1、4、5、8位是等同的，称为α-位；2、3、6、7位是等同的，称为β-位。

当萘环上只有一个取代基时，位次可用α，β表示，也可用1，2表示，如：

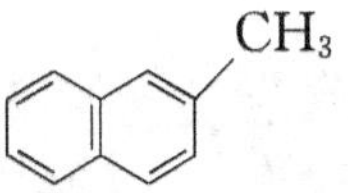

2-甲基萘或β-甲基萘 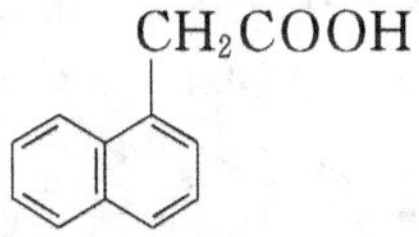　　1-萘乙酸或α-萘乙酸 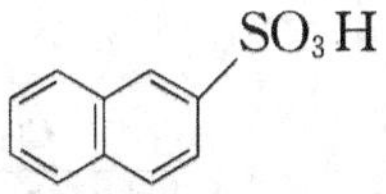　　2-萘磺酸或β-萘磺酸

当萘环上有两个或者两个以上的取代基时，则取代基的位置一定要用数字表示，按照萘环固定的编号，编号要符合最低系列原则，如：

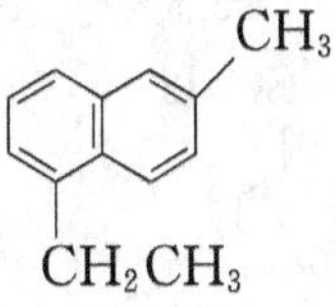

6-甲基-1-乙基萘 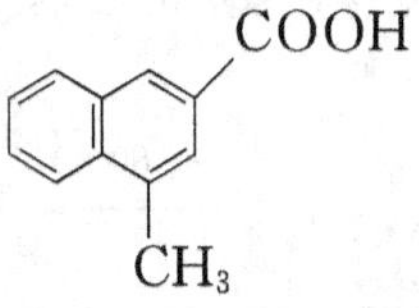　　4-甲基-2-萘甲酸

思考题 3-7 命名下列化合物。

(1)　　(2) 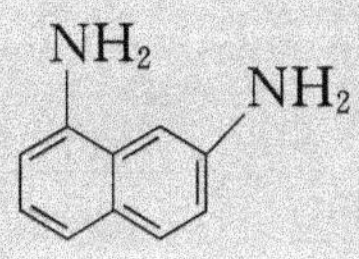　　(3)

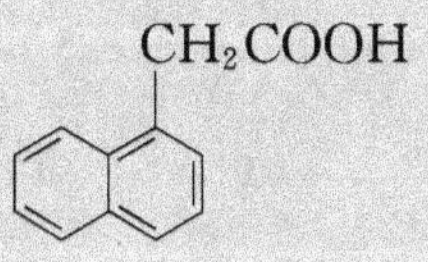

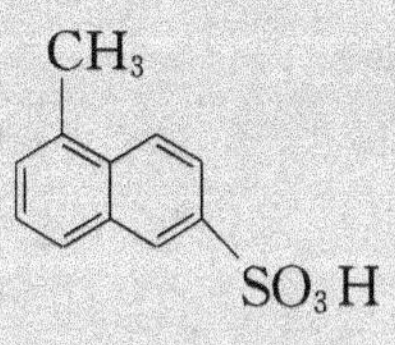

2. 萘的结构

萘是由两个苯环公用两个相邻的碳原子稠和而成，结构和苯类似，也是一个平面型分子，

所有的碳原子都是 sp^2 杂化,每个碳原子都以 sp^2 杂化轨道和相邻的两个碳原子形成 C—C σ 键和氢原子形成一个 C—H σ 键,每个碳原子上还有一个未参与杂化的 p 轨道,这些 p 轨道都垂直于环所在平面,相互平行,侧面相互重叠,形成一个环状的闭合的大 π 键。与苯环不同的是,萘分子中各个 p 轨道的重叠程度不是完全相同的,两个环共用的两个碳原子的 p 轨道除了彼此重叠之外,并分别与 1、8 及 4、5 碳原子的 p 轨道重叠,因此,萘分子中的 π 电子云不是均匀分布在十个碳原子上,即电子云没有完全平均化,其中 α-位的电子云密度较高,分子中各个 C—C 键键长不完全相等。

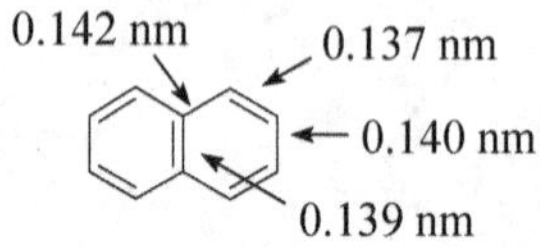

各键长:0.142 nm, 0.137 nm, 0.140 nm, 0.139 nm

3. 萘的性质

萘是无色片状结晶,熔点 80 ℃,沸点 218 ℃,易升华,不溶于水,易溶于热的乙醇及乙醚。有特殊的气味,是重要的化工原料,在染料合成中应用很广,也常用作防蛀剂,市售卫生球就是用萘压制成的。

萘的结构与苯相似,也能发生亲电取代反应,但由于萘环的 α-位的电子云密度较 β-位高,故亲电取代反应主要发生在 α-位。萘的芳香性不如苯,但萘比苯活泼,其亲电取代、加成及氧化反应都比苯更容易发生。

(1) 亲电取代反应　萘和苯类似,可以发生卤代、硝化、磺化等亲电取代反应,但反应条件比苯要温和一些,同时一元取代主要发生在 α-位。

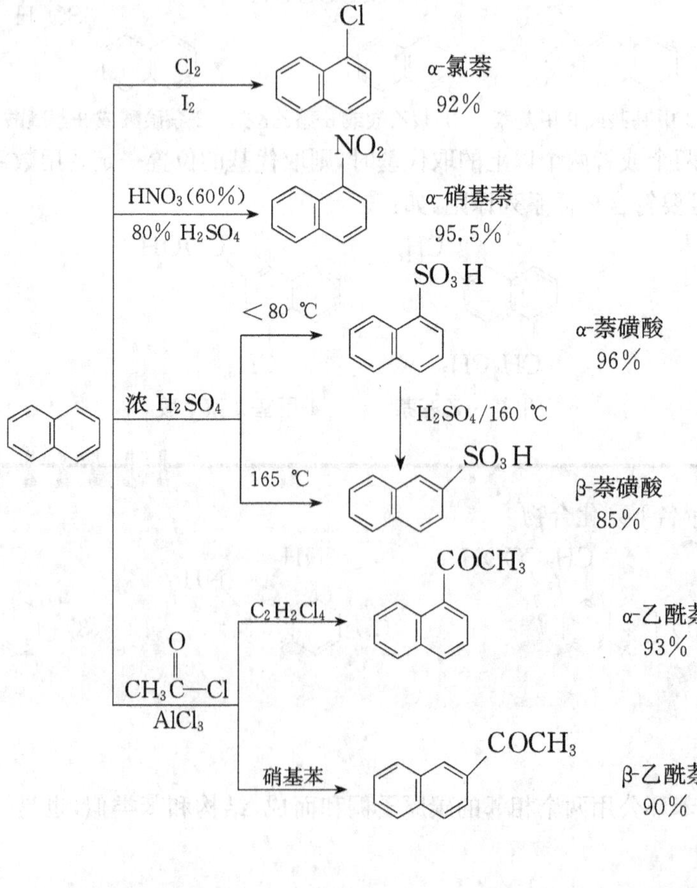

萘 + Cl_2 / I_2 → α-氯萘 92%

萘 + $HNO_3(60\%)$ / 80% H_2SO_4 → α-硝基萘 95.5%

萘 + 浓 H_2SO_4, <80 ℃ → α-萘磺酸 96%

α-萘磺酸 H_2SO_4/160 ℃ → β-萘磺酸

萘 + 浓 H_2SO_4, 165 ℃ → β-萘磺酸 85%

萘 + CH_3COCl / $AlCl_3$, $C_2H_2Cl_4$ → α-乙酰萘 93%

萘 + CH_3COCl / $AlCl_3$, 硝基苯 → β-乙酰萘 90%

(2) **氧化反应** 萘比苯易氧化,不同的氧化条件,可以得到不同的产物。萘的蒸气在五氧化二钒催化下,可被完全氧化生成邻苯二甲酸酐;萘在三氧化铬/醋酸作用下,可被氧化生成1,4-萘醌。

$$\text{萘} + O_2 \xrightarrow[400\ ℃\sim 500\ ℃]{V_2O_5} \text{邻苯二甲酸酐}$$

$$\text{萘} \xrightarrow[10\ ℃\sim 15\ ℃]{CrO_3/CH_3COOH} \text{1,4-萘醌}$$

(3) **加成反应** 萘比苯容易发生加成反应,在不同的条件下可以发生部分加氢或全部加氢。醇和钠可以将萘还原成1,4-二氢萘或者四氢化萘。

$$\text{萘} \xrightarrow[78\ ℃]{Na+C_2H_5OH} \text{1,4-二氢萘} \xrightarrow[152\ ℃]{Na+C_2H_5OH} \text{四氢化萘}$$

四氢化萘若要进一步加氢,条件就和苯环的加氢一样了。

$$\text{萘} + H_2 \xrightarrow[\text{加温,加压}]{Ni} \text{1,4-二氢萘} \xrightarrow[\text{高温,高压}]{H_2, Ni} \text{十氢化萘} \quad \text{反式为主}$$

$$\text{萘} + H_2 \xrightarrow[\text{加温,加压}]{Pt} \text{十氢化萘} \quad \text{顺式为主}$$

4. 萘的亲电取代反应的定位规律

当萘环上连有一邻、对位定位基时,使萘环活化,取代反应主要发生在同环上。若定位基在1位,取代基主要进入4位;若定位基在2位,取代基主要进入1位。当萘环上有间位定位基时,使萘环钝化,无论定位基在1位还是2位,取代基都进入主要异环的5位和8位,即异环的α位。例如:

思考题3-8 完成下列反应:

(1) 1-甲基萘 $\xrightarrow{Br_2/FeBr_3}$

(2) 2-萘甲酸 $\xrightarrow{Br_2/FeBr_3}$

二、蒽和菲

蒽和菲都存在于煤焦油中,分子式都是为 $C_{14}H_{10}$,互为同分异构体。蒽和菲都是由三个共平面的苯环稠合而成,不同的是,蒽是三个苯环以直线方式稠合,而菲是角式稠合。蒽和菲的编号都是固定的。

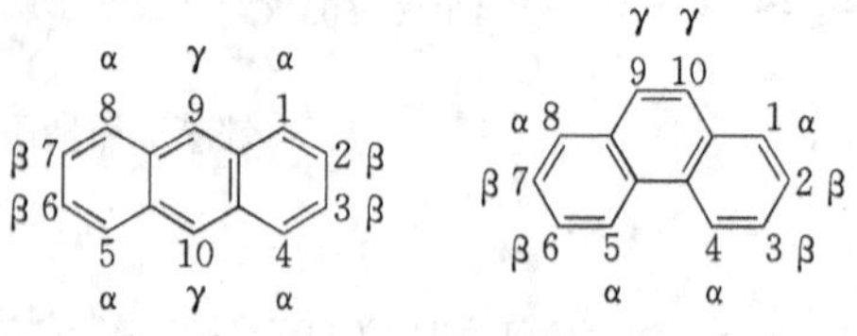

蒽   菲

其中 1、4、5、8 位是等同的,称为 α-位;2、3、6、7 位是等同的,称为 β-位;9、10 位是等同的,称为 γ-位。

蒽为无色片状结晶,熔点 216 ℃,沸点 340 ℃,在紫外光照射下发强烈蓝色荧光。菲是带光泽的无色片状晶体,熔点 100 ℃,沸点 340 ℃,不溶于水,溶于乙醇、苯和乙醚,溶液有蓝色的荧光。

蒽和菲也有一定的芳香性,比萘活泼,可以发生氧化、还原、加成、取代等反应。试剂主要进攻 9、10 位,以保持两个稳定的苯环不变。

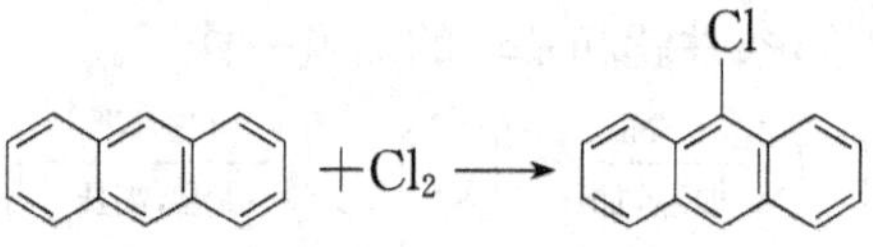

蒽 + Cl_2 → 9-氯蒽

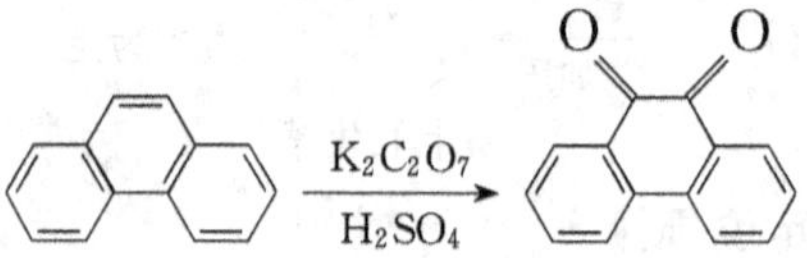

菲 $\xrightarrow{K_2C_2O_7,\ H_2SO_4}$ 菲醌

三、致癌芳烃

最初发现,接触煤焦油多的工人容易得皮肤癌,研究发现,某些四个或四个以上苯环的稠环烃是致癌烃,如:

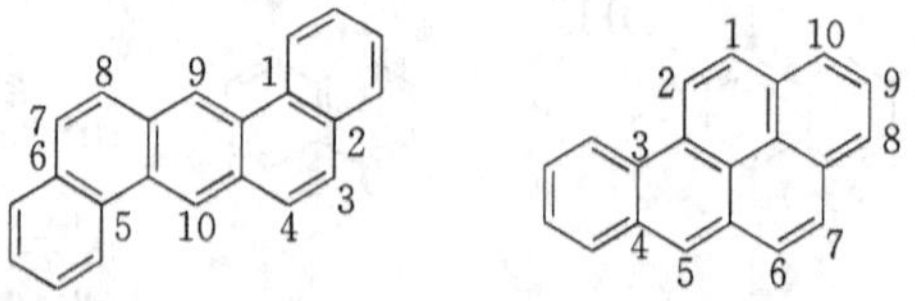

1,2,5,6-二苯并蒽   3,4-苯并芘

研究表明,这些烃本身不引起癌变,但进入人体后,这些烃经过某些生物过程转化为活泼的物质,这些活泼物质与体内 DNA 结合,便能引起细胞变异。

现已发现汽车排放的废气、石油、煤等不完全燃烧的烟气、烟草烟雾、柏油路面散发的蒸气中都含有致癌芳烃。

苯并芘是一类具有明显致癌作用的有机化合物,它是由一个苯环和一个芘分子结合而成的多环芳烃类化合物,分子式为 $C_{20}H_{12}$。纯品呈黄色,单斜针状或菱形片状结晶,熔点 179 ℃。不溶于水,微溶于乙醇,溶于苯、甲苯、二甲苯、氯仿、乙醚、丙酮等。在有机溶液中呈蓝色荧光,在浓硫酸溶液中呈橙红色,带绿色荧光,可利用其荧光特性进行测定。吸烟烟雾和经过多次使用的高温植物油、煮焦的食物、油炸过火的食品都会产生苯并芘。

第3节 非苯芳烃

一、芳香性和休克尔规则

前面所讨论的芳香烃都含有苯环结构,这些芳烃在不同程度上都有芳香性。是不是具有芳香性的化合物一定含有苯环?1931 年,德国的化学家休克尔(Hückel E)进行了大量研究,通过分子轨道理论计算得出:组成环的原子都在同一平面上;具有封闭的共轭体系且 π 电子数符合 $4n+2(n=0,1,2,3,\cdots)$,该化合物具有芳香性,这个规则称为休克尔规则。

苯分子中环上 6 个碳原子都是 sp^2 杂化,都在一个平面上,具有 6 个 π 电子($4n+2=6$,$n=1$),符合休克尔规则,因此苯具有芳香性。环丁二烯中 4 个碳原子都是 sp^2 杂化,都在一个平面上,具有 4 个 π 电子,不符合休克尔规则,因此没有芳香性。环辛四烯中 8 个碳原子都是 sp^2 杂化,具有 8 个 π 电子,不符合休克尔规则,因此没有芳香性。环丁二烯很不稳定,一旦生成,马上分解。环辛四烯不是平面结构,而是含有交替单、双键的马鞍形结构,因此不能形成芳香烃特有的闭合共轭大 π 键。1,3,5-己三烯中 6 个碳原子都是 sp^2 杂化,都在一个平面上,具有 6 个 π 电子($4n+2=6$,$n=1$),但不是环状的封闭的共轭体系,因此也不具有芳香性。

环丁二烯　　环辛四烯　　1,3,5-己三烯

二、非苯芳烃

1. 环丙烯正离子

环丙烯没有芳香性,环丙烯失去一个氢负离子后形成环丙烯正离子。环丙烯正离子中 3 个碳原子都是 sp^2 杂化,具有平面环状的共轭结构,具有 2 个 π 电子($4n+2=2$,$n=0$),符合休克尔规则,具有芳香性,是已知的最小的非苯芳烃。

环丙烯正离子

2. 环戊二烯负离子

环戊二烯无芳香性,但其亚甲基上的氢具有酸性,当用强碱如叔丁醇钾和它作用时,亚甲基上的氢就被取代,生成钾盐,原来的环戊二烯转变为环戊二烯负离子。环戊二烯负离子中 6 个碳原子都是 sp^2 杂化,具有平面环状的共轭结构,具有 6 个 π 电子($4n+2=6$,$n=1$),符合休克尔规则,因此具有芳香性,是最早知道的非苯芳烃。

环戊二烯负离子

3. 环庚三烯正离子

环庚三烯没有芳香性,环庚三烯失去一个氢负离子后生成环庚三烯正离子。环庚三烯正离子中 7 个碳原子都是 sp^2 杂化,具有平面环状的共轭结构,具有 6 个 π 电子($4n+2=6, n=1$),符合休克尔规则,因此具有芳香性。

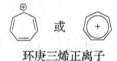
环庚三烯正离子

4. 轮烯

通常将含有十个碳原子以上的具有交替的单双键的单环多烯烃 C_nH_n($n \geqslant 10$)叫作轮烯。

[18]-轮烯就是具有环状闭合共轭体系的 18 个碳的单环化合物,18 个碳原子都是 sp^2 杂化,具有 18 个 π 电子($4n+2=18, n=4$),符合休克尔规则,因此具有芳香性。

[18]-轮烯

[16]-轮烯中具有 16 个 π 电子,不符合休克尔规则,因此没有芳香性。

[16]-轮烯

[10]-轮烯(环癸五烯)中具有 10 个 π 电子($4n+2=10, n=2$),虽然符合休克尔规则,但由于分子中环内氢原子距离太近,具有强烈的排斥作用,使结构发生扭曲,不在同一平面上,因此没有芳香性。

[10]-轮烯

习 题

1. 给出下列化合物的名称或根据名称写出结构式：

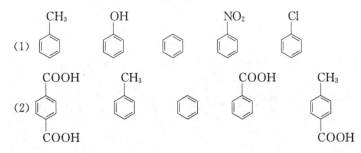

(10) 3-硝基-4-氯苯甲酸 (11) 对氯苯磺酸 (12) 2-甲基-3-苯基-1-丁烯

2. 比较下列各组化合物进行硝化反应时的活性顺序、取代基进入苯环的主要位置。

(1) 甲苯、苯酚、苯、硝基苯、氯苯

(2) 对苯二甲酸、甲苯、苯、苯甲酸、对甲基苯甲酸

3. 用化学方法鉴别下列各组化合物：

(1) 苯、甲苯、环己烯、1-己炔

(2) 环己烷、环己烯、苯、环己基苯

(3) 苯乙烯、苯乙炔、乙苯、叔丁苯

4. 完成化学反应方程式：

(1) $\text{C}_6\text{H}_6 \xrightarrow[\text{无水 AlCl}_3]{\text{CH}_3\text{CH}_2\text{CH}_2\text{Cl}} \xrightarrow{\text{KMnO}_4/\text{H}^+} \xrightarrow{\text{浓 HNO}_3+\text{H}_2\text{SO}_4}$

(2) 甲苯 $\xrightarrow{\text{KMnO}_4/\text{H}^+} \xrightarrow{\text{浓 HNO}_3+\text{H}_2\text{SO}_4} \xrightarrow{\text{Cl}_2/\text{FeCl}_3}$

(3) 对乙基叔丁基苯 $\xrightarrow{\text{KMnO}_4/\text{H}^+} \xrightarrow{\text{浓 H}_2\text{SO}_4}$

(4) C₆H₆ + 邻苯二甲酸酐 —无水AlCl₃→

(5) C₆H₅CH₂CH=CH₂ —Cl₂/FeCl₃→ —Cl₂/CCl₄→

(6) C₆H₅CH₂CH₂CH₂COCl —无水AlCl₃→

(7) C₆H₆ + O₂ —V₂O₅/高温→ —CH₂=CH—CH=CH₂→

(8) 萘 —浓H₂SO₄→ —HNO₃+H₂SO₄→

5. 用指定原料合成下列化合物：

(1) 苯 → 间氯硝基苯 (Cl, NO₂)

(2) 苯 → 对氯苄基氯 (CH₂Cl, Cl)

(3) 甲苯 → H₃C—C₆H₄—CH₂—C₆H₄—NO₂

(4) 苯 → 对硝基苯甲酸 (COOH, NO₂)

(5) 甲苯 → 3-硝基-4-氯苯甲酸 (COOH, NO₂, Cl)

6. 解释下列实验结果：
(1) 当苯用异丁烯和浓硫酸处理时，只得到叔丁基苯。
(2) 苯胺在室温下与溴水反应，主要得到的产物是什么？为什么？

7. 判断下列化合物有无芳香性：

(1) 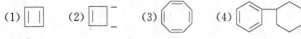 (2) (3) (4)

(5) 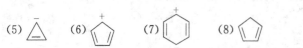 (6) (7) (8)

8. 某烃类化合物 A 的实验式为 CH，相对分子质量为 208，经强氧化后得苯甲酸，经臭氧氧化并还原水解后只有苯乙醛（$C_6H_5CH_2CHO$）一种产物，试推测 A 的结构。

9. 有 A、B、C 三种芳香烃，分子式均为 C_9H_{12}，用高锰酸钾氧化时，A 生成一元羧酸，B 生成二元羧酸，C 生成三元羧酸。将它们进行硝化时，A 和 B 可得到两种一硝基化合物，而 C 只得到一种一硝基化合物。A 中有一个叔碳原子，试推测 A、B、C 的结构式。

10. 某烃 A 的分子式为 C_9H_8，能与 $AgNO_3$ 的氨溶液反应生成白色沉淀。A 能与 2 mol 的氢气加成生成 B，B 被酸性高锰酸钾氧化生成产物 C（$C_8H_6O_4$），C 在铁粉存在下与 1 mol 的 Cl_2 反应，生成的一氯产物只有一种。试推测 A、B、C 的结构。

第4章 旋光异构

有机化合物的同分异构现象是很普遍的,同分异构现象可以分为两大类:构造异构和立体异构。构造异构是指分子式相同,原子相互连接的方式和次序不同而引起的同分异构现象,分为碳链异构、官能团异构、位置异构和互变异构四类。立体异构是指分子式和原子间的连接方式与次序都相同,但原子在空间的排列方式不同而产生的异构现象,分为构象异构和构型异构两类,其中,构型异构又包括顺反异构和旋光异构。

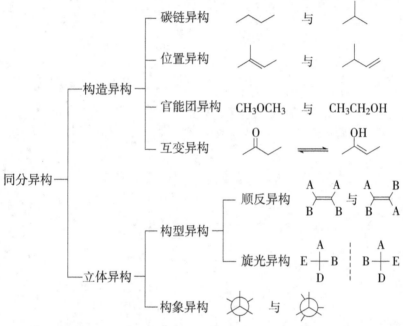

旋光异构,也称对映异构。旋光异构是指分子式和构造式相同的两个化合物,由于原子在空间的排列方式不同,使两个化合物互为实物与镜像的关系。本章主要介绍旋光异构体的判断、它们的构型表示和标记,以及从三维空间来体现有机分子的结构与性质(尤其是旋光性和生物活性)之间的关系。

第1节 有机分子的旋光性

一、旋光性和旋光仪

光波是一种电磁波,光振动方向与其前进方向互相垂直。普通的光可在垂直于传播方向的各个不同的平面上振动。若使普通光通过一个由冰晶石制成的尼可尔(Nicol)棱镜或人造偏振片,一部分光线就被阻挡,只有振动方向和棱镜的晶轴平行的光线才能通过,因此通过棱镜后的光,只在一个平面上振动,这种光叫偏振光。偏振光振动的平面叫偏振面。

当偏振光通过某些物质时,有些物质对偏振光没有影响,即通过该物质后的偏振光的振动平面不发生改变,如乙醇、丙酮等;而有的物质如 2-溴丁烷、乳酸等,却能使偏振光的振动平面发生旋转,这种能使偏振光振动平面发生旋转的性质称为旋光性,这类物质就叫作旋光性物质。

旋光性可以用旋光仪检查和测定。旋光仪的构造原理如图 4-1 所示。

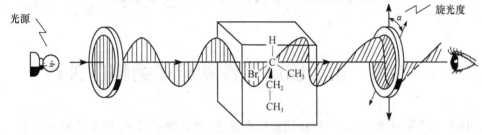

图 4-1　旋光仪原理示意图

由光源发出的光,首先通过第一个尼可尔棱镜(叫作起偏镜),使之成为偏振光。偏振光再通过盛液管,如果盛液管中的溶液没有旋光性,则偏振光可以顺利地通过晶轴与起偏镜平行的第二个棱镜(叫作检偏镜),在检偏镜后可以观察到最大的光通量。当盛液管盛有旋光性物质时,由于旋光性物质使偏振面向左或向右旋转了一定角度,所以必须使检偏镜也向左或向右旋转同样的角度,才能观察到最大的光通量。检偏镜旋转的角度,即该旋光物质的旋光度,用 α 表示。旋光度是旋光能力大小的标志。

如果旋光性物质使偏振面向右旋转,则该旋光性物质是右旋物质,并在其名称前冠以"(+)";使偏振面向左旋转的物质称为左旋物质,用"(−)"表示。例如,(−)-吗啡是左旋的,(+)-蔗糖是右旋的。

二、比旋光度

旋光度 α 的大小主要取决于旋光物质的结构,但也与测定时的条件如温度、溶液的浓度、盛液管的长度、光的波长等有关。

为了在同样条件下比较物质的旋光能力,可用比旋光度 $[\alpha]_\lambda^t$ 表示。比旋光度与旋光度有如下的关系:

$$[\alpha]_\lambda^t = \frac{\alpha}{c \cdot l}$$

式中,c 为溶液的浓度(g/mL);l 为盛液管的长度(dm);t 为测定温度;λ 为光源的波长。

比旋光度表示:在一定温度下,1 mL 含 1 g 旋光性物质的溶液,放在 1 dm 长的盛液管中,利用一定波长的入射光(常用钠单色光,以 D 表示,其波长为 588 nm)所测得该物质的旋光度。比旋光度与熔点、沸点一样,也是一种物理常数,这一常数可在手册上查到。例如葡萄糖水溶液在室温 20 ℃,用钠光作光源,其比旋光度为+52.5°,可记作:

$$[\alpha]_D^{20} = +52.5°(水)$$

计算比旋光度的公式,也可用于计算溶液的浓度。如已知蔗糖的 $[\alpha]_D^{20} = +66.5°$(水)。用测糖仪(一种专用旋光仪)测量某未知浓度的蔗糖溶液的旋光度,测糖仪盛液管的管长 l 是已知的,又测得 α 的度数,即可算出浓度。实际上,专用于蔗糖的测糖仪,它的检偏镜上的旋光度数已直接换算成了溶液的浓度。

思考题 4-1 溶于氯仿中的胆甾醇的浓度是每 100 mL 溶液中溶解 6.15 g。(1) 一部分放在 5 cm 长的旋光管中，所观察到的旋光度是 $-1.2°$，计算胆甾醇的比旋光度。(2) 同样的溶液放在 10 cm 旋光管中，预测其旋光度。

第 2 节　物质的旋光性和分子结构的关系

法国物理学家拜奥特(Biot)观察到蔗糖水溶液、酒石酸水溶液、松节油的酒精溶液、樟脑的酒精溶液等都具有旋光能力，而且其旋光性与其存在的状态无关。显然，物质所具有的旋光性应与分子结构有关。但如何从结构上判断一个化合物是否具有旋光性，即物质的旋光性与分子结构到底有何关系，是接下来需要分析的一个关键性问题。大量实验证明，具有手性的物质一定有旋光性，具有旋光性的物质一定是手性分子。

一、手性与手性分子

1811 年，法国物理学家阿瑞洛(Arago)在研究石英的光学性质时发现：天然的石英有两种晶体，一种使偏振光左旋，称为"左旋石英"；另一种使偏振光右旋，称为"右旋石英"。这两种石英互为实物与镜像的关系，但互相不能重合，后来定义这种性质为手性。

所谓手性，简单来说就是类似于人的手所具有的特性，即左手和右手的关系，它们互为镜像，但又不能完全重合(图 4-2)。

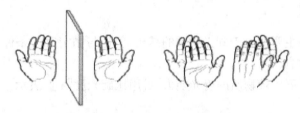

图 4-2　左手和右手的镜像关系

在有机分子中，若一个分子与它的镜像不能完全重合，则称其具有手性，具有手性的分子称为手性分子。如乳酸的结构式是 $CH_3CHOHCOOH$，它的立体模型如图 4-3 所示。

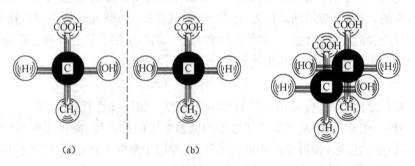

图 4-3　两个乳酸模型镜像关系

凡手性分子都具有旋光性,因此判断一个分子是否具有旋光性可以从检查这个分子是否为手性分子入手。分子是否具有手性,取决于它本身的结构。

二、手性分子的识别

Von't Hoff 和 LeBel 分别提出了碳四面体学说:如果碳原子位于一个正四面体中心,那么与碳相连的四个原子或基团将占据四面体的四个顶点,它们若有旋光性,应归结于不对称取代的碳原子。因此,判断一个化合物是不是手性分子,就观察它是否有对称面或对称中心等对称因素。

1. 对称面

如果某分子能被一个平面分成互为实物和镜像两部分,此平面就是该分子的对称面,该分子就具有对称面(用 σ 表示)。具有平面对称因素的分子无手性。例如单烯烃 C=C 所连的原子共平面,这个平面就是分子的对称面(图 4-4(a))。同一个碳上连有两个相同原子或基团的 $Cabx_2$ 型化合物,也有一个对称面(图 4-4(b)),无手性。

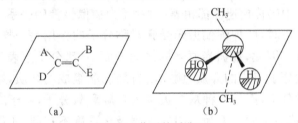

图 4-4 分子的对称面

(a) 单烯的对称面;(b) 异丙醇的对称面

2. 对称中心

如果分子中有一个 P 点,从任何一个原子或基团向 P 点引连线并延长,在等距离处都遇到相同的原子或基团,则 P 点称为该分子的对称中心(用 i 表示)。具有对称中心的分子无手性,如图 4-5 所示。

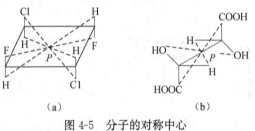

图 4-5 分子的对称中心

(a) 二氟二氯环丁烷;(b) 内消旋酒石酸

3. 手性碳原子

大量事实说明,使有机物分子具有手性的最主要因素是含有手性碳原子。连有四个不相同的原子(基团)的碳原子称为手性碳原子或不对称碳原子,用 C* 表示,如乳酸的结构式中的不对称碳原子可表示为

$$\begin{array}{c} COOH \\ | \\ H\text{—}\overset{*}{C}\text{—}OH \\ | \\ CH_3 \end{array}$$

含一个手性碳原子的分子，由于与其相连的四个原子或基团都不同，没有对称面，也没有对称中心，不能与其镜像重叠，具有手性。所以含一个手性碳原子的分子都是手性分子，具有旋光性。但是，含两个或两个以上手性碳原子的分子是不是手性分子，则要看其是否有对称面或对称中心。此外，有些物质虽然没有手性碳原子，但因其分子中无对称面或对称中心，从而具有手性，即有旋光性。可见，产生旋光性的根本原因是分子结构的不对称性。

三、旋光性产生的原因

分子的手性是物质产生旋光性的根本原因，但是，为什么手性分子能旋转偏振光的振动平面而具有旋光性呢？下面简单地讨论一下这个问题。

平面偏振光是由两种圆偏振光合成的（图 4-6）。这两种偏振光都以光前进方向为轴呈螺旋状传播，其中一种呈右旋形，称为右旋偏振光；另一种呈左旋形，称左旋偏振光。这两种圆偏振光的强度和在真空中的传播速度都相等，两者互为物像镜像的关系。当偏振光通过一个对称性分子组成的介质时，两种圆偏振光受到对称分子的作用是一样的，所以它们以相同的速度通过这种介质。因此，偏振光原来的振动平面不变，分子不表现出旋光性。如果偏振光通过一个由手性分子组成的介质，例如由右旋乳酸组成的介质，则两种圆偏振光之一从右边接近右旋乳酸分子，而另一种从左边接近右旋乳酸分子，由于右旋乳酸分子的不对称性，二者所遇到的基团不同。因为不同的基团极化程度不相同，所以两种圆偏振光的折射率不同，这也就是说，两种前进的圆偏振光经过手性分子时遇到的阻力不相同，故二者传播的速度不一样。但是平面偏振光是由右旋和左旋圆偏振光合成的一个统一整体，所以同一偏振光的两种成分以不同速度前进是不可能的。因此，在偏振光传播时，实际发生的情况是速度较快的成分拉住了较慢的成分，引起振动平面的转动，从而表现出旋光性。由上述讨论可知，旋光产生的根本原因是入射光的左、右圆偏振光在手性介质中的传播速度不同。

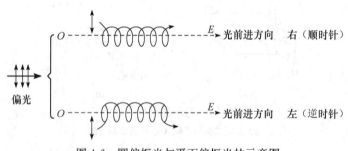

图 4-6 圆偏振光与平面偏振光的示意图

思考题 4-2 下列化合物哪些具有对称中心？哪些具有对称面？

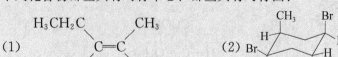

(3) 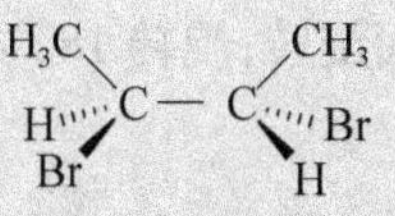 结构式（2,3-二溴丁烷楔形式）   (4) 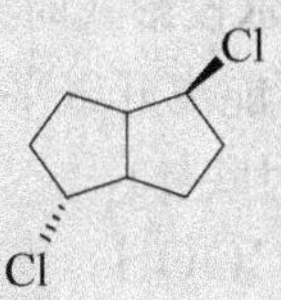 结构式（二氯双环化合物）

思考题 4-3 标出下列化合物中的手性碳原子。
(1) $CH_3CHClCH_2CH_3$ (2) $CH_3CH(NH_2)COOH$
(3) $C_6H_5CH(OH)COOH$ (4) $CH_3CHClCH(OH)CH_3$

第 3 节 含有手性碳原子化合物的旋光异构

一、含有一个手性碳原子化合物的旋光异构

1. 旋光异构体的立体结构表示方法

旋光异构体中的手性碳原子具有四面体结构，它们的构型一般可采用楔形式（伞形式）、透视式和费歇尔（Fischer）投影式表示。

立体结构中楔形式是将手性碳原子置于纸平面，与手性碳原子相连的四个键有两种不同的表示法（Ⅰ和Ⅱ）（图 4-7），其中细实线表示处于纸平面，楔形实线表示伸向纸面前方，用楔形虚线表示伸向纸面后方。

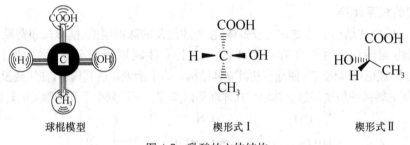

球棍模型　　　　　楔形式Ⅰ　　　　　楔形式Ⅱ

图 4-7 乳酸的立体结构

利用球棍模型或楔形式虽然可以清楚表示出分子的空间结构，但书写不便，对于结构比较复杂的化合物就更困难。为了方便，一般采用费歇尔投影式，利用平面的形式表示具有手性碳原子的分子立体结构。

费歇尔投影式规则如下：① 将碳链竖起来，把氧化态较高的碳原子或命名时编号最小的碳原子放在最上端；② 与手性碳原子相连的两个横键伸向前方，两个竖键伸向后方，为了便于记忆，常称为"横前竖后"；③ 横线与竖线的交点代表手性碳原子。如图 4-8 所示。

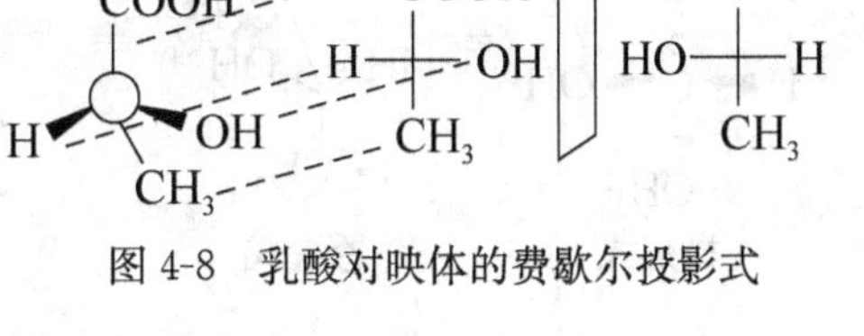

图 4-8 乳酸对映体的费歇尔投影式

在使用（书写）费歇尔投影式时要注意以下几点：

① 费歇尔投影式不能离开纸平面翻转，只能在纸平面旋转；旋转 180°或 360°构型不变；旋转 90°或 270°得到它的对映体。

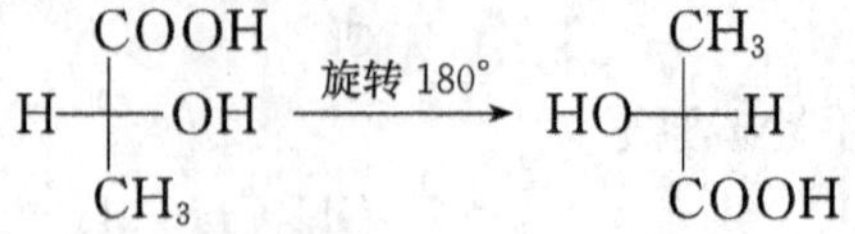

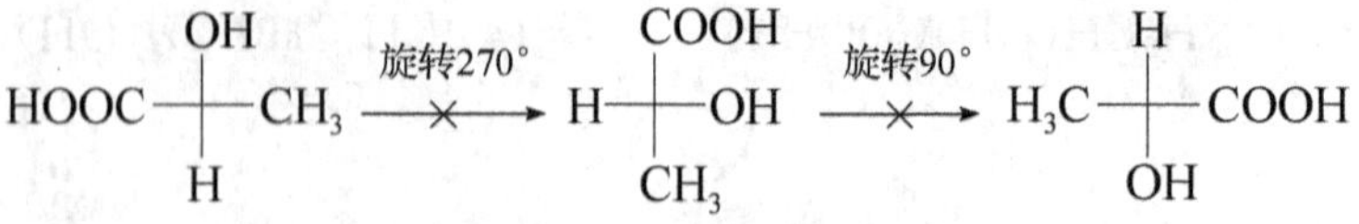

② 在投影式中固定其中任何一个原子或基团，其他三个原子或基团顺时针或逆时针依次变换位置，构型不变。

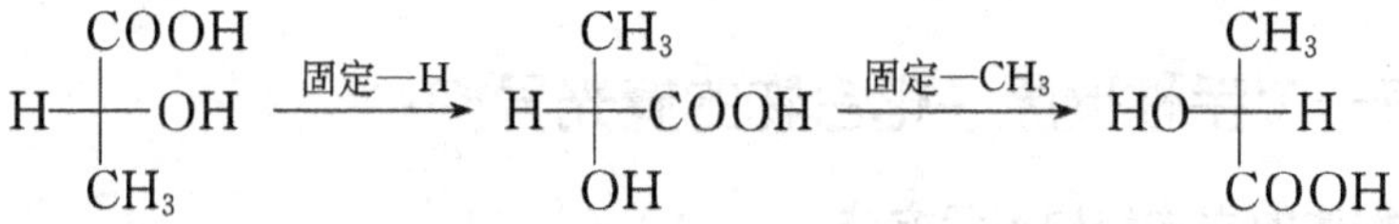

③ 若将其中一个费歇尔投影式的手性碳原子上的任意两个原子或基团交换偶数次后，得到的投影式和另一投影式相同，则这两个投影式表示同一构型。如下述化合物 I 和 II 表示同一构型：

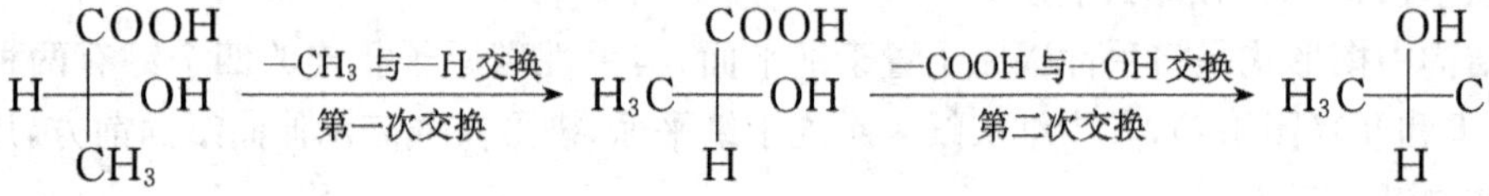

2. 构型的相互转换

有机分子的立体结构表达方式比较多样，在上述提及的球棍模型、楔形式和费歇尔投影式之间可以实现相互转化。对于含有两个或两个以上手性碳原子的分子，采用透视式和纽曼（Newman）投影式也可以比较方便地表达其立体结构。为了准确表达其构型，在纽曼投影式与费歇尔投影式之间的转换一般要经过立体结构式才能得以实现。下面列举了几种常见的转换方式：

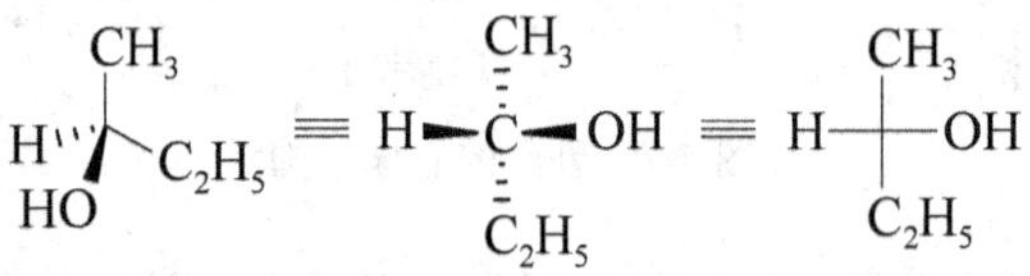

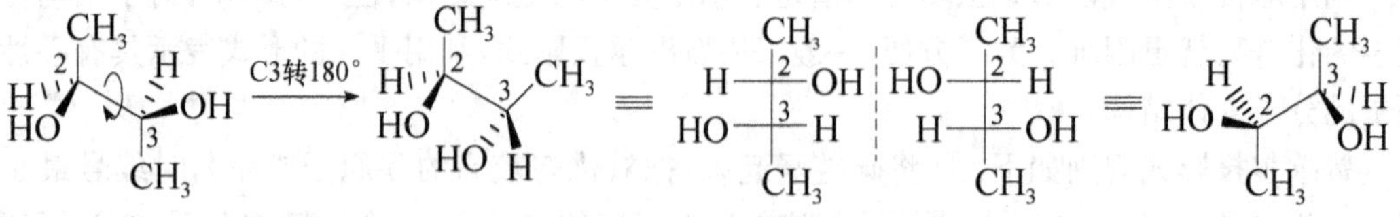

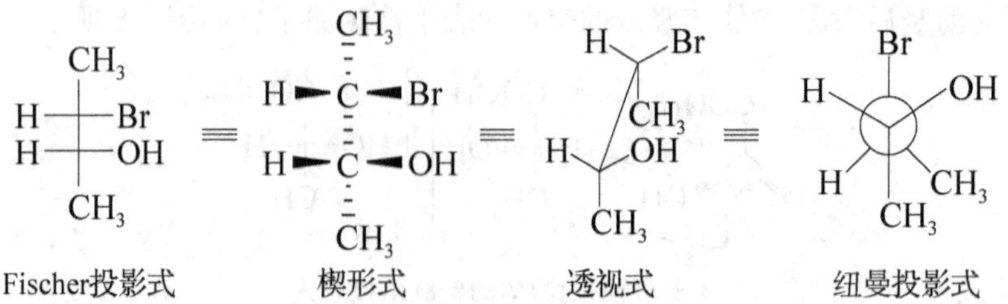

Fischer投影式　　楔形式　　透视式　　纽曼投影式

3. 构型标记方法(R/S 标记法)

对映异构体,如乳酸有左旋体和右旋体,其旋光方向和比旋光度可由旋光仪测出。但是哪一个构型是左旋体,哪一个构型是右旋体,这个问题在旋光异构现象发现及其以后的一百多年中都未能确定。为了研究方便,费歇尔以甘油醛为标准,用 D/L 构型表示其相对构型。直到 1951 年,比约特(Bijvoet)应用一种特殊的 X-衍射方法成功地测得了(+)-酒石酸铷钠分子中各原子在空间分布的绝对构型。后来一般采用 R/S 构型表示不对称碳原子的绝对构型。

R/S 构型标记法是根据手性碳原子上的四个原子或基团在空间的真实排列来标记的,因此用这种方法标记的构型是真实的构型,也叫作绝对构型。R/S 标记法的规则如下:

① 按照次序规则,将手性碳原子上的四个原子或基团按先后次序排列,较优的原子或基团排在前面。

② 将排在最后的原子或基团放在离眼睛最远的位置,其余三个原子或基团放在离眼睛最近的平面上。

③ 按先后次序观察其余三个原子或基团的排列走向,若为顺时针排列,叫作 R-构型(R:Rectus,拉丁文,右);若为逆时针排列,叫作 S-构型(S:Sinister,拉丁文,左)。

例如,2-氯丁烷分子中手性碳原子上四个基团的先后次序为:—Cl＞—C_2H_5＞—CH_3＞—H。将排在最后的—H 放在离眼睛最远的位置,其余的—Cl、—C_2H_5、—CH_3 放在离眼睛最近的平面上,按先后次序观察—Cl ⟶ —C_2H_5 ⟶ —CH_3 的排列走向,顺时针排列的叫作 R-2-氯丁烷,逆时针排列的叫作 S-2-氯丁烷。

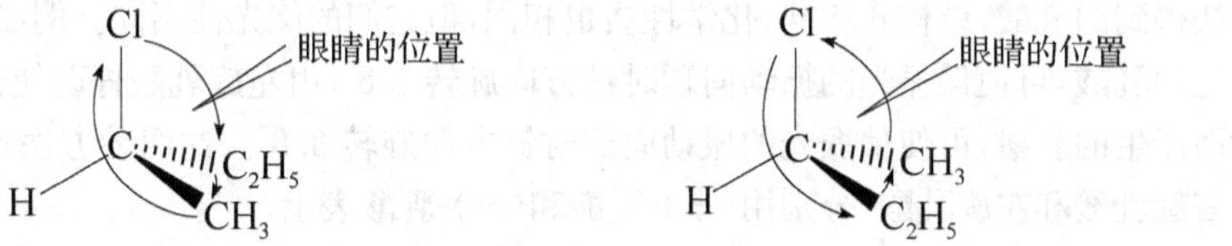

—Cl ⟶ —C_2H_5 ⟶ —CH_3 为顺时针排列　　—Cl ⟶ —C_2H_5 ⟶ —CH_3 为逆时针排列
R-2-氯丁烷　　　　　　　　　　　　　　　　　S-2-氯丁烷

R/S 标记法也可以直接应用于费歇尔投影式的构型标记,关键是要注意"横前竖后",即与手性碳原子相连的两个横键是伸向纸前方的,两个竖键是伸向纸后方的。观察时,将排在最后的原子或基团放在离眼睛最远的位置。例如:

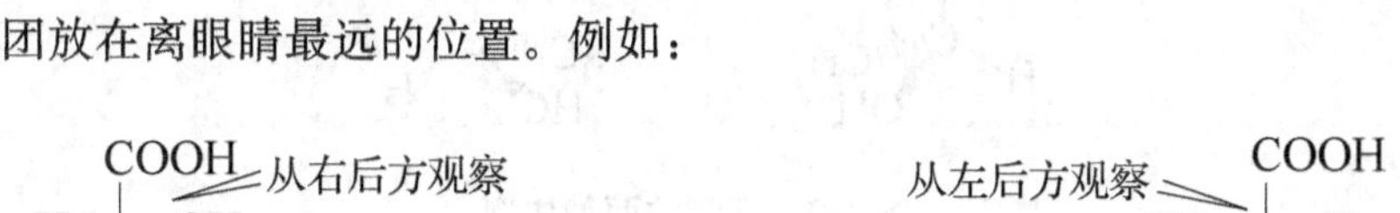

—OH ⟶ —COOH ⟶ —CH_3 为顺时针排列　　—OH ⟶ —COOH ⟶ —CH_3 为逆时针排列
R-乳酸　　　　　　　　　　　　　　　　　　　　S-乳酸

乳酸的一对对映异构体中,手性碳原子互为镜影,手性碳原子的构型也就是相反的。因此,一对对映异构体中,若其中一个是 R-构型,那么另外一个就必定是 S-构型。

如果一个手性分子不是按照费歇尔投影式的标准写法(无论怎样写,横键朝前,竖键朝后

的投影原则不变),那么也可以判定它的构型。如果构型相同,那么就是相同的物质。例如,下列各式表示的都是 R-乳酸:

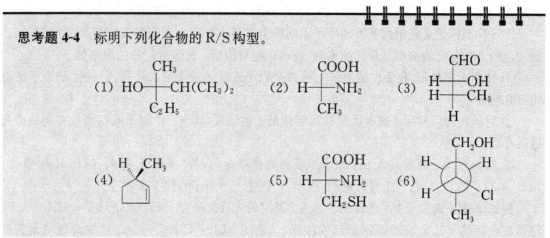

思考题 4-4 标明下列化合物的 R/S 构型。

4. 对映异构体和外消旋体

含有一个不对称碳原子的分子是不对称的,因此必然是手性分子,必然具有旋光性。用不同的方法得到的乳酸,结构式相同,化学性质也相同,但它们的旋光性不同。例如,由肌肉过度运动产生的乳酸,可使偏振光的振动向顺时针方向旋转 3.8°;由左旋乳酸杆菌使葡萄糖或乳糖等发酵而产生的乳酸,可使偏振光的振动向逆时针方向旋转 3.8°。这两种方法产生的乳酸分别称为右旋乳酸和左旋乳酸,分别用(+)-乳酸和(−)-乳酸表示。

在乳酸分子中含有一个手性碳原子,它分别连接—OH、—COOH、—CH₃ 和—H 四个不相同的原子或原子团,这些基团在空间有两种不同的排列方式,互为实物和镜像关系,不能重叠,可用楔形式表示(图 4-9):

图 4-9 乳酸的两种构型

像乳酸分子这样存在构造相同,但构型不同,彼此互为实物和镜像关系,相互对映而不能完全重合的现象,叫作旋光异构现象或对映异构现象。R-乳酸和 S-乳酸是互为镜像关系的异构体,称为对映异构体或旋光异构体。

由于对映体的比旋光度数等均相同,但旋光方向相反,因此左旋乳酸和右旋乳酸等量混合时,左旋体所具有的旋光度,恰好被右旋体抵消,因此失去了旋光性。这种特殊的混合物称为外消旋体,用符号(±)表示。

二、含有两个手性碳原子化合物的旋光异构

1. 含两个相同的手性碳原子化合物的旋光异构

酒石酸含两个相同手性碳原子,它每个手性碳原子上都连有:—OH、—COOH、—H 和 —CH(OH)COOH。酒石酸的费歇尔投影式似乎有下列四种结构:

```
    COOH          COOH          COOH          COOH
H ——— OH      HO ——— H      HO ——— H      H ——— OH
H ——— OH      HO ——— H      H ——— OH      HO ——— H
    COOH          COOH          COOH          COOH
    (Ⅰ)           (Ⅱ)           (Ⅲ)           (Ⅳ)
```

(Ⅲ)和(Ⅳ)为对映体;(Ⅰ)和(Ⅱ)却不是对映体,而是相同的化合物。因为将(Ⅰ)式在纸平面上旋转 180°便是(Ⅱ)式。(Ⅰ)和(Ⅱ)式分子内部存在对称面,因此就没有旋光性。这种含有手性碳原子,但由于分子内存在对称因素而无旋光性的物质称为内消旋体,常用词头 i-或 $meso$-表示。所以(Ⅰ)或(Ⅱ)式称内消旋酒石酸。(Ⅲ)式叫作(2S,3S)-酒石酸,(Ⅳ)式叫作(2R,3R)-酒石酸。

内消旋体虽无旋光性,但同外消旋体有本质不同。内消旋体是纯化合物,不能拆分为两个具有旋光性的对映体;而外消旋体是混合物,可以拆分为两个具有旋光性的对映体。它们的物理常数见表 4-1。

表 4-1 酒石酸的物理常数

酒石酸	熔点/℃	溶解度/(g·mL^{-1})	$[\alpha]_D^{25}$(水)/(°)
右旋体	170	1.39	+12
左旋体	170	1.39	−12
内消旋体	140	1.25	0
外消旋体	204	0.21	0

2. 含两个不相同的手性碳原子化合物的旋光异构体

所谓含两个不相同的手性碳原子,是指两个手性碳原子所连的原子或基团是不完全相同的。如 2-氯-3-溴丁二酸(HOOCCH(Br)CH(Cl)COOH)中,第 2 个和第 3 个碳原子是手性碳原子。第 2 个碳原子所连的四个基团是:—COOH、—H、—Br 及 —CH(Cl)COOH;第 3 个碳原子所连的四个基团是:—COOH、—H、—Cl 及 —CH(Br)COOH。它的费歇尔投影式有四种不同的构型:

```
    COOH          COOH          COOH          COOH
H ——— Br      Br ——— H      Br ——— H      H ——— Br
H ——— Cl      Cl ——— H      H ——— Cl      Cl ——— H
    COOH          COOH          COOH          COOH
    (Ⅰ)           (Ⅱ)           (Ⅲ)           (Ⅳ)
   (2R,3S)       (2S,3R)       (2R,3R)       (2S,3S)
```

(Ⅰ)和(Ⅱ)、(Ⅲ)和(Ⅳ)互为镜像关系,它们是两对对映体,可以组成两种外消旋体。(Ⅰ)和(Ⅲ)或(Ⅳ)都不是镜像关系,不是对映体,称为非对映体,也属于旋光异构体。

分子中手性碳原子数越多,旋光异构体的数目也就越多。如果含有 n 个不相同的手性碳

原子,就有 2^n 个旋光异构体。

思考题 4-5 写出下列化合物的费歇尔投影式：
(1) $CH_3CHClCHClCH_3$ (2R,3R)　(2) $C_6H_5CH(CH_3)CH(OH)CH_3$ (2S,3R)

三、含手性碳原子环状化合物的旋光异构

对环状化合物,其立体异构由于环的刚性作用和特别的对称性往往同时具有顺反异构和旋光异构。奇数环和偶数环的对称性不同,在奇数环中,由于两个取代基的位置不同,可以发生不同的异构现象。

1. 三元环的衍生物

含有一个手性碳原子的环丙烷衍生物有一对对映异构体。

含有两个相同手性碳原子的环丙烷衍生物有顺/反异构体,顺式异构体有一个对称面,没有对映异构体,是内消旋体。反式异构体中没有对称面,存在两种互为实物和镜像的异构体,为一对对映体。

顺式：m.p=139 ℃　　反式：对映体 (m.p=175 ℃, $[\alpha]_D=\pm 84.50°$)

含有两个不相同手性碳原子的环丙烷衍生物存在顺/反异构体,其中两个氢原子在平面同一侧的为顺式,不在同一侧的为反式。顺、反异构体中,又都没有对称因素,所以共有四个旋光异构体：

(1S, 2R) 顺式：对映体 (1R, 2S)　　　反式：对映体

2. 偶数碳环的衍生物

其对位上二取代,无论顺式或反式,分子中都有对称面,没有光活性异构体,无手性;而邻位上反式二取代的分子不对称,一般都有旋光性。

如:1,3-二取代环丁烷衍生物无手性,而 1,2-二取代的环己烷衍生物有手性。

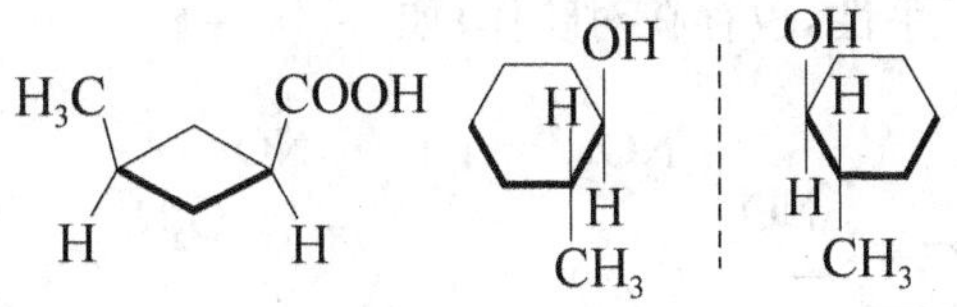

含有 n 个不相同的手性碳原子的单环环烷烃衍生物也和开链化合物相似,有 2^n 个旋光异构体,但个别时候会由于环的刚性,造成异构体数目减少。

第 4 节 不含手性碳原子化合物的旋光异构

手性分子一定有旋光性。一般手性分子的特征是含有不对称碳原子,但是含手性碳原子的化合物如果分子中存在对称面、对称中心,则失去旋光性。此外,有少数旋光物质的结构中并不含有不对称碳原子,但整个分子是手性分子,也具有旋光性。

一、取代丙二烯型化合物

丙二烯型化合物结构中,组成两个双键的中间碳原子是 sp 杂化的,两个 p 轨道是互相垂直的,所以分子中的两个 π 键也是互相垂直的,如丙二烯中,两个 CH_2 处于互相垂直的两个平面,结构如图 4-10 所示。

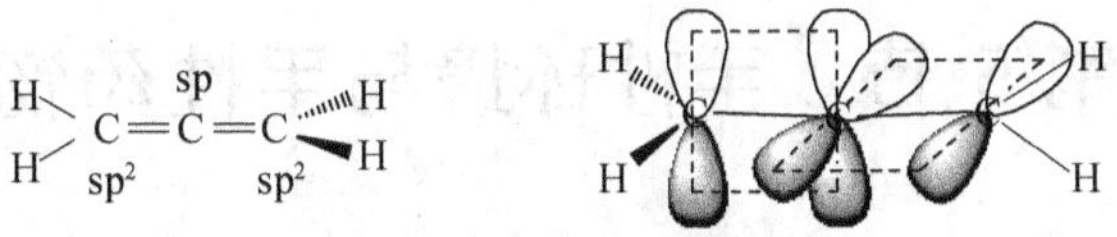

图 4-10 丙二烯型化合物结构

如果取代丙二烯中同一碳上的两个基团不同,虽然分子中没有手性碳原子,但整个分子中无对称因素,有旋光性,存在一对对映体,如 2,3-戊二烯。当任何一个碳上连有两个相同基团时,分子有一对称面,分子无手性。

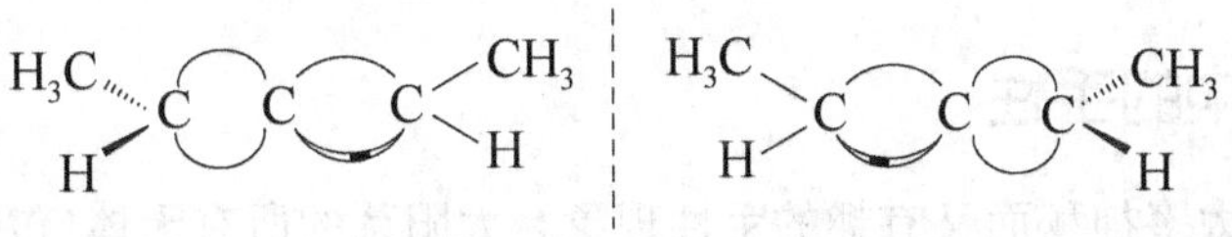

如果两个双键分别用一个或两个环代替,所得的环外烯烃或螺环化合物也应具有手性,有旋光性。

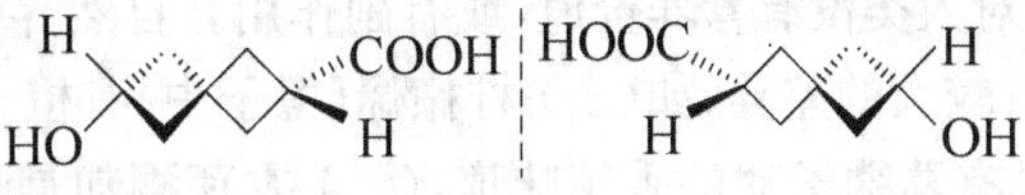

二、取代联苯型化合物

当联苯分子中两个苯环的邻位上有较大的原子或基团时,由于空间障碍作用,阻碍了苯环间单键的旋转,两个苯环的平面基本互相垂直,所以当2位和6位取代基不同,2′位和6′位取代基也不同时,分子产生了手性,也存在对映体,如:

三、螺旋型化合物

螺旋型化合物也是含手性面的化合物。螺环烃是一类不具有手性碳的分子,可看作是苯环邻位稠和而成的类似螺旋的结构,由于末端苯环的相互排斥而呈右手螺旋、左手螺旋结构。

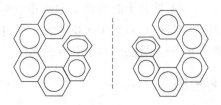

六螺烯的结构呈螺旋形,没有对称面和对称中心,是一种具有手性的化合物,其旋光能力惊人,旋光度为3 700°。

第5节 手性环境与手性药物

前面篇幅主要集中在识别手性中心和确定其R和S构型的技巧上。然而,从这些篇幅中可提炼出的最重要的一个概念就是手性环境作用。现在已经知道,在非手性环境下对映体之间的理化性质如旋光度、熔点、沸点、密度等都相同;非对映体之间的物理性质不同,化学性质虽基本相同,但反应速率却往往不同。而在手性环境下,旋光异构体往往存在非常显著的差异。除了旋光性外,旋光异构体之间最重要的差异就是生理活性。

一、自然界中的手性

自然界中存在太多神秘而又有趣的手性现象。太阳系的所有天体(包括小行星)都是按照右旋方向旋转的,绝大部分攀缘植物是沿着主干往右缠绕的,在贝类螺纹中较普遍的方向是往右旋转。此外,生物体常常只能选择某一构型的旋光异构体,如人们对L-氨基酸和D-糖类能够消化吸收,而其对映体对人类没有营养价值,或有副作用。自然界中许多异构体在味道、气味和抗氧化性等方面也有较大的差异,如(+)-柠檬烯(橙子中)有橙子味道,(−)-柠檬烯却是柠檬味道;(+)-香芹酮具有葛缕子甜的香辣味道,(−)-香芹酮却是薄荷味道;R-天冬氨酸有甜味,可用作香料,它的对映体S-天冬氨酸却是苦味的;R-薄荷醇有薄荷的香味,而S-薄荷醇是发霉味;(3S,3S)虾青素具有非常强的抗氧化能力,而内消旋(3R,3′S)虾青素却没有抗氧化性。

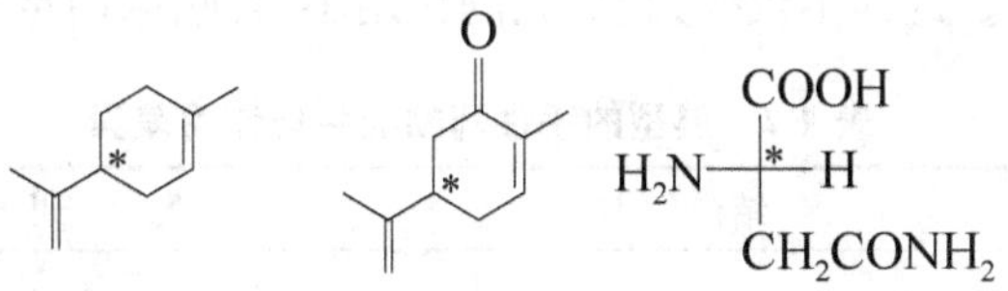

柠檬烯　　　香芹酮　　　天冬氨酸

二、药物中的手性

由自然界的手性属性联系到化合物的手性，也就产生了药物的手性问题。手性药物是指药物的分子结构中存在手性因素，而且由具有药理活性的手性化合物组成的药物，其中只含有效对映体或者以有效的对映体为主。

在许多情况下，化合物的一对对映异构体在生物体内的药理活性、代谢过程、代谢速率及毒性等存在显著的差异。另外，在吸收、分布和排泄等方面也存在差异，还有对映体的相互转化等一系列复杂的问题。但按药效方面的简单划分，可能存在以下几种不同的情况：

1. 对映体之间有相同或相近的某一活性

普萘洛尔左旋体和右旋体具有杀灭精子的作用，其对映体均可作为避孕药，作用相同。抗凝血药华法林以外消旋体供药，研究发现其 S-(—)异构体的抗凝血作用比 R-(+)异构体强 2～6 倍，但 S-(—)异构体在体内消除率亦比 R-(+)异构体大 2～5 倍，所以，实际抗凝血效力相似。

2. 一个对映体具有显著的活性，但其对映体活性很低或无活性

氯苯吡胺(扑尔敏)右旋体的抗组胺作用比左旋体强 100 倍。抗菌药氧氟沙星的 S-(—)-异构体是抗菌活性体，而 R-(+)-异构体则无活性。属于这一类的药物还有氯霉素、芬氟拉明、吲哚美辛等。

3. 对映体有相似的活性，但强弱程度有差异

某一活性抗癌药环磷酰胺，其(S)-异构体活性是(R)-异构体的 2 倍，然而，对映体毒性几乎相同。有时一个异构体具有较强的副作用，也应予考虑。如氯胺酮是以消旋体上市的麻醉镇痛剂，但具有致幻等副作用，进一步的药理研究证实，(S)-异构体活性是(R)-异构体的三分之一，却伴随着较强的副作用。

4. 对映体具有不同性质的药理活性

利尿药茚达立酮，其(R)-异构体具有利尿作用，但有增加血中尿酸的副作用；而(S)-异构体有促进尿酸排泄的作用。丙氧芬的右旋体(2S,3R)为镇痛药，但左旋体(2R,3S)具有镇咳作用，现在两者已分别作为镇痛药和镇咳药应用于临床。青霉胺的 D-型体是代谢性疾病和铅、汞等重金属中毒的良好治疗剂，但它的 L-型体会导致骨髓损伤、嗅觉和视觉衰退以及过敏反应等，临床上只能用 D-青霉胺。又如，酞胺哌啶酮(反应停)的 S-(+)异构体具有镇静的作用，而 R-(—)异构体可引起致畸反应。巴比妥类药物，如 1-甲基-5-苯基-5-丙基巴比妥酸，其(R)-异构体有镇静、催眠活性，而(S)-异构体引起惊厥。

由此可见，当使用手性药物、农药等化合物时，两个异构体表现出来的生物活性往往是不同的，甚至是截然相反的，即一个异构体对疾病起作用，而另一个异构体却疗效甚微，或不起作用，甚至可能有毒副作用，见表 4-2。为此，1992 年美国 FDA 开始要求，手性药物以单一对映体(对映体纯)形式上市。这样不仅疗效确切、副作用小,且临床用量少。

表 4-2 典型的手性药物的生理作用差异

药物名称	结构	生理活性差异
布洛芬(Ibuprofen)	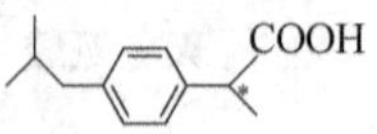	抗炎、镇痛、解热作用,其中右旋作用更为明显一些
丙氧芬(Propoxyphene)	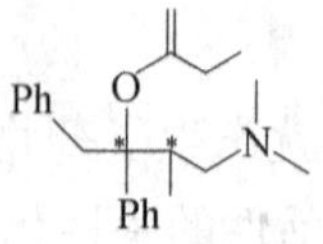	丙氧芬左旋具有镇咳的作用,右旋具有镇痛作用,但其存在较严重的心脏毒副作用,且过量服用可危及生命
Benzopyryldiol	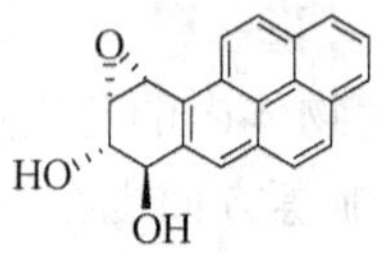	(−)-benzopyryldiol 具有强致癌性,而(+)-benzopyryldiol 无致癌性
多巴(Dopa)	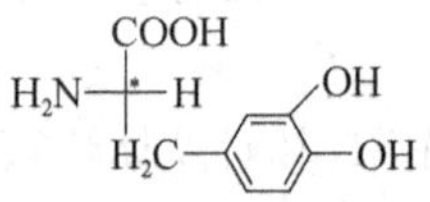	L-(−)-多巴可以治疗帕金森病,而 D-(+)-多巴却没有疗效
氯霉素(Chloramphenicol)	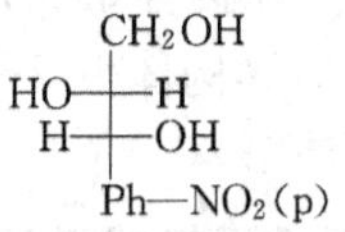	D-(−)-氯霉素具有抗菌作用,而 L-(+)-氯霉素则没有药效
青霉胺(Penicillamine)	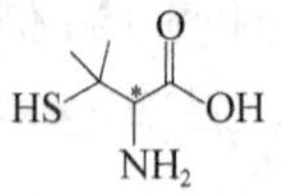	S-型适用于重金属中毒、胱氨酸尿及其结石,亦治疗其他药物无效的严重活动性类风湿关节炎。R-型却是突变剂
氯胺酮(Ketamine)	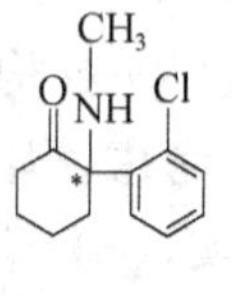	S-型具有麻醉作用,而 R-型具有致幻作用
沙利度胺(Thalidomide)	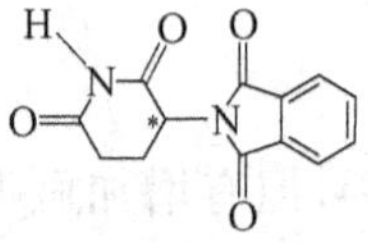	R-型作为镇静剂,有减轻孕妇呕吐的作用,而 S-型具有强致畸作用。异构体在体内都能相互转化,因此无论是 S-型还是 R-型药剂,都有致畸作用

三、生理效应产生的原因

手性化合物的生理作用是通过与体内大分子之间的严格手性匹配和分子识别而实现的,也就是在人体内底物通过与具有特定物理形态的受体反应起作用。底物的两种立体异构体中,只有一种更适合与受体或活性部位结合。如果两种立体异构体都能适合受体,结合将是不太紧密的,因而药物将会不太活泼。通常,一种同分异构体有选择地结合,而另一种具有较小的活性或无活性,其相互作用的图解如图 4-11 所示。

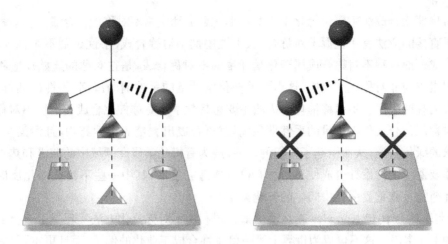

图 4-11　手性分子与手性药物作用匹配性示意图

第 6 节　手性化合物的获取

手性化合物具有独特的生理活性,因此获取高纯度的手性化合物是非常有意义的,甚至是必要的,主要体现在制备高效、低毒、低副作用的各种药物、农药、生长素等;只含单一对映体的各类合成物质大大减少了其对环境的污染作用;从经济角度看,提高了产品的光学纯度,也即提高了其经济价值。获取手性化合物的方法有三种:从天然产物中提取,外消旋化合物的拆分,手性合成。

一、天然产物中提取

许多天然产物都是手性化合物,其中有许多是有用的药物,如治疗痢疾的黄连素、治疗疟疾的奎宁、治疗糖尿病的胰岛素,近年来发现治疗乳腺癌的紫杉醇等,都是首先从天然产物中分离得到的。由于受生物资源和手性物含量的限制,此法难以满足人类对某些有价值的手性化合物日益增长的需要。

二、外消旋体的拆分

外消旋体不仅没有旋光性,而且其他物理性质也与单纯的对映体不同,但化学性质基本相同。把外消旋体分离为两种对映体叫拆分。用一般的物理方法如分馏、蒸馏、重结晶等,不能把它们分开。要达到拆分的目的,必须采用其他特殊的方法。拆分方法一般包括机械拆分法、生物拆分法、化学拆分法和柱层析分离法。

三、手性合成

手性合成也叫不对称合成。一般是指反应中生成的对映体或非对映体的量是不相等的。手性合成的方法很多,原则上是要在手性环境中进行反应,例如,采用手性底物、手性催化剂、手性试剂等。

不对称催化合成法主要包括化学不对称催化合成和生物不对称催化合成。不对称合成反应技术最直接的方法有手性源不对称合成、手性助剂不对称合成、手性试剂不对称合成、不对称催化合成。前三种不对称合成属于化学计量的不对称合成，是在对称的起始反应物中引入不对称因素或与非对称试剂反应，这需要消耗化学计量的手性辅助试剂，手性试剂价格高昂，不太适合大规模生产。不对称催化合成法主要包括化学不对称催化合成和生物不对称催化合成。不对称催化合成仅需少量的手性催化剂，就可合成出大量的手性药物，且污染小，是符合环保要求的绿色合成，从而引起了人们的关注，成为有机化学研究领域中的前沿和热点。多种手性配体及催化剂的设计合成使不对称有机合成蓬勃发展，其中一些不对称催化反应已经实现了手性药物及其重要手性中间体的工业化生产。

20世纪70年代初Knowles就在孟山都公司利用不对称氢化方法实现了工业合成治疗帕金森病的L-多巴。这不仅成为世界上第一例手性合成工业化的例子，而且更重要的是，其成为不对称催化合成手性分子的一面旗帜，极大地促进了这个研究领域的发展。

不对称催化方法在手性农药的合成中也有成功的例子，例如，以右旋麻黄碱为催化剂，采用硼氢化钾(KBH$_4$)还原烯效唑中的羰基，可制取杀菌剂(E,3R)-烯唑醇，反应方程式如下：

习 题

1. 试说明旋光异构现象产生的必备条件。
2. 下列化合物哪些存在旋光异构体？
   (1) 1-溴-2-丙醇　　　　(2) 2-甲基环丁醇　　　　(3) 3-甲基-2-戊烯
   (4) 1-苯基-1-氯乙烷　　(5) 1-苯基-2-氯乙烷　　　(6) 2-氨基丙酸
3. 写出下列化合物的费歇尔投影式。
   (1) R-3-甲基-1-戊烯　　　　(2) 2R,3S-1,2-二甲基环戊烷
   (3) S-3-乙基-1-己烯-5-炔　　(4) 2R,4S-2-氯-4-溴戊烷
4. 用R和S法标明下列化合物的构型。

(1) 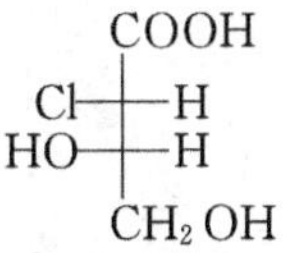
(2) 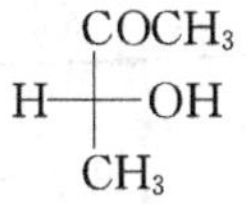
(3) 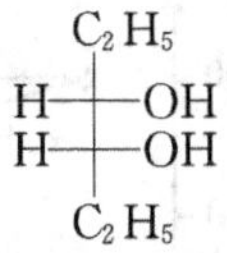

(4) 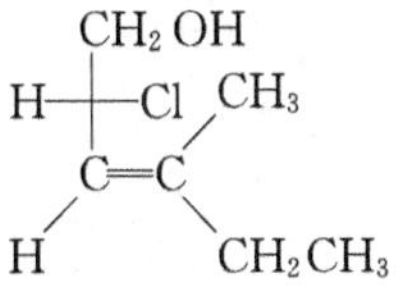
(5) 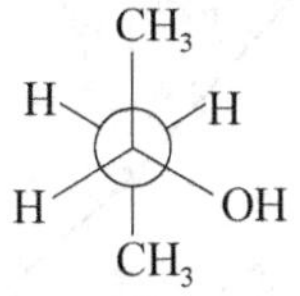
(6) 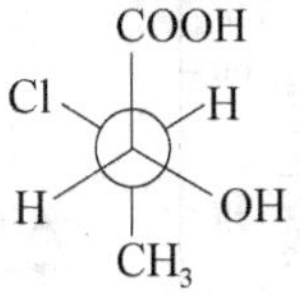

(7) 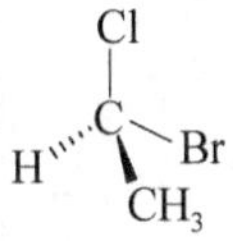
(8) 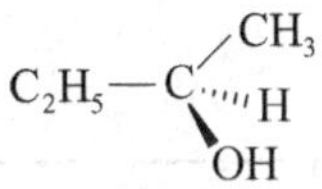
(9) 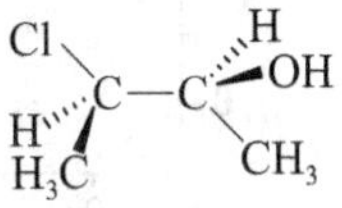

(10) 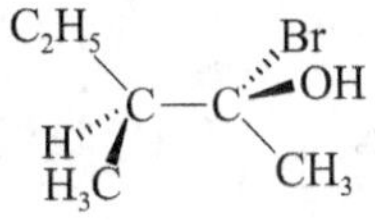
(11) 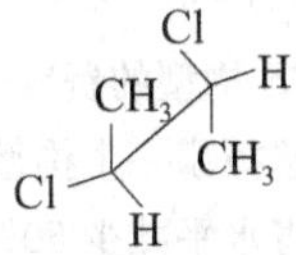
(12) 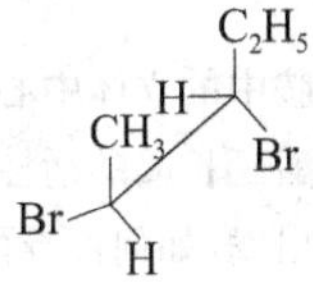

5. 下列各组化合物哪些是相同的？哪些是对映体？哪些是非对映体？哪些是内消旋体？

(1) 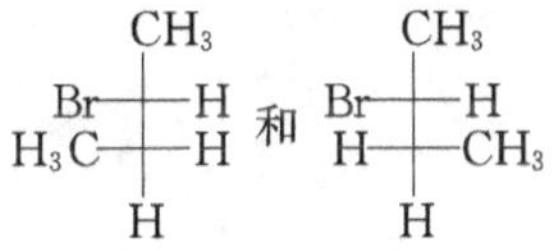
(2) 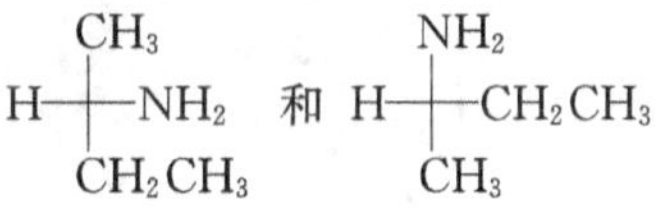

(3) 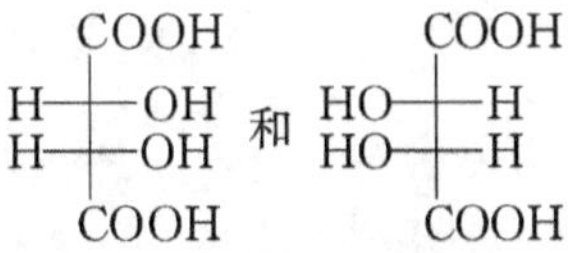
(4) 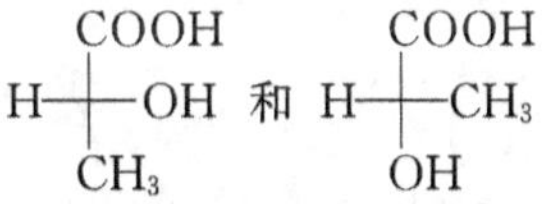

(5) 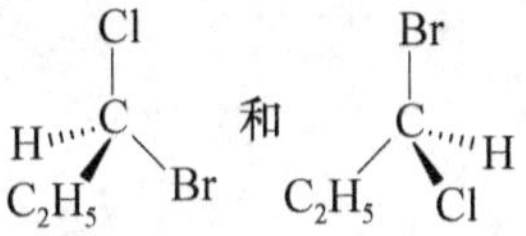
(6) 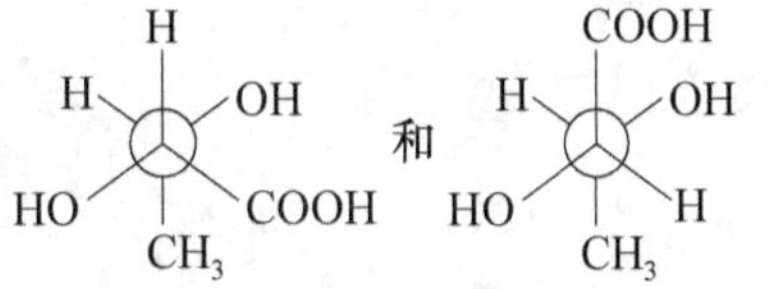

6. 化合物A的分子式为C_6H_{12}，能使溴水褪色，没有旋光性。A在酸性条件下加1 mol H_2O可得到一个有旋光性的醇B，B的分子式$C_6H_{14}O$；若A在碱性条件下被$KMnO_4$氧化，得到一个内消旋的二元醇C，分子式为$C_6H_{14}O_2$。推测A、B、C的结构式。

7. 化合物A的分子式为C_8H_{12}，有旋光性，A在Pt催化下加氢生成B，分子式C_8H_{18}，没有旋光性。A在林德拉(Lindlar)催化剂作用下，加氢得到产物C，分子式为C_8H_{14}，有旋光性。推测A、B、C的结构式。

8. 分子式为C_6H_{12}的三个异构体A、B、C，三者属于同系物，都具有旋光性，且能使溴的四氯化碳溶液褪色，A与HBr加成生成3-甲基-2-溴戊烷，B与HBr加成生成2,3-二甲基-2-溴丁烷，C与HBr加成生成3-甲基-2-溴戊烷和2-甲基-3-溴戊烷两种产物。试推测A、B、C可能的结构式。

9. 异丙甲草胺(Metolachlor)，一种透明、无臭液态的除草剂，用于玉米、高粱和大豆地的除草。1996年，其创下了4.5亿美元的销售额，成为市场最受欢迎的除草剂。异丙甲草胺是通过阻止植物制造包在叶子上的蜡层而杀死草的。这个蜡状物在脂肪酸延长酶的帮助下生长。当酶的活性不表现出来时，不生成蜡状物，草就死了。异丙甲草胺的R-和S-对映体在环境中可以降解，生产杀死鱼的分子。目前销售的异丙甲草胺是外消旋体。(异丙甲草胺的结构、其浓度与脂肪酸延长酶的活性关系如图所示。)

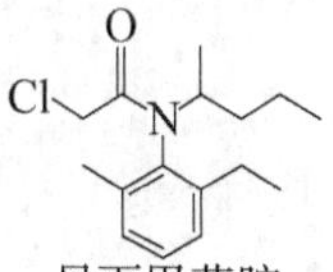
异丙甲草胺

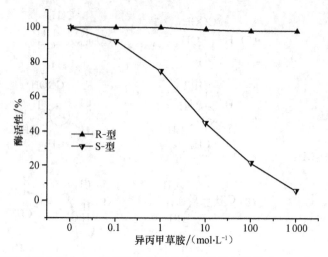

(1) 标出异丙甲草胺中的立体中心,并画出 R-和 S-构型的费歇尔投影式。
(2) 根据其与脂肪酸延长酶的活性关系,试判断选择哪一个构型的效果更佳。
(3) 从环保的角度出发,如何使异丙甲草胺的毒害水平减少 50%?

第5章 卤代烃

烃分子当中的氢原子被其他原子或基团取代后的化合物称为烃的衍生物。根据衍生物当中所含其他原子或基团的种类不同，分为卤素衍生物、含氧衍生物、含氮衍生物等。

烃的卤素衍生物常称为卤代烃，一般用 RX 来表示，其中 X 代表卤素（F、Cl、Br、I）。卤代烃是一类很重要的有机化合物，可被用作溶剂、麻醉剂、灭火剂、农药等。目前已知的卤代烃基本上都是人工合成的。卤代烃也是有机合成中的重要中间体，可以利用碳卤之间的极性共价键来进行化学反应，制备医药、农药、防腐剂等重要的有机化合物。

按照分子中烃基的类型，卤代烃可以分为饱和卤代烃和不饱和卤代烃。

第1节 卤代烷烃

一、卤代烷烃分类和命名

1. 分类

根据卤代烷烃分子中卤原子的种类，可以将卤代烷烃分为氟代烷烃、氯代烷烃、溴代烷烃和碘代烷烃。

根据卤代烷烃分子中所含卤原子的数目，可以将卤代烷烃分为一卤代烷烃、二卤代烷烃和多卤代烷烃。

根据卤代烷烃分子中与卤原子直接相连的碳原子类型，可以将卤代烷烃分为伯卤代烷烃、仲卤代烷烃和叔卤代烷烃。例如：

$$RCH_2X \qquad R_2CHX \qquad R_3CX$$
伯卤代烃　　　仲卤代烃　　　叔卤代烃

2. 命名

（1）习惯命名法　对于结构比较简单的一元卤代烷烃，根据与卤原子相连的烷基的类别，称为"某基卤"。例如：

$$CH_3CH_2CH_2CH_2Cl \qquad (CH_3)_2CHCH_2Cl \qquad (CH_3)_3CCl$$
正丁基氯　　　　　　异丁基氯　　　　　　叔丁基氯

有些多卤代烷通常使用特别的名称，如将 $CHCl_3$ 称为氯仿、CHI_3 称为碘仿等。

（2）系统命名法　卤代烷烃的系统命名是以相应的烷烃作为母体来命名的。首先选择最长碳链为母体，命名为某烷，把卤素作为取代基，基团的列出顺序按基团的"次序规则"进行，如有立体构型，在名称前标明，即为该化合物的名称。例如：

$$CH_3CH_2CH_2CH_2Cl \qquad CH_3CH_2CHClCH_3 \qquad (CH_3)_2CHCH_2Cl \qquad (CH_3)_3CCl$$
1-氯丁烷　　　　　2-氯丁烷　　　　　2-甲基-1-氯丙烷　　2-甲基-2-氯丙烷

反-1,2-二氯丙烯　　顺-1-甲基-4-氯环己烷

思考题 5-1　用普通命名法命名下列化合物,并指出属于伯、仲、叔卤代烃中的哪一种。
(1) $CH_3CH_2CHBrCH_3$　　(2) $(CH_3)_3Cl$　　(3) $CH_3CH_2CH_2CH_2Br$

思考题 5-2　用系统命名法命名下列化合物。

(1) $CH_3CH_2\underset{Br}{\overset{CH_3}{CH}}CHCH_2CH_3$　　(2) $CH_3CH_2CH_2\underset{Cl}{\overset{}{C}}\underset{Br}{\overset{CH(CH_3)_2}{-CH}}\underset{I}{-CHCH_3}$

二、卤代烷烃的物理性质

常温下,除溴甲烷、两个碳以下的氯代烷和四个碳以下的氟代烷是气体外,一般卤代烷烃为液体,高级卤代烷烃为固体。纯净的卤代烷烃是无色的,但在光、热的作用下,碘代烷易分解产生游离碘,从而变为红棕色。卤代烷烃(除了氟代烷烃以外)在铜丝上燃烧时能够产生绿色火焰,这可以作为检测有机化合物中是否含有卤素的方法。但卤代烷烃的可燃性随着其中卤原子数目的增加而变差,如 CCl_4 即为常用的灭火剂。

卤代烷烃的沸点高于相应烷烃的沸点,这主要是由于 C—X 键具有极性,增加了分子间的作用力。当卤原子相同时,卤代烷烃的沸点随着分子中碳原子数目的增加而升高,在同分异构体中,直链分子沸点较高,支链越多,沸点越低。在烷基相同的卤代烃中,其沸点随卤原子的原子序数增加而升高。

所有的卤代烷烃在水中均不溶解,但在大多数有机溶剂中能够溶解。某些卤代烷烃如二氯甲烷、氯仿、四氯化碳等本身就是有机反应中常用的溶剂。一氟代烷烃和一氯代烷烃的密度比水的小,而一溴代烷烃、一碘代烷烃及多卤代烷烃的密度均比水的大。

一些常见卤代烷烃的物理性质见表 5-1。

表 5-1　一些常见卤代烷烃的物理性质

卤代烃	氯代烃		溴代烃		碘代烃	
	沸点/℃	相对密度	沸点/℃	相对密度	沸点/℃	相对密度
CH_3X	−24	0.920	3.5	1.732	42.5	2.279
CH_3CH_2X	12.2	0.910	38.4	1.430	72.3	1.933
$CH_3CH_2CH_2X$	46.2	0.892	71.0	1.351	102.4	1.747
CH_2X_2	40	1.336	99	2.49	180(分解)	3.325
CHX_3	61.2	1.489	151	2.89	升华	4.008
CX_4	76.8	1.595	189.5	3.42	升华	4.32
XCH_2CH_2X	83.5	1.257	131	2.170		
⌬—X	143	1.000	166.2	1.336	180(分解)	1.624 4

三、卤代烷烃的化学性质

与烷烃中的共价键都是非极性共价键不同,卤代烷烃分子中的碳卤键(C—X)为极性共价键,这是由于卤原子的电负性比碳原子的大,从而使碳卤键中的卤原子带有部分负电荷,而卤原子所连的碳原子(即卤原子的 α-C)带有部分正电荷。因此,在极性环境中,C—X 键易发生断裂。当亲核试剂(试剂中某个原子带有孤电子对或者负电荷)进攻卤原子的 α-C 时,卤原子带着一对电子离去,而亲核试剂与该碳原子结合,从而发生亲核取代反应。同时,由于受卤原子吸电子诱导效应的影响,与卤原子隔一个碳原子的位置(即卤原子的 β-C)上的碳氢键极性增强,即 β-H 的酸性增强。在强碱性试剂作用下,卤原子与其 β-H 一起脱去,即发生消除反应。此外,卤代烷还可以同某些金属发生化学反应生成有机金属化合物。

综上所述,卤代烷烃的化学性质可总结如下:

$$R-\overset{\beta}{\underset{H}{C}}-\overset{\alpha}{\underset{X^{\delta-}}{C}}\overset{\delta+}{} \begin{array}{l}\text{------ 亲核取代反应}\\ \text{------ 消除反应}\end{array}$$

1. 亲核取代反应

亲核试剂(常用 Nu 表示)如负离子(HO^-、RO^-、CN^-、NO_3^- 等)和具带有孤电子对的分子(H_2O、ROH、NH_3、RNH_2 等)有较高的电子云密度,因此容易亲近带部分正电荷或者空轨道的原子,即具有较强的亲核性。当亲核试剂遇到卤代烷烃时,易亲近与卤原子直接相连的碳原子,此时,卤原子则带着 C—X 键中的一对键合电子离去,而亲核试剂以一对电子与碳原子的空轨道结合生成产物。这个反应是由于亲核试剂对带正电荷的碳进攻所引起的取代反应,故称为亲核取代反应,用 S_N 来表示。卤代烷烃的亲核取代反应通式可以表示为:

$$Nu: + -\overset{|}{\underset{|}{C}}-X \longrightarrow Nu-\overset{|}{\underset{|}{C}}- + X^-$$

亲核试剂　　　　底物　　　　取代产物　　离去基团

在这个通式中,卤代烷烃是受亲核试剂进攻的对象,称为底物;Nu: 为亲核试剂;X^- 为反应中脱去的基团,称为离去基团。

通过不同亲核试剂对卤代烷烃的亲核取代反应,可以生成各种类型的化合物,因此,卤代烷烃的亲核取代反应在有机合成上具有重要的意义。

(1) 生成醇的反应　卤代烷在碱性水溶液中加热,则卤原子会被羟基取代,从而生成相应的醇。

$$RX + OH^- \xrightarrow[\triangle]{H_2O} ROH + X^-$$

(2) 生成醚的反应　卤代烷在醇钠或酚钠的作用下,卤原子被烃氧基取代而生成醚,这是合成醚的一种方法,称为威廉姆森(Williamson)合成法。

$$RX + R'ONa \xrightarrow[\triangle]{H_2O} ROR' + NaX$$

$$RX + \underset{}{\bigcirc}-ONa \longrightarrow \underset{}{\bigcirc}-OR + NaX$$

在这个反应中,卤代烷通常采用伯卤代烷,仲卤代烷产率比较低,而叔卤代烷则主要得到消除产物——烯烃。

(3) 生成腈或者羧酸的反应　卤代烷在氰化钠或氰化钾的醇溶液中加热,则卤原子会被氰基取代生成腈。

$$RX + CN^- \xrightarrow[\triangle]{CH_3CH_2OH} RCN + X^-$$

生成的腈若水解可得到羧酸,若还原则生成胺。所得的羧酸或者胺与原来的卤代烷相比多了一个碳原子,这是有机合成中常用的增长碳链的方法之一。

$$RCH_2NH_2 \xleftarrow{[H]} RCN \xrightarrow{H^+ 或 OH^-/H_2O} RCOOH$$

与卤代烷在醇钠或酚钠作用下的反应相似,叔卤代烷在氰化钠或氰化钾的醇溶液中的反应主要得到烯烃。需要注意的是,氰化物是剧毒性物质,使用过程中应做好人身安全防护和环境保护。

(4) 生成胺的反应　卤代烷在氨或胺的作用下,卤原子会被氨基取代生成胺。

$$RX + NH_3 \longrightarrow RNH_2 + HX$$
$$RX + R'NH_2 \longrightarrow RNHR' + HX$$

(5) 生成硝酸酯的反应　卤代烷在硝酸银的乙醇溶液中加热,卤原子会被取代生成硝酸酯。

$$RX + AgNO_3 \longrightarrow RONO_2 + AgX \downarrow \quad (X = Cl, Br, I)$$

在这个反应中,可以生成卤化银沉淀,另外,不同烃基结构(伯、仲、叔)的卤代烃与 $AgNO_3$ 反应,产生沉淀的速率不同,因此,实验室常用该反应来鉴别伯、仲、叔的卤代烃。

(6) 生成其他化合物的反应　卤代烷在其他亲核试剂的进攻下可以生成其他的化合物。例如,在金属炔化物的作用下可以生成具有更长碳链的炔烃,在其他无机卤化物的作用下可以生成相应的卤代烃等。

$$RX + R'C \equiv CNa \longrightarrow R'C \equiv CR + NaX$$
$$RX + NaI \xrightarrow{丙酮} RI + NaX \downarrow \quad (X = Cl, Br)$$

思考题 5-3　写出 1-溴丁烷与下列试剂反应时的主要产物。
(1) $NaOH/H_2O$　　　　(2) $NaOC_2H_5/C_2H_5OH$　　　(3) $NaCN/C_2H_5OH$
(4) $AgNO_3/C_2H_5OH$　(5) RNH_2/C_2H_5OH　　　　(6) NaI/CH_3COCH_3

思考题 5-4　写出由丙烯制备丁酸的反应方程式。

---

2. 消除反应

一个有机化合物的分子在某种反应条件下脱去一个小分子(如 HX、H_2O、X_2、NH_3 等),从而生成不饱和烃的反应称为消除反应,常用 E 来表示。

在卤代烷中,由于卤原子的吸电子诱导(-I)效应,使 β-H 变得比较活泼,也即酸性增强,因此,在强碱的作用下 β-H 和卤原子一起脱去,从而可以生成相应的烯烃。此外,邻二卤代烷与锌粉在乙酸中反应,脱去一个卤素分子或者两分子卤化氢可以生成相应的不饱和烃。

(1) 脱卤化氢的反应　卤代烷脱卤化氢反应的通式如下:

$$B^- + H-\underset{|}{\overset{|}{C}}-\underset{|}{\overset{|}{C}}-X \xrightarrow[\triangle]{醇} BH + C=C + X^-$$

这个消除反应是由于 β-H 的参与而发生的,简称 β-消除反应。当含两种以上 β-H 的卤代烷烃发生消除反应时,将生成两种以上相应的烯烃。1875 年,俄国化学家查依采夫(Saytzeff)根据大量实验事实指出:在卤代烷脱去卤化氢的反应中,和卤原子一起脱去的主要是含氢较少的 β-C 上的氢,即生成的主要产物是双键碳原子上连有最多烃基的烯烃,也就是最稳定的烯烃,这个规律称为查依采夫规律。例如:

$$CH_3\overset{\beta}{C}H\overset{\alpha}{C}H\overset{\beta}{C}H_2 + NaOH \xrightarrow[\triangle]{醇} CH_3CH=CHCH_3 + CH_3CH_2CH=CH_2$$
$$\quad\;\; H\;\; Br\;\; H \qquad\qquad\qquad\qquad\qquad 81\% \qquad\qquad\quad 19\%$$

$$CH_3\overset{\beta}{C}H_2\overset{\alpha}{\underset{Br}{\overset{CH_3}{C}}}\overset{\beta}{C}H_3 + NaOH \xrightarrow[\triangle]{醇} CH_3CH=C(CH_3)_2 + CH_3CH_2\underset{CH_3}{\overset{|}{C}}=CH_2$$
$$\qquad\qquad\qquad\qquad\qquad\qquad\qquad 71\% \qquad\qquad\qquad 29\%$$

邻二卤代烷烃在强碱(如 NaNH$_2$ 等)作用下可以脱去两分子卤化氢,从而生成相应的炔烃或者共轭二烯烃。

$$CH_3CHCH_2Br \xrightarrow[\triangle]{NaNH_2} CH_3C\equiv CH$$
$$\;\;\;\;|$$
$$\;\;\;Br$$

邻二溴环己烷 $\xrightarrow[110\ ℃]{异丙醇钾,三甘醇二甲醚}$ 苯

(2) 脱卤素的反应　邻二卤代烷与锌粉在乙酸或乙醇中反应或与碘化钠的丙酮溶液反应,可以脱去一分子卤素生成烯烃。例如:

$$CH_3-CH-CH-CH_3 \xrightarrow[\text{或 NaI,丙酮}]{Zn,乙醇} CH_3CH=CHCH_3$$
$$\qquad |\quad\;\; |$$
$$\quad\;\; Br\;\; Br \qquad\qquad\qquad\qquad\qquad 80\%$$

思考题 5-5　写出下列卤代烷烃发生消除反应时的主要产物。

(1) $CH_3CH_2\underset{Br}{\overset{|}{C}H}\overset{\overset{CH_3}{|}}{C}HCH_2CH_3 \xrightarrow{KOH/ROH}$

(2) 1-氯-2-甲基环戊烷 $\xrightarrow{NaOH/ROH}$

(3) $CH_3\underset{Br}{\overset{|}{C}H}CH_2CH_2\underset{Br}{\overset{|}{C}H}CH_3 \xrightarrow{NaOH/ROH}$

(4) $CH_3-\underset{Br}{\overset{|}{C}H}-\underset{Br}{\overset{|}{C}H_2} \xrightarrow{Zn/ROH}$

3. 与金属的反应

卤代烃与 Li、Na、K、Mg、Zn、Al 等活泼金属也可以发生反应,生成的产物是金属原子与碳

原子直接相连的一类化合物,称为有机金属化合物,这类化合物具有很强的亲核性,是有机合成常用的重要亲核试剂。

(1) 与碱金属的反应　卤代烃(主要指 RBr 和 RI)在金属钠的作用下,可生成两个烃基直接相连的更高级的烃,这个反应称为武慈(Würtz)反应。例如:

$$2CH_3CH_2CH_2Br + 2Na \longrightarrow CH_3CH_2CH_2CH_2CH_2CH_3 + 2NaBr$$

利用该反应可以制备高级脂肪族直链烃。

在戊烷、石油醚、乙醚和四氢呋喃等惰性溶剂中,金属锂与卤代烷(主要指 RCl 和 RBr)可以反应生成烷基锂。例如:

$$CH_3CH_2CH_2CH_2Br + Li \xrightarrow[-10\ ℃\sim-20\ ℃]{乙醚} CH_3CH_2CH_2CH_2Li + LiBr$$
$$80\%\sim90\%$$

生成的烷基锂能被空气氧化,也可以和含有活泼氢的化合物作用而发生分解。因此,制备烷基锂时需要无氧无水操作。

(2) 与金属镁的反应　卤代烷与金属镁在无活泼氢的惰性溶剂(通常为无水的乙醚或四氢呋喃)中反应可以生成有机镁化合物。

$$RX + Mg \xrightarrow{无水乙醚} RMgX$$

此反应是法国著名化学家格利雅(Grignard)发现的,因此所得的有机镁化合物(RMgX)被称为格利雅试剂,也可简称为格氏试剂。在该反应中,不同卤代烃的反应活性顺序为 RI>RBr>RCl。通常,格氏试剂要选择活性适中、价格比较低廉的溴代烷来制备,这是因为碘代烷反应活性虽然较强,但价格比较高,而氯代烷的反应活性较弱。但由于 CH_3Br、CH_3Cl 都是气体,实验室中使用不方便,因此甲基格氏试剂常用 CH_3I 来制备。

在格氏试剂中,由于 C—Mg 键的极性很强,所以遇到含活泼氢的化合物时,格氏试剂易被分解而生成烃:

$$RMgX + H-Y \longrightarrow RH + Mg\begin{matrix}X\\Y\end{matrix}$$

(Y = —OH、—OR、—X、—NH_2、—NHR、—SH、—C≡CH 等)

因此,格氏试剂的制备必须在干燥和纯净的溶剂、容器中进行。

格氏试剂是有机合成中非常重要的试剂之一。制得的格氏试剂不需分离即可直接用于和其他化合物进行反应。在格氏试剂的碳镁键中,碳上带有部分负电荷,具有很强的亲核性,因此格氏试剂是一种很好的亲核试剂,与卤代烃可以发生亲核取代反应,而与二氧化碳可以发生亲核加成反应。例如:

$$RMgX + R'X \longrightarrow R-R' + MgX_2$$

$$RMgX + CO_2 \longrightarrow R-\overset{O}{\underset{\|}{C}}-OMgX \xrightarrow{H_2O} RCOOH$$

另外,格氏试剂还可以与醛、酮、酯等化合物发生亲核加成反应,这些将在后续章节中详细介绍。

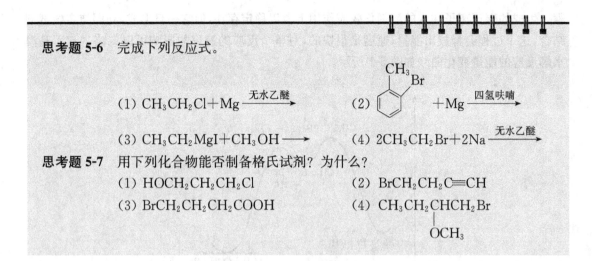

第2节 亲核取代反应与消除反应历程

卤代烃的亲核取代反应和消除反应是两个相互竞争的关系。根据反应动力学的研究以及许多实验的结果证明,亲核取代反应可按两种不同的反应历程进行,即单分子亲核取代反应(简称 S_N1)历程和双分子亲核取代反应(简称 S_N2)历程;消除反应也可按两种不同的反应历程进行,即单分子消除反应(简称 E1)历程和双分子消除反应(简称 E2)历程。卤代烃发生亲核取代反应或者消除反应时,反应究竟按哪一种反应历程进行,与反应物中烃基的结构和卤素的种类以及反应中所采用的亲核试剂、溶剂、温度等因素有关。

一、亲核取代反应历程

1. 单分子亲核取代反应历程(S_N1)

在低浓度的 NaOH 水溶液中,叔丁基溴可以发生水解,生成叔丁醇,反应如下:

$$(CH_3)_3CBr \xrightarrow{NaOH} (CH_3)_3COH$$

实验结果表明,这个反应的反应速率与亲核试剂 NaOH 的浓度(在一定范围内)无关,只与反应物叔丁基溴的浓度成正比,即决定这个亲核取代反应速率的一步只由底物浓度控制,称作单分子亲核取代反应历程(S_N1)。该反应的速率可以表示为:

$$v = k[(CH_3)_3CBr]$$

由于该反应的速率只和叔丁基溴的浓度有关系,因此,该反应的发生可能是叔丁基溴中极性的碳溴键在稀碱溶液中发生极化,从而断裂生成碳正离子,然后碳正离子与氢氧根离子结合生成叔丁醇,故该单分子亲核取代反应历程可以表示如下:

第一步 $(CH_3)_3CBr \xrightleftharpoons{慢} (CH_3)_3C^+ + Br^-$

第二步 $(CH_3)_3C^+ + OH^- \longrightarrow (CH_3)_3COH$

在这个反应历程中,第一步碳溴共价键的断裂需要吸收能量,是整个反应速率的决定性步骤。生成的碳正离子在水的溶剂化效应作用下得以稳定存在,但它一旦形成,立即与亲核试剂结合,这个过程会释放出能量,速度是很快的,对整个反应的速率的影响可以忽略。叔丁基溴水解反应的能量变化曲线如图 5-1 所示。

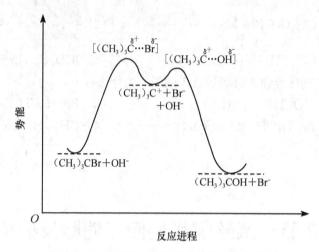

图 5-1　叔丁基溴水解反应的能量变化曲线图

在 S_N1 反应历程中,生成的中间体为碳正离子,且带正电荷的中心碳原子是 sp^2 杂化,与该中心碳原子相连的三个 σ 键在同一平面上,未参加杂化的 p 轨道垂直于该平面。理论上,亲核试剂从该平面两侧进攻该中心碳原子的机会是均等的,因此,若中心碳原子所连的三个原子或者基团与亲核试剂均不相同,则可得到外消旋产物(构型反转和构型保持各为 50%)。产物外消旋化是卤代烷发生 S_N1 历程在立体化学方面的特征,如图 5-2 所示。

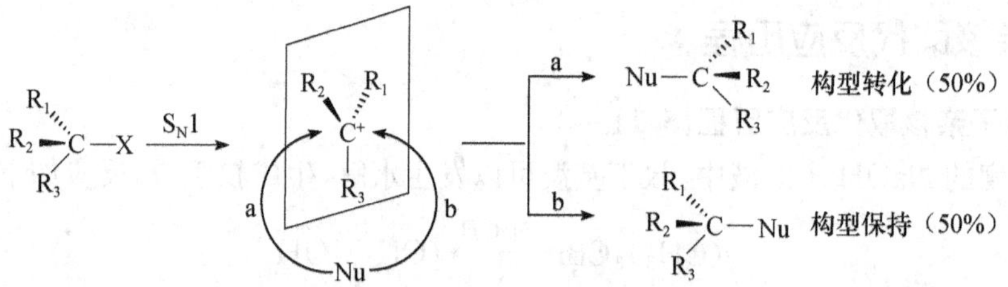

图 5-2　S_N1 反应的立体化学

尽管在理论上 S_N1 反应应该得到完全消旋化的产物,但实际上往往只得到部分消旋化的产物。例如:

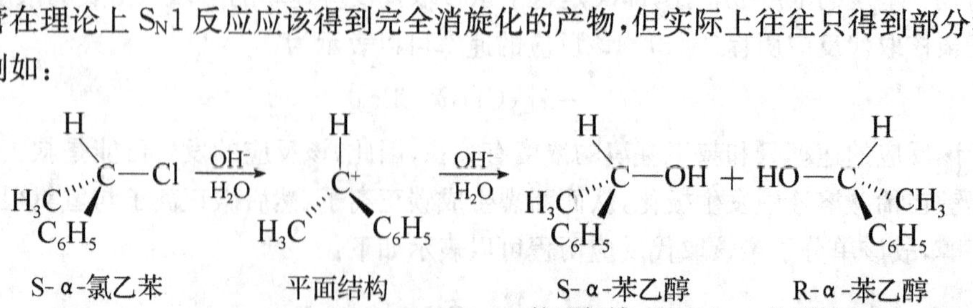

S-α-氯乙苯　　　平面结构　　　S-α-苯乙醇　　　R-α-苯乙醇
　　　　　　　　　　　　　　　　构型保持(49%)　构型转化(51%)

另外,由于 S_N1 反应的中间体是碳正离子,因此常常发生碳正离子重排生成更稳定的碳正离子的反应。例如新戊基溴和乙醇反应,得到的产物几乎全部是重排后的产物:

$$\text{CH}_3\text{-}\underset{\underset{\text{CH}_3}{|}}{\overset{\overset{\text{CH}_3}{|}}{\text{C}}}\text{-CH}_2\text{Br} + \text{C}_2\text{H}_5\text{OH} \xrightarrow{S_N1} \text{CH}_3\underset{\underset{\text{CH}_3}{|}}{\overset{\overset{\text{CH}_3}{|}}{\text{C}}}\text{CH}_2^+ \xrightarrow{\text{重排}} \text{CH}_3\text{-}\underset{\underset{\text{CH}_3}{|}}{\overset{+}{\text{C}}}\text{-CH}_2\text{CH}_3$$

$$\longrightarrow \text{CH}_3\text{-}\underset{\underset{\text{CH}_3}{|}}{\overset{\overset{\text{OC}_2\text{H}_5}{|}}{\text{C}}}\text{-CH}_2\text{CH}_3$$

总之,S_N1 反应具有以下特点:① 反应分两步完成,即先断裂旧的共价键,生成碳正离子活性中间体,碳正离子再与亲核试剂结合生成产物;② 反应速率只与底物的浓度有关,而与亲核试剂的浓度无关;③ 生成的产物一般有构型保持和构型反转两种;④ 常伴有重排产物生成。

思考题 5-8 完成下列反应式(用构型式表示),并写出反应历程。

$$\text{Br}\text{-}\underset{\underset{\text{CH}(\text{CH}_3)_2}{|}}{\overset{\overset{\text{CH}_3}{|}}{\text{C}}}\cdots\text{C}_2\text{H}_5 \xrightarrow{\text{OH}^-}$$

2. 双分子亲核取代反应历程(S_N2)

与单分子亲核取代反应历程不同,双分子亲核取代反应意味着整个反应速率是由底物和亲核试剂的浓度共同决定的。如在下面的反应中:

$$\text{CH}_3\text{Br} + \text{OH}^- \longrightarrow \text{CH}_3\text{OH} + \text{Br}^-$$

反应速率 $v = k[\text{CH}_3\text{Br}][\text{OH}^-]$。即该反应的速率与溴甲烷和氢氧根离子的浓度都有关。该反应的反应历程可以表示如下:

在这个反应历程中,旧共价键的断裂和新共价键的形成是同时进行的,即亲核试剂 OH^- 从离去基团—Br 和碳原子的连线延长线上进攻溴的 α-C 原子,随着亲核试剂与碳原子之间的距离越来越近,新的共价键(C—OH)逐渐形成,同时,离去基团与碳原子之间的距离越来越远,旧的共价键(C—X)逐渐削弱。在亲核试剂进攻的过程中,亲核试剂和离去基团的中心与碳原子三点在一条直线上,在某一瞬间,碳原子上另外三个键由伞形转变成平面,即由 sp^3 杂化的四面体结构变为 sp^2 杂化的平面三角形结构,这一过程需要一定的能量,即活化能(见图 5-3),故这一步是整个反应的慢步骤,也是决定整个反应速率的一步。当碳原子上另外三个键变为 sp^2 杂化的平面三角形结构,整个结构过渡态的能量达到最高时,碳原子上另外三个键由平面向另一边偏转,这个过程释放能量,进行得很快,为整个反应的快步骤。经过这两个步骤,产物即可形成。溴甲烷水解反应的能量变化曲线如图 5-3 所示。

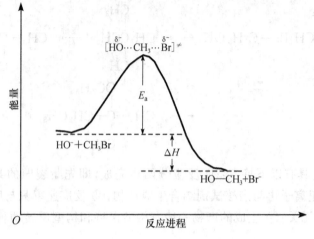

图 5-3 S_N2 反应的能量变化曲线图

在 S_N2 反应历程中,生成的中间体为过渡态。由于亲核试剂是从离去基团的背面进攻该过渡态的中心碳原子的,因此,若中心碳原子所连的三个原子或者基团与亲核试剂均不相同,则可得到构型反转的产物。产物构型改变是卤代烷发生 S_N2 历程在立体化学方面的特征。例如,由实验测定得知:

$$\text{OH}^- + \underset{\text{S-(+)-2-溴辛烷}}{\underset{n\text{-}C_6H_{13}}{\overset{H_3C}{\underset{H}{\vphantom{|}}}}\!C\text{—Br}} \xrightleftharpoons{S_N2} \underset{\text{R-(−)-2-辛醇}}{\text{HO—}\underset{C_6H_{13}\text{-}n}{\overset{CH_3}{\underset{H}{\vphantom{|}}}}\!C}$$

总之,S_N2 反应历程具有以下特点:①反应是一步完成的,反应的中间体是过渡态,反应中旧共价键的断裂和新共价键的形成是同时进行的;②反应速率与底物和亲核试剂的浓度都有关系;③反应过程中发生构型转化。

思考题 5-9 完成下列反应式(用构型式表示),并写出反应历程。

二、消除反应的历程

1. 单分子消除反应历程(E1)

与单分子亲核取代反应类似,单分子消除反应历程的第一步也是生成碳正离子,不同的是,第二步进攻试剂不是进攻卤原子所连的碳原子,而是进攻 β-C 原子上的氢。在进攻试剂的碱性作用下,氢以质子的形式从 β-C 原子上脱下,β-C 原子与氢原子之间的共用电子对留在 β-C 原子上,同时发生电子云的重新分配,在 α-C 原子与 β-C 原子之间形成双键。反应历程可以表示如下:

$$R-\underset{\underset{H}{|}}{\overset{\overset{R}{|}}{C}}-\underset{\underset{R}{|}}{\overset{\overset{R}{|}}{C}}-X \xrightleftharpoons{慢} R-\underset{\underset{H}{|}}{\overset{\overset{R}{|}}{C}}-\underset{\underset{R}{|}}{\overset{\overset{R}{|}}{C^+}} + X^-$$

$$R-\underset{\underset{Nu:\curvearrowleft H}{|}}{\overset{\overset{R}{|}}{C}}-\underset{\underset{R}{|}}{\overset{\overset{R}{|}}{C^+}} \xrightarrow{快} \underset{\underset{R}{}}{\overset{\overset{R}{}}{C}}{=}\underset{\underset{R}{}}{\overset{\overset{R}{}}{C}} + HNu$$

在这个反应历程中,碳正离子的生成是慢步骤,也是整个反应速率的决定性步骤,即整个反应的速率只与卤代烷的浓度有关,是一级反应,因此按这种历程消除的反应称为单分子消除反应(E1)。

由于反应的第一步是碳正离子的生成,因此第二步中进攻试剂同时具有与 α-C 正离子结合或者与 β-H 原子结合的机会,也即 S_N1 反应和 E1 反应是竞争关系,在发生一种反应的同时也会发生另一种反应。

与单分子亲核取代反应一样,在单分子消除反应过程中有碳正离子中间体的生成,所以常伴随有重排反应的发生。

$$H_3C-\underset{\underset{CH_3}{|}}{\overset{\overset{CH_3}{|}}{C}}-CH_2-Br \xrightarrow[解离]{C_2H_5OH} H_3C-\underset{\underset{CH_3}{|}}{\overset{\overset{CH_3}{|}}{C}}-CH_2^+ \xrightarrow[重排]{甲基迁移} H_3C-\underset{\underset{+}{|}}{\overset{\overset{CH_3}{|}}{C}}-CH_2CH_3$$

$$\downarrow -H^+$$

$$\underset{H_3C}{\overset{H_3C}{\diagdown}}C{=}CHCH_3$$

思考题 5-10 2,2-二甲基-3-氯丁烷在碱性条件下反应时,生成的主要产物为 2,3-二甲基-2-丁烯和 2,3-二甲基-3-氯丁烷,为什么?

2. 双分子消除反应历程(E2)

在双分子亲核取代反应中,当进攻试剂 OH^- 与卤代烷反应时,由于 OH^- 既具有亲核性,又具有碱性,因此它既可进攻 α-C 原子发生亲核取代反应,又可进攻 β-H 原子发生消除反应。当进攻试剂进攻 β-H 时,β-H 首先和进攻试剂部分结合,同时,β-C 原子和 β-H 之间的电子云向卤原子方向分散而使 C—X 键的结合力削弱而伸长,这一过程需要消耗能量,故这一步是整个反应的慢步骤,也是决定整个反应速率的一步。当整个结构过渡态的能量达到最高时,β-H 与进攻试剂结合而离去,同时卤原子也完全脱离碳原子呈 X^- 离去,分子内电子发生重新分配而形成双键,这个过程释放能量,进行得很快,为整个反应的快步骤。经过这两个步骤,产物即可形成。

$$R-\overset{\beta}{C}H-\overset{\alpha}{C}H_2-X \underset{}{\overset{慢}{\rightleftharpoons}} R-CH\cdots CH_2\cdots X \overset{快}{\longrightarrow} RCH=CH_2+HNu+X^-$$
$$Nu:\quad H \qquad\qquad Nu\text{---}H$$
$$\text{过渡态}$$

在这个反应中，β-H 与进攻试剂的结合、离去基团的离去和产物分子中双键的形成是同步进行的，故整个反应的速率与卤代烷和亲核试剂的浓度都有关系，是二级反应，因此，按这种历程消除的反应称为双分子消除反应(E2)。

> **思考题 5-11** 2-碘丁烷在碱性条件下反应时，生成的主要产物为 2-丁烯和 2-丁醇，为什么？

三、亲核取代反应和消除反应的竞争

在进攻试剂和卤代烷的反应中，由于进攻试剂同时具有亲核性和碱性，若进攻试剂进攻底物中离去基团的 α-C，则发生亲核取代反应，而进攻试剂进攻离去基团 β-C 上的氢，则发生消除反应，且每种反应都可能按单分子历程和双分子历程进行。因此，亲核取代反应与消除反应之间以及四种反应历程 S_N1、S_N2、E1、E2 之间都是竞争关系。卤代烷在进攻试剂作用下按什么历程进行反应，生成什么样的反应产物，会受到多种因素的影响。本部分主要讲述烷基结构、离去基团、进攻试剂以及温度四种因素对这两种反应及其反应历程的影响。

1. 烷基结构的影响

不同的卤代烷，由于其烷基结构的差异，对进攻试剂所造成的位阻不同，进攻试剂能够进攻的位置也就不同。一级卤代烷与亲核试剂发生 S_N2 反应的速率很快，一般不发生消除反应，但在 β-C 原子上连有活泼氢时，则会提高 E2 反应的速率。二级卤代烷及 β 位有侧链的一级卤代烷，由于空间位阻，S_N2 反应进行很慢，有利于试剂进攻 β 位上的氢，消除反应逐渐增多。三级卤代烷在无强碱存在时，一般倾向于发生单分子反应。

$$\begin{array}{ccccc} \text{难} & & S_N & & \text{易} \\ \hline 3°RX & 2°RX & & 1°RX & CH_3X \\ \text{易} & & E & & \text{难} \end{array}$$

2. 离去基团的影响

在卤代烷分子中，C—X 键的强弱，主要是由离去基团 X^- 的电负性，也就碱性所决定。离去基团的碱性越弱，形成的负离子就越稳定，也就越容易离去。因此，卤代烷发生反应就越快。

不同卤素原子的碱性顺序为：$I^-<Br^-<Cl^-<F^-$，所以，不同卤代烷发生反应的速率为：RI>RBr>RCl>RF。

在单分子反应中，离去基团只能决定反应速率，与产物的比例没有关系。

3. 进攻试剂的影响

一般来说，进攻试剂的亲核性强，对取代反应有利；进攻试剂的碱性强，则对消除反应有利。因为在消除反应中是进攻试剂进攻 β-H，把 β-H 以质子的形式除去，所以需要碱性较强的进攻试剂。碱性较弱的进攻试剂主要发生取代反应，而不易进行消除反应。

在同一周期的各种元素的原子,其亲核性大小顺序与碱性大小顺序是一致的。电负性大的原子,亲核性小,碱性也小。一些基团亲核性顺序表示如下:

$$H_2N^- > HO^- > F^- \qquad R_3C^- > R_2N^- > RO^- > F^-$$

在同族元素中,周期高的原子亲核性大,碱性则降低。一些基团亲核性顺序表示如下:

$$I^- > Br^- > Cl^- > F^- \qquad RS^- > RO^-$$

例如,当仲卤代烷用 NaOH 水解时,得到取代和消除两产物,这里 OH^- 既是亲核试剂,又是强碱。但当卤代烷与 KOH 的醇溶液作用时,由于试剂的碱性更强,所以主要为消除产物。

另外,碱性试剂的浓度增加或者体积增大,也有利于消除反应的进行。

4. 反应温度的影响

升高反应温度对取代和消除反应都有利,但消除反应与取代反应相比,需要断裂的化学键更多(C—H、C—X),因此升温对消除反应更有利。

$$CH_3\underset{\underset{Br}{|}}{C}HCH_3 \xrightarrow[C_2H_5OH, H_2O]{NaOH} CH_3CH_2{=}CH_2 + (CH_3)_2CHOH$$

45 ℃	53%	47%
100 ℃	64%	36%

总之,卤代烷可以发生亲核取代反应,也可以发生消除反应;既可以按单分子历程进行,也可以按双分子历程进行。一般地,直链的一级卤代烷很容易进行 S_N2 反应,只有在强碱或者体积较大的碱作用下才可发生消除反应。二级卤代烷以及在 β-C 上有侧链的一级卤代烷,在强亲核性试剂作用下有利于发生 S_N2 反应,在强碱性试剂作用下有利于发生 E2 反应。三级卤代烷在无强碱存在时,一般倾向于发生单分子反应。另外,一般来说,高温有利于消除反应,低温有利于取代反应。

思考题 5-12 下列各对亲核取代反应,各按何种机理进行?哪一个反应更快?为什么?
(1) 2-甲基-2-溴丁烷和 1-溴丁烷分别在水中加热
(2) 一氯乙烷和 2-氯丙烷分别与碘化钠在丙酮中反应

思考题 5-13 比较 2-甲基-2-溴丁烷、2-甲基-3-溴丁烷和 3-甲基-1-溴丁烷消除 HBr 的难易次序,并写出产物的结构。

第3节 卤代烯烃和卤代芳烃

一、分类和命名

1. 分类

根据卤原子与双键或芳环的相对位置不同,卤代烯烃和卤代芳烃可以分为三类:
(1) 乙烯型和芳基型卤代烃 指卤原子与双键碳原子或芳环上的碳原子直接相连的卤代

烃。例如：

$$RCH=CHX, \quad C_6H_5X$$

(2) 烯丙基型和苄基型卤代烃　指卤原子和双键碳原子或芳环上的碳原子之间相隔一个饱和碳原子的卤代烃。例如：

$$RCH=CHCH_2X, \quad C_6H_5CH_2X$$

(3) 隔离型卤代烯烃和卤代芳烃　指卤原子和双键碳原子或芳环上的碳原子之间相隔两个或两个以上饱和碳原子的卤代烃。例如：

$$RCH=CH(CH_2)_nX, \quad C_6H_5(CH_2)_nX \quad n \geq 2$$

2. 命名

卤代烯烃的系统命名通常以烯烃为母体来进行，即以含有双键的最长碳链为主链，从离双键碳原子最近的一端开始编号，命名为某烯。卤原子仅作为取代基，其位号和名称写在母体名称的前面。例如：

$$H_2C=CHCH_2Cl \qquad H_2C=CCH_2CH_2CH_2Br \qquad$$
$$\qquad\qquad\qquad\qquad\quad |$$
$$\qquad\qquad\qquad\qquad\quad CH_3$$

3-氯丙烯　　　　　2-甲基-5-溴-1-戊烯　　　　3-氯环己烯

卤代芳烃的命名有两种方法：一是把芳环作为母体，卤原子作为取代基，这种方法通常是命名卤原子连在芳环上的卤代芳烃；二是把侧链作为母体，卤原子和芳环均作为取代基，这种方法通常是命名卤原子连在芳环的侧链上的卤代芳烃。例如：

3-氯甲苯　　　1,6-溴萘　　　氯化苄(苄基氯)　　1-苯基-2-溴丙烷

二、化学性质

卤代烯烃和卤代芳烃都属于卤代烃，但是在其分子中同时又具有碳碳双键或者芳环，因此其作为卤代烃的性质会受到碳碳双键或者芳环的影响，这些影响会随着卤原子与碳碳双键和苯环的位置不同而发生变化，表现在化学性质上有很大差别。

1. 乙烯型和芳基型卤代烃

乙烯型和芳基型卤代烃具有相似的结构，即卤原子直接连在不饱和碳原子上，这样的结构使卤原子上带有孤对电子的 p 轨道与碳碳双键或者芳环的 π 键之间可以形成 p-π 共轭体系（图 5-4）。

p-π 共轭体系的存在使 C—X 键的键长缩短，从而使碳原子和卤原子之间的结合更为紧密，故乙烯基型卤代烯烃和芳基型卤代烃比较稳定，一般不易发生亲核取代反应。例如，氯乙烯或者氯苯与硝酸银的乙醇溶液混合不能产生氯化银沉淀，也即不能发生亲核取代反应。

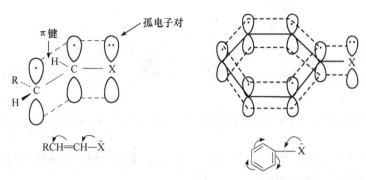

图 5-4 p-π 共轭

2. 烯丙基型和苄基型卤代烃

烯丙基型和苄基型卤代烃中的卤原子非常活泼，无论是按 S_N1 历程还是按 S_N2 历程，都易进行取代反应。这是由于共轭效应使 S_N1 历程产生的碳正离子中间体或者 S_N2 历程产生的过渡态中间体势能降低而变得稳定，从而使取代反应更容易进行。例如，3-氯丙烯或者苄基氯在室温下就可以和硝酸银的乙醇溶液作用，生成卤化银沉淀。

$$CH_2=CHCH_2Cl + AgNO_3 \xrightarrow{C_2H_5OH} CH_2=CHCH_2ONO_2 + AgCl\downarrow$$

$$\text{Ph}-CH_2Cl + AgNO_3 \xrightarrow{C_2H_5OH} \text{Ph}-CH_2ONO_2 + AgCl\downarrow$$

3. 隔离型卤代烯烃和卤代芳烃

隔离型卤代烯烃和卤代芳烃中卤原子和不饱和碳原子之间隔了两个或者更多饱和碳原子，由于卤原子和碳碳双键或者芳环的 π 键之间距离较远，彼此影响很小，因此，隔离型卤代烯烃和卤代芳烃作为卤代烃的化学性质与相应的卤代烷烃相似。例如，4-氯-1-丁烯在加热条件下可以和硝酸银的乙醇溶液作用产生卤化银沉淀。

$$CH_2=CHCH_2CH_2Cl + AgNO_3 \xrightarrow{C_2H_5OH} CH_2=CHCH_2CH_2ONO_2 + AgCl\downarrow$$

综上所述，三类不饱和卤代烃的亲核取代反应活性顺序为：

烯丙基型卤代烃＞隔离型卤代烃＞乙烯基型卤代烃

苄基型卤代烃＞隔离型卤代烃＞芳基型卤代烃

而且，利用这三类卤代烯烃以及卤代芳烃之间的化学反应活性差别可以鉴别不同结构的不饱和卤代烃。若将各种类型的卤代烃试样分别溶于乙醇中，再分别滴入硝酸银溶液，烯丙基型卤代烃和苄基型卤代烃在室温下就可反应，立即生成卤化银沉淀；隔离型卤代烃在室温下一般不发生反应，但加热后慢慢生成沉淀；而乙烯型卤代烃和卤苯即使加热也不生成卤化银沉淀。

思考题 5-14 完成下列各反应。

(1) $CH_2=CHCHCH(CH_3)_2 \xrightarrow[\triangle]{NaOH/C_2H_5OH}$
   其中 C 上有 Br

(2) $Cl-\text{C}_6\text{H}_4-CH_2Cl \xrightarrow{NaOH/H_2O}$

习 题

1. 写出分子式为 C_4H_9Cl 的所有同分异构体,用系统命名法分别对这些同分异构体命名,并指出 1°,2°,3°卤代烃。

2. 写出甲基乙基苯的所有一氯取代产物,并用系统命名法分别对这些同分异构体命名。

3. 用 IUPAC 法命名下列化合物。

(1) CH₃CHCH₂CHCH₃ (带有 CH₃ 和 Br 取代基)

(2) CH₃CHCH₃ (带有 Br 和 C₂H₅ 取代基)

(3) Cl—环己烷—CH₃

(4) CH₃CH₂CHCH₂CHCH₃ (带有 CH₃ 和 CH₂Cl 取代基)

(5) 环己烷带有 I 和 Br

(6) H_5C_2, H_3C, H, Cl 取代的烯烃

(7) 苯—CH(CH₃)CHCH₃ 带 Cl

(8) 苯—CH=CCH₂CH₃ 带 Br

(9) H_3C—苯—Cl

4. 完成下列反应式,写出主要产物。

(1) $CH_3CH_2CH_2CH_2Br \xrightarrow{KOH/ROH} \xrightarrow{HBr} \xrightarrow{KOH/ROH}$

(2) $CH_3CH_2CH=CH_2 \xrightarrow{HBr} \xrightarrow{NaI/丙酮}$

(3) $CH_3CH_2CHCH_3 (Br) \xrightarrow{KOH/ROH} \xrightarrow{Br_2} \xrightarrow{KOH/ROH} \xrightarrow{CH_2=CH_2}$

(4) 对氯乙基苯 $\xrightarrow{Cl_2/光} \xrightarrow{NaOH/ROH} \xrightarrow{HBr/过氧化物} \xrightarrow{NaCN} \xrightarrow{H_3^+O}$

(5) 环己烯 $\xrightarrow{Br_2} \xrightarrow{KOH/ROH}$

(6) 环己烷 $\xrightarrow{Cl_2/光} \xrightarrow{Mg/无水乙醚} \xrightarrow{CO_2} \xrightarrow{H_3^+O}$

(7) 1-甲基-2-氯环己烷 $\xrightarrow{KOH/ROH}$

5. 将下列各组化合物按照对指定试剂的反应活性从大到小排列成序。
   (1) 溴乙烯、3-溴丙烯、1-溴丁烷、2-溴丁烷在 NaI-丙酮溶液中反应
   (2) 1-氯丁烷、1-溴丁烷、1-碘丁烷在 2% $AgNO_3$-C_2H_5OH 溶液中反应
   (3) 3-甲基-1-溴戊烷、2-甲基-2-溴戊烷、2-甲基-3-溴戊烷在 KOH-C_2H_5OH 溶液中反应

6. 卤代烷与 NaOH 在水-乙醇溶液中进行反应,从下列现象判断哪些属于 S_N1 历程,哪些属于 S_N2 历程。
   (1) 碱浓度增加,反应速度加快;

(2) 有重排产物生成；
(3) 产物的绝对构型完全转化；
(4) 叔卤代烷的反应速度大于仲卤代烷；
(5) 进攻试剂亲核性越强，反应速度越快；
(6) 反应不分阶段，一步完成。

7. 用化学方法区别下列各组化合物。
(1) $CH_3CH_2CH=CHCl$、$CH_3CH=CHCH_2Cl$ 和 $CH_3CH_2CH_2CH_2Cl$
(2) 1-苯基-2-氯乙烷、对氯乙苯、1-苯基-1-氯乙烷

8. 完成下列转变。

(1) CH_3CH_3 ⟶ CH_3CH_2COOH / $HOOCCH_2CH_2COOH$

(2) 苯 ⟶ Cl-C$_6$H$_4$-CH_2CH_2OH / C$_6$H$_5$-CH_2COOH

(3) CH_3CHCH_3 (Br) ⟶ $BrCH_2CH=CH_2$ / $CH_2(OH)CH(Cl)CH_2$ / $CH_2CH(Cl)CH_2Cl$ 带OH

(4) $CH_3CH_2CH_2Br$ ⟶ $CH_3CH(OH)CH_3$ / $CH_3-C(Br)(Br)-CH(Br)-H_3C$ 等

9. 化合物 A 的分子式为 $C_6H_{11}Cl$，用强碱处理后得到化合物 B(C_6H_{10})，B 经臭氧化后还原水解，只得到一个二元醛 C。写出化合物 A、B、C 的结构及各步反应的方程式。

10. 某烃 A 的分子式为 C_5H_{10}，不与高锰酸钾作用，在紫外光照射下与溴作用只得到一种一溴取代物 B(C_5H_9Br)，将 B 与 KOH 的醇溶液作用得到 C(C_5H_8)，C 经臭氧氧化并在 Zn 粉存在下水解得到戊二醛（$OHCCH_2CH_2CH_2CHO$）。写出化合物 A、B、C 的结构及各步反应的方程式。

11. 化合物 A 的分子式为 C_3H_6，低温时与氯作用生成 B($C_3H_6Cl_2$)，高温时生成 C(C_3H_5Cl)。C 与碘化乙基镁作用得 D(C_5H_{10})，后者与 NBS 作用生成 E(C_5H_9Br)，E 同氢氧化钾的酒精溶液共热，主要生成 F(C_5H_8)，F 与顺丁烯二酸酐发生双烯合成得 G。写化合物 A、B、C、D、E、F、G 的结构及各步反应的方程式。

12. 某化合物 A 与溴作用生成含有三个卤原子的化合物 B。在低温下，A 能使碱性稀高锰酸钾水溶液褪色，并生成含有一个溴原子的邻二元醇。A 很容易与氢氧化钾水溶液作用生成化合物 C，C 氢化后生成饱和一元醇 D。D 分子内脱水后可生成两种异构化合物 E 和 F，这些脱水产物都能被还原成正丁烷。试推测 A、B、C、D、E 和 F 的结构式。

第6章 醇、酚和醚

醇、酚和醚都是烃的含氧衍生物。醇可以看作是烃分子中的氢原子被羟基（—OH）取代而生成的化合物，而芳香环上的氢原子被羟基取代而生成的化合物则为酚。醇和酚的分子中虽都含有相同的官能团——羟基，但是酚羟基仅限于直接连在芳香环上，这种结构的差别使酚类与醇类的性质存在着显著的不同。通常醇类的羟基称为醇羟基，酚类的羟基称为酚羟基。

醚的官能团为醚键（C—O—C），也可看作是醇或酚羟基上的氢被烃基（—R 或—Ar）取代而生成的化合物。

醇、酚、醚的通式分别为：

$$R\text{—OH} \qquad Ar\text{—OH} \qquad R\text{—O—}R'(\text{或 }Ar')$$
$$\text{醇} \qquad\qquad \text{酚} \qquad\qquad \text{醚}$$

醇、酚和醚都属于重要的基本有机化合物，它们在医药、化妆品等方面具有广泛的应用，可用作消毒剂、防腐剂、保湿剂、抗氧剂、麻醉剂、溶剂等。

第1节 醇

一、醇的分类和命名

1. 醇的分类

按烃基的结构，醇可以分为饱和醇、不饱和醇和芳香醇。例如：

$$\underset{\text{饱和醇}}{CH_3CH_2CH_2CH_2OH} \qquad \underset{\text{不饱和醇}}{CH_2\text{=}CH\text{—}CH_2OH} \qquad \underset{\text{芳香醇}}{C_6H_5\text{—}CH_2OH}$$

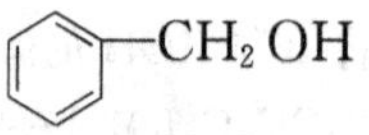

按醇分子中所含羟基的数目，可分为一元醇、二元醇及多元醇等。例如：

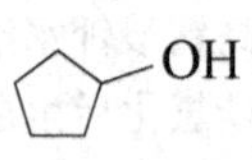

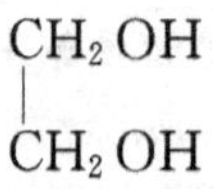

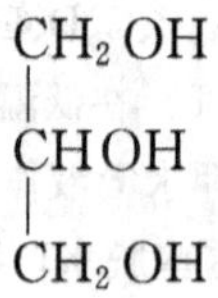

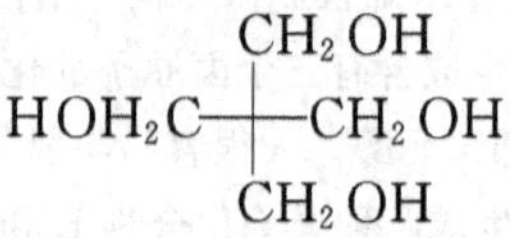

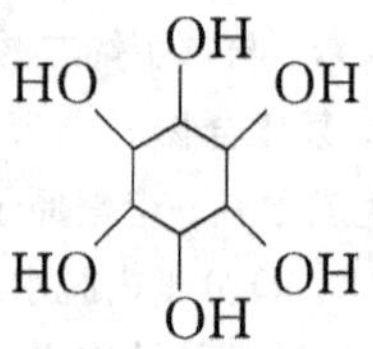

一元醇　　二元醇　　三元醇　　　　四元醇　　　　　　六元醇

按羟基所连碳原子的类型，分为伯醇（一级醇）、仲醇（二级醇）和叔醇（三级醇）。例如：

$$\underset{\text{伯醇}}{RCH_2OH} \qquad \underset{\underset{\text{仲醇}}{OH}}{R\text{—}\overset{}{C}H\text{—}R} \qquad \underset{\underset{\text{叔醇}}{OH}}{R\text{—}\overset{R''}{\underset{}{C}}\text{—}R'}$$

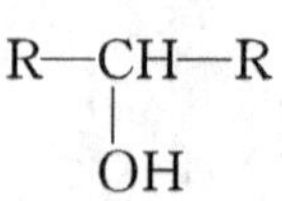

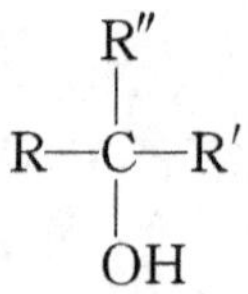

2. 醇的命名

(1) **俗名**　俗名往往是根据某些醇的来源和性质特点而来的,例如,CH_3OH 最初是从木材干馏得到的,因而称为木精;CH_3CH_2OH 是酒的主要成分,称作酒精;$HOCH_2CH_2OH$ 有甜味,称作甘醇。甘油($HOCH_2CH(OH)CH_2OH$)、巴豆醇($CH_3CH=CHCH_2OH$)、肉桂醇($C_6H_5CH=CHCH_2OH$)等都是俗名。

(2) **普通命名法**　醇的普通命名法是根据和羟基相连的烃基来命名的。例如:

$$CH_3-\underset{OH}{CH}-CH_3 \qquad CH_3-\underset{OH}{CH}-CH_2-CH_3$$

异丙醇　　　　　　　仲丁醇　　　　　　苄醇　　　　　　环己醇

普通命名法只适用于结构比较简单的醇,当烃基的结构比较复杂,无法写出烃基的名称时,则必须用系统命名法。

(3) **系统命名法**　选择含有羟基的最长碳链为主链,从靠近羟基的一端给主链编号,根据主链碳原子的多少称为"某醇",并在"醇"字前边标出羟基的位次。例如:

$$CH_3-\underset{CH_3}{CH}-CH_2-\underset{OH}{CH}-CH_3 \qquad CH_3-CH_2-\underset{CH_2CH_3}{CH}-\underset{Cl}{CH}-CH_2-CH_2-CH_2OH$$

4-甲基-2-戊醇　　　　　　　　　　　　5-乙基-3-氯-1-庚醇

不饱和醇的命名是选择含羟基及重键的最长碳链作为主链,从离羟基最近的一端开始编号,芳香醇命名时是将芳基作为取代基。例如:

$$CH_3-\underset{CH_3}{C}=CH-\underset{OH}{CH}-CH_3 \qquad CH_3CH_2-\underset{CH=CH_2}{CH}-CH_2-CH_2-CH_2OH$$

5-甲基-4-己烯-2-醇　　　　　　　　　　4-丙基-5-己烯-1-醇

$$\text{Ph}-CH_2CH_2OH \qquad \text{Ph}-CH=CH-\underset{OH}{CH}-CH_3$$

2-苯基乙醇　　　　　　　　　　　　4-苯基-3-丁烯-2-醇

二元醇和多元醇的命名,应选择含有尽可能多的羟基的碳链作为主链,羟基的数目写在醇字的前面,并注明羟基的位次,对具有特定构型的醇还需标记它们的构型。例如:

$$CH_3CH_2-\underset{OH}{CH}-\underset{OH}{CH}CH_3 \qquad \underset{OH}{CH_2}-\underset{OH}{CH}-\underset{OH}{CH_2} \qquad \text{(1,3-环己二醇)} \qquad \underset{C_6H_5}{\overset{CH_2CH_3}{\underset{|}{H-C-OH}}}$$

2,3-戊二醇　　　　　丙三醇　　　　　1,3-环己二醇　　　S-1-苯基-1-丙醇

思考题 6-1　命名下列化合物:

(1) $CH_3\underset{OH}{CH}CH_2CH_2Br$　(2) 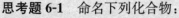—OH　(3) H_3C—⟨⟩—$\underset{OH}{CH}$—CH_2OH

思考题 6-2　下列化合物的命名是否正确?如果不正确,请给出正确的名称。

(1) 2-甲基-2-戊烯-4-醇　(2) 5-甲基-3-氯环己醇

二、醇的物理性质

低级饱和一元醇中，C_4 以下的醇为无色液体，$C_5 \sim C_{11}$ 的醇为油状黏稠液体，C_{12} 以上的醇为蜡状固体。

直链饱和一元醇的沸点随相对分子质量的增加而有规律地升高，在同系列中，少于 10 个碳原子的醇，每增加一个 CH_2，沸点将升高 18 ℃～20 ℃。低级醇的沸点比和它相对分子质量相近的烷烃要高得多，这是因为醇在液体状态，分子之间可以通过氢键而缔合，它们的分子实际是以"分子缔合体"的形式存在：

碳原子数相同的一元醇，支链越多，沸点越低，其中直链一元醇的沸点是最高的。例如：

$$CH_3CH_2CH_2CH_2OH \qquad CH_3CHCH_2OH \qquad CH_3-\overset{CH_3}{\underset{OH}{C}}-CH_3$$
$$\overset{|}{CH_3}$$

沸点　　　117.8 ℃　　　　　　107.9 ℃　　　　　　　82.5 ℃

另外，羟基数目的增多会使分子间形成更多的氢键，因此，沸点会更高。

由于醇羟基与水分子之间也能形成氢键，因此，低级醇如甲醇、乙醇和丙醇可与水以任意比例混溶，从正丁醇起在水里的溶解度显著降低，到癸醇以上则不溶于水。一元醇的相对密度小于 1，芳香醇及多元醇的相对密度大于 1。

某些醇的物理常数见表 6-1。

表 6-1　某些醇的物理常数

名　称	沸点/℃	熔点/℃	密度/(g·cm^{-3})	折光率	每 100 g 水中的含量/g
甲醇	65	−93.9	0.791 4	1.328 8	∞
乙醇	78.5	−117.3	0.789 3	1.361 1	∞
正丙醇	97.4	−126.5	0.803 5	1.385 0	∞
异丙醇	82.4	−89.5	0.785 5	1.377 6	∞
正丁醇	117.2	−89.5	0.809 8	1.399 3	7.9
异丁醇	108	−108	0.801 8	1.396 8	9.5
仲丁醇	99.5	−115	0.806 3		12.5
叔丁醇	82.3	25.5	0.788 7		∞
正戊醇	137.3	−79	0.814 4	1.410 1	2.7
正己醇	158	−46.7	0.813 6		0.59
烯丙醇	97	−129	0.854 0		∞
乙二醇	198	−11.5	1.108 8	1.431 8	∞
丙三醇	290(分解)	20	1.261 3	1.474 6	∞
苯丙醇	205.3	−15.3	1.041 9		4

某些低级醇如甲醇、乙醇等能和 $CaCl_2$、$MgCl_2$、$CuSO_4$ 等无机盐类形成结晶状物质,称为结晶醇。如 $MgCl_2 \cdot 6CH_3OH$、$CaCl_2 \cdot 4CH_3OH$、$CaCl_2 \cdot 4C_2H_5OH$ 等,这些结晶醇溶于水而不溶于有机溶剂。利用这一性质可除去有机物中混有的少量杂质醇,如乙醚中含有少量的乙醇,可以加入 $CaCl_2$ 生成结晶醇而将其从乙醚中沉淀出来。

三、醇的化学性质

醇的通式为 R—OH,羟基(—OH)是醇的官能团,醇也可看作是水分子的一个氢原子被脂肪烃基取代后的生成物。以最简单的醇——甲醇 CH_3OH 为例,其 C—O—H 键的键角为 $108.9°$,故认为醇羟基的氧原子为不等性 sp^3 杂化,如图 6-1 所示。由于氧的电负性较强,所以醇分子中的 C—O 键和 O—H 键都有较强的极性,醇的极性对其物理性质和化学性质均有较大的影响。

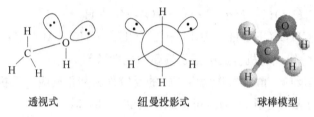

透视式　　　纽曼投影式　　　球棒模型

图 6-1　甲醇的结构示意图

醇的化学性质主要由其官能团决定,而反应活性则受烃基的影响。

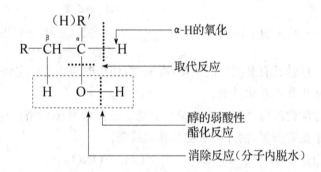

醇分子中的 C—O 和 O—H 键都是极性很强的键,易受到外来试剂的进攻,是反应的主要部位。此外,由羟基所产生的诱导效应增强了 α-H 和 β-H 的活性,也会发生或参与某些反应。

1. 羟基中氢的反应(O—H 键的断键)

(1)与活泼金属的反应　在醇分子中,由于氧原子的电负性较强,故羟基中的氢与水中的氢类似,可以被金属钠取代生成氢气,醇则生成相应的醇钠:

$$HO—H + Na \longrightarrow NaOH + \frac{1}{2}H_2\uparrow \quad \text{剧烈反应,放热,自燃}$$

$$RO—H + Na \longrightarrow RONa + \frac{1}{2}H_2\uparrow \quad \text{反应缓和,放热,不自燃}$$

醇羟基中的氢原子不如水分子中的氢原子活泼,当醇与金属钠作用时,比水与金属钠作用缓慢得多,而且所产生的热量不足以使放出的氢气燃烧。据此,某些反应过程中残留的钠可用乙醇来处理。

由于烃基是给电子基团，叔醇的羟基受到三个给电子基团的影响，使氧原子上的电子云密度较高，相应地，氢原子和氧原子结合得也较牢，而伯醇的羟基只受到一个给电子基团的影响，氧原子上的电子云密度较低，氢原子受到的束缚力较小，所以不同类型的醇与金属钠反应的活性顺序是：

$$水＞甲醇＞伯醇＞仲醇＞叔醇$$

由于醇的酸性比水的弱，其共轭碱烷氧基（RO^-）的碱性就比 OH^- 的强，所以醇盐遇水会分解为醇和金属氢氧化物。在有机反应中，烷氧基既可作为碱性催化剂，也可作为亲核试剂进行亲核加成反应或亲核取代反应。

$$RONa + H_2O \longrightarrow ROH + NaOH$$

醇和金属镁、铝等也能反应，生成醇镁或醇铝：

$$2C_2H_5OH + Mg \xrightarrow{I_2} (C_2H_5O)_2Mg + H_2 \uparrow$$

$$6(CH_3)_2CHOH + 2Al \longrightarrow 2[(CH_3)_2CHO]_3Al + 3H_2 \uparrow$$

异丙醇铝、叔丁醇铝在有机合成中都是重要的化学试剂。

（2）与酸的成酯反应　醇和酸作用生成酯的反应称为酯化反应。无机含氧酸和有机酸均可以与醇酯化。醇与无机含氧酸酯化，可得到无机酸酯，例如：

$$ROH + HONO_2 \longrightarrow RONO_2 + H_2O$$
硝酸酯

$$CH_3CH_2OH + HOSO_2OH \longrightarrow CH_3CH_2OSO_2OH + H_2O$$
硫酸氢乙酯

$$CH_3OSO_2OH + HOSO_2OCH_3 \xrightarrow[\text{减压}]{\triangle} CH_3OSO_2OCH_3 + H_2SO_4$$
硫酸二甲酯

硫酸二甲酯是无色油状有刺激性的液体，有剧毒，使用时应小心。它和硫酸二乙酯在有机合成中是重要的甲基化和乙基化试剂。

甘油与硝酸通过酯化反应可制得三硝酸甘油酯。三硝酸甘油酯俗称硝化甘油，是一种炸药。其在临床上用于血管舒张，治疗心肌梗死和胆绞痛。

$$\begin{array}{l} CH_2-OH \\ | \\ CH-OH \\ | \\ CH_2-OH \end{array} + 3HNO_3 \longrightarrow \begin{array}{l} CH_2-ONO_2 \\ | \\ CH-ONO_2 \\ | \\ CH_2-ONO_2 \end{array} + 3H_2O$$
三硝酸甘油酯（硝化甘油）

醇与有机酸的酯化是可逆的，在一定条件下达到平衡。

$$RCOOH + R'OH \xrightleftharpoons{H^+} RCOOR' + H_2O$$

提高酯化反应产率的方法众多，将在羧酸章节具体讨论。而工业上一般将生成的酯和水蒸馏出去，使平衡向正方向移动，从而提高酯的产率。

（3）邻二醇与氢氧化铜的显色反应　多元醇具有一定的酸性和配位能力，其中邻二醇与新制备的 $Cu(OH)_2$ 反应，可以生成绛蓝色溶液，而非邻二醇则没有此现象。因此，该反应属邻二醇的特征性反应，常被用于鉴定邻二醇结构的多元醇。

$$\begin{array}{c}\text{CH}_2\text{OH}\\|\\\text{CH}_2\text{OH}\end{array} + \text{Cu(OH)}_2 \xrightarrow{\text{OH}^-} \begin{array}{c}\text{CH}_2\text{O}\\|\\\text{CH}_2\text{O}\end{array}\!\!\!\!\text{Cu} + 2\text{H}_2\text{O}$$

绛蓝色

思考题 6-3 写出 1-丁醇、2-丁醇和 2-甲基-2-丙醇的构造式,并比较与金属钠反应的活性顺序,再比较相应的醇钠的碱性大小次序。

2. 羟基被卤原子取代(C—O 键的断裂)

醇的羟基可以与 HX、PX$_3$、PX$_5$ 或 SOCl$_2$(亚硫酰氯或氯化亚砜)等反应而被卤素取代,生成卤代烃。

(1) 与氢卤酸反应 醇与氢卤酸作用,羟基被卤素取代而生成卤代烃和水:

$$\text{ROH} + \text{HX} \rightleftharpoons \text{RX} + \text{H}_2\text{O}$$

这个反应是可逆的,酸的性质和醇的结构都影响这个反应的速度。

HX 的活性次序是:HI>HBr>HCl。

醇的活性次序是:烯丙型醇和苄醇>叔醇>仲醇>伯醇。

$$\text{CH}_3\text{CH}_2\text{CH}_2\text{CH}_2\text{OH} \xrightarrow[\triangle]{\text{浓 HI}} \text{CH}_3\text{CH}_2\text{CH}_2\text{CH}_2\text{I}$$

$$\text{CH}_3\text{CH}_2\text{CH}_2\text{CH}_2\text{OH} \xrightarrow[\triangle]{\text{浓 HBr}, \text{H}_2\text{SO}_4} \text{CH}_3\text{CH}_2\text{CH}_2\text{CH}_2\text{Br}$$

$$\text{CH}_3\text{CH}_2\text{CH}_2\text{CH}_2\text{OH} \xrightarrow[\triangle]{\text{浓 HCl} + \text{ZnCl}_2} \text{CH}_3\text{CH}_2\text{CH}_2\text{CH}_2\text{Cl}$$

同样的伯醇,与浓 HI 作用,加热即可生成碘代烃;与浓 HBr 作用,必须在 H$_2$SO$_4$ 存在下加热才能生成溴代烃;与浓 HCl 作用,必须有 ZnCl$_2$ 作为催化剂才能生成氯代烃。

将浓盐酸和无水氯化锌所配的溶液称为卢卡斯(Lucas)试剂,六个碳以下的一元醇可以溶解在这个试剂中,而生成的卤代烃因不溶而变得浑浊,根据呈现浑浊的快慢即可鉴别不同的醇。注意此反应的鉴别只适用于含六个碳以下的伯、仲、叔醇异构体,这是因为高级一元醇也不溶于卢卡斯试剂。例如:

$$\text{R}_3\text{COH} + \text{HCl(ZnCl}_2) \xrightarrow{\text{室温}} \text{R}_3\text{CCl} + \text{H}_2\text{O} \quad (\text{立即浑浊})$$

$$\text{R}_2\text{CHOH} + \text{HCl(ZnCl}_2) \xrightarrow{\text{室温}} \text{R}_2\text{CHCl} + \text{H}_2\text{O} \quad (\text{数分钟浑浊})$$

$$\text{RCH}_2\text{OH} + \text{HCl(ZnCl}_2) \xrightarrow{\text{室温}} \text{无现象}$$

(2) 与卤化磷(PX$_3$、PX$_5$)反应 醇与 PX$_3$ 反应,生成相应的卤代烃和亚磷酸,此反应不易发生重排,产率较高,是制备溴代烃和碘代烃的常用方法。氯代烃常用 PCl$_5$ 与醇反应制备:

$$\text{ROH} + \text{PX}_3 \longrightarrow \text{RX} + \text{H}_3\text{PO}_3$$

$$\text{ROH} + \text{PCl}_5 \longrightarrow \text{RCl} + \text{POCl}_3 + \text{HCl}$$

(3) 与亚硫酰氯(氯化亚砜)反应 亚硫酰氯 SOCl$_2$(氯化亚砜)和醇反应,可直接得到氯代烃,同时生成二氧化硫和氯化氢两种气体,易于分离。

$$\text{ROH} + \text{SOCl}_2 \longrightarrow \text{RCl} + \text{SO}_2\uparrow + \text{HCl}\uparrow$$

这是制备氯代烃的常用方法,此反应不仅速率快,反应条件温和,产率高,而且不生成其他副产物。

思考题 6-4 某些醇和氢卤酸作用易发生重排,为了防止重排,应选用什么卤化剂?

思考题 6-5 如何鉴别 1-丁醇、2-丁醇和 2-甲基-2-丙醇?

3. 脱水反应

醇的脱水反应有两种方式:一种是分子内脱水生成烯烃,另一种是分子间脱水生成醚。

(1) 分子内脱水　醇与脱水剂(浓硫酸、三氧化二铝)共热能发生脱水反应。醇的脱水反应是制备烯烃常用方法之一。

$$\underset{\underset{H}{|}}{\overset{\beta}{C}H_2}-\underset{\underset{OH}{|}}{\overset{\alpha}{C}H_2} \xrightarrow[170\ ℃]{浓\ H_2SO_4} CH_2=CH_2 + H_2O$$

结构不同的醇分子内脱水难易程度是不一样的。例如:

仲醇　$CH_3CH_2CH_2CHCH_3 \xrightarrow[140\ ℃]{62\%\ H_2SO_4} CH_3CH_2CH=CHCH_3 + H_2O$ (80%)
　　　　　　　　　　|
　　　　　　　　　OH

叔醇　$CH_3CH_2\underset{\underset{OH}{|}}{\overset{\overset{CH_3}{|}}{C}}CH_3 \xrightarrow[87\ ℃]{46\%\ H_2SO_4} CH_3CH=\underset{\underset{CH_3}{|}}{C}CH_3 + H_2O$ (84%)

伯、仲、叔醇脱水由易到难的顺序是:叔醇＞仲醇＞伯醇。

醇的脱水与卤代烃的脱卤化氢一样,遵循查依采夫规则,即从含氢数目较少的 β 碳原子上消除氢。但是对某些不饱和醇脱水时,首先要考虑的是能否生成含稳定的共轭体系的烯烃。例如:

$$C_6H_5-CH_2-\underset{\underset{OH}{|}}{CH}-\underset{\underset{CH_3}{|}}{CH}-CH_3 \xrightarrow[\triangle]{浓\ H_2SO_4} C_6H_5-CH=CH-\underset{\underset{CH_3}{|}}{CH}-CH_3$$

有的醇在进行 E1 消除脱水时会产生重排产物,例如:

$$H_3C-\underset{\underset{CH_3OH}{|}}{\overset{\overset{CH_3}{|}}{C}}-CH-CH_3 \xrightarrow[\triangle]{H_2SO_4} H_3C-\underset{\underset{CH_3}{|}}{C}=\underset{\underset{CH_3}{|}}{C}-CH_3$$

但是在 Al_2O_3 催化下,很少发生重排,并且 Al_2O_3 经再生后可重复使用,但反应温度较高。例如:

$$CH_3CH_2CH_2CH_2OH \begin{cases} \xrightarrow[140\ ℃]{75\%\ H_2SO_4} CH_3CH=CHCH_3 \quad \text{2-丁烯(主产物)} \\ \xrightarrow[350\ ℃\sim 400\ ℃]{Al_2O_3} CH_3CH_2CH=CH_2 \quad \text{1-丁烯} \end{cases}$$

(2) 分子间脱水 醇在相对较低的温度下加热进行分子间的脱水反应生成醚。例如,乙醇在 140 ℃时在浓 H_2SO_4 的作用下主要发生分子间脱水生成乙醚:

$$CH_3CH_2OH + CH_3CH_2OH \xrightarrow[140\ ℃]{浓\ H_2SO_4} CH_3CH_2OCH_2CH_3$$

其反应历程是:首先生成质子化的醇,然后由另一分子醇中带部分负电荷的氧进行亲核取代反应生成醚:

$$CH_3CH_2OH \xrightarrow{H_2SO_4} CH_3CH_2\overset{+}{O}H_2 \xrightarrow[S_N2]{H\ddot{O}CH_2CH_3} CH_3CH_2\overset{+}{\underset{H}{O}}CH_2CH_3 + H_2O$$
$$\downarrow HSO_4^-$$
$$CH_3CH_2OCH_2CH_3 + H_2SO_4$$

如果是仲醇或叔醇,反应可按 S_N1 历程进行。

由此可见,醇的分子内脱水和分子间脱水其实就是消除反应和亲核取代反应之间的竞争,一般情况下,高温有利于分子内脱水生成烯,低温有利于分子间脱水生成醚。而叔醇脱水只生成烯烃,不会生成醚,因为叔醇消除倾向大。

4. 氧化反应

醇分子中由于羟基的影响,使 α-氢较活泼,容易发生氧化反应。伯醇和仲醇由于有 α-氢存在,容易被氧化,而叔醇没有 α-氢,难氧化。不同类型的醇得到不同的氧化产物。

(1) 强氧化剂氧化 酸性高锰酸钾和酸性重铬酸钾是常用的氧化剂。伯醇首先氧化成醛,醛能继续被氧化为酸,仲醇氧化生成含相同数碳原子的酮。

$$CH_3CH_2OH \xrightarrow[K_2Cr_2O_7 + H_2SO_4]{[O]} \left[CH_3-\underset{OH}{\overset{OH}{\underset{|}{CH}}} \right] \xrightarrow{-H_2O} CH_3CHO$$
伯醇 乙醛

$$\xrightarrow[K_2Cr_2O_7 + H_2SO_4]{[O]} CH_3COOH$$
乙酸

$$CH_3-\underset{CH_3}{\overset{}{\underset{|}{CH}}}-OH \xrightarrow[K_2Cr_2O_7 + H_2SO_4]{[O]} \left[CH_3-\underset{CH_3}{\overset{OH}{\underset{|}{C}}}-OH \right] \xrightarrow{-H_2O} CH_3-\underset{CH_3}{\overset{}{\underset{|}{C}}}=O$$
仲醇 丙酮

叔醇分子中不含 α-H,一般反应条件下不被氧化;若在强烈条件下氧化(如在酸性条件下加热),原料首先脱水生成烯烃,烯烃再被氧化成小分子化合物。如:

$$CH_3-\underset{CH_3}{\overset{CH_3}{\underset{|}{C}}}-OH \xrightarrow[\triangle]{KMnO_4, H^+} CH_3-\overset{O}{\underset{}{C}}-CH_3 + H-\overset{O}{\underset{}{C}}-H$$
$$\hspace{3cm} \downarrow [O] \hspace{1.5cm} \downarrow [O]$$
$$\hspace{2cm} CH_3COOH + CO_2 \hspace{0.5cm} CO_2 + H_2O$$

上述氧化剂氧化醇时,反应前后有明显的颜色变化。如采用 $K_2Cr_2O_7$ 的硫酸溶液为氧化剂,氧化前后溶液的颜色将由六价铬(Cr^{6+})的橙黄色还原为三价铬(Cr^{3+})的绿色,因此,可根据溶液颜色的变化来区别伯醇(仲醇)和叔醇。此外,检测汽车驾驶员是否饮酒的呼吸分析仪就是根据醇能被 $K_2Cr_2O_7$ 氧化而设计的,最低限 80 mg。

(2) **其他选择性氧化剂氧化**　沙瑞特(Sarrett)试剂氧化:CrO_3 和吡啶的配合物能迅速将伯醇氧化成醛、将仲醇氧化成酮,产率高,而且对双键无影响。例如:

$$CH_2=CH-CH_2OH \xrightarrow{CrO_3, \text{吡啶}} CH_2=CH-CHO$$

$$\text{环己基-OH} \xrightarrow{CrO_3, \text{吡啶}} \text{环己酮}$$

琼斯(Jones)试剂氧化:该试剂是将 CrO_3 溶于稀 H_2SO_4 中,然后滴加到被氧化醇的丙酮溶液中,分子中的碳碳双键不受影响,且产率较高。

$$\xrightarrow{CrO_3 \cdot \text{稀} H_2SO_4}{\text{丙酮}}$$

(3) **脱氢氧化**　伯醇、仲醇的蒸气在高温下通过催化剂活性铜时发生脱氢反应,生成醛或酮:

$$RCH_2OH \xrightleftharpoons{Cu, 325\ ℃} R-\overset{O}{\overset{\|}{C}}-H + H_2$$

$$R-\underset{R'}{\overset{}{\underset{|}{CH}}}-OH \xrightleftharpoons{Cu, 325\ ℃} R-\overset{O}{\overset{\|}{C}}-R' + H_2$$

脱氢反应是可逆的,为使反应完全,往往通入空气,使氢氧化成水。目前工业上由甲醇制备甲醛,乙醇制备乙醛都采用这种方法。

叔醇分子中没有 α-氢,不能脱氢,只能脱水生成烯烃。

思考题 6-6　完成下列反应。

(1) $\text{C}_6\text{H}_5-CH_2OH \xrightarrow[\triangle]{KMnO_4/H^+}$

(2) $CH_3CH=C-\underset{\underset{CH_3}{|}}{\overset{\overset{OH}{|}}{C}}-CH_2-CH_3 \xrightarrow{CrO_3 \cdot Py}$

第 2 节　酚

一、酚的分类及命名

羟基直接与芳香环相连的化合物统称为酚,通式为 ArOH。依据芳香环的不同,酚可以分为苯酚、萘酚等;依据芳环上所连羟基的个数,可以分为一元酚、二元酚以及多元酚。

苯酚　　　2-萘酚

酚的命名是在"酚"字的前面加上芳香基的名称,以此作为母体,将其他取代基的位次和名称写在母体名称的前面。例如:

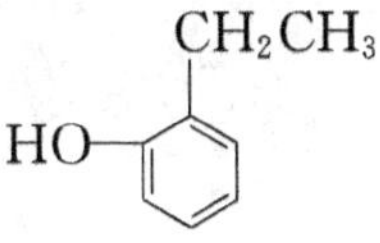

2-乙基苯酚 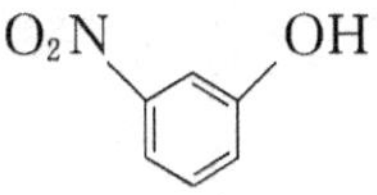　　3-硝基苯酚 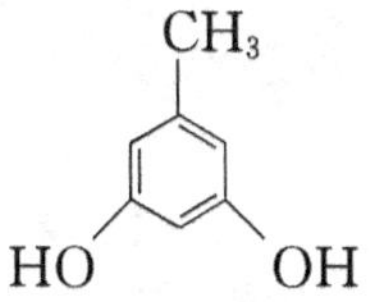　　5-甲基-1,3-苯二酚

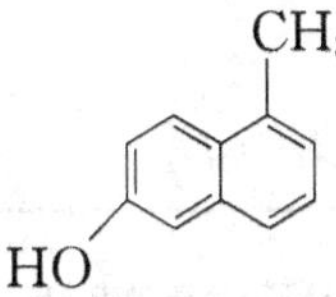

5-甲基-2-萘酚 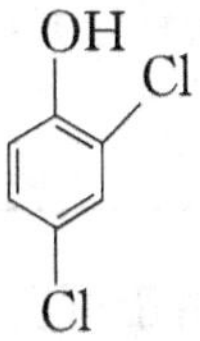　　2,4-二氯苯酚 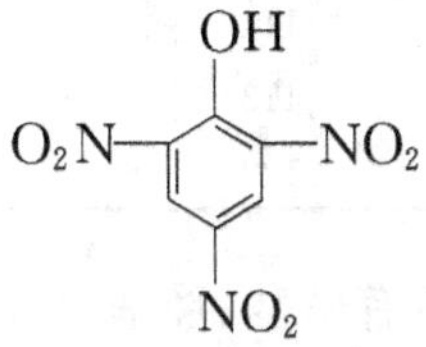　　2,4,6-三硝基苯酚(苦味酸)

当芳香环上有比羟基更优先的官能团时,以优先的官能团作为母体,羟基作为取代基。例如:

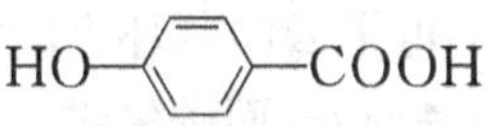

4-羟基-苯甲酸 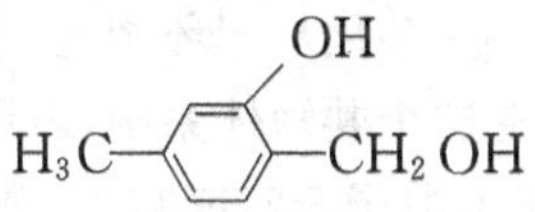　　4-甲基-2-羟基苯甲醇

思考题 6-7 命名下列化合物:

(1) 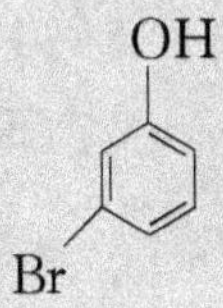　(2) 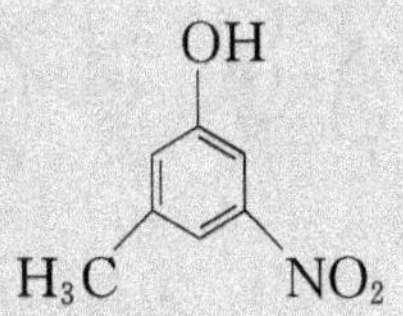　(3)

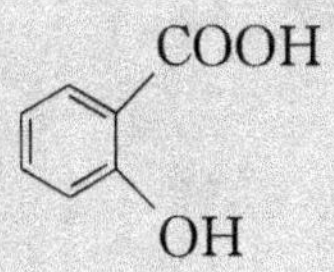

二、酚的物理性质

常温下除极少数酚是高沸点液体外,大多数酚都是以无色晶体的形式存在,在空气中容易被氧化而呈现粉红色,长时间放置则会变成深棕色。由于酚的分子中含有羟基,可以形成分子间氢键,所以酚的沸点比相对分子质量相近的芳烃或卤代芳烃要高。

酚中的羟基也可以与水分子间形成较强的氢键,所以酚在水中也有一定的溶解度,而且随着羟基个数的增多或温度的升高,溶解度增大。酚易溶于乙醇、乙醚、苯、卤代烃等有机溶剂中。

表 6-2 给出了一些常见的酚的物理常数。

表 6-2　酚的物理常数

名　称	熔点/℃	沸点/℃	溶解度/[g·(100 g H$_2$O)$^{-1}$]	pK_a,25 ℃
苯酚	41	182	9.3	10.0
邻甲苯酚	31	191	2.5	10.29
间甲苯酚	12	202	2.6	10.09

续表

名称	熔点/℃	沸点/℃	溶解度/[g·(100 g H$_2$O)$^{-1}$]	pK_a,25 ℃
对甲苯酚	35	202	2.3	10.26
邻氯苯酚	9	173	2.8	8.48
间氯苯酚	33	214	2.6	9.02
对氯苯酚	43	217	2.6	9.38
邻硝基苯酚	45	214	0.2	7.22
间硝基苯酚	96	194/9.3 kPa	1.4	8.39
对硝基苯酚	114	279/分解	1.7	7.15
2,4-二硝基苯酚	113	—	0.6	4.09
2,4,6-三硝基苯酚	122	—	1.4	0.25

当酚羟基的邻位有硝基、羟基等基团时,由于可以形成分子内氢键,所以其沸点都比相应的间位、对位取代产物的沸点低。

三、酚的化学性质

酚羟基中的氧以 sp^2 杂化与苯环相连,未杂化 p 轨道中的一对电子与苯环的大 π 键之间形成 p-π 共轭体系。在这个共轭体系中,氧原子上的电子云向苯环上转移,从而使苯环上电子云密度增大,而氧原子上电子云密度减小,氢氧键更易断开,而碳氧键不易断裂,表现出酚与醇在化学性质上具有较大的差异。苯酚的结构如图 6-2 所示。

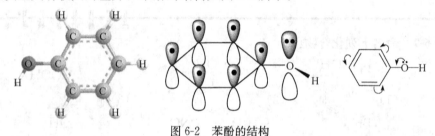

图 6-2 苯酚的结构

酚的化学性质总体上表现为酚羟基的酸性增强,苯环上的亲电取代反应活性增大。

1. 酚的酸性

苯酚可以与氢氧化钠作用形成苯酚钠而溶于水中,说明苯酚具有酸性。醇与氢氧化钠很难起作用,表明苯酚的酸性比醇的强。一般绝大多数醇的 pK_a 为 18 左右,而酚的 pK_a 则小于 11(见表 6-2)。

在苯酚钠的水溶液中通入 CO_2,可以使苯酚重新游离出来而出现混浊,说明苯酚的酸性比碳酸的弱。

苯环上连有的强吸电子基团如—NO_2、—F 等可以使其酸性增强,且吸电子基团越多,影响越大。如 2,4,6-三硝基苯酚的 pK_a 为 0.25,酸性与三氟乙酸的酸性相当,为强酸,俗称苦味酸。相反,当苯环上连有给电子取代基时,如—CH_3、—NH_2 等,它们会使苯环上的电子云密度增大,从而使得酚羟基不易离解释放出质子,所以酸性比苯酚的酸性弱。

思考题 6-8 比较下列化合物的酸性大小,并说明理由。

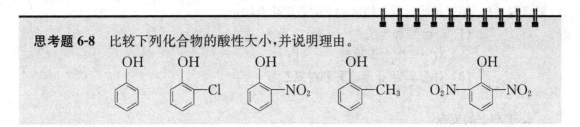

含酚的废水随意排放将会给环境造成严重的污染,对人和动物植物产生极为有害的影响。工业上处理含酚废水采用"磺化煤"(由发烟硫酸与褐煤作用形成的一种含磺基的阳离子交换树脂)进行吸附处理,然后用碱液洗涤树脂。这样被吸附的酚变为钠盐而溶于水,再用酸处理酚钠溶液回收酚。

2. 酚醚的生成

由于酚羟基与苯环形成 p-π 共轭体系,使 C—O 键很难发生断裂,因此酚与醇不同,通常很难发生分子间的脱水反应生成醚。酚醚一般是在碱性条件下生成酚盐后再与卤代烃或硫酸酯作用得到的。

$$\text{C}_6\text{H}_5\text{—OH} + \text{CH}_3\text{I} \xrightarrow[-\text{NaI}]{\text{NaOH}} \text{C}_6\text{H}_5\text{—OCH}_3$$
茴香醚

2,4-二氯苯氧乙酸又称为 2,4-D,是一种植物生长调节剂,也是一种常用的除草剂。

3. 与三氯化铁的显色反应

酚类化合物可以和三氯化铁溶液作用生成有颜色的络合物(表 6-3)。例如,苯酚与三氯化铁作用生成蓝紫色络合物:

$$6\text{C}_6\text{H}_5\text{OH} + \text{FeCl}_3 \longrightarrow [\text{Fe}(\text{OC}_6\text{H}_5)_6]^{3-} + 6\text{H}^+ + 3\text{Cl}^-$$
紫色

酚中的羟基直接连在苯环上,相当于一种烯醇式结构。稳定的烯醇类化合物都可以与三氯化铁作用生成蓝色到紫色的配合物。一般酚类主要生成蓝色、紫色和绿色产物,而烯醇类则主要生成红褐色和红紫色产物,这种特殊的显色反应常用来鉴别酚类化合物的存在,见表 6-3。

表 6-3 酚和三氯化铁产生的颜色

化合物	生成的颜色	化合物	生成的颜色
苯酚	紫	间苯二酚	紫
邻甲苯酚	蓝	对苯二酚	暗绿色结晶
间甲苯酚	蓝	1,2,3-苯三酚	淡棕红色
对甲苯酚	蓝	1,3,5-苯三酚	紫色沉淀
邻苯二酚	绿	α-萘酚	紫色沉淀

思考题 6-9 用简单的化学方法区别下列各组化合物：
(1) 环己醇和苯酚
(2) 对甲苯酚和苯甲醇
(3) 对乙苯酚、α-苯乙醇和对氯乙苯

4. 芳环上的反应

羟基是很强的第一类定位基，使苯环的邻、对位上电子云密度增大，易于发生亲电取代反应，尤其当以酚盐负离子的形式存在时，这种活化作用更为明显，可以使一些在通常情况下不能与苯环发生亲电取代反应的弱亲电试剂也能与酚的芳环发生反应。

（1）卤代　苯酚的卤代反应非常容易进行。例如，常温下，溴与苯酚的水溶液反应生成 2,4,6-三溴苯酚白色沉淀，该反应迅速，现象明显，且是定量进行，可用于定性和定量检验水中含有的万分之几的微量苯酚。

$$C_6H_5OH + 3Br_2 \xrightarrow{H_2O} \text{2,4,6-三溴苯酚}(白) + 3HBr$$

酚在酸性条件下或在 CS_2、CCl_4 等非极性溶剂中进行卤代，可以得到一取代产物：

$$C_6H_5OH + Br_2 \xrightarrow[CS_2 \text{ 或 } CCl_4]{5\ ℃} \text{邻溴苯酚} + \text{对溴苯酚（主）}$$

（2）硝化　用浓硝酸很容易引起酚的氧化。由于羟基的致活作用，苯酚在室温下可直接用稀硝酸硝化得到邻硝基苯酚和对硝基苯酚。前者由于形成分子内氢键使其沸点和溶解度较低，可以随水蒸气蒸出，而后者形成分子间氢键，不易被蒸出。

$$C_6H_5OH \xrightarrow[\text{室温}]{20\%\ HNO_3} \text{邻硝基苯酚}(30\%\sim40\%) + \text{对硝基苯酚}(15\%)$$

多元硝基苯酚的制备一般用间接的方法以避免苯酚的氧化。如苦味酸(2,4,6-三硝基苯酚)的制备就是先将苯酚磺化，再用硝基置换磺酸基得到。

（3）磺化　苯酚磺化产物受反应温度的影响较大。一般在室温(15 ℃～25 ℃)时，苯酚与浓硫酸进行磺化主要得到邻羟基苯磺酸，在 100 ℃时用稀硫酸磺化则主要得到对羟基苯磺酸，邻羟基苯磺酸和对羟基苯磺酸继续磺化都可以得到 4-羟基-1,3-苯二磺酸：

$$\text{苯酚} \xrightarrow[25\ ℃]{\text{浓}H_2SO_4} \text{邻羟基苯磺酸} \quad \text{或} \quad \xrightarrow[100\ ℃]{\text{稀}H_2SO_4} \text{对羟基苯磺酸} \xrightarrow[100\ ℃]{\text{浓}H_2SO_4} \text{2,4-二磺酸基苯酚}$$

(4) 同醛的缩合反应　苯酚在酸或碱的作用下都能与甲醛发生缩合反应，生成在塑料和油漆工业中占重要地位的高分子化合物酚醛树脂。在碱的作用下，苯酚生成酚盐负离子，通过电子的离域作用使苯环上原羟基的邻、对位电子云密度增大，可以与甲醛的羰基碳发生亲核加成反应，生成邻、对位羟甲基化的取代产物：

$$\text{PhO}^- + \text{HCHO} \longrightarrow \text{邻/对-羟甲基苯酚负离子} \xrightarrow{\text{HCHO}} \text{2,4-二羟甲基苯酚负离子}$$

酚盐继续与羟甲基酚盐发生加成反应即可聚合成高分子化合物——酚醛树脂。如果所用甲醛的量与苯酚的量相当，得到的就是线型大分子，即热塑性酚醛树脂；如果甲醛过量，得到的就是体型大分子，即热固性酚醛树脂。在此树脂上引入磺酸基、羧酸基，就是强酸型和弱酸型阳离子交换树脂。

5. 酚的氧化

酚非常容易被氧化剂氧化，生成有颜色的醌式结构，随着氧化剂和氧化条件的不同，产物也有所不同。

苯酚在醋酸中被氧化铬氧化生成对苯醌：

$$\text{C}_6\text{H}_5\text{OH} \xrightarrow[\text{CH}_3\text{COOH}, H_2O]{\text{CrO}_3} \text{对苯醌}$$

多元酚更容易被氧化。邻苯二酚可以被新生成的氧化银氧化成邻苯醌：

$$\text{邻苯二酚} \xrightarrow[\text{乙醚}]{\text{Ag}_2\text{O}} \text{邻苯醌}$$

对苯二酚还能使溴化银还原成单质银，用作照相底片感光后的显影剂：

$$\text{HO-C}_6\text{H}_4\text{-OH} + 2\text{AgBr} \longrightarrow \text{对苯醌} + 2\text{Ag} + 2\text{HBr}$$

第3节 醚

一、醚的分类和命名

醚可以看作水分子中的两个氢都被烃基取代的产物。醚类化合物都含有醚键。

1. 醚的分类

醚可以根据醚键是否成环而分为链醚和环醚两大类。在链醚中,氧原子所连接的两个烃基相同的为简单醚;两个烃基不相同的为混合醚;两个烃基中有一个或两个是芳香基的称为芳香醚。例如:

简单醚　　$CH_3CH_2-O-CH_2CH_3$　　　　$C_6H_5-O-C_6H_5$
　　　　　　　　　乙醚　　　　　　　　　　　苯醚

混合醚　　$CH_3-O-CH_2CH_3$　　　　　$CH_3-O-C_6H_5$
　　　　　　　　甲乙醚　　　　　　　　　　　苯甲醚

环醚

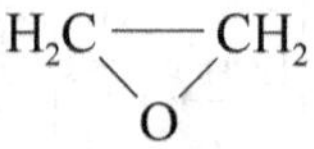

环氧乙烷 　　　　　　　　　四氢呋喃

2. 醚的命名

结构简单的醚用普通命名法命名。命名时,先写出两个烃基的名称,后面加上"醚"字,"基"可以省掉。例如:

CH_3-O-CH_3　　$CH_3CH_2-O-CH_2CH_3$　　二苯醚

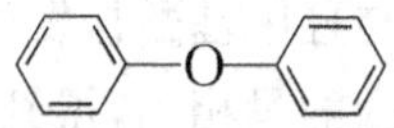

二甲基醚(甲醚)　　二乙基醚(乙醚)　　二苯醚

混合醚的命名先写较小的基团,再写较大的基团,后面加上"醚"字。芳香醚的命名把芳环写在前面。例如:

$CH_3-O-CH_2CH_3$　　$CH_3CH_2-O-CH(CH_3)_2$　　$CH_3-O-CH=CH_2$

甲基乙基醚(甲乙醚)　　乙基异丙基醚　　甲基乙烯基醚

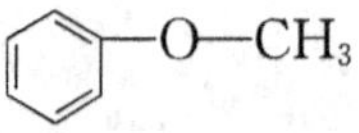

苯甲醚(茴香醚) 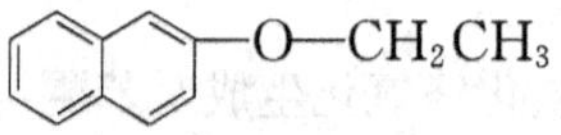　　　　β-萘乙醚

醚中的烃基比较复杂,或者分子中含有其他更优先的官能团时,则采用系统命名法。将较大的复杂的烃基作为母体,将较小的烃基和氧原子一起作为取代基(即烃氧基,RO—)。例如:

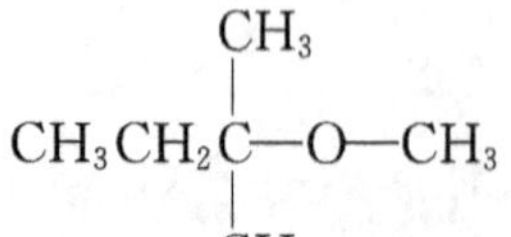

$CH_3CH_2\underset{\underset{CH_3}{|}}{\overset{\overset{CH_3}{|}}{C}}-O-CH_3$　　　$CH_3OCH_2CH_2OCH_3$　　　$HO-\!\!\!\bigcirc\!\!\!-OCH_3$

2-甲基-2-甲氧基丁烷　　1,3-二甲氧基丙烷　　4-甲氧基苯酚

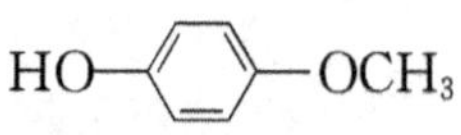

环醚一般命名为环氧化合物,以环氧为词头,同时标明环氧在碳链上的位次,写在母体烃

的前面。例如：

$$H_2C\!-\!CH_2 \quad\quad H_2C\!-\!CH\!-\!CH_3 \quad\quad H_2C\!-\!CH_2\!-\!CH\!-\!CH_3$$
$$\underset{O}{\diagdown\!\diagup} \quad\quad\quad\quad \underset{O}{\diagdown\!\diagup} \quad\quad\quad\quad \underset{O}{\diagdown\!\diagup\!\diagdown\!\diagup}$$

  环氧乙烷   1,2-环氧丙烷   1,3-环氧丁烷

含有较大环的环醚一般看作含氧杂环化合物，按杂环衍生物来命名：

    四氢呋喃 1,4-二氧六环

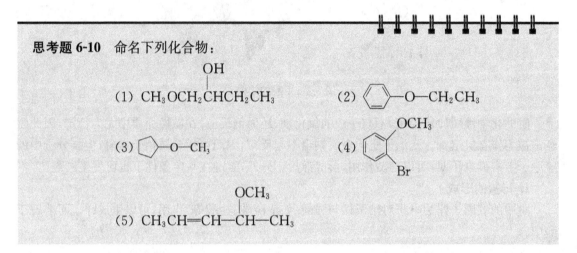

思考题 6-10 命名下列化合物：

(1) CH$_3$OCH$_2$CH(OH)CH$_2$CH$_3$

(2) C$_6$H$_5$—O—CH$_2$CH$_3$

(3) 环戊基—O—CH$_3$

(4) 邻溴苯甲醚（2-溴苯基甲醚）

(5) CH$_3$CH=CH—CH(OCH$_3$)—CH$_3$

二、醚的物理性质

  大多数醚都是易挥发、易燃的液体。醚分子中氧上没有活泼氢相连，不能形成氢键，所以醚的沸点比相同碳原子数醇的沸点要低很多，而与相对分子质量相近的烃的沸点接近。例如，乙醚的沸点为 34.6 ℃，丁醇的沸点为 117 ℃，而戊烷的沸点为 36.1 ℃。常见的醚的物理常数见表 6-4。

表 6-4　常见醚的物理性质

名　称	熔点/℃	沸点/℃	密度/(g·cm^{-3})
甲醚	−140	−24.9	0.661
乙醚	−116	34.5	0.713
正丙醚	−122	91	0.736
正丁醚	−95	142	0.773
二乙烯基醚	—	28.4	0.773
苯甲醚	−37.5	155	0.996
二苯醚	28	259	1.075
β-萘甲醚	72	274	—
环氧乙烷	−111	10.7	0.869
四氢呋喃	−108.5	67	0.888

醚中的氧可以与水分子间形成氢键,所以低级醚在水中有一定的溶解度,但随着烃基的增大,溶解度降低。乙醚微溶于水,100 g 水中可溶解 8 g 左右,这与正丁醇在 100 g 水中可溶解 7.9 g 相近。而四氢呋喃和 1,4-二氧六环却可以与水以任意比互溶。这主要是因为它们的结构不同,与水分子间形成氢键的难易程度不同。

三、醚的化学性质

醚的官能团为醚键(C—O—C),醚键中的氧为 sp^3 杂化,所以醚是非线型分子,甲醚的结构如图 6-3 所示,C—O—C 键的键角为 110°。

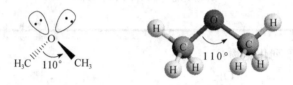

图 6-3　甲醚的结构

醚的化学性质比较稳定,不与一般的氧化剂、还原剂反应,在碱性介质中尤为稳定,因此醚经常被用作有机溶剂。常温下醚同金属钠也不起反应,因而可用金属钠干燥醚,但醚分子中的氧原子上有孤电子对,可以与酸作用,形成锌盐。另外,醚键在一定条件下也可发生断裂。

1. 锌盐的形成

醚中的氧原子作为电子对给予体与强酸(如浓硫酸、盐酸等)作用,可以生成锌盐而溶解于酸中:

$$R—O—R' + H_2SO_4 \rightleftharpoons R—\overset{+}{\underset{H}{O}}—R' + HSO_4^-$$

$$R—O—R' + HCl \rightleftharpoons R—\overset{+}{\underset{H}{O}}—R' + Cl^-$$

因此,可利用这个反应鉴别醚与烷烃或醚与卤代烷。例如,乙醚和戊烷的沸点相近,但乙醚能溶于冷的浓硫酸中成为均相溶液,而戊烷不溶于冷的浓硫酸,有明显的分层。

醚也能与强的路易斯酸如 BF_3、$AlCl_3$、$RMgX$ 等作用形成锌盐:

$$R—O—R + BF_3 \longrightarrow \underset{R}{\overset{R}{\diagdown}}\overset{+}{O}—\overset{-}{BF_3}$$

$$R—O—R + AlCl_3 \longrightarrow \underset{R}{\overset{R}{\diagdown}}\overset{+}{O}—\overset{-}{AlCl_3}$$

锌盐是不稳定的强酸弱碱盐,与水会分解为原来的醚和相应酸。

2. 醚键的断裂

醚与浓强酸(如氢碘酸)共热,醚键中碳氧键的断裂生成卤代烷和醇,如有过量酸存在,则生成的醇能进一步转变为卤代烷。例如:

$$R-O-R' \xrightarrow[\triangle]{HI} RI + R'OH \xrightarrow{HI} RI + R'I$$

混合醚反应时，一般是小的烃基断裂生成卤代烃，大的基团或芳香烃基生成醇或酚。

$$CH_3OCH_2CH_3 + HI \xrightarrow{加热} CH_3I + CH_2CH_2OH$$

$$\text{C}_6\text{H}_5-OCH_3 + HI \xrightarrow{加热} CH_3I + \text{C}_6\text{H}_5-OH$$

反应历程如下：

$$CH_3CH_2-O-CH_2CH_3 + HI \longrightarrow CH_3CH_2-\overset{+}{\underset{H}{O}}-CH_2CH_3 + I^- \xrightarrow{S_N2} CH_3CH_2I + CH_3CH_2OH$$

但含有叔烃基的混合醚，醚键优先在叔丁基一边断裂，因为这种断裂可生成较稳定的叔碳正离子（S_N1 历程）。

$$(CH_3)_3COCH_3 \xrightarrow[\triangle]{HI} (CH_3)_3CI + CH_3OH$$

反应历程如下：

$$(CH_3)_3COCH_3 + HI \longrightarrow (CH_3)_3\overset{+}{\underset{H}{C}}OCH_3 + I^-$$

$$\xrightarrow{S_N1} \begin{cases} (CH_3)_3C^+ \xrightarrow{I^-} (CH_3)_3C-I \\ CH_3OH \xrightarrow{过量 HI} CH_3I + H_2O \end{cases}$$

氢溴酸、盐酸没有氢碘酸活泼，发生上述反应时需要较大的浓度和较高的反应温度。

思考题 6-11 完成下列反应式：

(1) C₆H₅—OCH₂—C₆H₅ + HI ⟶   (2)  + HI ⟶

3. 过氧化物的形成

饱和的醚对一般的氧化剂是稳定的，但若将醚长期置于空气中或经过光照，也会发生缓慢的氧化生成醚的过氧化物。

$$CH_3CH_2-O-CH_2CH_3 \xrightarrow{O_2} CH_3\underset{OOH}{\overset{|}{CH}}-O-CH_2CH_3$$

氢过氧化乙醚

醚的过氧化物不易挥发，受热后迅速分解引起爆炸。为防止醚的氧化，一般应避光密封保存于棕色瓶中，或者在其中加入抗氧化剂防止过氧化物的生成。蒸馏醚之前应先检查是否有过氧化物的存在，可使用酸性淀粉碘化钾试纸，如有过氧化物，试纸变蓝；也可使用硫酸亚铁-硫氰化钾混合溶液来检验，如有过氧化物，则溶液显血红色。过氧化物的去除是向其中加入 5% $FeSO_4$ 水溶液，使过氧化物还原分解。

四、环醚

1. 环氧乙烷

环氧乙烷为无色有毒的气体,沸点 11 ℃,可与水混溶,能与空气形成爆炸混合物,爆炸范围 3%~8%。它本身也可用作杀虫剂。

环氧乙烷是最小的环氧化合物。与一般醚稳定的化学性质不同,它的三元环结构使分子内存在较强的环张力,极易与多种试剂发生开环加成反应。它不仅可以与酸发生反应,还能与不同的碱反应,而且反应条件温和,速度快。环氧乙烷是极重要的化工原料,由它出发可以制备许多种化工产品。

$$\begin{array}{l} H_2C \!\!-\!\! CH_2 \\ \quad\; \diagdown\!\!O\!\!\diagup \end{array} \begin{cases} \xrightarrow{H_2O} CH_2\text{—}CH_2 \quad\quad\text{乙二醇}\\ \qquad\quad\; OH\;\;\; OH \\ \xrightarrow{HCl} CH_2CH_2Cl \quad\;\; \text{2-氯乙醇}\\ \qquad\; HO \\ \xrightarrow{CH_3CH_2OH} CH_2\text{—}CH_2 \quad \text{2-乙氧基乙醇}\\ \qquad\qquad\quad\; OH\;\; OCH_2CH_3 \;\; \text{(乙二醇乙醚)}\\ \xrightarrow{NH_3} CH_2\text{—}CH_2 \quad\;\;\; \text{乙醇胺(胆胺)}\\ \qquad\quad OH\;\; NH_2 \\ \xrightarrow[\text{干醚}]{RMgX} RCH_2CH_2OMgX \xrightarrow{H_2O} RCH_2CH_2OH \end{cases}$$

反应得到的乙二醇可以用作高沸点溶剂以及防冻剂,其也是用于制造涤纶的原料;乙二醇醚具有醇和醚的性质,是良好的有机溶剂,广泛用于纤维素酯和油漆工业;乙醇胺可用作溶剂、乳化剂以及合成洗涤剂的原料;环氧乙烷与格氏试剂的反应是用于制备增加两个碳原子的伯醇的重要方法。

环氧乙烷可以用乙烯在银催化下用空气氧化制取:

$$CH_2\!\!=\!\!CH_2 \xrightarrow[250\,℃]{O_2,Ag} \begin{array}{c} H_2C\!\!-\!\!CH_2 \\ \diagdown\!\!O\!\!\diagup \end{array}$$

2. 冠醚

冠醚是一种大环多醚类化合物,其结构是由多个乙二醇醚结构单元形成的环。由于其形状类似皇冠,所以称为冠醚。

冠醚的名称记为 a-冠-b,其中 a 表示冠醚环上的原子总数(包括碳原子和氧原子),b 表示环上氧原子数。例如:

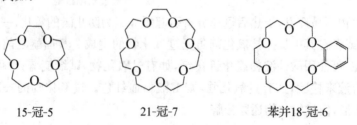

15-冠-5　　　　　21-冠-7　　　　　苯并18-冠-6

冠醚最大的特点是分子中含有带孤电子对的氧原子。这些氧原子可以与金属离子结合形成络合物。冠醚环的大小不同，中间的空隙不同，就可以结合不同的金属离子。例如，12-冠-4 可以结合锂离子，15-冠-5 可以结合钠离子，而 18-冠-6 可以结合钾离子。由于这些络合物的熔点不同，可用于金属离子混合物的分离。

冠醚另一个极重要的应用是用作相转移催化剂(缩写为 PTC)。我们知道，有机相和无机相反应时，由于相互间溶解度小，反应效率会很低。相转移催化剂能够将水相中的离子带入含反应物的有机相中，从而大大提高反应效率。例如，在 KCN 和卤代烃的亲核取代反应中，KCN 和卤代烃分属于水相和有机相，不能混溶，二者只能在两相的界面处反应，效率很低。如果在反应体系中加入 18-冠-6，就可以与 KCN 形成配合物而将其带入有机相，使其与卤代烃在均相中反应。反应过程如下：

习 题

1. 命名下列化合物。

(1) $(CH_3)_2CHCH_2CHCH_2OH$
         $\qquad\qquad\qquad|$
         $\qquad\qquad\quad CH_3$

(2) $ClCH_2CH_2CH-CH_2-CH_2OH$
        $\qquad\quad|\qquad\quad|$
        $\quad\qquad CH_3\quad CH_2CH_3$

(3) $\begin{array}{c}H_3C\\ \quad\;\;CH-O-CH_3\\H_3C\end{array}$

(4)
$$\begin{array}{c}CH_3\quad H\quad\;\; OH\\ \quad C=C\quad\;\;|\\ H\quad\;\; CH_2CH_3\end{array}$$

(5) $H_3CO-\bigcirc-CH_2Cl$

(6) $\bigcirc-CH-CH_2CH_3$
       $\qquad\;\;|$
       $\qquad OH$

(7) 2,4-二甲基苯酚结构

(8) 对羟甲基苯酚结构

(9) 薄荷醇结构

(10) $CH_3-CH-CH-CH_3$
        $\quad\;\;|\quad\;\;|$
        $\;OCH_2CH_3\;\;OCH_2CH_3$

2. 完成下列反应式。

(1) $(CH_3)_2CCH_2CH_2CH_3 \xrightarrow[\triangle]{H_2SO_4} \xrightarrow{HBr}$
         $\quad\;\;|$
         $\;\;OH$

(2) $HOCH_2CH_2CH_2CH_2OH \xrightarrow{H_2SO_4}_{140\ ℃} \xrightarrow{HI}$

(3) $\bigcirc-CH_2CHCH_3 \xrightarrow[\triangle]{H_2SO_4} \xrightarrow[②\ Zn/H_2O]{①\ O_3}$
         $\qquad\qquad\;|$
         $\qquad\quad OH$

(4) $CH_3CHCH(CH_3)_2 \xrightarrow{SOCl_2} \xrightarrow{KOH/ROH}$
          |
          OH

(5) 环己烯醇 $\xrightarrow[160\ ℃]{H_2SO_4} \xrightarrow{Br_2}$

(6) 2-甲基四氢呋喃 $\xrightarrow{HI} \xrightarrow{K_2Cr_2O_7/H^+}$

(7) $Cl{-}C_6H_4{-}CH_2Cl \xrightarrow{NaOH} \xrightarrow{HBr}$

(8) $H_3C{-}C_6H_4{-}CH_2OH \xrightarrow[吡啶]{CrO_3} \xrightarrow{KMnO_4/H^+}$

(9) $(CH_3CH_2)_2CHMgBr + $ 环氧乙烷 $\xrightarrow{干醚} \xrightarrow{H_3O^+}$

(10) $C_6H_5{-}OH + CH_3CH_2Br \xrightarrow{NaOH} \xrightarrow{HI}$

3. 比较下列化合物的酸性大小。

(1) $C_6H_5{-}OH$，$H_3CO{-}C_6H_4{-}OH$，$Cl{-}C_6H_4{-}OH$，$H_3C{-}C_6H_4{-}OH$，$O_2N{-}C_6H_4{-}OH$

(2) O_2NCH_2OH，CH_3CH_2OH，CH_3OH，$HC≡CH$

4. 用化学方法鉴别下列两组化合物。

(1) 正丙醇，2-甲基-2-戊醇，3-戊醇

(2) 己烷，1-丁醇，苯酚，丁醚，1-溴丁烷

5. 环己醇与下列各试剂有无反应？如有，请写出主要产物。

(1) 浓 H_2SO_4 (2) $CrO_3{-}H_2SO_4$ (3) 浓 $H_2SO_4 + HBr$ (4) Na

(5) CH_3MgBr (6) H_2/Ni (7) $SOCl_2$

6. 在叔丁醇中加入金属钠，当钠被消耗后，在反应混合物中加入溴乙烷可得到 $C_6H_{14}O$；如在乙醇与金属钠反应的混合物中加入 2-溴-2-甲基丙烷，则有气体产生，在留下的混合物中仅有乙醇一种有机物，试写出相关的反应方程式并解释这两个实验为什么不同。

7. 以 3 个碳或 3 个碳以下的有机物为原料合成下列化合物。

(1) 环戊基溴 → 环戊基甲基溴

(2) 甲苯 → 苯乙醇 ($C_6H_5CH_2CH_2OH$)

(3) 环己醇 → 环己基乙基醚

(4) 环己醇 → 1,2-环己二醇（邻位二醇）

(5) 1-苯基乙醇 → 2-苯基乙醇

(6) 2-丙醇 → 丁烯酸

8. 有一化合物 A 的分子式为 $C_5H_{11}Br$，和氢氧化钠水溶液共热后生成分子式为 $C_5H_{12}O$ 的化合物 B，B 具有旋光性，能和金属钠反应放出氢气，在浓硫酸的作用下脱水生成烯烃 C，C 经臭氧化和在还原剂存在下水解，则生成丙酮和乙醛。请写出 A、B、C 的结构式和相关的反应方程式。

9. 有一芳香族化合物 A，分子式为 C_7H_8O。A 不与 Na 反应，但能与浓 HI 作用生成两个化合物 B 和 C。B 不仅能溶于 NaOH，还能与 $FeCl_3$ 作用显紫色。C 能与 $AgNO_3$ 溶液作用，生成黄色碘化银沉淀。写出 A、B、C 的构造式。

第 7 章　醛、酮和醌

醛、酮、醌分子中都含有官能团羰基（$\diagdown$C=O），故称为羰基化合物。羰基碳上至少和一个氢原子相连的化合物称为醛，醛分子中的官能团（—CHO）叫作醛基；羰基碳和两个烃基相连的化合物称为酮，酮分子中的官能团（$\diagdown$C=O）叫作酮基。相同碳原子数的饱和一元醛、酮互为位置异构体。

从结构上看，醌是一类特殊的不饱和环状二酮，如 O=⟨⟩=O 或 含邻苯醌结构 。

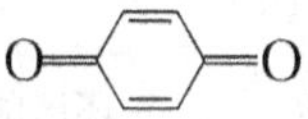

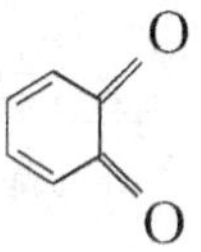

羰基化合物广泛存在于自然界中，它们当中很多既是参与生物代谢过程的重要物质，又是有机合成的重要原料和中间体。

第 1 节　醛 和 酮

一、醛、酮的分类和命名

根据羰基所连烃基的结构不同，可把醛、酮分为脂肪族、脂环族和芳香族醛、酮等几类。根据羰基所连烃基的饱和程度不同，可把醛、酮分为饱和与不饱和醛、酮。根据分子中羰基的数目，可把醛、酮分为一元、二元和多元醛、酮等。例如：

脂肪族醛、酮 $\begin{cases} \text{饱和醛、酮} \quad CH_3CH_2CHO \quad CH_3\text{-}\overset{O}{\underset{\|}{C}}\text{-}CH_3 \quad CH_3\text{-}\overset{O}{\underset{\|}{C}}\text{-}CH_2\text{-}\overset{O}{\underset{\|}{C}}\text{-}CH_3 \\ \text{不饱和醛、酮} \quad CH_3CH\text{=}CHCHO \quad CH_3\text{-}\overset{O}{\underset{\|}{C}}\text{-}CH\text{=}CH_2 \end{cases}$

脂环族醛、酮 $\begin{cases} \text{饱和醛、酮} \quad \text{环戊基-CHO} \quad \text{环己酮} \\ \text{不饱和醛、酮} \quad \text{环戊烯基-CHO} \quad \text{环己烯酮} \end{cases}$

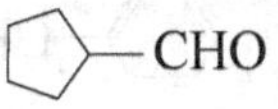

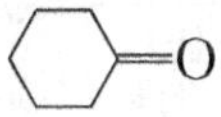

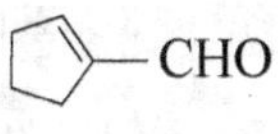

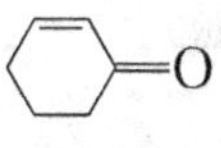

芳香族醛、酮 ⟨⟩—CHO ⟨⟩—$\overset{O}{\underset{\|}{C}}$—CH₃

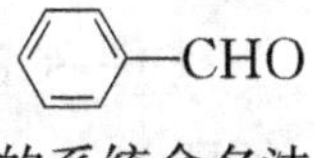

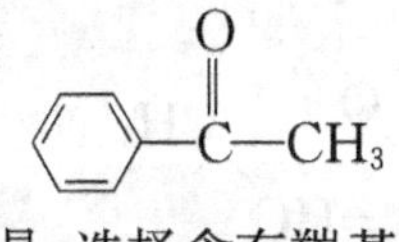

脂肪族醛、酮的系统命名法是：选择含有羰基在内的最长碳链作为主链，根据主链碳原子数目称为"某醛"或"某酮"。主链应从离羰基近的一段开始编号，由于醛基的编号总是在第一位，故其位次在名称中常常省略。另外，主链碳原子的位次也可用希腊字母 α, β, γ 等表示。不

饱和醛酮的命名,需要标出不饱和键的位次。例如:

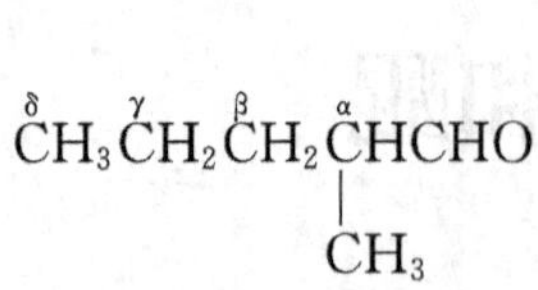

$CH_3\overset{\delta}{C}H_2\overset{\gamma}{C}H_2\overset{\beta}{C}H_2\overset{\alpha}{C}HCHO$ $CH_3CH=CHCHO$ $CH_3\overset{O}{\underset{}{C}}CH_2\overset{O}{\underset{}{C}}CH_3$
                CH_3 CH_3 CH_3

   2-甲基戊醛   3-甲基-2-丁烯醛 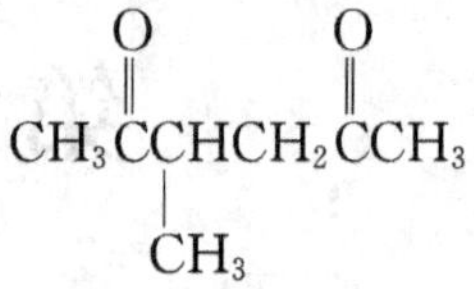   3-甲基-2,5-己二酮
   (α-甲基戊醛)

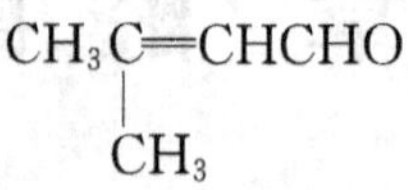

脂环族醛命名时,将环作为取代基。脂环族酮命名时,如羰基碳在环内,则根据环上碳原子数目称为"环某酮",当有多个羰基时,根据羰基的数目,称为二酮、三酮等,同时标明羰基的位次;如羰基在环外,也将环作为取代基。例如:

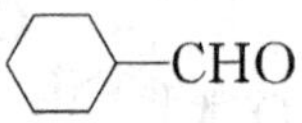

环己基甲醛 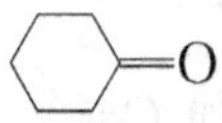   环己酮 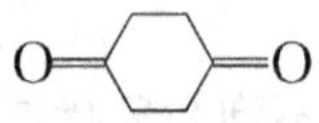   1,4-环己二酮 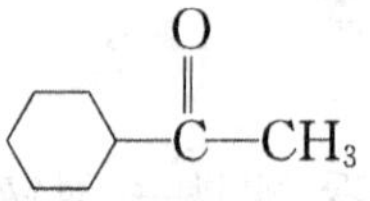   环己基乙酮

芳香族醛、酮的命名,则是把芳基作为取代基。例如:

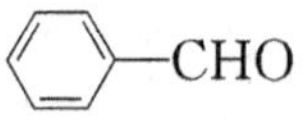

苯甲醛 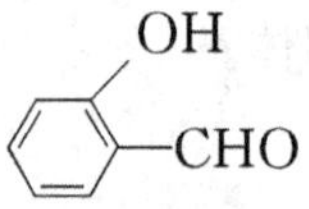   2-羟基苯甲醛

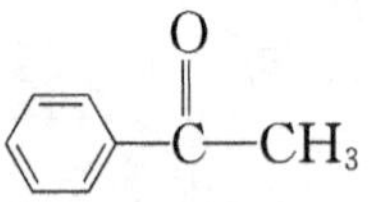

苯乙酮 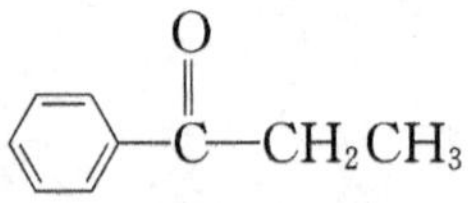   1-苯基-1-丙酮 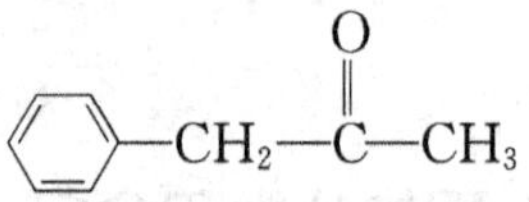   1-苯基-2-丙酮

少数结构简单的酮,还可以用衍生物命名法,把酮看成"甲酮"的衍生物,在"甲酮"前边加上两个烃基的名称,"甲"字一般可以省略。例如:

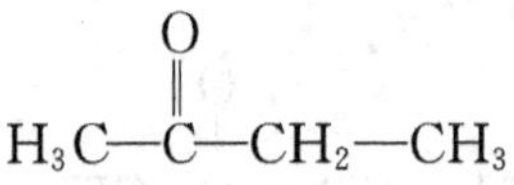

甲乙酮 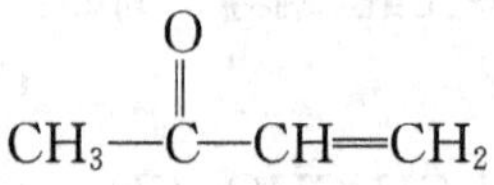   甲基乙烯基酮 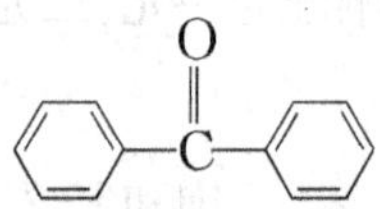   二苯酮

某些醛、酮常用俗名。例如:

$CH_3CH=CH-CHO$ 苯基$-CH=CHCHO$

  2-丁烯醛(巴豆醛)   3-苯基丙烯醛(肉桂醛)

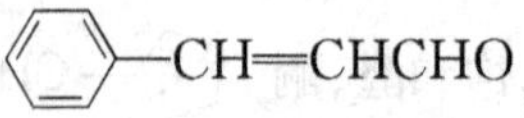

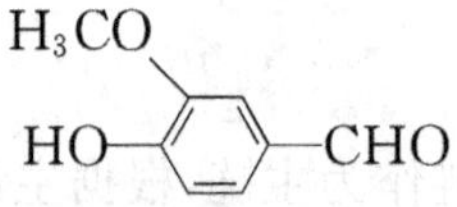

香草醛 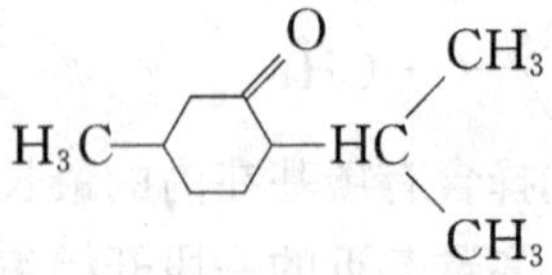   薄荷酮 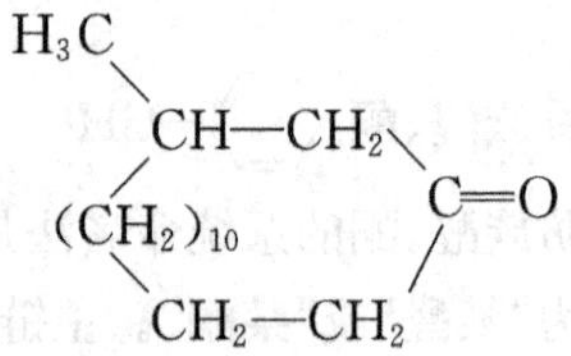   麝香酮

思考题 7-1 命名下列化合物：

(1) $(CH_3)_2CHCHO$ (2) C₆H₅—CH₂CHO   (3) $(CH_3)_2CHCOCH_3$

(4) $(CH_3)_2C=CHCHO$ (5) 环己酮   (6) $CH_3COCOCH_3$

二、醛、酮的物理性质

室温下，除甲醛是气体外，十二个碳原子以下的脂肪醛、酮为液体，高级脂肪醛、酮和芳香酮多为固体。低级醛具有强烈的刺激气味，但许多脂肪族醛、酮和芳香醛、酮都具有特殊的香味，中级醛具有果香味，所以它们是天然香料和人工合成香料的重要成分。

由于醛、酮的羰基能与水分子形成氢键，所以四个碳原子以下的低级醛、酮易溶于水，如甲醛、乙醛、丙醛和丙酮可以与水互溶，其他醛、酮在水中的溶解度随相对分子质量的增加而减小。高级醛、酮微溶或不溶于水，易溶于一般的有机溶剂。虽然醛、酮分子间不能形成氢键，但是由于它们是极性较强的化合物，所以醛、酮的沸点较相对分子质量相近的烷烃和醚高，但比相对分子质量相近的醇低。

一些醛、酮的主要物理常数见表 7-1。

表 7-1 醛、酮的主要物理常数

名 称	熔点/℃	沸点/℃	相对密度 d_4^{20}	折射率 n_D^{20}	溶解度/[g·(100 g H₂O)⁻¹]
甲醛	−92	−21	0.815	—	易溶
乙醛	−123.5	20.2	0.783$^{18℃}$	1.331 6	∞
丙醛	−81	49.5$^{98.4 kPa}$	0.807	1.363 6	20
丁醛	−99	75.7	0.817	1.384 3	4
丙酮	−94.8	56.2	0.791	1.358 8	∞
丁酮	−86.9	79.6	0.805	1.378 8	37
2-戊酮	−77.8	102.4	0.812$^{15℃}$	1.389 5	微溶
3-戊酮	−39.8	102.0	0.810	1.392 4	微溶
苯甲醛	−26	179.1	1.046$^{10℃}$	1.546 3	微溶
环己酮	−31.2	155.6	0.947$^{10℃}$	1.450 7	不溶
苯乙酮	20.5	202.6	1.028	1.537 8	不溶
水杨醛	−7	197.9	1.167	1.574 0	不溶

三、醛、酮的化学性质

醛、酮分子中都含有羰基，因此它们具有很多相似的化学性质。

羰基碳原子是 sp^2 杂化的，三个 sp^2 杂化轨道分别与氧原子和另外两个原子形成三个 σ键，它们在同一平面上，键角接近 120°。碳原子未杂化的 p 轨道与氧原子的一个 p 轨道从侧面重叠形成 π 键。由于羰基氧原子的电负性大于碳原子，因此双键电子云并不是均匀地分布在碳和氧之间，而是偏向于氧原子，从而使羰基碳原子上带部分正电荷，而氧原子上带部分负电荷,形成一个极性双键,所以,醛、酮是极性较强的分子。羰基的结构如图 7-1 所示。

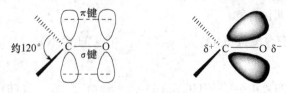

图 7-1 羰基的结构

由于羰基存在极性,碳氧双键加成反应的历程与烯烃碳碳双键加成反应的历程有显著的差异。碳碳双键上的加成是由亲电试剂进攻而引起的亲电加成,羰基上的加成是由亲核试剂向电子云密度较低的羰基碳进攻而引起的亲核加成。醛酮的加成反应大多是可逆的,而烯烃的亲电加成反应一般是不可逆的。具有 α-H 的醛酮,由于羰基是强烈的吸电子基团,它的诱导效应使 α-H 变得非常活泼,由此可发生涉及 α-H 的一系列反应。此外,醛、酮处于氧化-还原反应的中间价态,它们既可被氧化,又可被还原,所以氧化-还原反应也是醛、酮的一类重要反应。

醛和酮在结构上的区别在于醛分子中羰基碳原子与氢原子相连,所以涉及这个氢原子的反应是醛所特有的。

综上所述,醛、酮的化学反应可归纳如下:

$$\text{羰基的还原反应} \longrightarrow \underset{\underset{H}{\overset{|}{R-HC}}-\overset{\overset{O}{\|}}{C}-\underset{(R)}{H}}{} \longleftarrow \text{羰基的亲核加成反应}$$

α-H 的反应 → ; 醛基的氧化反应

1. 亲核加成反应

(1) 与氢氰酸的加成 醛、脂肪族的甲基酮以及 C_8 以下环酮,可以与氢氰酸发生加成反应,生成 α-羟基氰(又叫 α-氰醇):

$$\underset{(CH_3)}{R-\overset{\overset{O}{\|}}{C}-H} + HCN \rightleftharpoons R-\underset{H(CH_3)}{\overset{\overset{OH}{|}}{C}}-CN$$

α-羟基腈

反应是可逆的。醛、酮与氢氰酸的加成反应,在有机合成上是重要的增长碳链的方法之一。

如果在上面的反应中加入少量的碱,能大大加快反应速度。若加入酸,则抑制反应。因为氢氰酸是弱酸,在水中存在下列电离平衡:

$$HCN \rightleftharpoons H^+ + CN^-$$

动力学研究表明,醛、酮与 HCN 的反应为双分子反应,反应速率与醛、酮及 CN^- 的浓度有关,而与 H^+ 的浓度无关。显然,上述平衡体系中,加入酸会抑制 HCN 的电离,使 CN^- 的浓度降低,故反应速率减慢;相反,加入碱则会促进 HCN 的电离,使得 CN^- 的浓度增大,从而反应速率加快。

醛、酮与 HCN 反应的机理如下:

$$\underset{\delta+}{\overset{\delta-}{C=O}} + CN^- \underset{}{\overset{慢}{\rightleftharpoons}} \underset{\underset{O^-}{|}}{\overset{\overset{CN}{|}}{C}} \overset{快}{\underset{H^+}{\longrightarrow}} \underset{\underset{CN}{|}}{\overset{\overset{OH}{|}}{C}}$$

氧负离子中间体　　　　　　　α-羟基腈

反应中电离产生的 CN^- 首先进攻带电正性的羰基碳原子,在形成碳碳键的同时,羰基中的 π 键电子转移到氧原子上,形成氧负离子中间体,形成的中间体立即与 H^+ 结合生成 α-羟基腈。由于此反应是由亲核试剂 CN^- 进攻引起的,因此属于亲核加成反应。

α-羟基腈是一类活泼的化合物,它经过水解可得到 α-羟基酸或不饱和酸。工业上,有机玻璃的单体——α-甲基丙烯酸甲酯,就是以丙酮为原料通过与 HCN 加成,产物进而在催化下,与甲醇进行水解、脱水、酯化而得。例如:

$$H_3C-\overset{\overset{O}{\|}}{C}-CH_3 + HCN \xrightarrow{OH^-} H_3C-\underset{\underset{CN}{|}}{\overset{\overset{OH}{|}}{C}}-CH_3 \xrightarrow[\triangle/P]{CH_3OH/H^+} CH_2=\underset{\underset{CH_3}{|}}{C}-COOCH_3$$

α-甲基丙烯酸甲酯

不同结构的醛、酮进行亲核加成反应的活性有明显差异,其活性受电子效应和空间效应两种因素的影响。从电子效应考虑,羰基碳原子上的电子云密度越低,越有利于亲核试剂的进攻,所以羰基碳原子上给电子基团(如烃基)越多,反应越慢;反之,反应越快。从空间效应考虑,羰基碳原子上的空间位阻越小,越有利于亲核试剂的进攻,所以羰基碳原子上连接的基团越多、体积越大,反应越慢。

综合上述两种因素的影响,不同结构的醛、酮亲核加成反应活性次序大致如下:

$$\underset{H}{\overset{H}{>}}C=O > \underset{H_3C}{\overset{H}{>}}C=O > \underset{R}{\overset{H}{>}}C=O > \underset{C_6H_5}{\overset{H}{>}}C=O > \underset{H_3C}{\overset{H_3C}{>}}C=O >$$

$$\underset{}{\overset{}{\bigcirc}}C=O > \underset{R}{\overset{H_3C}{>}}C=O > \underset{R}{\overset{R'}{>}}C=O \gg \underset{C_6H_5}{\overset{H_3C}{>}}C=O > \underset{C_6H_5}{\overset{C_6H_5}{>}}C=O$$

思考题 7-2 将下列化合物与 HCN 反应的活性按由大到小顺序排列:
(1) CH_3CHO　(2) $ClCH_2CHO$　(3) CH_3COCH_3　(4) Cl_3CCHO
(5) $CH_3COCH_2CH_3$　(6) C₆H₅—CHO　(7) C₆H₅—COCH₃

思考题 7-3 以乙炔或乙醇为原料合成 α-羟基丙酸(乳酸)。

(2) 与水的加成　醛、酮与水加成,生成 1,1-二醇(又称偕二醇),反应如下:

$$\overset{}{>}C=O + H_2O \rightleftharpoons \underset{\underset{OH}{|}}{\overset{\overset{OH}{|}}{C}}$$

反应生成的偕二醇一般不稳定，容易脱水生成原来的醛、酮，但是当有强吸电子基团与羰基相连时，这样的醛、酮能与 H_2O 反应生成稳定的偕二醇化合物。例如：

$$Cl_3C-CHO + H_2O \longrightarrow Cl_3C-CH(OH)_2$$
三氯乙醛   水合三氯乙醛

茚三酮 + H_2O ⟶ 水合茚三酮

水合三氯乙醛可作兽医麻醉剂和催眠剂。水合茚三酮可用于纸色谱法鉴定 α-氨基酸的显色剂。

（3）与醇的加成 醛在无水酸的催化下，能与醇发生亲核加成反应，生成半缩醛：

$$\underset{H}{\overset{R}{\diagdown}}C=O + R'OH \xrightarrow{干\ HCl} \underset{H}{\overset{R}{\diagdown}}\underset{OR'}{\overset{OH}{|}}C \quad \text{半缩醛羟基}$$
半缩醛

半缩醛化合物是一种 α-羟基醚，很不稳定，可以在酸催化下，与过量的醇进一步发生反应，生成稳定的缩醛化合物：

$$\underset{H}{\overset{R}{\diagdown}}\underset{OR'}{\overset{OH}{|}}C + R'OH \xrightarrow{干\ HCl} \underset{H}{\overset{R}{\diagdown}}\underset{OR'}{\overset{OR'}{|}}C + H_2O$$
缩醛

缩醛是同碳二醚（又称偕二醚），对碱、氧化剂、还原剂等比较稳定，但遇酸在室温下即可水解成原来的醛和醇。因此，在有机合成中常常利用醛生成缩醛的方法来保护醛基。例如，当反应物中含有醛基和其他官能团时，为了使其他官能团反应而保留醛基，就经常将醛基先与醇反应生成相应的缩醛加以保护，待其他官能团反应完毕，再用酸水解释放出醛基。同样，利用这个反应，在必要的时候也能保护醇。例如，由丙烯醛合成 2,3-二羟基丙醛，其合成过程如下：

$$H_2C=CHCHO \xrightarrow[ROH]{干\ HCl} H_2C=CH-CH(OR)_2 \xrightarrow[②H_3O^+]{①KMnO_4/OH^-} H_2C(OH)-CH(OH)-CHO$$

一般情况下，酮不容易和一元醇发生反应生成半缩酮和缩酮，但可以与二元醇在对甲苯磺酸（TsOH）催化下反应生成具有五元或六元环的缩酮。例如：

$$\underset{\text{环己酮}}{\bigcirc\!=\!O} \xrightarrow[\text{TsOH}]{\text{HO-CH}_2\text{CH}_2\text{-OH}} \text{环状缩酮}$$

思考题 7-4 完成下列转化：

(1) $CH_3CH=CHCHO \longrightarrow CH_3CH_2CH_2CHO$

(2) $CH_2=CH-C_6H_4-CHO \longrightarrow \underset{\substack{|\\OH\ OH}}{H_2C-\overset{H}{\underset{|}{C}}}-C_6H_4-CHO$

(4) **与亚硫酸氢钠的加成** 醛、脂肪族的甲基酮以及 C_8 以下环酮，在室温下可以与饱和亚硫酸氢钠作用，生成 α-羟基磺酸钠。α-羟基磺酸钠不溶于饱和亚硫酸氢钠溶液，故呈晶体析出。在此反应中，亚硫酸氢根的硫原子是亲核中心，它通过孤电子对进攻羰基碳而引起加成反应。

$$\underset{(CH_3)}{R-\overset{O}{\underset{\|}{C}}-H} + :SO_3HNa \rightleftharpoons \underset{H(CH_3)}{R-\overset{ONa}{\underset{|}{C}}-SO_3H} \rightleftharpoons \underset{\substack{H(CH_3)\\ \text{α-羟基磺酸钠}}}{R-\overset{OH}{\underset{|}{C}}-SO_3^-Na^+} \downarrow$$

反应是可逆的，所以必须加入过量的饱和亚硫酸氢钠溶液，才能促使平衡向右移动。

α-羟基磺酸钠具有无机盐的性质，能溶于水但不溶于有机溶剂，与稀酸或稀碱共热可分解成原来的醛或酮：

$$\underset{H(CH_3)}{R-\overset{OH}{\underset{|}{C}}-SO_3Na} \begin{array}{c} \xrightarrow{Na_2CO_3} \underset{(CH_3)}{R-\overset{O}{\underset{\|}{C}}-H} + Na_2SO_3 + CO_2\uparrow + H_2O \\ \\ \xrightarrow{HCl} \underset{(CH_3)}{R-\overset{O}{\underset{\|}{C}}-H} + NaCl + SO_2\uparrow + H_2O \end{array}$$

利用上述反应可以鉴别醛、脂肪族甲基酮及 C_8 以下环酮，也可以从混合物中分离提纯醛、脂肪族甲基酮及 C_8 以下环酮。

α-羟基磺酸钠与 NaCN 作用生成 α-羟基腈，这也是制备 α-羟基腈的好方法，此方法的优点是可以避免使用有毒且易挥发的 HCN，而且产率比较高。

$$\underset{H(CH_3)}{R-\overset{OH}{\underset{|}{C}}-SO_3Na} \xrightarrow{NaCN} \underset{H(CH_3)}{R-\overset{OH}{\underset{|}{C}}-CN} + Na_2SO_3$$

(5) 与格氏试剂的加成 格氏试剂是很强的亲核试剂,它可以和醛、酮顺利地发生亲核加成,加成产物水解生成醇。因此,醛、酮与格氏试剂反应是制备醇的重要方法之一。

$$\overset{\delta+}{\underset{}{C}}\!\!=\!\!\overset{\delta-}{O} + \overset{\delta-}{R}\!\!-\!\!\overset{\delta+}{MgX} \xrightarrow{\text{无水乙醚}} R-\overset{|}{\underset{|}{C}}-OMgX \xrightarrow{H_2O} R-\overset{|}{\underset{|}{C}}-OH + Mg\overset{OH}{\underset{X}{\diagdown}}$$

以不同的醛、酮分别与适当的格氏试剂发生反应,产物经水解后可以制得不同结构的伯醇、仲醇和叔醇。

$$R-MgX \begin{cases} \xrightarrow{H-\overset{O}{\overset{\|}{C}}-H}_{\text{无水乙醚}} R-\overset{H}{\underset{H}{\overset{|}{C}}}-OMgX \xrightarrow{H_2O} R-\overset{H}{\underset{H}{\overset{|}{C}}}-OH + Mg\overset{OH}{\underset{X}{\diagdown}} \quad \text{伯醇} \\ \xrightarrow{R'-\overset{O}{\overset{\|}{C}}-H}_{\text{无水乙醚}} R-\overset{H}{\underset{R'}{\overset{|}{C}}}-OMgX \xrightarrow{H_2O} R-\overset{H}{\underset{R'}{\overset{|}{C}}}-OH + Mg\overset{OH}{\underset{X}{\diagdown}} \quad \text{仲醇} \\ \xrightarrow{R'-\overset{O}{\overset{\|}{C}}-R''}_{\text{无水乙醚}} R-\overset{R''}{\underset{R'}{\overset{|}{C}}}-OMgX \xrightarrow{H_2O} R-\overset{R''}{\underset{R'}{\overset{|}{C}}}-OH + Mg\overset{OH}{\underset{X}{\diagdown}} \quad \text{叔醇} \end{cases}$$

思考题 7-5 用简单的化学方法分离 2-戊炔的水合产物:2-戊酮和 3-戊酮。

思考题 7-6 完成下列转化:

(1) $CH_3CH_2OH \longrightarrow CH_3CH_2-\underset{\underset{CH_3}{|}}{\overset{\overset{OH}{|}}{C}}-CH_2CH_3$

(2) ⌬ ⟶ ⌬-$\underset{\underset{CH_3}{|}}{\overset{\overset{OH}{|}}{C}}$-$CH_3$

2. 加成-消除反应

醛、酮可以和氨的衍生物在室温下发生亲核加成反应,由于加成反应的产物不稳定,很容易失去一分子水生成稳定的产物,因而醛、酮与氨的衍生物的反应又称为加成-消除反应。常见的氨的衍生物有胺、羟胺、肼、苯肼、2,4-二硝基苯肼、氨基脲等,醛、酮与它们的反应及反应通式如下:

$$\diagdown C=O + H_2N-Y \xrightarrow{\text{加成}} \left[\begin{array}{c} OH\ H \\ -C-N-Y \\ \diagup\quad \diagdown \end{array} \right] \xrightarrow[-H_2O]{\text{消除}} \diagdown C=N-Y \diagup$$

产物类型

Y=—R(Ar) ·················· 西佛碱
—OH(羟胺) ·················· 肟
—NH₂(肼) ·················· 腙
—NH—⟨苯⟩ (苯肼) ·················· 苯腙
—NH—⟨⟩—NO₂ (2,4-二硝基苯肼) ···· 2,4-二硝基苯腙
           O₂N
—NH—C(=O)—NH₂ (氨基脲) ·················· 缩氨脲

醛、酮与氨的衍生物的反应产物大多都是固体,具有固定的结晶形状和熔点。肟、缩氨脲大多是无色晶体,腙、苯腙、2,4-二硝基苯腙多为黄色、橙色或红色晶体,所以这些反应常用来鉴定醛、酮。羟胺、肼、苯肼、2,4-二硝基苯肼、氨基脲等常被称为羰基试剂。另外,醛、酮也能与 $H_2N-R(Ar)$ 等反应生成西佛碱。

3. 氧化反应

(1) **强氧化剂** 醛、酮都能被强氧化剂(如 $KMnO_4/H^+$、$K_2Cr_2O_7/H^+$ 溶液)等氧化。醛被氧化成相应碳原子数目的羧酸,反应如下:

$$RCHO \xrightarrow{[O]} RCOOH$$

酮由于结构稳定,在室温下不能被 $KMnO_4/H^+$ 溶液等强氧化剂氧化。因此,可以在室温下利用 $KMnO_4/H^+$ 溶液区分醛和酮;但在加热情况下,酮也能被氧化得到小分子的羧酸混合物,这在有机合成上没有应用价值。然而,对称的环酮被 HNO_3 氧化可得到二元羧酸,在工业上却有重要的意义,例如己二酸的工业制备方法是:

$$\text{环己酮} \xrightarrow{HNO_3} \text{己二酸(COOH, COOH)}$$

(2) **弱氧化剂** 由于醛分子中的羰基连有氢原子,因此很容易被弱氧化剂氧化生成相应的羧酸,而酮在此条件下不能被氧化。实验室中也常常利用这一性质来区分醛和酮。常见的弱氧化剂主要有:托伦(Tollens)试剂、斐林(Fehling)试剂和本尼迪克(Benedict)试剂等,其组成分别是:

1) **托伦试剂** 硝酸银的氨溶液(即银氨溶液)。醛能被托伦试剂氧化成羧酸,而银离子则被还原成单质银。当试管很洁净时,生成的银附在试管壁上形成银镜,因此这个反应称为银镜反应。在实际的有机合成实验中,通常采用 Ag_2O(湿)代替托伦试剂。

$$R-\overset{O}{\underset{\|}{C}}-H \xrightarrow[OH^-]{[Ag(NH_3)_2]^+} RCOO^- + Ag\downarrow \text{(银镜)}$$

2) **斐林试剂** 由 A、B 两种组成。斐林试剂 A 为硫酸铜溶液,斐林试剂 B 为氢氧化钠和

酒石酸钾钠溶液,它们分别储存。使用时,临时将 A 与 B 等量混合即得斐林试剂。

脂肪族醛与斐林试剂反应被氧化成羧酸,而铜离子则被还原成砖红色的氧化亚铜沉淀:

$$R-\overset{\overset{O}{\|}}{C}-H \xrightarrow[OH^-]{Cu^{2+}} RCOO^- + Cu_2O \downarrow \text{(砖红色)}$$

由于铜离子的氧化能力不如银离子的强,故酮和芳香醛都不能与斐林试剂反应。因此,斐林试剂既可以鉴别醛和酮,也可区分脂肪醛和芳香醛。

3) 本尼迪克试剂(又称改良的斐林试剂)　硫酸铜、碳酸钠及柠檬酸钠的混合液。它比斐林试剂稳定,其性能与斐林试剂基本相同。

这三种弱氧化剂只能氧化醛基,对分子中的其他官能团如碳碳双键等都没有作用,所以适用于保留分子中其他官能团而只允许氧化醛基的操作。

4. 还原反应

醛、酮分子中的羰基可以被还原,但随着还原剂的不同,得到的还原产物也不同。

(1) 羰基还原成醇　醛、酮分子中的羰基还原成醇,主要有以下两类还原剂:

1) 催化加氢　在镍、钯或铂催化下,可顺利加氢还原,醛还原为伯醇,酮还原为仲醇:

$$R-\overset{\overset{O}{\|}}{\underset{(R')}{C}}-H \xrightarrow{H_2/Ni} R-\overset{\overset{OH}{|}}{\underset{(R')}{C}}-H \quad \text{伯醇或仲醇}$$

催化氢化的选择性较低,一般催化加氢的同时,分子中的其他不饱和键也被还原,例如:

$$CH_3CH=CHCHO \xrightarrow{H_2/Ni} CH_3CH_2CH_2CH_2OH$$

2) 金属氢化物　醛、酮也可以被某些金属氢化物硼氢化钠($NaBH_4$)、氢化锂铝($LiAlH_4$)等化学还原剂还原。硼氢化钠的选择性较高,一般只还原醛、酮羰基得到醇,不还原分子中的其他不饱和键;氢化锂铝的活性较强,选择性低,可还原醛、酮、羧酸、酯、酰胺及腈等,但不能将碳碳双键和碳碳三键还原。

$$CH_3CH=CHCHO \xrightarrow[\text{② } H_2O]{\text{① } LiAlH_4 \text{ 或 } NaBH_4} CH_3CH=CHCH_2OH$$

(2) 羰基还原成亚甲基　醛、酮除了可以还原成醇类,也可还原成烃类,主要反应如下。

1) 克莱门森还原法　醛、酮与锌汞齐、浓盐酸一起加热反应,羰基直接还原成亚甲基,这种方法称为克莱门森(Clemmensen E)还原法。

$$Ph-\overset{\overset{O}{\|}}{C}-CH_2CH_3 \xrightarrow{Zn-Hg/\text{浓 } HCl} Ph-CH_2CH_2CH_3$$

2) 沃尔夫-凯惜纳(Wolff-Kishner)-黄鸣龙反应　醛、酮与肼在高沸点溶剂(如二缩乙二醇等)中和碱一起加热,羰基首先与肼反应生成腙,然后腙在碱性条件下高温分解,放出氮气并被还原成亚甲基。

$$Ph-\overset{\overset{O}{\|}}{C}-CH_2CH_3 \xrightarrow[(HOCH_2CH_2)_2O, \triangle]{H_2NNH_2, NaOH} Ph-CH_2CH_2CH_3$$

这个反应是由沃尔夫-凯惜纳最先发现的,但具有操作不方便、反应时间长等缺点。1946年,我国化学家黄鸣龙对其进行了改进,使该反应在常压下反应3~4 h即完成,而且提高了产率。此法适用于对酸敏感的化合物,对碱敏感的化合物常常选择克莱门森还原法,而对酸、碱都敏感的化合物,常常先将其与乙二硫醇反应生成缩二硫醛,然后在瑞利镍(Rayne—Ni)催化下加氢,将羰基还原成亚甲基。这三种方法通常相互补充使用。

5. 歧化反应

分子中不含 α-H 的醛,如甲醛、苯甲醛、$R_3C—CHO$ 等,在浓碱共热作用下,可以发生分子间的氧化还原反应,即一分子被氧化成羧酸,另一分子被还原成醇,这个反应叫作歧化反应,也叫作康尼查罗(Cannizzaro)反应。例如:

$$2\ H\overset{O}{\overset{\|}{C}}H \xrightarrow[\triangle]{浓\ NaOH} HCOO^- + CH_3OH$$

$$2\ C_6H_5\overset{O}{\overset{\|}{C}}H \xrightarrow[\triangle]{浓\ NaOH} C_6H_5COO^- + C_6H_5CH_2OH$$

$$2\ \text{(呋喃)}—CHO \xrightarrow[\triangle]{浓\ NaOH} \text{(呋喃)}—COO^- + \text{(呋喃)}—CH_2OH$$

两种无 α-H 的醛与浓碱共热,可以发生交叉歧化反应。在交叉歧化反应中,如果其中一种醛是甲醛,通常是甲醛被氧化而另一种醛被还原。例如:

$$H\overset{O}{\overset{\|}{C}}H + (HOCH_2)_3C—CHO \xrightarrow[\triangle]{浓\ NaOH} HCOO^- + C(CH_2OH)_4$$

季戊四醇

在生物体内也能发生类似于歧化反应的氧化还原反应。

思考题 7-7 完成下列转化:

思考题 7-8 用化学方法鉴别下列化合物:
(1) ① 丙酮   ② 丙醇   ③ 丙醛   ④ 异丙醇
(2) ① 苯甲醛 ② 苯乙醛 ③ 苯乙酮

---

6. α-H 的反应

由于受到羰基吸电子诱导效应和超共轭效应的共同影响,醛、酮分子中 α-H 的活性增强,酸性增加。当醛、酮 α-H 解离后,产生了碳负离子(或烯醇式负离子),由于负电荷可以离域到羰基上,所以较一般的碳负离子(如 $CH_3CH_2^-$)要稳定得多。

碳负离子与碳正离子、自由基一样,也是一类活性中间体,它既可以作为亲核试剂,进攻缺电子的羰基碳起羟醛缩合反应;也可以被卤素等亲电试剂进攻,发生卤代反应。

(1) 羟醛缩合反应 在稀碱(如 OH^- 或 $C_2H_5O^-$ 等)作用下,含有 α-H 的醛、酮发生分子

间缩合生成 β-羟基醛(或酮)的反应,称为羟醛缩合反应(也叫醇醛缩合反应)。例如:

$$2H_3C-CHO \xrightarrow{\text{稀 NaOH}} CH_3\underset{OH}{CH}CH_2CHO + H_2O$$
β-羟基丁醛

$$2H_3C-CO-CH_3 \xrightarrow{C_2H_5ONa} CH_3\underset{\underset{CH_3}{|}}{\overset{OH}{C}}CH_2\overset{O}{C}CH_3 + C_2H_5OH$$
4-甲基-4-羟基-2-戊酮

羟醛缩合反应是可逆的,碱催化下的羟醛缩合反应机理如下:

$$CH_3CHO \xrightarrow[-H_2O]{OH^-} \overset{-}{C}H_2CHO \xrightarrow{CH_3CHO} CH_3\overset{O^-}{C}HCH_2CHO \xrightarrow[-OH^-]{H-OH} CH_3\underset{OH}{CH}CH_2CHO$$
(Ⅰ) (Ⅱ) (Ⅲ)

该机理首先是碱夺取醛的 α-H,形成碳负离子(Ⅰ);然后由碳负离子再进攻另一分子醛、酮羰基碳原子发生亲核加成,形成烷氧负基离子(Ⅱ);最后由于烷氧基负离子的碱性比 OH⁻ 的碱性强,又从水中夺取一个氢,形成产物 β-羟基醛(Ⅲ)。

β-羟基醛(或酮)不稳定,加热时很容易失去一分子水,生成具有共轭结构的 α,β-不饱和醛(或酮)。因此,羟醛缩合反应不仅是有机合成中增加碳链的重要方法之一,也是合成 β-羟基醛(或酮)以及 α,β-不饱和醛(或酮)的重要方法。例如:

$$CH_3\underset{OH}{CH}-\underset{H}{CH}CHO \xrightarrow{\triangle} CH_3CH=CHCHO + H_2O$$
2-丁烯醛

$$CH_3\underset{\underset{CH_3}{|}}{\overset{OH}{C}}-\underset{H}{CH}\overset{O}{C}CH_3 \xrightarrow{\triangle} CH_3\underset{CH_3}{C}=CH\overset{O}{C}CH_3 + H_2O$$
4-甲基-3-戊烯酮

两种含有 α-H 的醛(或酮)在碱作用下,发生羟醛缩合反应,可得到四种不同的缩合产物,比较复杂,通常在合成上没有太大意义。但是,由于不含 α-H 的醛自身不发生羟醛缩合反应,因此,当其中一种是不含 α-H 的醛,如甲醛、苯甲醛等,可以与另一种含有 α-H 的醛(或酮)发生交叉缩合反应,得到收率好的单一产物,因此在合成上有较好的应用价值。例如:

$$H_3C-CHO + H-CHO \xrightarrow{\text{稀 NaOH}} \underset{OH}{CH_2}CH_2CHO \xrightarrow{\triangle} CH_2=CHCHO$$

$$H_3C-CHO + Ph-CHO \xrightarrow{\text{稀 NaOH}} Ph-\underset{OH}{CH}-CH_2CHO \xrightarrow{\triangle} Ph-CH=CHCHO$$

$$H_3C-\overset{\overset{O}{\|}}{C}-CH_3 + H-\overset{\overset{O}{\|}}{C}-H \xrightarrow{C_2H_5ONa} H_3C-\overset{\overset{O}{\|}}{C}-CH_2-CH_2OH \xrightarrow{\Delta} H_3C-\overset{\overset{O}{\|}}{C}-CH=CH_2$$

$$H_3C-\overset{\overset{O}{\|}}{C}-H + \text{(furyl)}-CHO \xrightarrow{\text{稀NaOH}} \text{(furyl)}-\overset{\overset{OH}{|}}{CH}CH_2CHO \xrightarrow{\Delta} \text{(furyl)}-CH=CHCHO$$

(2) 卤代反应 醛、酮的 α-H 能被卤素原子取代，生成 α-卤代醛或酮。例如：

$$H(R)-\overset{\overset{O}{\|}}{C}-CH_3 \xrightarrow{X_2/H_2O} H(R)-\overset{\overset{O}{\|}}{C}-CH_2X + HX$$

这类反应既可以酸催化，也可以碱催化。

当酸催化卤代反应时，反应可控制在一元、二元、三元取代产物阶段，控制加入卤素的用量，可以使反应停留在一卤代阶段。当碱催化卤代反应时，反应很难停留在一元、二元取代产物阶段，这是由于 α-H 被卤素取代后，卤素原子的吸电子诱导效应使没有取代的 α-H 更活泼，更容易与碱反应。当醛(酮)的 α-C 含有三个氢如乙醛或甲基酮时，在碱催化下与卤素反应，通常三个氢都可被取代得到三卤代产物，可是生成的三卤代醛(酮)很容易与亲核试剂 OH^- 结合生成氧负离子中间体，随即发生碳—碳键断裂，生成三卤代甲烷(卤仿)和羧酸盐：

$$H(R)-\overset{\overset{O}{\|}}{C}-CH_3 \xrightarrow[OH^-]{X_2} H(R)-\overset{\overset{O}{\|}}{C}-CX_3 \xrightarrow{OH^-} \left[H(R)-\overset{\overset{O^\ominus}{|}}{\underset{OH}{C}}-CX_3\right] \longrightarrow H(R)-\overset{\overset{O}{\|}}{C}-O^- + CHX_3$$

氧负离子中间体　　　　　　　　　　　卤仿

碱催化下的卤代反应由于生成了卤仿，因此该反应又称为卤仿反应。当所用的卤素是碘时，该反应又称为碘仿反应。

碘仿(CHI_3)在水中的溶解度很小，反应以黄色晶体析出，现象非常明显，因此常利用碘仿反应来鉴别乙醛和具有甲基酮结构的化合物。

由于反应中卤素与碱溶液作用生成的次卤酸盐(XO^-)是一种氧化剂，能够将乙醇和具有 $CH_3-\overset{\overset{OH}{|}}{CH}-$ 结构的仲醇氧化成乙醛和具有 $CH_3-\overset{\overset{O}{\|}}{C}-$ 结构的甲基酮，所以碘仿反应也可以鉴别乙醇和具有 $CH_3-\overset{\overset{OH}{|}}{CH}-$ 结构的仲醇。

$$CH_3-\overset{\overset{OH}{|}}{CH}-H(R) \xrightarrow{NaOI} H(R)-\overset{\overset{O}{\|}}{C}-CH_3 \xrightarrow[H_2O]{NaOI} H(R)-\overset{\overset{O}{\|}}{C}-O^- + CHI_3\downarrow\text{（碘仿）}$$

次卤酸盐不氧化碳碳双键，可用不饱和甲基酮合成相应的不饱和酸。例如：

$$\text{Ph}-CH=\overset{\overset{}{\underset{CH_3}{C}}}{}-\overset{\overset{O}{\|}}{C}-CH_3 \xrightarrow{I_2/NaOH} \text{Ph}-CH=\overset{\overset{}{\underset{CH_3}{C}}}{}-\overset{\overset{O}{\|}}{C}-O^- + CHI_3$$

思考题 7-9 完成下列反应式：

(1) $CH_3CH_2CHO \xrightarrow{\text{稀 OH}^-} (\quad) \xrightarrow{\Delta} (\quad)$

(2) C₆H₅—CHO + $CH_3CHO \xrightarrow{\text{稀 OH}^-} (\quad) \xrightarrow{\Delta} (\quad)$

思考题 7-10 用甲醛和乙醛为原料合成季戊四醇。

思考题 7-11 判断下列化合物哪些能发生碘仿反应。
① 乙醇　② 丙醇　③ 异丙醇　④ 乙醛　⑤ 丙醛　⑥ 丙酮　⑦ 苯乙酮
⑧ 3-戊酮　⑨ 乙酸

思考题 7-12 指出下列化合物哪些能发生羟醛缩合反应，哪些能发生歧化反应。

(1) HCHO　(2) CH_3CHO　(3) OHC—CHO　(4) C₆H₅—CHO

(5) C₆H₅—CH_2CHO

第 2 节　醌

分子中凡是具有以下醌型结构的物质都称为醌：

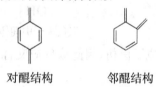

对醌结构　　　邻醌结构

一、醌的命名

醌不是芳香族化合物，也没有芳香性，但可以把它看作相应的酚经氧化后得到的衍生物。命名时，在相应的芳香烃后面加上"醌"字，并在名称前标出羰基的位次以此作为母体，其他取代基按命名法的相关规定写在名称前面。例如：

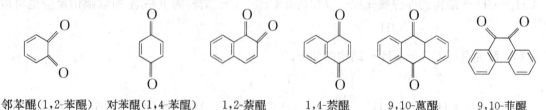

邻苯醌(1,2-苯醌)　对苯醌(1,4-苯醌)　1,2-萘醌　1,4-萘醌　9,10-蒽醌　9,10-菲醌

二、醌的物理性质

醌类化合物一般为具有颜色的固体，如对位醌多呈黄色，邻位醌则常为红色或橙色。对位醌具有刺激性气味，可随水蒸气汽化；邻位醌没有气味，不随水蒸气汽化。重要醌的物理常数见表 7-2。

表 7-2　醌的物理常数

名　称	颜　色	熔点/℃	名　称	颜　色	熔点/℃
对苯醌	黄	112.9	2,6-萘醌	橙	135
邻苯醌	红	146	9,10-蒽醌	黄	286
1,4-萘醌	黄	128.5	9,10-菲醌	橙	205

三、醌的化学性质

醌的分子中虽然存在碳碳双键与碳氧双键间的 π-π 共轭体系,但不同于芳香环的环状闭合共轭体系,醌环不具有类似苯环的结构,在化学性质上与芳香烃有很大的区别。醌具有烯烃和羰基化合物的典型反应。

1. 羰基的亲核加成反应

醌分子的羰基能与羰基试剂和格氏试剂等发生亲核加成反应。例如,对苯醌能分别与一分子或两分子羟胺作用,生成单肟或双肟:

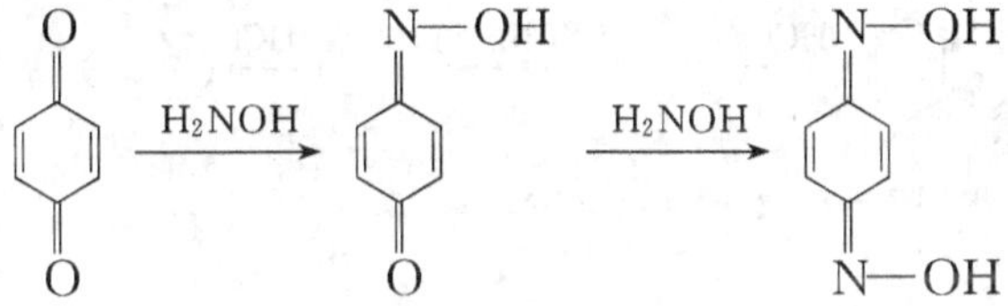

（对苯醌 + H₂NOH → 对苯醌单肟 + H₂NOH → 对苯醌双肟）

2. 碳碳双键的亲电加成

醌分子中的碳碳双键能与卤素、卤化氢等亲电试剂发生加成。例如,对苯醌与氯气加成可得二氯或四氯化物。

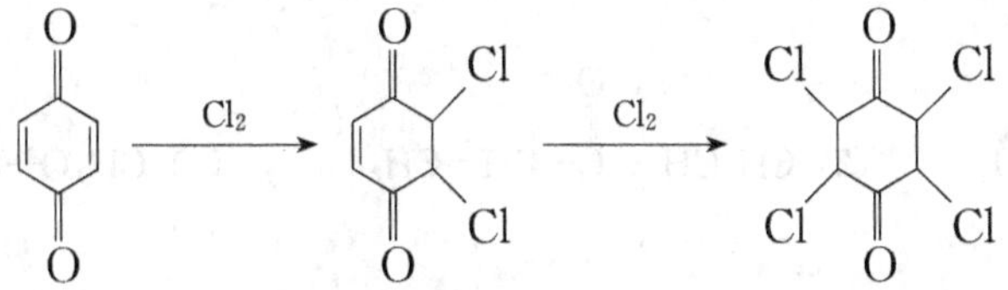

（对苯醌 + Cl₂ → 二氯苯醌 + Cl₂ → 四氯苯醌）

3. 还原反应

对苯醌容易被还原为对苯二酚(或称氢醌),这个反应实际上是 1,6-加成反应结果,也是对苯二酚氧化反应的逆反应:

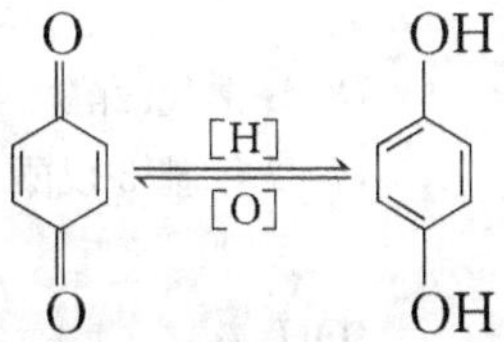

醌、酚间的氧化还原反应是可逆的,可以迅速而定量地进行。在电化学上,利用对苯醌和对苯二酚组成的氧化还原电对制成了氢醌电极,用来测定氢离子的浓度。

多元酚和醌之间存在的酚醌氧化还原体系在植物修复过程中起着极为重要的作用。它是在酶催化下植物修复时所发生的各种有机化合物氧化的中间环节。生物体内进行的氧化还原常以脱氢或加氢的方式进行,这一过程中,某些物质在酶的控制下进行氢的传递也是通过酚醌氧化还原体系来实现的。

思考题 7-13 完成下列反应式：

(1) [萘醌] $\xrightarrow{Br_2}$ ( ) $\xrightarrow{NaOH}$ ( )

(2) [2-甲基萘醌] + [异丁烯] $\xrightarrow{\Delta}$ ( )

(3) [萘醌] $\xrightarrow{HCl}$ ( ) $\xrightarrow{KClO_3}$ ( ) $\xrightarrow{HCl}$ ( )

习 题

1. 命名下列化合物：

(1) $(CH_3)_2CHCHO$

(2) $CH_3CH_2\underset{\underset{O}{\|}}{C}CH=CH_2$

(3) $CH_3O-\underset{}{\bigcirc}-CHO$

(4)

(5) [香茅醛结构]

(6) [茚三酮类结构]

(7) $C_6H_5-CH=CHCHO$

2. 写出下列化合物的结构式：

(1) 水合三氯乙醛 (2) 乙二醛 (3) α-溴代丙醛 (4) 邻羟基苯甲醛
(5) 1,3-环己二酮 (6) 苯乙酮 (7) 2-甲基-3-戊酮 (8) 巴豆醛

3. 写出下列反应。

(1) $CH_3CH=CHCOCH_3 \xrightarrow{?} CH_3CH=CHCH(OH)CH_3$

(2) $C_6H_5-CH=CHCHO \xrightarrow{?} C_6H_5-CH=CHCOOH$

(3) $C_6H_6 \xrightarrow{?} C_6H_5COCH_2CH_3 \xrightarrow{Zn-Hg/浓 HCl}$

158

(4) HOCH$_2$CH$_2$CH$_2$CHO $\xrightarrow{\text{干 HCl}}$ $\xrightarrow[\text{CH}_3\text{OH}]{\text{干 HCl}}$

(5) [呋喃]—CHO + HCHO $\xrightarrow{\text{浓 NaOH}}$

(6) [环戊基]—CO—CH$_3$ $\xrightarrow{I_2, \text{NaOH}}$

(7) [苯基]—COCH$_3$ $\xrightarrow[\text{乙醚}]{\text{CH}_3\text{MgBr}}$ $\xrightarrow[H^+]{H_2O}$

(8) [环己烯] $\xrightarrow[\text{② Zn/H}_2\text{O}]{\text{① O}_3}$ $\xrightarrow[\triangle]{\text{稀 NaOH}}$

(9) CH$_2$=CHCH$_3$ $\xrightarrow{?}$ (CH$_3$)$_2$CHOH $\xrightarrow{?}$ (CH$_3$)$_2$C=O $\xrightarrow{\text{HCN}}$ $\xrightarrow{H_3^+O}$

(10) [3-乙氧基环己酮] $\xrightarrow[\text{② H}_2\text{O}]{\text{① LiAlH}_4}$ $\xrightarrow[\triangle]{\text{HI(过量)}}$

4. 用简单化学方法鉴别下列各组化合物：

(1) 甲醛、2-戊酮、3-戊酮

(2) 苯乙醛、苯乙酮、1-苯基-1-丙酮、1-苯基-2-丙酮

(3) 丙醇、异丙醇、丙醛、丙酮

(4) 苯甲醇、苯酚、苯甲醛、苯乙酮

5. 把下列各组化合物按羰基的活性排列成序：

(1) (CH$_3$)$_3$CCOC(CH$_3$)$_3$、CH$_3$COCH$_2$CH$_3$、CH$_3$CHO、HCHO

(2) CH$_3$COCH$_3$、CH$_3$COCCl$_3$、CH$_3$COCH$_2$Cl、CH$_3$CHO

(3) ClCH$_2$CHO、BrCH$_2$CHO、CH$_3$CH$_2$CHO、CH$_2$=CHCHO

(4) CH$_3$CHO、CH$_3$COCH$_3$、F$_3$CCHO、CH$_3$COCH=CH$_2$

6. 下列化合物哪些能发生碘仿反应？写出其反应产物。

(1) CH$_3$CH(OH)CH$_2$CH$_3$ (2) CH$_3$CH$_2$CH$_2$CH$_2$OH   (3) CH$_3$CH$_2$COCH$_3$

(4) CH$_3$CH$_2$CH(OH)CH$_2$CH$_3$ (5) (CH$_3$)$_3$COH   (6) CH$_3$CH(OH)CH$_3$

(7) [苯基]—CH$_2$OH   (8) [苯基]—COCH$_3$ (9) [苯基]—CHO

(10) [2-甲基环戊酮]   (11) CH$_3$—CO—CH$_2$—CO—CH$_3$ (12) CH$_3$CH$_2$CH(CH$_3$)CHO

7. 用指定原料及必要的试剂(无机试剂任选)完成下列转化。

(1) CH≡CH 合成 CH$_3$CH$_2$CH$_2$CH$_2$OH

(2) CH$_3$CH$_2$OH 合成 CH$_3$CH(OH)CH$_2$CH$_2$OH

(3) CH$_3$CHO 及 HCHO 合成 CH$_3$CH(OCH$_2$)$_2$C(CH$_2$O)$_2$CHCH$_3$

(4) [环己烯] 合成 [1-羟基环己基甲酸]

(5) $\bigcirc$ 合成 $\bigcirc$—CH$_2$—C(=O)—$\bigcirc$

(6) CH$_3$CH=CH$_2$ 合成 CH$_2$=CH—C(CH$_3$)$_2$—OH

8. 有一化合物 C$_8$H$_{14}$O(A)，可以很快使溴水褪色，并能与苯肼反应。A 氧化分解成一分子丙酮和另一化合物 B，B 有酸性，与碘和氢氧化钠溶液作用后生成一分子碘仿和一分子丁二酸钠，写出 A、B 可能的结构式。

9. 某化合物 A 的分子式是 C$_5$H$_{12}$O，氧化后得到分子式为 C$_5$H$_{10}$O 的化合物 B，B 能与 2,4-硝基苯肼反应得到黄色结晶，并能发生碘仿反应。A 同浓硫酸共热后，再经酸性高锰酸钾氧化得到丙酮和乙酸。试推测出 A 的构造式，并写出各步反应式。

10. 分子式为 C$_6$H$_{12}$O 的化合物 A，能与羟胺作用生成肟，但不与托伦试剂、饱和亚硫酸氢钠作用。A 再经催化加氢得到分子式为 C$_6$H$_{14}$O 的化合物 B；B 与浓硫酸共热脱水生成分子式为 C$_6$H$_{12}$ 的化合物 C；C 经臭氧氧化、还原水解等反应后得到化合物 D 和 E；D 能发生碘仿反应但不发生银镜反应；E 不能发生碘仿反应但能发生银镜反应。试推测 A、B、C、D、E 的结构式。

11. 某化合物 C$_7$H$_{12}$O(A) 与 2,4-二硝基苯肼生成沉淀，与甲基溴化镁反应后生成 C$_8$H$_{16}$O(B)。B 脱水生成 C$_8$H$_{14}$(C)，C 与 KMnO$_4$ 反应生成 3-甲基-6-庚酮酸。试推测化合物 A、B、C 可能的结构式，并写出有关的化学反应方程式。

第8章 羧酸、羧酸衍生物和取代酸

分子中含有羧基的化合物称为羧酸。羧酸分子中,羧基中的羟基被其他原子或基团取代后的化合物称为羧酸衍生物,而烃基上的氢原子被其他原子或基团取代后的化合物称为取代酸。

羧酸广泛存在于自然界中,其中许多是动植物代谢的重要产物。另外,羧酸可以用作临床药物、香料和日用化妆品,也可作化工原料中间体,因此羧酸是一类极为重要的有机化合物。

第1节 羧 酸

一、羧酸的分类和命名

根据烃基的不同,羧酸可分为脂肪酸和芳香酸,如乙酸和苯甲酸;根据烃基中是否存在不饱和键,又分为饱和羧酸和不饱和羧酸,如丁酸和2-丁烯酸;根据羧基的数目不同,羧酸还可以分为一元酸、二元酸及多元酸等,如甲酸(一元酸)、乙二酸(二元酸)和顺乌头酸(三元酸)等。

羧酸常用的命名法有两种:系统命名法和俗名。

系统命名法的原则与羰基化合物的命名类似。脂肪族一元羧酸命名时,首先是选择含有羧基在内的最长碳链作为主链,根据碳原子数目,称为"某酸";主链碳原子的编号应当从羧基碳原子开始,用阿拉伯数字标明碳原子的位次。位次也可以用希腊字母 $\alpha, \beta, \gamma, \delta$ 等表示,但此时编号应从与羧基的邻位碳原子开始。例如:

$$\underset{4}{\overset{\gamma}{CH_3}}-\underset{3}{\overset{\beta}{CH}}-\underset{2}{\overset{\alpha}{\underset{|}{CH}}}-\underset{1}{COOH}$$
$$\overset{|}{\underset{CH_3}{}}$$

2,3-二甲基丁酸或 α,β-二甲基丁酸

不饱和羧酸的命名,是选择不饱和键和羧基在内的最长碳链作为主链,根据碳原子数目称为"某烯酸"或"某炔酸",编号从羧基碳原子开始,重键位次写在"某"字前面。例如:

$$CH_3C=CH-CH_2COOH \qquad CH_3C\equiv CCOOH$$
$$\underset{CH_3}{|}$$

4-甲基-3-戊烯酸   2-丁炔酸

脂肪族二元羧酸的命名是选择含两个羧基在内的最长碳链作为主链,根据碳原子数目称为"某二酸"。例如:

HOOCCHCH$_2$CH$_2$COOH
　　|
　　CH$_3$

2-甲基戊二酸

反丁烯二酸(延胡索酸)

顺丁烯二酸(马来酸)

芳香酸和脂环酸的命名,是将芳环、脂环当作取代基。例如:

1,2-环己基二甲酸　　　3-环戊基丙酸　　　邻苯二甲酸或1,2-苯二甲酸　　　α-萘乙酸

由于许多羧酸最初是从天然产物中分离得到的,因此,常常根据其来源用"俗名"进行命名。常见羧酸的命名见表8-1。

表8-1　常见羧酸的主要物理性质

名 称	俗 名	熔点/℃	沸点/℃	溶解度/[g·(100 g H$_2$O)$^{-1}$]	pK_{a1}(25 ℃)
甲酸	蚁酸	8.4	100.5	∞	3.75
乙酸	醋酸	16.6	118.1	∞	4.76
丙酸	初油酸	−20.8	141.4	∞	4.87
丁酸	酪酸	−5.5	164.1	∞	4.83
戊酸	缬草酸	−34.5	186.4	3.3$^{16\,℃}$	4.84
己酸	羊油酸	−4.0	205.4	1.10	4.88
庚酸	毒水芹酸	−7.5	223.0	0.25$^{15\,℃}$	4.89
辛酸	羊脂酸	16	239	0.25$^{15\,℃}$	4.89
壬酸	天竺葵酸	12.5	253~254	微溶	4.95
癸酸	羊蜡酸	31.4	268.7	不溶	—
十六碳酸	软脂酸	62.8	271.5$^{13.3\,kPa}$	不溶	—
十八碳酸	硬脂酸	69.6	291$^{14.6\,kPa}$	不溶	—
乙二酸	草酸	186~187(分解)	>100(升华)	10	1.27
丙二酸	缩苹果酸	130~135(分解)	—	138$^{16\,℃}$	2.86
丁二酸	琥珀酸	189~190	235(分解)	6.8	4.21
戊二酸	胶酸	97.5	200$^{2.66\,kPa}$	63.9	4.34
己二酸	肥酸	151~1 536	265$^{1.33\,kPa}$	1.4$^{15\,℃}$	4.43
庚二酸	蒲桃酸	103~105	272$^{13.3\,kPa}$	2.5$^{14\,℃}$	4.50
辛二酸	软木酸	140~144	279$^{13.3\,kPa}$	0.14$^{16\,℃}$	4.52
壬二酸	杜鹃花酸	106.5	286.5$^{13.3\,kPa}$	0.20	4.53
癸二酸	皮脂酸	134.5	294.5$^{13.3\,kPa}$	0.10	4.55
顺丁烯二酸	马来酸	130.5	135(分解)	79	1.94
反丁烯二酸	延胡索酸	286~287*	200(升华)	0.7$^{17\,℃}$	3.02
苯甲酸	安息香酸	122.4	250.0	0.21$^{17.5\,℃}$	4.21
苯乙酸	苯蜡酸	76~77	265.5	加热可溶	4.31
邻苯二甲酸	酞酸	191*	>191(分解)	0.54$^{14\,℃}$	2.95

注:* 封管和急剧加热。

二、羧酸的物理性质

在室温下，10个碳以下的饱和一元羧酸是具有强烈酸味、刺激性或腐败气味的液体；高级脂肪酸为无味蜡状固体。脂肪族二元羧酸和芳香族羧酸都是固体。

羧酸的沸点比相对分子质量相近的醇的沸点要高。例如，相对分子质量同为46的甲酸的沸点(100.5 ℃)比乙醇(78.4 ℃)高；相对分子质量都是60的乙酸的沸点(118.1 ℃)比正丙醇(97.2 ℃)高。其原因就是羧酸分子间的氢键比醇分子间的氢键稳定。

羧酸的熔点随着相对分子质量增加呈锯齿形增高，含偶数碳原子的羧酸由于其晶体结构比较紧密，分子间的作用力比较大，需要较高温度才能使它们彼此分开，因而比其相邻的两个奇数碳的羧酸熔点都要高。例如，丁酸的熔点(−5.5 ℃)比丙酸(−20.8 ℃)和戊酸(−34.5 ℃)高。

由于羧基是亲水基团，低级脂肪酸易溶于水，但溶解度随着相对分子质量的增大迅速减少。高级脂肪酸不溶于水而溶于有机溶剂。

表8-1列出了一些常见羧酸的物理常数。

三、羧酸的化学性质

从羧酸的结构可以看出，羧基是由羰基和羟基相连而成的，但羧酸的性质并不是羰基和羟基的性质的简单加和，它并不能发生羰基的一些亲核加成反应，酸性却比醇强得多。因此，羧酸中羧基中的羰基和羟基彼此相互联系、相互影响，羧基具备两者均不具备的新的性质。

在羧酸分子中，羧基碳原子是 sp^2 杂化的，三个杂化轨道分别与两个氧原子和一个碳原子(或氢原子)以 σ 键相结合，形成的三个键在同一平面上，键角约120°，羧基碳上未参与杂化的 p 轨道电子与一个氧原子的 p 轨道形成 C=O 中的 π 键，而羧基中羟基氧原子上的孤电子对，可以与 C=O 中的 π 键形成 p-π 共轭体系(图8-1)，从而使羟基氧原子上的电子向 C=O 转移，结果使 C=O 和 C—O 的键长趋于平均化。X光衍射测定结果标明：甲酸分子中 C=O 的键长(0.123 nm)比醛、酮分子中的 C=O 的键长(0.120 nm)略长，而 C—O 的键长(0.136 nm)比醇分子中的 C—O 的键长(0.143 nm)稍短。

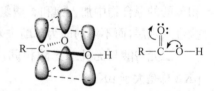

图8-1 羧基上 p-π 共轭示意图

羧基中由于 p-π 共轭效应的存在，使羟基中氧原子上的电子云密度降低，氧氢键的极性增强，有利于氧氢键的断裂，使其呈现酸性；也由于羟基中氧原子上孤电子对的偏移，使羧基碳原子上的电子云密度比醛、酮中的增高，从而不利于亲核试剂的进攻，所以羧酸的羧基不利于发生类似醛、酮那样典型的亲核加成反应。

另外，羧酸的 α-H 由于受到羧基吸电子效应的影响，其活性升高，容易发生取代反应；羧基的吸电子效应使羧基与 α-C 之间的价键容易断裂，因此能发生脱羧反应。

根据羧基的结构，它可发生的一些主要反应如下所示：

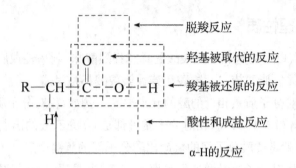

1. 酸性和成盐反应

羧酸在水溶液中能电离出 H^+，形成羧酸根离子，所以其水溶液显酸性，能与碱或金属氧化物生成盐和水。

$$RCOOH \rightleftharpoons RCOO^- + H^+$$
$$RCOOH + NaOH \longrightarrow RCOONa + H_2O$$
$$2RCOOH + MgO \longrightarrow (RCOO)_2Mg + H_2O$$

与无机酸相比，羧酸一般都是弱酸，其主要原因是羧酸在水中只能部分电离。除甲酸外，大多数饱和一元酸的 pK_a 为 4~5，但羧酸的酸性比碳酸强，可以和碳酸盐（或碳酸氢盐）反应生成羧酸盐并放出二氧化碳气体。例如：

$$2RCOOH + Na_2CO_3 \longrightarrow 2RCOONa + CO_2\uparrow + H_2O$$
羧酸钠

利用这个性质，可以区分羧酸和其他化合物。

另外，羧酸的碱金属盐，如钾盐和钠盐等，都能溶于水，所以不溶于水的羧酸，将其转化为碱金属盐后，便可溶于水。利用这个性质可将羧酸从一些混合物中分离出来。例如，在苯甲酸和苯酚的混合物中加入饱和碳酸氢钠水溶液后，振荡摇匀，苯甲酸就转化可溶于水的苯甲酸钠盐进入水层，而不溶的即为苯酚进入油层，分离后将水层酸化便得到苯甲酸。

二元羧酸与无机二元酸相同，分两步电离，第二步电离比第一步要难，因此，二元酸的 pK_{a2} 总是大于 pK_{a1}。

羧酸的酸性强弱与其结构有关，影响羧酸酸性的因素很复杂，但最重要的是羧基所连基团的诱导效应。具有 $+I$ 效应的原子或基团使羧酸的酸性减弱；具有 $-I$ 效应的原子或基团能使羧酸的酸性增强。此外，吸电子诱导效应越强，酸性越强。例如：

	HCOOH	CH_3COOH	$(CH_3)_2CHCOOH$	$(CH_3)_3CCOOH$
pK_a	3.75	4.76	4.85	5.05
	CH_3COOH	$BrCH_2COOH$	$ClCH_2COOH$	FCH_2COOH
pK_a	4.76	2.90	2.86	2.59
	CH_3COOH	$ClCH_2COOH$	$Cl_2CHCOOH$	Cl_3CCOOH
pK_a	4.76	2.86	1.26	0.64

在对位取代的苯甲酸中，能使苯环活化的取代基使羧基上的电子云密度加大，H—O 键的电离更加困难，酸性减弱；反之，酸性增强。例如：

| pK$_a$ | 4.89 | 4.37 | 4.21 | 3.99 | 3.44 |

由于羧基是吸电子基,所以对于两个羧基相距较近的二元酸来说,其酸性比相同碳原子的一元酸强,但当两个羧基相距较远时,酸性显著减少。

> **思考题 8-1** 将下列化合物按酸性强弱次序排列。
> (1) CH$_3$CH$_2$COOH   H$_2$C=CHCOOH   CH≡CCOOH
> (2) CF$_3$COOH   CF$_3$CH$_2$COOH   CF$_3$CH$_2$CH$_2$COOH
> (3) C$_6$H$_5$—COOH   C$_6$H$_5$—CH$_2$COOH   C$_6$H$_{11}$—COOH

2. 羧酸衍生物的生成

在一定条件下,羧基中羟基被卤素(—X)、酰氧基(—OCOR)、烷氧基(—OR)、氨基(—NH$_2$)取代,分别生成酰卤、酸酐、酯、酰胺等羧酸衍生物。

(1) 生成酰卤 最常见的酰卤是酰氯,它由羧酸与三氯化磷、五氯化磷或亚硫酰氯等试剂作用制得:

$$R-\overset{O}{\underset{}{C}}-OH \xrightarrow{\begin{array}{c}PCl_3\\ \triangle\end{array}} R-\overset{O}{\underset{}{C}}-Cl + H_3PO_3$$
$$\text{酰氯}$$

$$\xrightarrow{\begin{array}{c}PCl_5\\ \triangle\end{array}} R-\overset{O}{\underset{}{C}}-Cl + POCl_3 + HCl\uparrow$$

$$\xrightarrow{\begin{array}{c}SOCl_2\\ \triangle\end{array}} R-\overset{O}{\underset{}{C}}-Cl + SO_2\uparrow + HCl\uparrow$$

由于羧酸与亚硫酰氯反应的其他产物均为气体,得到的酰氯容易提纯,因此,亚硫酰氯是较为理想的卤化剂。

羧酸分子中,去掉羟基剩下的原子团($R-\overset{O}{\underset{}{C}}-$)称为酰基。例如:

$$H-\overset{O}{\underset{}{C}}-\qquad CH_3-\overset{O}{\underset{}{C}}-\qquad HOOC-\overset{O}{\underset{}{C}}-\qquad C_6H_5-\overset{O}{\underset{}{C}}-$$

甲酰基　　　乙酰基　　　草酰基　　　苯甲酰基

(2) 生成酸酐 一元羧酸在脱水剂(如五氧化二磷、乙酸酐等)作用下,两分子羧酸加热失水,生成酸酐:

$$R-\underset{\underset{O}{\|}}{C}-OH + R'-\underset{\underset{O}{\|}}{C}-OH \xrightarrow{P_2O_5} R-\underset{\underset{O}{\|}}{C}-O-\underset{\underset{O}{\|}}{C}-R' + H_2O$$
酸酐

某些二元羧酸分子内脱水，生成内酐（一般生成五元、六元环）。例如：

$$\begin{array}{c}COOH\\ \\ COOH\end{array} \xrightarrow[\triangle]{(CH_3CO)_2O} \text{丁二酸酐} + CH_3-\underset{\underset{O}{\|}}{C}-OH$$

（3）生成酯　在无机酸的催化下，羧酸与醇作用生成酯，这种反应叫作酯化反应：

$$R-\underset{\underset{O}{\|}}{C}-OH + R'-OH \underset{\triangle}{\overset{\text{浓}H_2SO_4}{\rightleftharpoons}} R-\underset{\underset{O}{\|}}{C}-O-R' + H_2O$$
酯

酯化反应是一个可逆反应，其逆反应叫作水解反应。酯化反应速率非常缓慢，必须在催化剂和加热条件下进行。酯化反应中常用的催化剂有浓硫酸、氯化氢、三氟化硼等，该反应也可使用有机酸催化，如对甲苯磺酸（TsOH）、氨基磺酸（H_2NSO_3H）等。目前工业上已逐渐使用阳离子交换树脂作催化剂。

由于酯化反应是可逆的，为了提高酯的产量，一般采用增加反应物（酸或醇）的浓度或不断除去生成的酯或水，使平衡向右移动。在有机合成中，常常选择最合适的原料比例，以最经济的价格得到最好的产率。

通常羧酸酯化时，羧酸究竟是提供氢还是提供羟基？现在已由各种实验解答了这个问题。在大多数情况下，是由羧酸提供羟基（即酰氧键断裂），如用含^{18}O的醇和羧酸酯化时，形成含有^{18}O的酯；少数情况下是由醇提供羟基（即烷氧键断裂），如用含^{18}O的醇和羧酸酯化时，形成含有^{18}O的水。

羧酸与一级醇、二级醇反应形成酯时，就是按照酰氧键断裂的反应机理进行的；羧酸与三级醇反应形成酯时，则是按照烷氧键断裂的反应机理进行的。

（4）生成酰胺　羧酸与氨或碳酸铵作用得到羧酸铵盐，铵盐受热失水生成酰胺；如果将酰胺继续加强热或与五氧化二磷作用，可以进一步失水生成腈：

$$R-\underset{\underset{O}{\|}}{C}-OH \xrightarrow{NH_3} \underset{\text{羧酸铵}}{R-\underset{\underset{O}{\|}}{C}-ONH_4} \xrightarrow[-H_2O]{\triangle} \underset{\text{酰胺}}{R-\underset{\underset{O}{\|}}{C}-NH_2} \xrightarrow[-H_2O]{\triangle} \underset{\text{腈}}{RCN}$$

二元羧酸与氨共热，可以生成酰亚胺。例如：

$$\underset{}{\underset{}{\text{}}}\begin{array}{c}COOH\\COOH\end{array} \xrightarrow[\triangle]{NH_3} \text{邻苯二甲酰亚胺}$$

3. 脱羧反应

羧酸分子中脱去羧基，放出二氧化碳（CO_2）的反应称为脱羧反应。不同的羧酸脱羧生成不同的产物。

(1) 一元羧酸的热分解　饱和一元羧酸通常是将其转成钠盐再与碱石灰共融,发生脱羧反应,生成少一个碳原子的烷烃:

$$\underset{\substack{\|\\O}}{R-C-ONa} \xrightarrow[\text{共融}]{\text{NaOH—CaO}} R-H + Na_2CO_3$$

这也是实验室制备甲烷的原理。

当一元羧酸的 α-C 上连有强吸电子基时,羧酸变得不稳定,受热后容易脱羧。例如:

$$Cl_3C-\underset{\substack{\|\\O}}{C}-OH \xrightarrow{\triangle} CHCl_3 + CO_2\uparrow$$

(2) 二元羧酸的热分解　由于羧基是强吸电子基,所以二元羧酸如草酸和丙二酸受热后都容易脱羧,生成比原来少一个碳原子的一元羧酸:

$$HO-\underset{\substack{\|\\O}}{C}-\underset{\substack{\|\\O}}{C}-OH \xrightarrow{\triangle} H-\underset{\substack{\|\\O}}{C}-OH + CO_2\uparrow$$

$$HO-\underset{\substack{\|\\O}}{C}-CH_2-\underset{\substack{\|\\O}}{C}-OH \xrightarrow{\triangle} CH_3-\underset{\substack{\|\\O}}{C}-OH + CO_2\uparrow$$

丁二酸和戊二酸受热时不脱羧,而是分子内失水,生成稳定的环状酸酐:

$$\begin{array}{l} CH_2-COOH \\ | \\ CH_2-COOH \end{array} \xrightarrow{\triangle} \text{(丁二酸酐)} + H_2O$$

$$\begin{array}{l} CH_2-COOH \\ CH_2 \\ CH_2-COOH \end{array} \xrightarrow{\triangle} \text{(戊二酸酐)} + H_2O$$

己二酸和庚二酸在氢氧化钡存在下加热,既发生脱羧又发生脱水反应,生成少一个碳原子的环酮:

$$\begin{array}{l} CH_2CH_2COOH \\ | \\ CH_2CH_2COOH \end{array} \xrightarrow{\triangle} \text{环戊酮}=O + CO_2\uparrow + H_2O$$

$$\begin{array}{l} CH_2CH_2COOH \\ CH_2 \\ CH_2CH_2COOH \end{array} \xrightarrow{\triangle} \text{环己酮} + CO_2\uparrow + H_2O$$

这是工业上合成环戊酮和环己酮的重要方法之一。脱羧反应在动植物体内普遍存在,不过,它们是在酶的催化下进行的。

4. 还原反应

由于羧基当中存在 p-π 共轭效应,使羧基很难催化氢化,只有在特殊的强还原剂如氢化锂铝($LiAlH_4$)作用下,才能将其还原成为伯醇。例如:

$$CH_2=CHCH_2COOH \xrightarrow[\text{② } H_2O]{\text{① } LiAlH_4} CH_2=CHCH_2OH$$

5. α-H 的卤代反应

由于受到羧基的 −I 效应的影响，羧酸的 α-H 原子比较活泼，在光照或少量红磷催化下，它们能被氯或溴（氟和碘除外）逐个取代，生成 α-卤代酸。例如：

$$CH_3COOH \xrightarrow[\text{红磷}]{Cl_2} ClCH_2COOH \xrightarrow[\text{红磷}]{Cl_2} Cl_2CHCOOH \xrightarrow[\text{红磷}]{Cl_2} Cl_3CCOOH$$
一氯乙酸　　　　二氯乙酸　　　　三氯乙酸

α—卤代酸可以发生水解反应，生成 α-羟基酸，因此，这也是合成 α-羟基酸的重要方法之一。

氯代酸是合成农药和药物的重要原料。例如，一氯乙酸是合成植物生长刺激素 2,4-二氯苯氧乙酸（简称 2,4-D）的原料。

思考题 8-2 完成下列反应式：

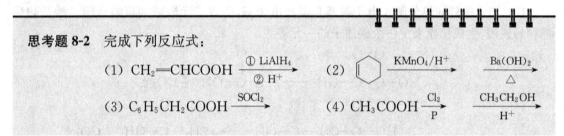

第 2 节　羧酸衍生物

羧酸分子中的羟基被其他原子或基团取代后的化合物称为羧酸衍生物。重要的羧酸衍生物有酰卤、酸酐、酯和酰胺。

一、羧酸衍生物的命名

酰卤一般是根据它们所含的酰基来命名的，称为"某酰卤"。例如：

CH₃COCl　　　　H₃C-C₆H₄-COCl　　　　C₆H₅COCl

乙酰氯　　　　对甲苯甲酰氯　　　　苯甲酰氯

酸酐是根据相应的羧酸来命名的。由相同羧酸形成的酸酐为单纯酐，称为"某酸酐"，简称为"某酐"；由不同羧酸形成的酸酐为混合酐，称为"某酸某酸酐"，简称为"某某酐"；二元酸分子内失去一分子水形成的酸酐为内酐，称为"某二酸酐"。例如：

甲（酸）酐　　　乙（酸）酐　　　甲乙（酸）酐　　　邻苯二甲酸酐

酯是根据形成它的羧酸和醇来命名的,称为"某酸某酯"。例如:

$$CH_3-\overset{\overset{O}{\|}}{C}-O-CH_2CH_3 \qquad CH_3O-\underset{}{\bigcirc}-\overset{\overset{O}{\|}}{C}-OCH_3 \qquad CH_3-\overset{\overset{O}{\|}}{C}-O-CH_2CH_2\overset{}{\underset{\underset{CH_3}{|}}{C}H}CH_3$$

   乙酸乙酯   对甲氧基苯甲酸甲酯   乙酸异戊酯

酰胺的命名将在后面的章节中讲述。

二、羧酸衍生物的物理性质

  室温下,低级的酰氯和酸酐都是对黏膜有刺激性气味的无色液体或固体,高级的酰氯和酸酐为白色固体,内酐也是固体。酰氯和酸酐的沸点比相对分子质量相近的羧酸低,这是因为它们的分子间不能形成氢键。

  室温下,大多数常见的酯都是液体,低级的酯具有愉快的花果香味,如:乙酸异戊酯具有香蕉香味(俗称香蕉水)、正戊酸异戊酯具有苹果香味、甲酸苯乙酯具有野玫瑰香味等。许多花和水果的香味都与酯有关,因此,酯多用于香精香料工业。

  羧酸衍生物一般都难溶于水而易溶于乙醚、氯仿、丙酮和苯等有机溶剂。

  一些常见的羧酸衍生物的物理常数见表8-2。

表 8-2 羧酸衍生物的物理常数

名称	熔点/℃	沸点/℃	相对密度 d_4^{20}
乙酰氯	−112.0	50.9	1.105
乙酰溴	−96.5	76$^{99.8\,kPa}$	1.663$^{16\,℃/4}$
丁酰氯	−89	101~102	1.028
苯甲酰氯	−0.6	197.9	1.212
乙酸酐	−73.1	139.6	1.082
丙酸酐	−45.0	168.4	1.011
丁二酸酐	119.6	261.0	1.234
顺丁烯二酸酐	52.8	202(升华)	1.500
邻苯二甲酸酐	131.5~132	284.2	1.527$^{4\,℃}$
甲酸乙酯	−80.5	54.5	0.923
乙酸甲酯	−98.1	57.3	0.933
乙酸乙酯	−83.2	77.1	0.901
乙酸异戊酯	—	142$^{100.7\,kPa}$	0.876$^{15\,℃/4}$
苯甲酸乙酯	−34.6	212.4	1.047

三、羧酸衍生物的化学性质

  羧酸衍生物的重要化学性质主要有水解、醇解和氨解反应。

1. 水解反应

  酰卤、酸酐、酯和酰胺水解的主要产物是相应的羧酸。

$$\left.\begin{array}{l} R-\overset{O}{\underset{\|}{C}}-Cl \\ R-\overset{O}{\underset{\|}{C}}-O-\overset{O}{\underset{\|}{C}}-R' \\ R-\overset{O}{\underset{\|}{C}}-OR' \\ R-\overset{O}{\underset{\|}{C}}-NH_2 \end{array}\right\} + H-OH \longrightarrow R-\overset{O}{\underset{\|}{C}}-OH + \left\{\begin{array}{l} HCl \\ R'COOH \\ R'OH \\ NH_3 \end{array}\right.$$

酰卤、酸酐、酯和酰胺的结构不同，所以它们水解的难易程度不同。低级的酰卤室温下遇水剧烈水解并放出大量的热，形成白雾（HX 气体），高级的酰卤由于在水中溶解度较小，水解反应速度较慢；大多数的酸酐不溶于水，室温下能缓慢水解，但在热水中迅速水解；酯和酰胺的水解不仅需要较长时间加热回流，而且只有在酸、碱催化下才能顺利进行。它们的水解反应活性次序为

酰卤＞酸酐＞酯＞酰胺

酯的水解在理论上和生产上都有重要的意义。酸催化下的水解反应是酯化反应的逆反应，水解不能完全进行；碱催化下的水解反应由于生成的羧酸可以和碱继续作用生成盐和水，反应不可逆，可以进行到底。酯的碱性水解反应又称为皂化反应。

$$R-\overset{O}{\underset{\|}{C}}-OR' + H_2O \xrightleftharpoons{H^+} R-\overset{O}{\underset{\|}{C}}-OH + R'OH$$

$$R-\overset{O}{\underset{\|}{C}}-OR' + H_2O \xrightarrow{OH^-} R-\overset{O}{\underset{\|}{C}}-O^- + R'OH$$

2. 醇解反应

酰卤、酸酐、酯都能发生醇解反应，产物主要是酯。它们发生醇解反应的活性次序与水解反应的相同。

$$\left.\begin{array}{l} R-\overset{O}{\underset{\|}{C}}-Cl \\ R-\overset{O}{\underset{\|}{C}}-O-\overset{O}{\underset{\|}{C}}-R' \\ R-\overset{O}{\underset{\|}{C}}-OR' \end{array}\right\} + H-OR'' \longrightarrow R-\overset{O}{\underset{\|}{C}}-OR'' + \left\{\begin{array}{l} HCl \\ R'COOH \\ R'OH \end{array}\right.$$

酰卤和酸酐的醇解反应是不可逆反应，故产率较高，在有机合成上常用于酯的合成。

酯的醇解反应又生成另外一种酯和醇，因此该反应又称作酯交换反应。酯交换反应不但需要催化剂，而且反应是可逆的。酯交换反应常用来制备高级醇的酯，因为结构复杂的高级醇

一般难与羧酸直接酯化，往往是先制得低级醇的酯，再利用酯交换反应即可得到所需高级醇的酯。

生物体内也有类似的酯交换反应。例如：

$$CH_3-\overset{O}{\underset{}{C}}-SCoA + [HOCH_2CH_2\overset{+}{N}(CH_3)_3]OH^- \longrightarrow CH_3-\overset{O}{\underset{}{C}}-OCH_2CH_2\overset{+}{N}(CH_3)_3OH^- + HSCoA$$

乙酰辅酶A　　　　　　胆碱　　　　　　　　　　　乙酰胆碱　　　　　　　辅酶A

此反应是在相邻的神经细胞之间传导神经刺激的重要过程。

工业上生产涤纶的原料对苯二甲酸二乙二醇酯也是通过酯交换合成的：

$$CH_3O-\overset{O}{\underset{}{C}}-\underset{}{\bigcirc}-\overset{O}{\underset{}{C}}-OCH_3 + 2HOCH_2CH_2OH \underset{190\,℃}{\overset{催化剂}{\rightleftharpoons}}$$

对苯二甲酸二甲酯　　　　　　　　　乙二醇

$$HOCH_2CH_2O-\overset{O}{\underset{}{C}}-\underset{}{\bigcirc}-\overset{O}{\underset{}{C}}-OCH_2CH_2OH + 2CH_3OH$$

对苯二甲酸二乙二醇酯

另外，在生物质能源方面，生物柴油是生物质能的一种，它是利用动植物油脂与甲醇（或乙醇）等短链醇进行酯交换后并精制后得到的脂肪酸甲（或乙）酯，其在物理性质上与石化柴油接近，但化学组成不同，是一种可再生的清洁能源。

3. 氨解反应

酰卤、酸酐、酯也可以发生氨解反应，生成酰胺。

$$\begin{array}{c} R-\overset{O}{\underset{}{C}}-Cl \\ R-\overset{O}{\underset{}{C}}-O-\overset{O}{\underset{}{C}}-R' \\ R-\overset{O}{\underset{}{C}}-OR' \end{array} + H-NH_2 \longrightarrow R-\overset{O}{\underset{}{C}}-NH_2 + \begin{array}{c} HCl \\ R'COOH \\ R'OH \end{array}$$

它们进行氨解反应的活性次序与水解和醇解的相同。由于氨本身是碱，所以氨解反应比水解更容易进行。酰卤、酸酐的氨解都很剧烈，需要在冷却或稀释的条件下缓慢混合进行反应。

以上三类反应中，水、醇和氨分子的氢原子被酰基取代了，这种在化合物分子中引入酰基的反应称为酰基化反应，而能使其他分子引入酰基的试剂称为酰基化试剂。乙酰氯和乙酸酐是常用的乙酰化试剂。

4. 酯的还原反应

酯比羧酸容易被还原，还原产物为醇。常用的还原剂为金属钠和乙醇、$LiAlH_4$ 等。

$$R-\overset{O}{\underset{}{C}}-OR' \xrightarrow{Na+C_2H_5OH} RCH_2OH + R'OH$$

$$CH_2=CHCH_2COOC_2H_5 \xrightarrow[\text{② }H_2O]{\text{① }LiAlH_4} CH_2=CHCH_2CH_2OH + C_2H_5OH$$

由于羧酸较难还原,所以经常把羧酸转化成酯后再还原。

5. 酯缩合反应

酯分子中的 α-H 原子由于受到酯基吸电子基(−I 效应)的影响,变得更加活泼,在醇钠等强碱作用下,两分子酯缩合并失去一分子醇,生成 β-酮酸酯,这个反应称为克莱森(Claisen)酯缩合反应。例如:

$$CH_3-\underset{\underset{O}{\|}}{C}-OC_2H_5 + H-CH_2-\underset{\underset{O}{\|}}{C}-OC_2H_5 \xrightarrow{C_2H_5ONa} CH_3-\underset{\underset{O}{\|}}{C}-CH_2-\underset{\underset{O}{\|}}{C}-OC_2H_5 + C_2H_5OH$$

乙酰乙酸乙酯(三乙)

酯缩合反应机理类似于羟醛缩合反应。首先是强碱夺取 α-H 原子形成碳负离子,碳负离子再进攻另一分子酯的羰基碳,发生亲核加成,形成氧负离子,然后失去烷氧基负离子生成 β-酮酸酯:

$$CH_2-\underset{\underset{O}{\|}}{C}-OC_2H_5 \xrightleftharpoons{C_2H_5O^-} \overset{\ominus}{CH_2}-\underset{\underset{O}{\|}}{C}-OC_2H_5 \xrightarrow{CH_3-\underset{\underset{O}{\|}}{C}-OC_2H_5}$$

$$CH_3-\underset{\underset{OC_2H_5}{|}}{\overset{\overset{O^\ominus}{|}}{C}}-CH_2-\underset{\underset{O}{\|}}{C}-OC_2H_5 \xrightarrow{-C_2H_5O^-} CH_3-\underset{\underset{O}{\|}}{C}-CH_2-\underset{\underset{O}{\|}}{C}-OC_2H_5$$

通常,两种含有 α-H 原子的羧酸酯在强碱作用下的缩合反应在有机合成上没有太大实际意义;但当其中一种酯不含 α-H 原子时,在强碱作用下可以和含有 α-H 原子的酯缩合得到收率好的单一产物,因此在合成上有较好的应用价值。例如:

$$CH_3CO_2C_2H_5 + HCO_2C_2H_5 \xrightarrow{C_2H_5ONa} HCOCH_2CO_2C_2H_5 + C_2H_5OH$$

$$C_6H_5-CO_2C_2H_5 + CH_3CO_2C_2H_5 \xrightarrow{C_2H_5ONa} C_6H_5-COCH_2CO_2C_2H_5 + C_2H_5OH$$

二元羧酸酯在醇钠的作用下能发生分子内的酯缩合反应,这个反应称作狄克曼(Dieckmann)酯缩合反应。例如:

$$\text{(环己烷)}\begin{matrix}COOC_2H_5\\COOC_2H_5\end{matrix} \xrightarrow{C_2H_5ONa} \text{环戊酮}-COOC_2H_5 + C_2H_5OH$$

$$\text{(环庚烷)}\begin{matrix}COOC_2H_5\\COOC_2H_5\end{matrix} \xrightarrow{C_2H_5ONa} \text{环己酮}-COOC_2H_5 + C_2H_5OH$$

酯缩合反应不仅是有机合成中增长碳链的重要方法,也是合成 β-酮酸酯的重要方法。

生物体中长链脂肪酸以及一些其他化合物的生成就是乙酰辅酶 A 通过一系列复杂的生化反应过程形成的。从化学角度来说,是通过类似酯交换、酯缩合等反应逐渐将碳链加长的。

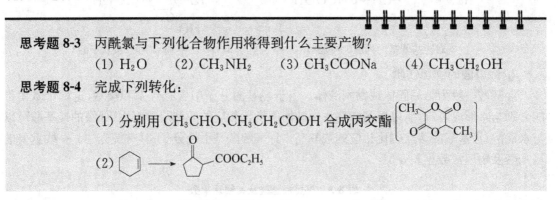

思考题 8-3 丙酰氯与下列化合物作用将得到什么主要产物?
(1) H_2O (2) CH_3NH_2 (3) CH_3COONa (4) CH_3CH_2OH

思考题 8-4 完成下列转化:
(1) 分别用 CH_3CHO、CH_3CH_2COOH 合成丙交酯

第 3 节 取 代 酸

羧酸分子中烃基上的氢原子被其他原子或基团取代所生成的化合物叫作取代酸,它属于多官能团化合物。取代酸按取代基种类不同,可分为卤代酸、羟基酸、羰基酸和氨基酸等。它们有些是有机合成的重要原料,有些则是生物代谢中的重要物质。

一、羟基酸

1. 羟基酸的分类、命名

羟基酸是分子中同时具有羟基和羧基的化合物。羟基连接在饱和碳链上的羟基酸称为醇酸;羟基直接连接在芳环上的羟基酸称为酚酸。羟基酸分子中的羟基和羧基的数目可以是一个,也可以是多个。其中醇酸可根据羟基和羧基的相对位置的不同,分为 α-羟基酸、β-羟基酸、γ-羟基酸等。

羟基酸的系统命名是以羧酸为母体,羟基作为取代基,按照羧酸的命名原则进行命名的。由于许多羟基酸都存在于自然界中,因此,习惯上也常按其来源用俗名称呼,应当熟记,例如:

$$CH_3CH_2\overset{\alpha}{C}HCOOH \qquad CH_3\overset{\beta}{C}H CH_2COOH$$
$$\underset{OH}{|} \qquad \underset{OH}{|}$$

2-羟基丁酸(α-羟基丁酸)　　　　3-羟基丁酸(β-羟基丁酸)

$$H_3C-CH-COOH \quad HOOC-CH-CH_2-COOH \quad HOOC-CH-CH-COOH$$
$$\underset{OH}{|} \qquad \underset{OH}{|} \qquad \underset{OH}{|}\;\underset{OH}{|}$$

2-羟基丙酸(乳酸)　　2-羟基丁二酸(苹果酸)　　2,3-二羟基丁二酸(酒石酸)

$$HOOCCH_2\underset{\underset{COOH}{|}}{\overset{\overset{OH}{|}}{C}}CH_2COOH$$

3-羟基-1,3,5-戊三酸(柠檬酸)　　邻羟基苯甲酸(水杨酸)

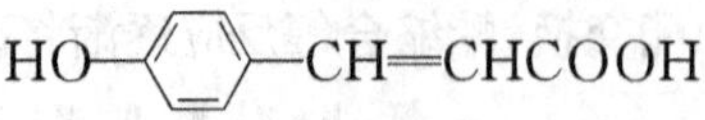

3-对羟基苯基丙烯酸(香豆酸) 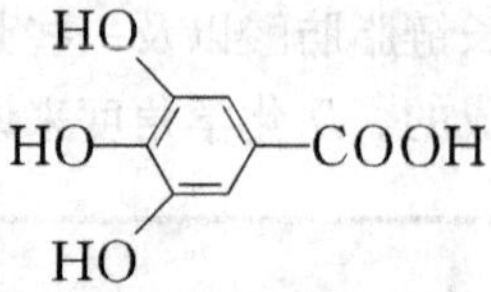　　　　3,4,5-三羟基苯甲酸(没食子酸)

2. 羟基酸的物理性质

羟基酸一般为结晶固体或黏稠液体。由于羟基酸分子中含有羟基和羧基,这两个基团都能分别与水形成氢键,所以羟基酸在水中的溶解度比相应的醇和羧酸都大,低级的羟基酸可以与水混溶;羟基酸的熔点也比相应的羧酸高。许多醇酸是手性分子,具有旋光性。一些重要的羟基酸及物理常数见表8-3。

表8-3 重要羟基酸及其物理常数

类别	结构式	系统命名	俗名	熔点/℃	pK_a
醇酸	HOCH₂—COOH	2-羟基乙酸	—	80	3.85
	H₃C—CH(OH)—COOH	2-羟基丙酸	(±)-乳酸	18	3.86
	HOOC—CH(OH)—CH₂—COOH	2-羟基丁二酸	(+)-苹果酸	133	3.36
	HOOC—CH(OH)—CH(OH)—COOH	2,3-二羟基丁二酸	(−)-酒石酸	170	3.82
	HOOCCH₂C(OH)(COOH)CH₂COOH	3-羟基-1,3,5-戊三酸	柠檬酸	153	3.01
酚酸	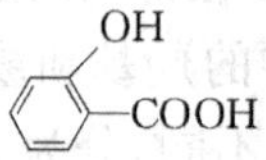 邻-HO-C₆H₄-COOH	邻羟基苯甲酸	水杨酸	159	2.98
	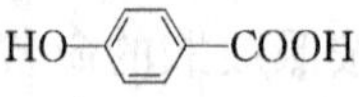 对-HO-C₆H₄-COOH	对羟基苯甲酸	—	21.5	4.54
	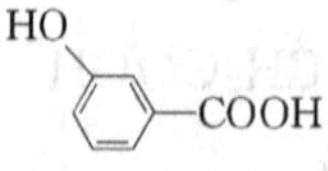 间-HO-C₆H₄-COOH	间羟基苯甲酸	—	202	4.12
	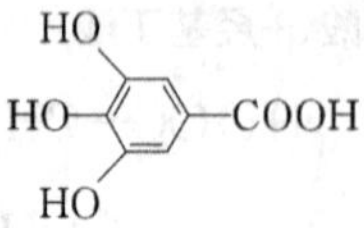 3,4,5-(HO)₃C₆H₂-COOH	3,4,5-三羟基苯甲酸	没食子酸	253	—

3. 羟基酸的化学性质

羟基酸兼有羟基和羧基的特性,并且由于羟基和羧基两个官能团的相互影响而具有一些特殊的性质。

(1) 酸性　在羟基酸分子中,由于羟基的−I效应,醇酸的酸性比相应的羧酸酸性强,但不如卤代酸中卤素的−I效应大。羟基距羧基越远,则对酸性的影响越小。例如:

	CH₃CH₂COOH	CH₃CHCOOH 　　| 　　OH	CH₂CH₂COOH | OH	CH₃CHCOOH 　　| 　　Cl
pK_a	4.88	3.86	4.51	2.83

酚酸羟基对羧基的影响要复杂得多。如羟基苯甲酸的三种异构体的酸性与苯甲酸比较,其次序为:

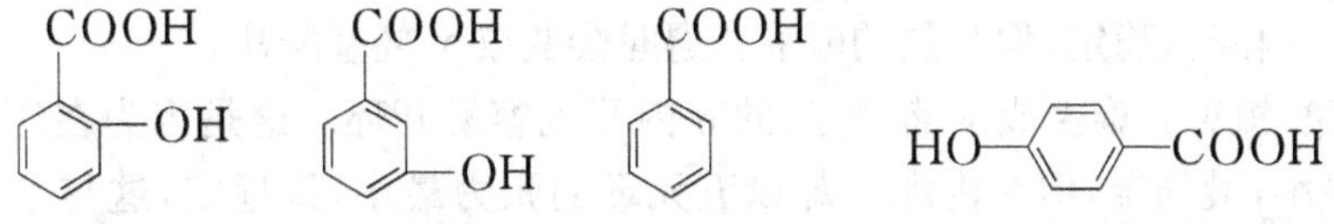

	邻位	间位		对位
pK_a	2.98	4.12	4.17	4.54

这是因为当羟基处于羧基的对位时,主要由于 p-π 共轭的 +C 效应起作用,使羟基对羧基表现出给电子效应,致使酸性反而比苯甲酸弱,其共轭关系为:

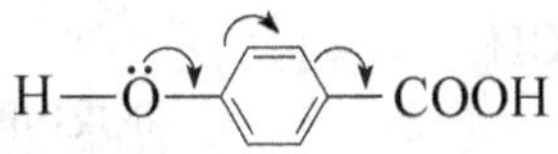

当羟基处于羧基的间位时,羟基对羧基的影响,主要是 −I 效应,但因羟基与羧基间相隔两个碳原子,影响不是很大,酸性增强不多。

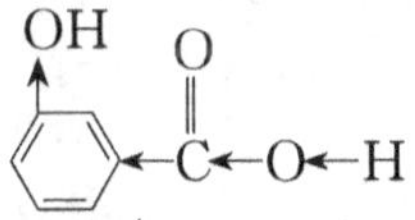

当羟基处于羧基的邻位时,羟基既有吸电子的 −I 效应,又有给电子的 +C 效应,−I 效应有利于增强酸性,+C 效应不利于酸性增强;且共轭效应还与空间阻碍作用有关,但同时还可形成分子内氢键,有利于羧酸根负离子的稳定,因而酸性增强。

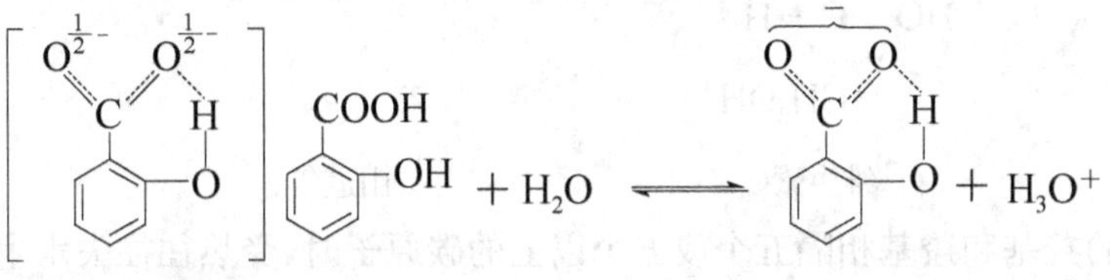

邻羟基苯甲酸负离子

(2) **脱水反应** 羟基酸受热或与脱水剂共热脱水时,由于羟基和羧基的相对位置不同,脱水反应的产物也不同。

α-羟基酸受热时,两分子间的羟基和羧基相互酯化脱水而生成环状的交酯。例如:

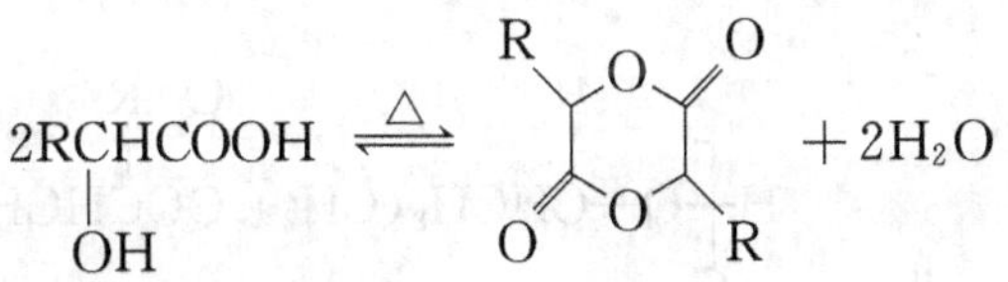

$$2RCHCOOH \rightleftharpoons \text{交酯} + 2H_2O$$
　　\|
　　OH

β-羟基酸受热时,发生分子内脱水而生成 α,β-不饱和酸。

$$RCHCH_2COOH \xrightarrow[\Delta]{\text{稀 } H^+ \text{ 或稀 } OH^-} R-CH=CHCOOH + H_2O$$
\|
OH

γ-羟基酸极易发生分子内酯化脱水,生成五元环内酯:

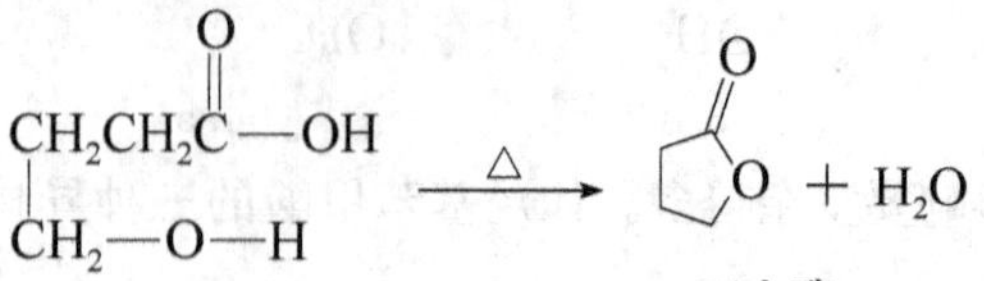

$$\underset{\mathrm{CH_2-OH}}{\mathrm{CH_2CH_2C-OH}} \xrightarrow{\triangle} \text{γ-丁内酯} + H_2O$$

因此,γ-内酯很稳定,但与热的碱液相遇时会变成 γ-羟基酸盐。

δ-羟基酸相对较难生成内酯,生成的 δ-内酯也容易开环。这是因为在环烷烃中虽然以环己烷张力最小,最稳定,但在内酯中却以五元环的张力最小,最稳定,这与 γ-内酯的键角大小有关。例如,在室温放置即吸水呈酸性。

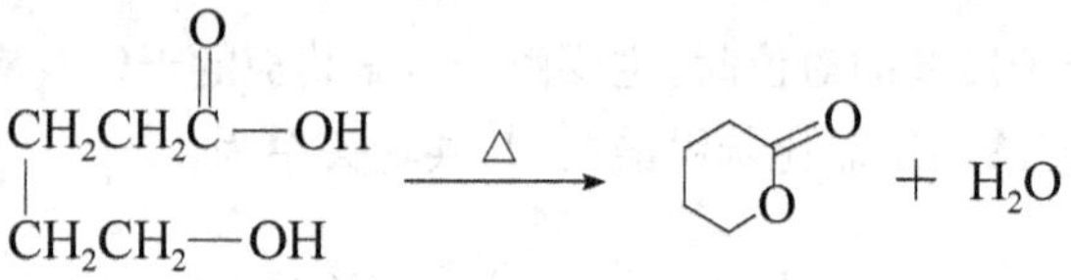

$$\underset{\mathrm{CH_2CH_2-OH}}{\mathrm{CH_2CH_2C-OH}} \xrightarrow{\triangle} \text{δ-戊内酯} + H_2O$$

内酯在天然产物中也是常见的,以 γ-内酯环为多。例如,维生素 C、山道年等分子结构中都含有五元环内酯,一旦这种五元环内酯因水解等原因而被破坏,它们的药效随之降低,甚至会完全丧失。

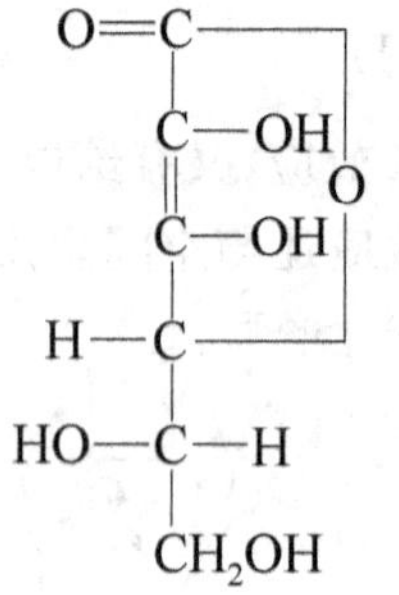

维生素C 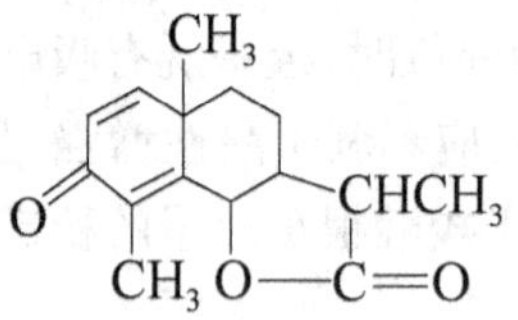   山道年

当羟基酸的羟基和羧基相隔五个或五个以上的碳原子时,受热往往失水生成不饱和酸;也可以发生分子间的酯化脱水,生成链状结构的聚酯。

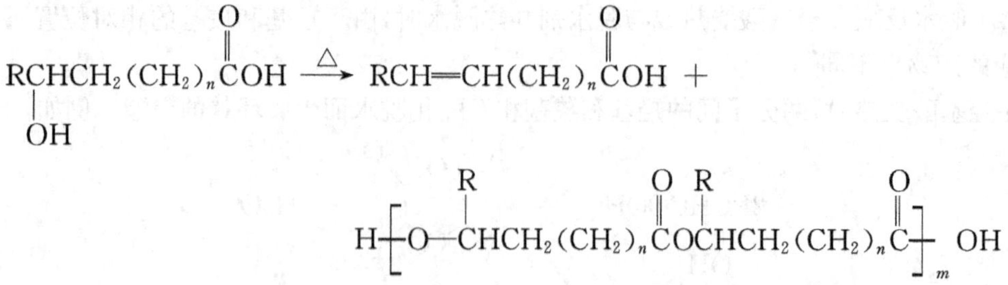

$$\underset{\mathrm{OH}}{\mathrm{RCHCH_2(CH_2)}_n\mathrm{COOH}} \xrightarrow{\triangle} \mathrm{RCH=CH(CH_2)}_n\mathrm{COOH} +$$

$$\mathrm{H}{\Big[}\mathrm{O-CHCH_2(CH_2)}_n\underset{R}{\overset{O}{\mathrm{COCHCH_2(CH_2)}}}_n\overset{O}{\mathrm{C}}{\Big]}_m\mathrm{OH}$$

聚酯

聚酯的用途较为广泛。例如,聚丙交酯可抽丝作外科手术缝线,在体内可自动溶化而不需要拆除,因为这种聚合物在体内缓缓分解为乳酸,对人体无害。如果这种聚合物中混有某种药物,置入体内,在聚合物缓慢分解过程中能有均匀释放药物的功效。

含两个以上羟基或羧基的羟基酸在加热时,随着实验条件的不同,能生成多种产物。

(3) 氧化反应 羟基酸中的羟基同醇一样可被氧化。α-羟基酸中的羟基受羧基的影响，比醇中的羟基易被氧化。它能与托伦试剂作用，被氧化成 α-羰基酸。

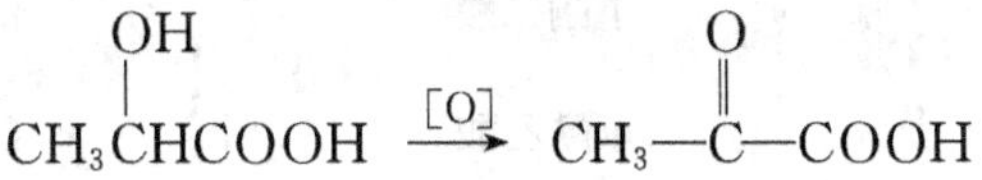

$$CH_3\underset{OH}{\overset{|}{C}H}COOH \xrightarrow{[O]} CH_3-\underset{O}{\overset{\|}{C}}-COOH \text{（丙酮酸）}$$

生物体内的羟基酸在酶的作用下可发生类似的氧化反应。

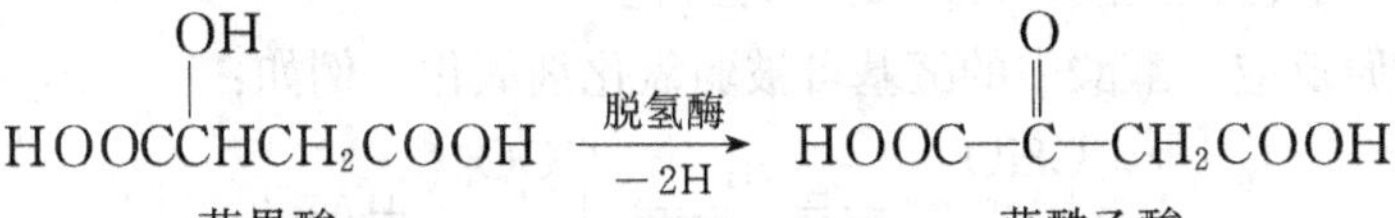

$$HOOC\underset{OH}{\overset{|}{C}H}CH_2COOH \xrightarrow[-2H]{\text{脱氢酶}} HOOC-\underset{O}{\overset{\|}{C}}-CH_2COOH \text{（草酰乙酸）}$$

（苹果酸） （草酰乙酸）

(4) 分解脱羧反应 α-羟基酸与稀硫酸共热，分解生成一分子甲酸和一分子醛或酮。

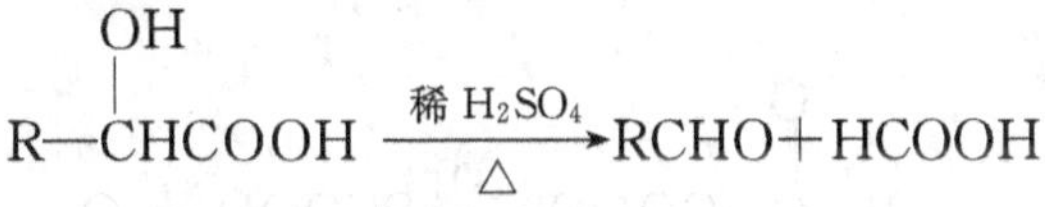

$$R-\underset{OH}{\overset{|}{C}H}COOH \xrightarrow[\triangle]{\text{稀}H_2SO_4} RCHO+HCOOH$$

β-羟基酸用碱性高锰酸钾氧化则分解脱羧生成酮。

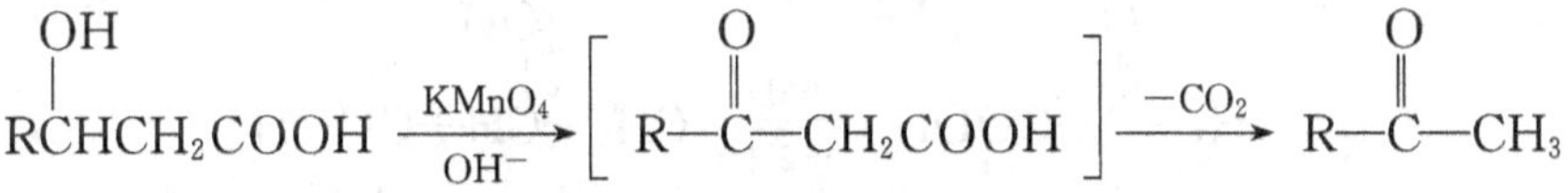

$$R\underset{OH}{\overset{|}{C}H}CH_2COOH \xrightarrow[OH^-]{KMnO_4} [R-\underset{O}{\overset{\|}{C}}-CH_2COOH] \xrightarrow{-CO_2} R-\underset{O}{\overset{\|}{C}}-CH_3$$

另外，大部分的酚酸在加热下也容易脱羧生成酚类化合物。例如：

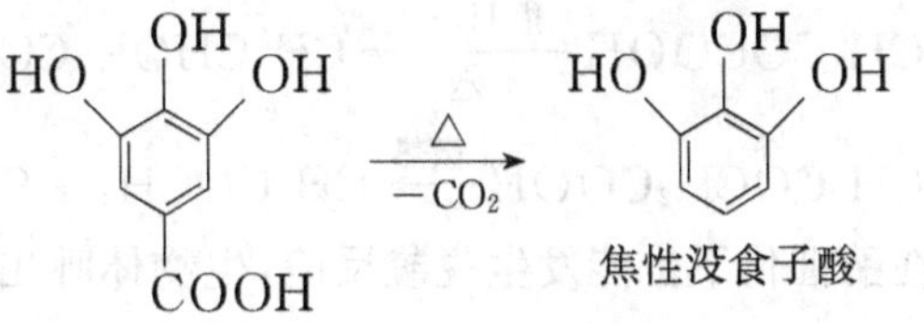

（没食子酸）$\xrightarrow[-CO_2]{\triangle}$ 焦性没食子酸

二、羰基酸

1. 羰基酸的分类、命名

分子中含有羰基和羧基的化合物称为羰基酸。按羰基在碳链中的位置不同，可分为醛酸和酮酸。酮酸又可按羰基与羧基的相对位置不同，分为 α-酮酸、β-酮酸、γ-酮酸等。许多酮酸是生物体内代谢过程中的重要物质。

羰基酸的系统命名与羟基酸的相似，选取含有羰基和羧基的最长碳链作为主链，称为某酮（或醛）酸。许多羰基酸可作为酰基取代的羧酸来命名，称为"某酰某酸"。例如：

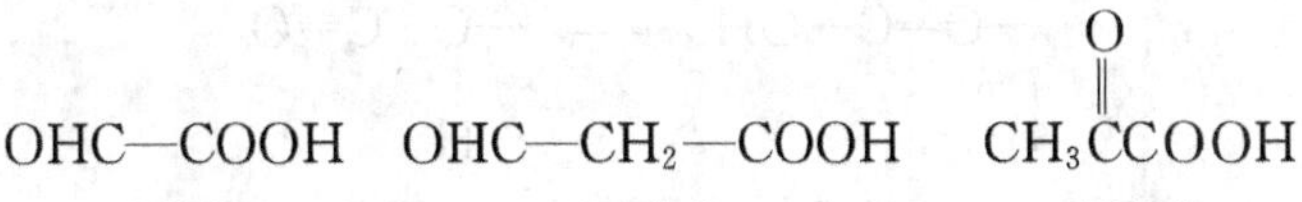

OHC—COOH   OHC—CH$_2$—COOH   CH$_3$$\overset{O}{\overset{\|}{C}}$COOH
乙醛酸   丙醛酸   丙酮酸
（甲酰甲酸）   （甲酰乙酸）   （乙酰甲酸）

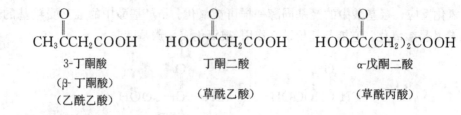

$$\underset{\substack{\text{3-丁酮酸}\\(\beta\text{-丁酮酸})\\(\text{乙酰乙酸})}}{CH_3COCH_2COOH} \qquad \underset{\substack{\text{丁酮二酸}\\(\text{草酰乙酸})}}{HOOCCOCH_2COOH} \qquad \underset{\substack{\alpha\text{-戊酮二酸}\\(\text{草酰丙酸})}}{HOOCCO(CH_2)_2COOH}$$

2. 羰基酸的化学性质

(1) 酸性　由于羰基是强的吸电子基,所以羰基酸的酸性比相应羧酸的酸性强。如丙酮酸($pK_a=2.25$)的酸性比丙酸($pK_a=4.89$)强得多。

(2) 氧化还原反应　醛酸中的醛基可被弱氧化剂氧化。例如：

$$\begin{array}{c}CHO\\|\\COOH\end{array} \xrightleftharpoons[\triangle]{Ag(NH_3)_2^+} \begin{array}{c}COO^-\\|\\COO^-\end{array} + Ag\downarrow$$

酮酸一般不易被氧化,但 α-酮酸却较易被氧化、脱羧,弱氧化剂(如托伦试剂、斐林试剂)也能氧化 α-酮酸。例如：

$$R-\underset{\underset{O}{\|}}{C}-COOH \xrightarrow{[O]} RCOOH + CO_2$$

羰基酸还能还原得到相应的羟基酸,生物体内有许多羰基酸也能还原为羟基酸。例如：

$$CH_3-\underset{\underset{O}{\|}}{C}-COOH \xrightleftharpoons[-2H]{+2H} CH_3-\underset{\underset{OH}{|}}{CH}-COOH$$

(3) 脱羧反应　α-酮酸和 β-酮酸都容易脱羧而生成少一个碳原子的醛或酮。β-酮酸更易脱羧,甚至在室温时也会慢慢脱羧。例如：

$$CH_3COCOOH \xrightarrow[\triangle]{\text{稀 } H_2SO_4} CH_3CHO + CO_2$$

$$CH_3COCH_2COOH \xrightarrow{\text{微热}} CH_3COCH_3 + CO_2$$

生物体内某些酮酸在酶催化下也能发生脱羧反应,生物体呼出的二氧化碳大部分来源于此。例如：

$$HOOCCOCH_2COOH \xrightleftharpoons{\text{酶}} CH_3COCOOH + CO_2$$

三、互变异构现象

某些化合物中的一个官能团因其结构改变成为含另一种官能团的异构体,并且两者能迅速地相互转换,成为处在动态平衡中的两种异构体,这种现象就称为互变异构现象,或称为互变异构,这两种异构体称为互变异构体。例如,烯醇式-酮式的互变异构可以简单地表示为：

$$\underset{\text{烯醇式}}{-\overset{|}{C}=\overset{|}{C}-OH} \rightleftharpoons \underset{\text{酮式}}{-\overset{|}{\underset{H}{C}}-\overset{|}{C}=O}$$

乙酰乙酸乙酯是 β-酮酸酯,它除了有酮的典型反应外,还能与金属钠反应放出氢气,与乙酰氯作用生成酯,显示出醇羟基的性质;能使溴的四氯化碳溶液褪色,说明分子中含有碳碳不饱和键;能与三氯化铁溶液作用显紫红色,说明分子中含有烯醇式结构。实验证明,乙酰乙酸乙酯是酮式-烯醇式互变异构的典型例子。

$$\underset{\text{酮式}(92.5\%)}{CH_3-\overset{O}{\underset{\|}{C}}-CH_2-\overset{O}{\underset{\|}{C}}-OC_2H_5} \rightleftharpoons \underset{\text{烯醇式}(7.5\%)}{CH_3-\overset{OH}{\underset{|}{C}}=CH-\overset{O}{\underset{\|}{C}}-OC_2H_5}$$

室温时

酮式和烯醇式的互变在没有催化剂存在时,即使在较高温度下,也进行得很慢,而在酸碱催化下,则迅速进行。纯粹的酮式和烯醇式可以分离开来,它们的沸点分别为:

$$\underset{\text{酮式},41\ ℃(266\ Pa)}{CH_3-\overset{O}{\underset{\|}{C}}-CH_2-\overset{O}{\underset{\|}{C}}-OC_2H_5} \qquad \underset{\text{烯醇式},33\ ℃(266\ Pa)}{CH_3-\overset{O-H\cdots\cdots O}{\underset{|}{C}}=CH-\overset{}{\underset{\|}{C}}-OC_2H_5}$$

烯醇式的沸点较低是由于其中含有分子内氢键。在互变平衡体系中,烯醇式的含量可以用核磁共振法测定。

产生互变异构的原因是 α-H 受到双重吸电子基的影响,变得比较活泼,能以氢离子形式转移到羰基氧原子上形成烯醇式结构。从理论上讲,凡有 α-H 的羰基化合物,都有互变异构现象,但不同结构的羰基化合物,它的烯醇式和酮式的比例差别很大。表 8-4 中列出了几个化合物中烯醇式的含量,可以大略地看出结构对生成烯醇式的影响。

表 8-4 结构对烯醇式含量的影响

名 称	化合物	烯醇式含量/%
丙酮	CH_3COCH_3	$2.4×10^{-4}$
环己酮	环己酮结构	$2.0×10^{-2}$
乙酰乙酸乙酯	$CH_3CCH_2COC_2H_5$	7.5
苯甲酰乙酸乙酯	$C_6H_5CCH_2COC_2H_5$	21
乙酰丙酮	$CH_3CCH_2CCH_3$	80
苯甲酰丙酮	$C_6H_5CCH_2CCH_3$	99

除了分子结构本身因素外,溶剂、温度等因素也会对平衡体系产生影响。一般在非极性溶剂中烯醇式含量会提高,在极性溶剂中烯醇式含量会降低。

互变异构现象普遍存在于生物代谢过程中。除了酮式-烯醇式体系外,还存在其他互变异构体系,例如酰胺-亚胺醇型互变体系:

$$-\underset{H}{\overset{|}{N}}-\overset{|}{C}=O \rightleftharpoons -N=\overset{|}{C}-OH$$

四、乙酰乙酸乙酯和丙二酸二乙酯在有机合成上的应用

乙酰乙酸乙酯是无色有水果香味的液体,沸点180.4 ℃,在水中的溶解度不大,可溶于各种有机溶剂。由于在结构上存在β-二羰基,相邻的两个吸电子基团使中间的亚甲基酸性加强,与碱作用生成碳负离子,可以发生亲核反应,使它在有机合成中占据十分重要的地位。乙酰乙酸乙酯的另一个结构特征就是在碱的作用下可以发生酮式分解和酸式分解。

$$CH_3\overset{O}{C}—CH_2\overset{|}{|}COC_2H_5 \qquad CH_3\overset{O}{C}\overset{|}{|}CH_2—\overset{O}{C}OC_2H_5$$
酮式分解 酸式分解

乙酰乙酸乙酯在稀碱(5% NaOH)溶液中水解,酸化后经加热脱羧,即可生成丙酮(即酮式分解)。

$$CH_3\overset{O}{C}CH_2\overset{O}{C}OC_2H_5 \xrightarrow[\text{② } H_3O^+]{\text{① 稀 } OH^-} CH_3\overset{O}{C}CH_2COOH \xrightarrow[\triangle]{-CO_2} CH_3\overset{O}{C}CH_3$$

当用浓碱(40% NaOH)溶液水解时,除了和酯作用外,还可以使乙酰乙酸乙酯的酮基处破裂生成两分子羧酸(盐),即酸式分解。

$$CH_3\overset{O}{C}CH_2\overset{O}{C}OC_2H_5 \xrightarrow[\text{② } H_3O^+]{\text{① 浓 } OH^-, \triangle} CH_3COOH$$

由于乙酰乙酸乙酯具有以上结构特点,因此,在有机合成上首先与金属钠或乙醇钠反应,亚甲基上的氢被钠取代生成钠盐,此盐可以与卤代烃或酰卤发生反应,使烷基或酰基引进乙酰乙酸乙酯分子中。由于引入的基团可以是各种各样的,再经酮式分解或酸式分解,就可以得到不同结构的酸或酮。

在一烃基取代的乙酰乙酸乙酯分子中,由于还含有一个 α-H,能再和醇钠、卤代烃作用生成二烃基取代物。

$$CH_3\underset{R}{\underset{|}{C}}H\underset{}{C}OC_2H_5 \xrightarrow[② R'X]{① C_2H_5ONa} CH_3\underset{R'}{\underset{|}{C}}\underset{}{\overset{R}{|}}COC_2H_5$$

二烃基乙酰乙酸乙酯

得到的 α-二烃基取代的乙酰乙酸乙酯,再进行酮式分解或酸式分解,就可以制取二取代的甲基酮、二酮、一元酸或二元酸等。

另外,此法还可用来合成其他环状或杂环化合物。例如:

$$CH_3COCH_2COOC_2H_5 \xrightarrow[② Br(CH_2)_3Br]{① 2C_2H_5ONa} \left[\square\right]\begin{matrix}COCH_3\\COOC_2H_5\end{matrix} \xrightarrow[③ \triangle]{①\ 稀 OH^-\ ②\ H_3O^+} \left[\square\right]-\overset{O}{\overset{\|}{C}}-CH_3$$

但是,由于酸式分解时往往伴随一些酮式分解,因此,合成羧酸最好采用丙二酸二乙酯法。乙酰乙酸乙酯在合成中主要用于制备酮类。

丙二酸二乙酯可以用一氯乙酸来合成。合成的反应式如下:

$$ClCH_2COOH \xrightarrow[NaOH]{NaCN} NCCH_2COONa \xrightarrow[H_2SO_4]{C_2H_5OH} CH_2(CO_2C_2H_5)_2$$

丙二酸二乙酯是具有香味的无色液体。它与乙酰乙酸乙酯类似,亚甲基上的两个氢原子非常活泼,能与醇钠作用生成碳负离子。生成的碳负离子也是一个很强的亲核试剂,与卤代烃反应时,可发生亲核取代而生成一烃基取代的丙二酸二乙酯,碱性水解并酸化后即可得取代丙二酸。取代丙二酸本身不稳定,加热即可脱羧,这两个条件使丙二酸二乙酯在合成各种类型的羧酸中有着广泛的用途。

$$CH_2\begin{matrix}COOC_2H_5\\COOC_2H_5\end{matrix} \xrightarrow{C_2H_5ONa} \left[CH\begin{matrix}COOC_2H_5\\COOC_2H_5\end{matrix}\right]^-Na^+ \xrightarrow{RX} R-CH\begin{matrix}COOC_2H_5\\COOC_2H_5\end{matrix}$$

$$\xrightarrow[② H_3O^+]{①\ 稀 OH^-} R-CH\begin{matrix}COOH\\COOH\end{matrix} \xrightarrow[-CO_2]{\triangle} R\text{--}CH_2COOH$$

亚甲基上的氢可以逐步取代,生成 $\begin{matrix}R'\\R\end{matrix}CHCOOH$ 类型的酸。

$$R-CH\begin{matrix}COOC_2H_5\\COOC_2H_5\end{matrix} \xrightarrow{C_2H_5ONa} \left[R-C\begin{matrix}COOC_2H_5\\COOC_2H_5\end{matrix}\right]^-Na^+ \xrightarrow{R'X} \begin{matrix}R'\\R\end{matrix}C\begin{matrix}COOC_2H_5\\COOC_2H_5\end{matrix}$$

$$\xrightarrow[② H_3O^+]{①\ 稀 OH^-} \begin{matrix}R'\\R\end{matrix}C\begin{matrix}COOH\\COOH\end{matrix} \xrightarrow[-CO_2]{\triangle} \begin{matrix}R'\\R\end{matrix}CHCOOH$$

用卤代酸或卤代酸酯代替 RX 则可生成二元羧酸。

$$[CH(COOC_2H_5)_2]^-Na^+ \xrightarrow{ClCH_2COOC_2H_5} \begin{array}{c} CH(COOC_2H_5)_2 \\ | \\ CH_2COOC_2H_5 \end{array} \xrightarrow[\text{② } H_3O^+]{\text{① 稀 }OH^-} \begin{array}{c} CH(COOH)_2 \\ | \\ CH_2COOH \end{array}$$

$$\xrightarrow[-CO_2]{\Delta} HOOCCH_2\text{-}\!\!-\!\!\text{-}CH_2COOH$$

用二卤化物和丙二酸酯可以合成含有脂环的酯类化合物，进一步加热脱羧也可以生成二元羧酸等化合物。

$$2CH_2(COOC_2H_5)_2 + Br(CH_2)_3Br \xrightarrow{2C_2H_5ONa} \begin{array}{c} CH(COOC_2H_5)_2 \\ | \\ (CH_2)_3 \\ | \\ CH(COOC_2H_5)_2 \end{array}$$

$$\xrightarrow[2C_2H_5ONa]{CH_2I_2} \text{(环己烷四酯)} \xrightarrow[-CO_2]{\Delta} \text{(环己烷二甲酸)}$$

$$CH_2(COOC_2H_5)_2 + Br(CH_2)_3Br \xrightarrow{2C_2H_5ONa} \text{环丁烷二酯}$$

二卤化物 $Br(CH_2)_nBr$ 中的 n 一般为 $3\sim 7$，但 $n=2$ 时则不行，因三碳环容易开环，产量很低。

思考题 8-5 比较下列化合物的酸性强弱：
(1) CH_3COOH (2) FCH_2COOH
(3) $HOCH_2COOH$ (4) $OHCCOOH$

思考题 8-6 由乙酰乙酸乙酯和丙二酸二乙酯合成下列化合物：
(1) 2-己醇 (2) 2,5-己二酮 (3) 2,6-庚二酮
(4) 3-乙基-2-戊酮 (5) α-甲基丁酸 (6) 3-苯基丙酸
(7) 2-烯丙基-4-戊烯酸 (8) 环丙烷甲酸

习　题

1. 命名下列化合物：

(1) $CH_3CHCH_2CHCOOH$ 带有 CH_3 和 C_2H_5 取代基

(2) $CH_2\!=\!CHCH_2COOH$ (烯丙式)

(3)
$$\begin{array}{c} H \\ \diagdown \\ H_3C \end{array} C\!=\!C \begin{array}{c} COOH \\ \diagup \\ Br \end{array}$$

(4) C₆H₅—CH=C(C₂H₅)COOH (5) 3-BrC₆H₄COOH (6) CH₃COCH₂C₆H₅

(7) 2,4-Cl₂C₆H₃—OCH₂COOH (8) 邻苯二甲酸酐 (9) 邻-(CH₃COO)C₆H₄COOH

(10) HOOCCH(OH)CH₂COOH

2. 写出下列化合物的结构式：

(1) 2,3-二甲基戊酸 (2) 对苯二甲酸 (3) 对甲氧基苯甲酸

(4) 丙酸异戊酯 (5) 邻溴苯甲酰氯 (6) 水杨酸

(7) 马来酸酐 (8) 延胡索酸

3. 比较下列各组化合物的酸性强弱：

(1) 乙醇、乙酸、乙二酸、丙二酸

(2) 三氯乙酸、氯乙酸、乙酸、羟基乙酸

(3) 对甲基苯甲酸、间硝基苯甲酸、苯甲酸、3,5-二硝基苯甲酸

(4) α-氟代丙酸、α-氯代丙酸、α-溴代丙酸、α-碘代丙酸

(5) 甲酸、苯甲酸、环己醇、水

4. 用化学方法鉴别下列各组化合物：

(1) 甲酸、乙酸、乙二酸、丙二酸

(2) 乙醛、丙酮、乙酸乙酯、乙酰乙酸乙酯

(3) 苯甲酸、苄醇、苯甲酰氯、水杨酸

(4) 苯酚、苯甲酸、2,4-戊二酮、2,5-己二酮

5. 用化学方法将下列化合物分离：

(1) 异戊醇、异戊酸异戊酯、异戊酸

(2) 苯甲酸、苯甲醇、苯酚

6. 完成下列反应方程式：

(1) $CH_2=CH_2 \xrightarrow{HBr} \xrightarrow{NaCN} \xrightarrow{H_3O^+} \xrightarrow{PCl_5} \xrightarrow{C_2H_5OH}$

(2) $CH_3CH_2COOH \xrightarrow{(NH_4)_2CO_3} \xrightarrow{\triangle}$

(3) C₆H₁₁—CO—COOH $\xrightarrow{\triangle} \xrightarrow[\triangle]{Ag(NH_3)_2^+}$

(4) 萘 $\xrightarrow[\triangle]{KMnO_4/H^+} \xrightarrow{P_2O_5}$

(5) 邻-(HOCH₂)C₆H₄COOH + (CH₃CO)₂O $\xrightarrow{\triangle}$

(6) $(CH_3)_2C(OH)CH_2COOH \xrightarrow{\triangle} \xrightarrow[②H_2O]{①LiAlH_4}$

(7) $CH_3COOH + C_2H_5OH \xrightarrow{\text{浓 }H_2SO_4} \xrightarrow{C_2H_5ONa}$

(8) $CH_3\overset{O}{\overset{\|}{C}}CH_2\overset{O}{\overset{\|}{C}}OC_2H_5 \xrightarrow{C_2H_5ONa} \xrightarrow{C_2H_5Br} \xrightarrow[\text{② }H^+, \triangle]{\text{① }OH^-}$

(9) $\underset{COOC_2H_5}{\overset{COOC_2H_5}{CH_2}} \xrightarrow[\text{② }Br(CH_2)_4Br]{\text{① }C_2H_5ONa} \xrightarrow{C_2H_5ONa} \xrightarrow[\text{② }H^+, \triangle]{\text{① }OH^-}$

7. 完成下列合成(无机试剂任选)：

(1) 由 CH_3CH_2OH 合成 2-羟基丁酸

(2) 由 $CH_3CH_2CH_2OH$ 合成 2-甲基丙酸

(3) 由苯合成对硝基苯甲酰胺

(4) 由环己酮合成 α-羟基环己基甲酸

8. 写出下列化合物的酮式与烯醇式的互变平衡体系，并按烯醇式含量由高到低排序：

(1) $CH_3COCH_2COCH_3$ (2) $CH_3COCH_2NO_2$

(3) $CH_3COCH(COOC_2H_5)_2$ (4) $CH_3COCH(CH_3)COCH_3$

9. 某化合物 A 的分子式为 $C_5H_6O_3$，它能与乙醇作用得到两个互为异构体的化合物 B 和 C。B 和 C 分别与亚硫酰氯作用后，再加入乙醇中都得同一化合物 D。推测 A、B、C、D 的结构。

10. 化合物 A、B、C 的分子式都是 $C_3H_6O_2$，只有 A 能与碳酸钠反应放出 CO_2，B 和 C 在 NaOH 溶液中水解，B 的产物之一能发生碘仿反应。推测 A、B、C 的结构。

11. 有两个酯类化合物 A 和 B，分子式均为 $C_4H_6O_2$。A 在酸性条件下水解成甲醇和另一个化合物 C，分子式为 $C_3H_4O_2$，C 可使 $Br_2\text{-}CCl_4$ 溶液褪色。B 在酸性条件下水解生成一分子羧酸和化合物 D；D 可发生碘仿反应，也可与托伦试剂作用。试推断 A、B、C、D 的结构。

第 9 章 含氮化合物

含氮化合物是指分子中有氮原子与碳原子直接相连的有机化合物,也可以看作烃分子中的氢原子被含氮官能团取代的产物。这类化合物广泛存在于自然界中,其种类和数量很多。本章主要讨论胺、重氮化合物和酰胺。

第 1 节 胺

胺类化合物是氨分子中的氢原子被烃基取代的化合物。这类化合物与生命活动有着密切的关系,自然界中的许多物质都是胺的衍生物,例如所有的蛋白质、核酸以及许多激素、抗生素、生物碱等。

一、胺的分类和命名

1. 分类

胺可以根据氮原子上所连烃基的个数分为伯(一级)胺、仲(二级)胺、叔(三级)胺和季(四级)铵类化合物。其中,季铵类化合物分为季铵盐和季铵碱。

$$NH_3 \qquad RNH_2 \qquad R_2NH \qquad R_3N \qquad R_4N^+X^- \qquad R_4N^+OH^-$$

氨　　　伯胺　　　仲胺　　　叔胺　　　季铵盐　　　季铵碱
　　　　一级胺　　二级胺　　三级胺　　　　　季铵化合物

应当指出的是,这里所指的一级、二级和三级是指氮原子上所连烃基的个数,而不是烃基本身的结构,这与醇或卤代烃的分类是不同的。例如:

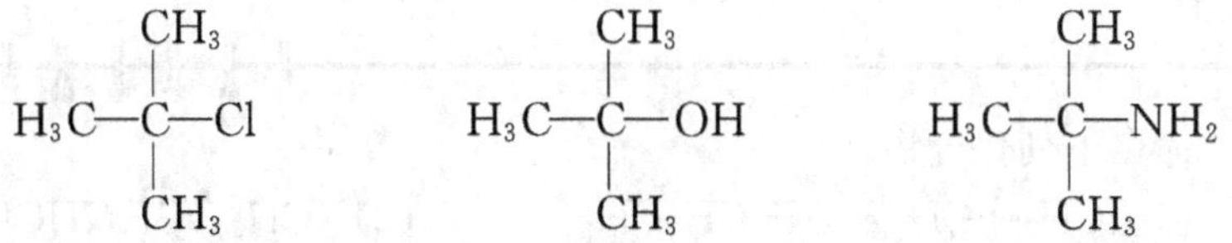

叔丁基氯(叔卤代烷)　　　叔丁醇(叔醇)　　　叔丁胺(伯胺)

胺也可以根据分子中烃基的种类分为脂肪胺和芳香胺。例如:

脂肪胺　$CH_3CH_2NH_2$　　$H_2NCH_2CH_2NH_2$　　苯-CH_2NH_2

芳香胺　苯-NH_2　　苯-$NHCH_3$　　苯-$N(CH_3)_2$

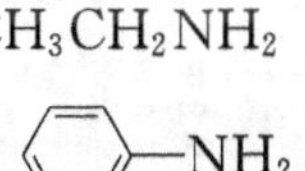

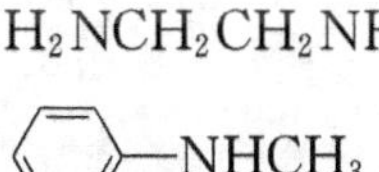

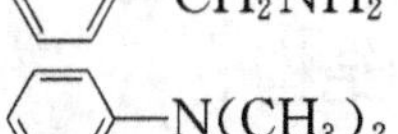

胺还可以根据分子中所含氨基的数目分为一元胺、二元胺和多元胺。

2. 命名

结构简单的胺可以根据烃基的名称来命名,即在烃基的名称后面加上"胺"字。含有多个相同烃基时,在烃基名称前面用汉字数字表示烃基的数目;含有多个不同烃基时,按次序规则列出。

芳香胺的命名通常以芳胺为母体,若氮原子上连有其他烃基,则作为取代基,并用"N-某基"来表示。例如：

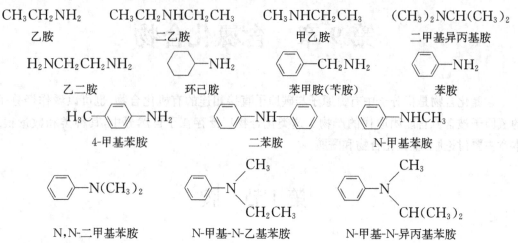

比较复杂的胺是以烃基作为母体，以氨基作为取代基来命名的。取代基按次序规则排列，较优基团后列出。例如：

CH₃CHCH₂CHCH₃ CH₃CHCH₂CH₂CH₃ HO—⟨ ⟩—NH₂ H₂N—⟨ ⟩—COOH
 | | |
 CH₃ NH₂   NHCH₃

2-甲基-4-氨基己烷   2-甲氨基戊烷   4-氨基环己醇   4-氨基苯甲酸

季铵盐和季铵碱的命名分别与铵盐和氢氧化铵类似。例如：

    (CH₃)₄N⁺Cl⁻ (CH₃)₄N⁺OH⁻ [(CH₃)₃N⁺CH₂CH₃]OH⁻
    氯化四甲铵   氢氧化四甲铵   氢氧化三甲基乙基铵

需要特别注意的是，在有机化学中，"氨""胺"和"铵"三字的用法，作为取代基时用"氨"字，如—NH₂ 称作氨基，CH₃NH— 称作甲氨基；作为官能团时用"胺"字，如 CH₃NH₂ 称作甲胺；氮原子上带有正电荷时用"铵"字，如 CH₃NH₃Cl 称作氯化甲(基)铵，但写作 CH₃NH₂·HCl 时称作甲胺盐酸盐。

思考题 9-1 命名下列化合物。

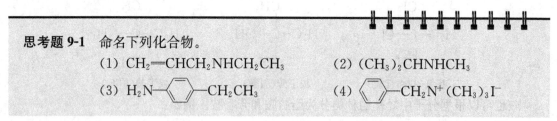

二、胺的结构

胺与氨的结构相似，为棱锥形结构，这是由氮原子为 sp³ 不等性杂化造成的。氮原子的最外层有 5 个电子，在氮原子的四个 sp³ 杂化轨道中，有三个 sp³ 杂化轨道中分别只有一个电子，这三个 sp³ 杂化轨道可以分别与三个其他原子(氢原子或碳原子)形成三个 σ 键，而剩余的一个 sp³ 杂化轨道中则有两个电子(即一对孤对电子)。根据氮原子上的基团不同，三个 σ 键之间的键角会有差异，但脂肪胺的形状一般为棱锥形。如下所示：

$$\text{氨的结构} \quad \text{甲胺的结构} \quad \text{三甲胺的结构}$$
（H 107.3°，甲胺 112.9°/105.9°，三甲胺 108°）

当氮原子上连的三个基团彼此不同时，如果把孤电子对也看作一个基团，则理论上这样的化合物应该存在一对对映异构体。但这样的一对对映体一般是不能被拆分的，因为胺的这样一对对映体之间相互转化需要的活化能很低，在室温下两者就可以迅速转化。

$$R\text{-}N(R')R'' \xrightleftharpoons{快} R''\text{-}N(R')R$$

当氮原子上连有四个不同基团时，例如季铵化合物，形成的一对对映体之间不可能翻转，因此可以得到相对稳定的一对对映异构体。例如：

(H$_3$C)$_2$CH-N$^+$(CH$_3$)(CH$_2$CH$_3$) (R) ｜ CH$_3$CH$_2$-N$^+$(CH$_3$)(CH(CH$_3$)_2$) (S)
（均带有苯基）

胺与氨之间不仅具有相似的结构，而且也具有相似的性质。

三、胺的物理性质

常温下，低级脂肪胺是气体或易挥发的液体，气味与氨相似，有的具有鱼腥味，如二甲胺和三甲胺，有的具有恶臭气味，如肉和尸体腐烂后产生的 1,4-丁二胺和 1,5-戊二胺。高级胺脂肪为固体，近乎无味。芳香胺为高沸点的液体或者低熔点的固体，具有特殊的气味。芳香胺具有较大的毒性，如苯胺可通过吸入、食入或者透过皮肤吸收而中毒，联苯胺和 β-萘胺可以引起恶性肿瘤。

伯、仲、叔胺与水都可以形成氢键，因此，低级脂肪胺易溶于水。随着分子中烃基所占的比例增大，胺的溶解度迅速下降，因此，中级胺、高级胺及芳香胺一般微溶或难溶于水。但大多数胺都可以溶解在有机溶剂中。常见胺的物理常数见表 9-1。

表 9-1 胺类的物理常数

名称	熔点/℃	沸点/℃	pK_b
甲胺	−92	−7.5	3.38
二甲胺	−96	7.5	3.27
三甲胺	−117	3	4.21
乙胺	−80	17	3.36
二乙胺	−39	55	3.06
1,4-丁二胺	27	158	
1,5-戊二胺	−2.1	178	
苯胺	−6	184	9.40
N-甲基苯胺	−57	196	9.60

续表

名称	熔点/℃	沸点/℃	pK_b
N,N-二甲苯胺	3	194	9.62
邻甲苯胺	−28	200	9.56
间甲苯胺	−30	203	9.28
对甲苯胺	44	200	8.90
邻苯二胺	103	257	9.5;12.7*
间苯二胺	63	284	9.3;11.4*
对苯二胺	140	267	8.9;10.7*
二苯胺	53	302	13.8
α-萘胺	50	301	11.1
β-萘胺	110.2	306	9.9

注：*前一数字为 pK_{b1}，后一数字为 pK_{b2}。

伯胺和仲胺本身分子间能够形成氢键，但氮原子的电负性比氧的电负性小，故胺分子间的氢键比醇分子间的氢键弱，因此，胺的沸点比相对分子质量相近的非极性化合物要高，而比相对分子质量相近的醇低。见表9-2。

表 9-2 胺和醇、烃沸点比较

化合物	$CH_3(CH_2)_4NH_2$	$CH_3(CH_2)_2OH$	$(CH_3CH_2)_3N$	$(CH_3CH_2)_3CH$
相对分子质量	87	88	101	100
沸点/℃	104.4	138	89.3	93.5

四、胺的化学性质

与氨相似，胺中氮原子上含有一对未共用电子对，可以和其他原子的空轨道结合，因而胺具有碱性和亲核性。芳香胺的氨基（或 N-取代氨基）中氮原子上未共用电子对所在的轨道和芳环 π 键会发生部分重叠，这使氮原子上未共用电子对所在轨道的 p 轨道成分增加，氮原子由原来的 sp^3 不等性杂化逐渐趋于 sp^2 杂化。因此，在氮原子和芳环之间可以形成 p-π 共轭体系，从而使芳香胺的碱性和亲核性减弱。同时，由于芳香胺中存在的这种 p-π 共轭体系可以使芳环上电子云密度增大，因此其芳环上的亲电取代反应更容易发生。

1. 胺的碱性

胺与氨相似，其分子中氮原子上的未共用电子对使它们能从水中接受一个质子，形成铵离子，并产生氢氧根离子，也即胺显示碱性。胺的碱性强弱一般用碱离解常数 pK_b 来表示，pK_b 越小，碱性越强。

$$RNH_2 + H_2O \rightleftharpoons RNH_3^+ + OH^-$$

在脂肪胺中，由于烷基是给电子基团，氨基中氮原子上的电子密度增加，接受质子的能力增强，因此，其碱性比氨（$pK_b=4.75$）强。氮原子上所连的烷基越多，其电子云密度就越大，接受质子的能力就越强，其碱性也越强。例如，下列几种脂肪胺在气态时的碱性强弱顺序为：

$$(CH_3)_3N > (CH_3)_2NH > CH_3NH_2 > NH_3$$

然而，脂肪胺的碱性不仅与烷基的供电诱导效应有关，其在水溶液中还会受到水的溶剂化效应及空间位阻等因素的影响。胺分子中氮原子上连接的氢越多，与之形成氢键的水分子越多,也即溶剂化程度就越大,其形成的铵正离子就越稳定,也即胺的碱性越强;当氮原子上连接的烷基增多时,空间位阻增大,质子与氮原子的接近困难,其碱性就减弱。例如,下列几种脂肪胺在水溶液中的碱性强弱顺序为:

$$(CH_3)_2NH > CH_3NH_2 > (CH_3)_3N > NH_3$$

在芳香胺中,氨基中氮原子直接与苯环相连,它们之间可以形成 p-π 共轭体系,这使氮原子上的电子云密度下降,其接受质子的能力减弱,所以芳香胺的碱性比氨弱。氮原子上连的芳基越多,其电子云密度越低,接受质子的能力也就越弱,芳香胺的碱性也越弱。例如,下列几种芳香胺在水溶液中的碱性强弱顺序为:

$$NH_3 > PhNH_2 > Ph_2NH > Ph_3N$$

取代芳香胺的碱性强弱取决于芳环上取代基的性质,若为吸电子取代基,其碱性将减弱;若为给电子取代基,则碱性将增强。例如,下列几种取代苯胺的碱性强弱顺序为:

	NH_2—C$_6$H$_4$—CH$_3$	NH_2—C$_6$H$_5$	NH_2—C$_6$H$_4$—Cl	NH_2—C$_6$H$_4$—NO$_2$	NH_2—C$_6$H$_3$(NO$_2$)$_2$
pK_b	8.90	9.30	10.02	13.00	13.82

总之,综合考虑电子效应和空间位阻的影响,各类胺在水溶液中的碱性强弱顺序一般为:

脂肪仲胺>脂肪伯胺>脂肪叔胺>氨>芳香伯胺>芳香仲胺>芳香叔胺

由于胺类是弱碱,可以和大多数酸反应生成盐。铵盐一般能溶于水,在强碱(NaOH 或 KOH)作用下会释放出原来的胺。

$$RNH_2 + HCl \rightleftharpoons RNH_3^+Cl^-$$

$$RNH_3^+Cl^- + NaOH \rightleftharpoons RNH_2 + NaCl + H_2O$$

利用胺的这一性质可以对不溶于水的胺进行分离、提纯。制药工业也常利用铵盐溶解性较好且性质稳定的特点,将难溶于水的胺类药物制成相应的盐。例如,局部麻醉药盐酸普鲁卡因就是以铵盐的形式使用的,其水溶液可用于肌肉注射。

$$[H_2N-C_6H_4-COOCH_2CH_2\overset{+}{N}H(C_2H_5)_2]Cl^-$$

盐酸普鲁卡因

思考题 9-2 按碱性强弱顺序排列下列两组化合物。

(1) CH$_3$CH$_2$NH$_2$ NH$_3$ 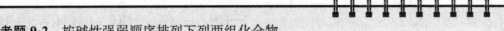

(2) H$_3$C—C$_6$H$_4$—NH$_2$ O$_2$N—C$_6$H$_4$—NH$_2$ C$_6$H$_5$—NH$_2$

思考题 9-3 N,N-二甲基苯胺的碱性比苯胺的碱性更强,为什么?

2. 胺的烷基化

氨具有一定的亲核性,可与卤代烃等试剂作用生成伯胺。伯胺与氨相似,也可以亲核进攻卤代烃等试剂,生成仲胺、叔胺,如果卤代烃过量,会继续反应生成季铵盐。从胺来看,这个反应相当于氮原子上的氢原子被烃基取代,称为胺的烷基化反应。在胺的烷基化反应中,通过控制卤代烃的用量以及反应时间和温度,可以使反应停在某一步,从而得到对应的某一种胺。

$$NH_3 \xrightarrow{RX} RNH_2 \xrightarrow{RX} R_2NH \xrightarrow{RX} R_3N \xrightarrow{RX} R_4N^+X^-$$

3. 季铵碱的制备及霍夫曼消除

季铵碱是一种强碱,其碱性与 NaOH 的相当。当季铵盐与 NaOH 或者 KOH 作用时,得到的季铵盐是强酸强碱盐,反应是可逆的,因此季铵碱很难通过该反应来制备。

$$R_4N^+X^- + KOH \rightleftharpoons R_4N^+OH^- + KX$$

当用湿的 Ag_2O(即 AgOH)代替 KOH 和季铵盐作用时,由于生成的 AgX 为沉淀,平衡可以向生成相应的季铵碱的方向进行,从而可以制备出季铵碱。这个反应也是制备季铵碱的常用方法。

$$R_4N^+X^- + AgOH \rightleftharpoons R_4N^+OH^- + AgX\downarrow$$

季铵碱的性质也与 NaOH 或者 KOH 相似,易吸收空气中的水分而潮解,也能溶于水。

季铵碱在加热条件下(100 ℃～200 ℃)会发生分解,即霍夫曼消除。其产物的类型和季铵碱中烃基的结构有关,若季铵碱的分子中烃基上没有 β-H,加热分解生成叔胺和醇。例如:

$$(CH_3)_4N^+OH^- \xrightarrow{\triangle} (CH_3)_3N + CH_3OH$$

若季铵碱的分子中有一个烃基上有 β-H,则加热时该烃基生成烯烃,另外三个烃基仍然连在氮原子上形成叔胺。例如:

$$[(CH_3)_3N^+CH_2CH_2CH_3]OH^- \xrightarrow{\triangle} (CH_3)_3N + H_2C=CHCH_3 + H_2O$$

$$\text{C}_6\text{H}_{11}-N^+(CH_3)_3OH^- \xrightarrow{\triangle} \text{C}_6\text{H}_{10} + (CH_3)_3N + H_2O$$

当季铵碱的分子中有几种不同的 β-H 时,加热消除可以生成几种烯烃的混合物。霍夫曼在总结了大量实验结果的基础上,提出了一个规则,称为霍夫曼规则:季铵碱的热消除反应,通常是消除含氢较多的 β-C 上的氢。这与查依采夫消除规律刚好相反。例如:

$$\underset{\underset{CH_3}{|}}{CH_3CH_2CH_2CHN^+(CH_3)_3}OH^- \xrightarrow{\triangle} \underset{96\%}{CH_3CH_2CH_2CH=CH_2} + \underset{4\%}{CH_3CH_2CH=CHCH_3} +$$

$$(CH_3)_3N + H_2O$$

$$\text{(1-甲基环己基)}N^+(CH_3)_3OH^- \xrightarrow{\triangle} \underset{90\%}{\text{亚甲基环己烷}} + \underset{9\%}{\text{1-甲基环己烯}} + (CH_3)_3N + H_2O$$

需要注意的是,当 β-C 上有芳基或者不饱和基团的季铵碱进行热消除反应时,优先生成含有共轭体系的烯烃。例如:

$$\text{C}_6\text{H}_5-CH_2CH_2-\underset{\underset{CH_3}{|}}{\overset{\overset{CH_3}{|}}{N^+}}CH_2CH_3OH^- \xrightarrow{\triangle} C_6H_5-CH=CH_2 + (CH_3)_2NCH_2CH_3 + H_2O$$

思考题 9-4 写出下面反应式的主要产物。

(1) $CH_3CH_2CH-\overset{\overset{\displaystyle CH_3}{|}}{\underset{\underset{\displaystyle CH_3}{|}}{N^+}}-CH_2CH_2OH^- \xrightarrow{\triangle}$

(2)

$\underset{}{\bigcirc}N-CH_3 \xrightarrow{CH_3I} \xrightarrow{湿\ Ag_2O} \xrightarrow{\triangle}$

4. 胺的酰化

伯胺和仲胺可以与酰卤、酸酐等酰基化试剂或者苯磺酰氯、对甲苯磺酰氯等磺酰化试剂作用，生成相应的酰胺或者磺酰胺，分别称为酰基化反应和磺酰化反应。叔胺的氮原子上没有氢，不能发生酰化反应。

（1）酰基化反应　伯胺和仲胺与酰卤、酸酐等酰基化试剂作用，可以生成相应的 N-取代和 N,N-二取代酰胺。例如：

$$RNH_2 + R'-\overset{\overset{\displaystyle O}{\|}}{C}-Y \longrightarrow R'-\overset{\overset{\displaystyle O}{\|}}{C}-NHR + HY$$

$$RNH_2 + R'-\overset{\overset{\displaystyle O}{\|}}{C}-Y \longrightarrow R'-\overset{\overset{\displaystyle O}{\|}}{C}-NHR + HY$$

$$Y=-X,-OOCR,-OR$$

在常温下，酰胺类化合物中，除甲酰胺为液体外，其他酰胺大都是具有一定熔点的固体，因此，可以通过测定其熔点来鉴定胺。另外，酰胺类化合物在酸或者碱的水溶液中加热易水解生成原来的胺，因此，利用酰基化反应可以进行伯、仲、叔胺的分离、提纯。

（2）磺酰化反应　伯胺或仲胺与苯磺酰氯或对甲基苯磺酰氯（TsCl）等磺酰化试剂在碱性条件下反应，生成相应的磺酰胺。叔胺不发生磺酰化反应。磺酰化反应又称为兴斯堡（Hinsberg）反应。

在磺酰化反应中，伯胺反应的产物磺酰胺分子中氮原子上还有一个氢原子，在磺酰基的强吸电子诱导效应影响下，具有一定的酸性，可与氢氧化钠反应生成盐并且溶于其水溶液中。例如：

$$RNH_2 \xrightarrow{TsOH} H_3C-\!\!\!\!\bigcirc\!\!\!\!-SO_2NHR \downarrow \xrightarrow{NaOH} H_3C-\!\!\!\!\bigcirc\!\!\!\!-SO_2N^-RNa^+$$

溶解于水

仲胺反应的产物磺酰胺分子中氮原子上没有氢原子，因而不溶于氢氧化钠溶液而呈固体析出。例如：

$$R_2NH \xrightarrow{TsOH} H_3C-\!\!\!\!\bigcirc\!\!\!\!-SO_2NR_2 \downarrow \xrightarrow{NaOH} \times$$

叔胺不发生磺酰化反应，也不能溶于氢氧化钠溶液，从而出现分层现象。

利用伯胺、仲胺和叔胺性质的不同，可以进行这三类胺的鉴定。由于磺酰胺可以水解生成原来的胺，因此，这一性质也可以用于这三类胺的分离。首先将三类胺的混合物与苯磺酰氯或对甲基苯磺酰氯等磺酰化试剂在碱性条件下反应,然后对反应液加热蒸出未反应的叔胺。剩下的液体过滤后,固体为仲胺的磺酰化产物,伯胺的磺酰化产物则在滤液中。对它们分别进行酸化处理,则可以分别得到伯胺和仲胺。

思考题 9-5 用化学方法鉴别下列各组化合物。

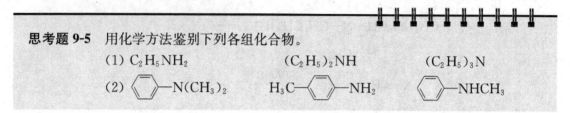

5. 芳胺的亲电取代反应

在芳胺中,氨基的氮原子直接与芳环相连,和芳环之间可以形成 p-π 共轭体系,这可以使芳环上电子云密度增大,即氨基能使苯环强烈活化,所以芳胺的芳环上很容易发生亲电取代反应。

(1) 卤代　芳胺的卤代反应非常容易进行,因此常生成多卤代产物。例如,苯胺与溴水作用,立即生成白色沉淀 2,4,6-三溴苯胺,这个反应很灵敏,可以用于苯胺的定性和定量分析。

$$\text{C}_6\text{H}_5\text{NH}_2 + 3\text{Br}_2 \xrightarrow{\text{H}_2\text{O}} \text{2,4,6-三溴苯胺} \downarrow + 3\text{HBr}$$

若要制取一卤代芳胺,则应首先降低苯环的反应活性,再进行卤代反应来生成一卤代芳胺。通常采用乙酸酐或者乙酰氯等酰基化试剂对芳胺进行酰基化反应,生成的酰胺基对芳环的活化能力较弱,而且由于酰胺基的空间效应较大,此时进行卤代反应主要得到对位取代产物。卤代反应完成后,对产物水解除去酰基即可得到一卤代芳胺。例如:

$$\text{PhNH}_2 \xrightarrow{\text{CH}_3\text{COCl}} \text{PhNHCOCH}_3 \xrightarrow{\text{Br}_2} p\text{-Br-C}_6\text{H}_4\text{NHCOCH}_3 \xrightarrow[\text{H}^+ \text{或 OH}^-]{\text{H}_2\text{O}} p\text{-Br-C}_6\text{H}_4\text{NH}_2$$

(2) 硝化　芳香族伯胺中的氨基容易被氧化,因而不能直接用硝酸进行硝化反应,通常也要采用酰基对氨基保护,待硝化反应完成后,对产物水解除去酰基即可得到硝基芳胺。例如:

$$\text{PhNH}_2 \xrightarrow{(\text{CH}_3\text{CO})_2\text{O}} \text{PhNHCOCH}_3 \xrightarrow[\text{HOAc}]{\text{HNO}_3} p\text{-O}_2\text{N-C}_6\text{H}_4\text{NHCOCH}_3 \xrightarrow{\text{KOH/ROH}} p\text{-O}_2\text{N-C}_6\text{H}_4\text{NH}_2$$

(3) 磺化　由于磺化反应中采用的浓硫酸为强酸,因此芳胺的磺化反应首先生成相应的硫酸盐,加热脱水、重排后才能生成对氨基苯磺酸,这是一种重要的染料中间体。

$$\text{PhNH}_2 \xrightarrow{\text{H}_2\text{SO}_4} \text{PhNH}_3^+\text{HSO}_4^- \xrightarrow{\triangle} p\text{-H}_2\text{N-C}_6\text{H}_4\text{-SO}_3\text{H}$$

思考题 9-6 完成下列合成。

(1) C₆H₅—CH₃ ⟶ H₂N—C₆H₄—COOH

(2) C₆H₅—NH₂ ⟶ 2,6-二硝基苯胺

6. 与亚硝酸的反应

亚硝酸不稳定，在实际反应中通常使用亚硝酸钠和盐酸的混合物。胺大都可以和亚硝酸作用，不同的胺与亚硝酸反应的产物也不同。

(1) 伯胺与亚硝酸的反应　伯胺与亚硝酸反应首先生成重氮盐，重氮盐不稳定，易发生分解，释放出氮气。例如，脂肪族伯胺与亚硝酸在常温下反应，生成的脂肪族重氮盐极不稳定，立即分解放出氮气，并生成卤代烃、醇、烯等混合物，因此在合成上没有应用价值。但由于脂肪族伯胺与亚硝酸的反应所放出的氮气是定量的，因此该反应可以用于有机化合物中氨基的定量测定。其反应式可以用下式表示：

$$RNH_2 + NaNO_2 + HCl \longrightarrow 卤代烃、醇、烯烃等 + H_2O + N_2\uparrow$$

芳香族伯胺与亚硝酸在低温下反应生成重氮盐，芳香族重氮盐是一种很重要的有机合成试剂。温度升高，则芳香重氮盐分解生成酚，并且放出氮气。其反应式可以用下式表示：

$$ArNH_2 + NaNO_2 + HCl \longrightarrow ArOH + H_2O + N_2\uparrow$$

(2) 仲胺与亚硝酸的反应　仲胺与亚硝酸作用生成的产物都为不溶于水的黄色油状液态或固态 N-亚硝基胺。

$$R_2NH + NaNO_2 + HCl \longrightarrow R_2N-NO + H_2O$$

N-亚硝基苯胺与稀酸在一起加热会分解为原来的胺，因此该反应可以用来分离和提纯仲胺。

N-亚硝基胺类化合物大都具有很强的毒性，现在已经证实是很强的致癌物质。在一些罐头或者腌制食品等的制作过程中，亚硝酸盐有时会作为防腐剂或者保色剂被添加。当食用这些含有亚硝酸盐的食物后，在胃酸作用下可以产生亚硝酸，其与体内一些具有仲胺结构的化合物作用可以生成 N-亚硝基胺类化合物，这些物质可能引起人体内多种器官或者组织的肿瘤发生癌变。

(3) 叔胺与亚硝酸的反应　脂肪族叔胺中氮原子上没有氢，与亚硝酸反应形成不稳定的盐，此盐与碱作用后可得到原来的叔胺。

芳香叔胺在亚硝酸作用下，可以发生芳环上的亲电取代反应引入亚硝基。例如：

C₆H₅—N(CH₃)₂ + HNO₂ ⟶ ON—C₆H₄—N(CH₃)₂

N,N-二甲基对亚硝基苯胺（绿色结晶）

利用伯、仲、叔胺与亚硝酸反应的不同现象，可以进行这三类胺的鉴别。

思考题 9-7　怎样提纯含有少量乙胺和三乙胺的二乙胺？

思考题 9-8　1 mol 丁胺和亚硝酸钠完全反应，在标准状态下能生成多少体积的氮气？

第 2 节　重氮化合物

伯胺和亚硝酸反应可以生成重氮盐，重氮盐的化学性质很活泼，能和很多种化合物发生反应。根据伯胺的种类，重氮化合物可以分为脂肪族重氮化合物和芳香族重氮化合物。

一、脂肪族重氮化合物

脂肪族伯胺与亚硝酸反应可以生成重氮盐，但脂肪胺的重氮盐非常不稳定，生成以后立即自发地发生分解并进行取代、重排、消除等一系列反应，最后放出氮气并得到醇、卤代烃、烯等的混合物。因此，脂肪族伯胺与亚硝酸的反应在有机合成上一般很少有实际用途，只有极少数脂肪族重氮化合物可以用来形成一些特殊的结构。例如重氮甲烷，分子式是 CH_2N_2，它是一个黄色有毒的气体化合物，熔、沸点比较低（熔点 $-145\ ℃$，沸点 $-23\ ℃$），在 200 ℃时会发生爆炸，因此在制备和使用它时要特别注意安全。重氮甲烷能溶于乙醚，并且比较稳定，有机合成中一般使用它的乙醚溶液。重氮甲烷非常活泼，可以发生很多类型反应，例如，光照条件下，重氮甲烷可以分解成最简单的卡宾——亚甲基卡宾（∶CH_2），后者能和烯烃发生反应生成三元环结构化合物。因此，重氮甲烷在有机合成上是重要的试剂。

二、芳香族重氮化合物

芳香族伯胺与亚硝酸在低温下反应生成重氮盐。但干燥的芳香族重氮盐一般不稳定，易发生爆炸；在中性或碱性介质中也不稳定，温度稍高就会分解，而在低温的水溶液中则比较稳定。因此，芳香族重氮盐制备后不分离，直接在低温的水溶液中保存和应用。芳香族重氮盐的化学性质很活泼，能发生许多反应，主要分成两大类：一类为失去氮的反应——重氮基被其他基团取代的反应；另一类为保留氮的反应——偶联反应。

1. 重氮基被取代的反应及其在有机合成中的应用

芳香族重氮盐的重氮基可以被卤素、氢、羟基、氰基等原子或基团取代，同时放出氮气。这类反应可以用来制备通过芳香烃的亲电取代反应所不能生成的芳香化合物，因此，在有机合成中是极为重要的一类反应。

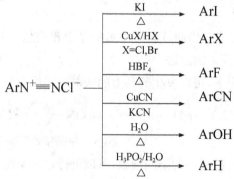

在有机合成中,若所需的芳烃化合物用常规的方法难以合成,可采用重氮盐被取代的方法来实现。例如,由苯制备 1,3,5-三溴苯的合成路线如下:

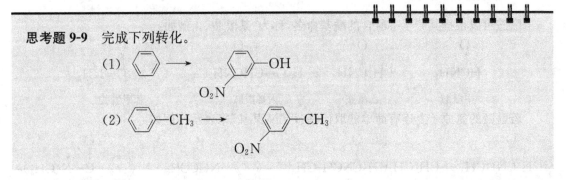

上述取代反应一般也适用于萘及其衍生物。

思考题 9-9 完成下列转化。

(1) ![benzene] ⟶ 3-硝基苯酚 (O_2N-C_6H_4-OH)

(2) 甲苯 ⟶ 3-硝基甲苯

2. 偶联反应

芳香族重氮盐中的重氮盐正离子可以作为亲电试剂与三级芳胺、酚等活泼的芳香化合物进行芳环上的亲电取代反应,生成偶氮化合物,通常把这个反应称为偶联反应。偶联反应是亲电取代反应,由于重氮盐正离子的亲电能力较弱,所以它只能与芳环上有强的给电子基团的芳香化合物进行反应,且反应一般发生在电子云密度较高的对位和邻位上。如果对位被占据,则偶联反应发生在邻位。

芳香族重氮盐与酚在弱碱性(pH=8~10)条件下进行,例如:

$$C_6H_5-\overset{+}{N}=N\,Cl^- + C_6H_5-OH \xrightarrow[0\,℃]{NaOH,\,H_2O} C_6H_5-N=N-C_6H_4-OH$$

芳香族重氮盐与酚的偶联反应在弱碱性条件下进行,这是因为酚是弱酸性物质,遇碱作用生成盐,酚盐负离子由于共轭效应使原羟基的邻、对位电子云密度更大,所以弱碱性条件有利于酚与亲电试剂重氮盐正离子发生偶联反应。

芳香族重氮盐与三级芳胺的偶联反应在弱酸性(pH=5~7)条件下进行,例如:

$$C_6H_5-\overset{+}{N}=N\,Cl^- + C_6H_5-N(CH_3)_2 \xrightarrow[0\,℃]{HOAc,\,H_2O} C_6H_5-N=N-C_6H_4-N(CH_3)_2$$

这是因为三级胺在水中的溶解度不大,在弱酸性条件下,三级芳胺形成铵盐,从而增大了其溶解度。成盐的反应是可逆的,随着偶联反应中芳胺的消耗,芳胺的盐会重新转化成芳胺而满足反应的需要。

偶联反应的产物偶氮化合物都有颜色,因而许多偶氮化合物是很好的染料或指示剂。如甲基橙就是通过偶联反应制备的一种偶氮化合物,它是酸碱滴定时常用的一种指示剂,它的变色范围为:溶液 pH＝3.1～4.4 时为橙色,当溶液 pH＜3.1 时显红色,当溶液 pH＞4.4 时显黄色。

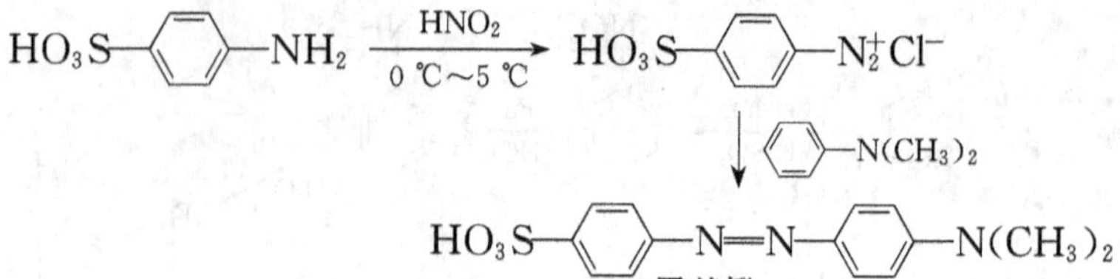

$$HO_3S-\phi-NH_2 \xrightarrow[0\,℃\sim 5\,℃]{HNO_2} HO_3S-\phi-N_2^+Cl^-$$

$$\downarrow \phi-N(CH_3)_2$$

$$HO_3S-\phi-N=N-\phi-N(CH_3)_2$$
甲基橙

第3节 酰 胺

一、酰胺的命名

酰胺可以根据其分子中所含的酰基命名,称为"某酰胺"。例如:

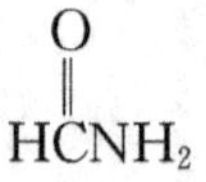

HCNH₂　　　　CH₃CNH₂　　　　H₂C=CHCNH₂　　　　C₆H₅CONH₂

甲酰胺 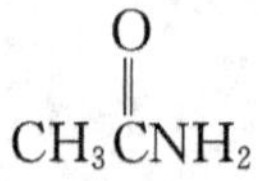　　　　乙酰胺 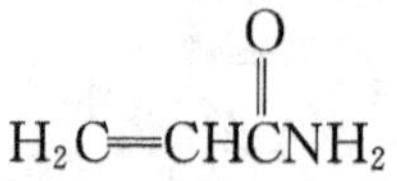　　　　　丙烯酰胺 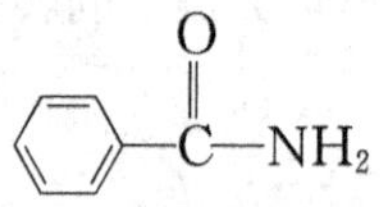　　　　　　苯甲酰胺

若酰胺的氮原子上连有简单的取代基,用"N-某基"来表示。例如:

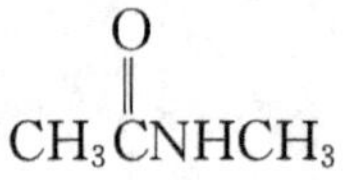

CH₃CNHCH₃　　CH₃CH₂CH₂CNCH₂CH₃　　C₆H₅NHCCH₃　　C₆H₅CON(CH₃)₂
　　　　　　　　　　　　　|
　　　　　　　　　　　　　CH₃

N-甲基乙酰胺 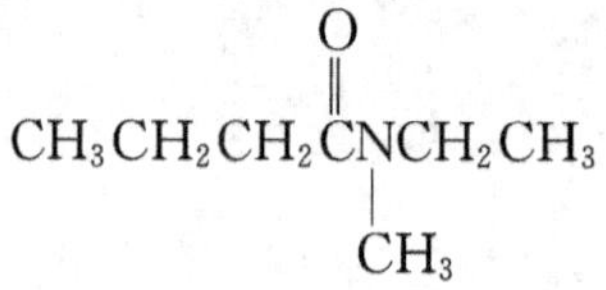　　N-甲基-N-乙基丁酰胺 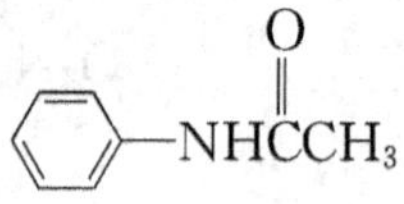　　N-苯基乙酰胺(乙酰苯胺) 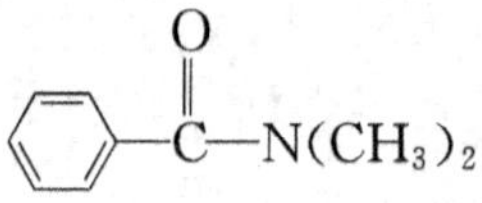　　N,N-二甲基苯甲酰胺

若氨基的氮原子上连有两个酰基,则称为"某二酰亚胺"。例如:

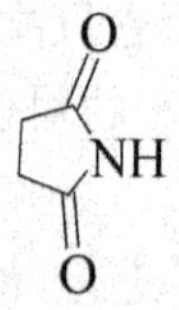

丁二酰亚胺 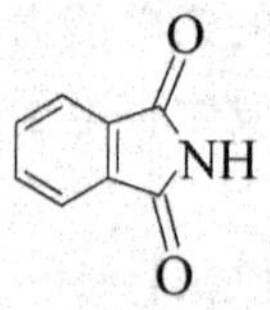　　　　邻苯二甲酰亚胺

二、酰胺的结构

由于酰胺分子中氮原子上的孤对电子和羰基之间可以形成 p-π 共轭,因此碳氧键和碳氮键的键长趋于平均化,其结构可以表示如下:

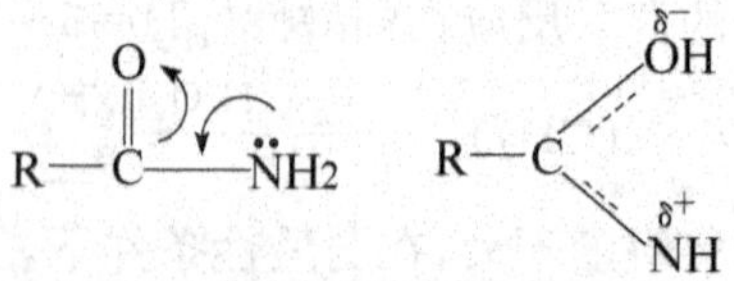

$$R-C(=O)-NH_2 \quad\longleftrightarrow\quad R-C\begin{smallmatrix}\delta^-\\OH\\\delta^+\\NH\end{smallmatrix}$$

三、酰胺的物理性质

常温下,除甲酰胺外,绝大多数酰胺都是固体,这是由于酰胺分子间可以形成氢键,若氮上

氢原子逐步被烃基取代,氢键的缔合作用减小或消失,因此 N-取代酰胺的熔点和沸点比较低。例如,甲酰胺的熔点为 2 ℃,而 N,N-二甲基甲酰胺的熔点为 −61 ℃。

低级的酰胺能溶于水,例如,N,N-二甲基甲酰胺(DMF)和 N,N-二甲基乙酰胺是很好的非质子极性溶剂,可以与水以任何比例混合。高级酰胺在水中的溶解度较小。部分酰胺的物理常数见表 9-3。

表 9-3　酰胺的物理常数

名　称	熔点/℃	沸点/℃
甲酰胺	2.5	200
乙酰胺	81	222
丙酰胺	79	213
丁酰胺	116	216
己酰胺	101	255
N,N-二甲基甲酰胺	−61	153
N,N-二甲基乙酰胺	−20	165
苯甲酰胺	130	290
乙酰苯胺	114	305

四、酰胺的化学性质

1. 酸碱性

氨基中氮原子上有一对孤电子,易与氢质子结合而显示碱性。但在酰胺分子中,氨基与羰基的碳原子相连,氮原子上的孤电子对与羰基之间形成 p-π 共轭体系,使氮原子上的电子云密度降低,其结合质子的能力减弱,所以酰胺一般接近中性。而在酰亚胺分子中,氮原子与两个羰基相连,氮原子上的电子云密度更低,使氮原子上所连的氢原子活性增强,从而表现出一定的酸性。例如:

邻苯二甲酰亚胺 + NaOH ⟶ 邻苯二甲酰亚胺钠 + H_2O

2. 水解和脱水反应

酰胺是一种羧酸衍生物,能发生与酰卤、酸酐和酯相类似的反应。但酰胺的反应活性低于其他羧酸衍生物。酰胺的水解反应必须在酶、强酸或强碱的催化下,长时间回流才能进行。例如:

$$C_6H_5-CH_2CONH_2 \xrightarrow[\text{回流}]{35\% HCl} C_6H_5-CH_2COOH + NH_4^+Cl^-$$

$$CH_3CH_2CON(CH_3)_2 \xrightarrow[H_2O]{NaOH} CH_3CH_2COO^-Na^+ + HN(CH_3)_2$$

酰胺在 P_2O_5、$SOCl_2$ 等强脱水剂存在下加热也可以发生脱水反应,产物为腈,这也是制备腈的一种方法。此方法尤其适用于用卤代烃和 NaCN 的亲核取代反应难以制备的腈。例如:

$$(CH_3)_2CHCONH_2 \xrightarrow[200\ ℃]{P_2O_5} (CH_3)_2CHCN + H_2O$$

3. 霍夫曼降解反应

酰胺与溴或氯的碱性溶液作用时,酰胺分子中的羰基被脱去,生成比原来的酰胺少一个碳原子的伯胺,该反应是霍夫曼首先发现的,故称为霍夫曼降解反应,也称为霍夫曼重排反应。此反应可以用来制备高纯度的伯胺,且产率较高。例如:

$$RCONH_2 + Br_2 + NaOH \longrightarrow RNH_2 + Na_2CO_3 + H_2O + NaBr$$

4. 与亚硝酸反应

与伯胺相同,具有伯氨基的酰胺(氮原子上的两个氢原子未被取代的酰胺,也称为伯酰胺)也可以与亚硝酸反应,放出氮气,同时生成羧酸:

$$RCONH_2 + NaNO_2 + HCl \longrightarrow RCOOH + N_2\uparrow$$

思考题 9-10 完成下列反应。

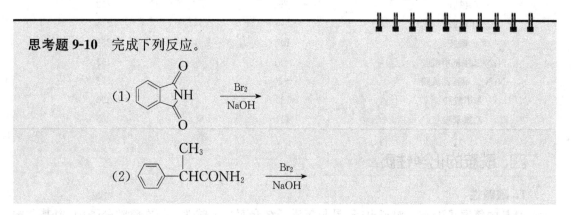

五、碳酸的酰胺

从结构上看,碳酸是一个双羟基化合物,可以看作羟基甲酸,也可以看作共用一个羰基的二元酸。碳酸本身不稳定,但它的许多重要衍生物是稳定的。碳酸中一个羟基或者两个羟基被氨基取代,分别可以形成氨基甲酸和尿素两种酰胺。氨基甲酸本身很不稳定,易分解为 CO_2 和 NH_3。

碳酸	氨基甲酸	尿素	氨基甲酸酯
HO–CO–OH	H_2N–CO–OH	H_2N–CO–NH_2	RO–CO–NHR′

1. 氨基甲酸酯

碳酸中的两个羟基分别被氨基和烷氧基取代即形成氨基甲酸酯。与氨基甲酸不同,氨基甲酸酯是稳定的。氨基甲酸酯可以由氯代甲酸酯和氨反应制备。它是一类具有特殊生化性能的重要化合物,已被广泛应用在医药和农业领域。如下面两种氨基甲酸酯可用作镇静剂:

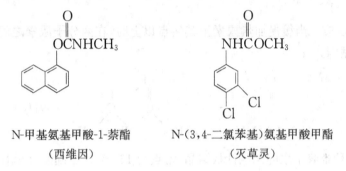

氨基甲酸乙酯　　　　2-甲基-2-丙基-1,3-丙二醇双氨基甲酸酯
（乌拉坦）　　　　　　　（安宁,眠尔通）

还有许多氨基甲酸酯类化合物作为农药使用,具有专一性强、易分解、残毒小等特点。如作为杀虫剂的西维因、作为除草剂的灭草灵等。

N-甲基氨基甲酸-1-萘酯　　　N-(3,4-二氯苯基)氨基甲酸甲酯
（西维因）　　　　　　　　　　（灭草灵）

2. 尿素

尿素是碳酸的全酰胺,也称脲,它是碳酸的重要衍生物,也是多数动物和人类体内蛋白质代谢的最终产物。尿素是人工合成的第一个有机化合物,在有机化学发展史上占有重要的地位。工业上其由 NH_3 和 CO_2 在高温高压下制得。

$$2NH_3 + CO_2 \xrightarrow[\Delta]{\text{高压}} H_2N-CO-NH_2 + H_2O$$

尿素为白色结晶,熔点为 135 ℃,易溶于水和乙醇。尿素主要用作肥料,一部分用来制备尿素甲醛树脂,少量用来制备一种重要的安眠剂——巴比妥酸。

尿素除了具有一般酰胺的化学性质外,还有一些特殊性质,其主要的化学性质如下:

(1) **成盐**　与一般的酰胺相比,尿素分子结构中羰基碳原子与两个氨基相连,其碱性稍强,但其碱性还不足以用石蕊试纸检验。尿素可以与硝酸、醋酸形成不溶性的盐,这一性质可以用来从尿液中分离提取尿素。

$$H_2N-CO-NH_2 + HNO_3 \longrightarrow CO(NH_2)_2 \cdot HNO_3 \downarrow$$

(2) **水解**　作为碳酸的全酰胺,尿素同一般酰胺一样,在酸、碱溶液中加热或者在尿素酶的作用下,也可以发生水解反应。这一反应也是尿素作为肥料可以被植物吸收利用的重要前提,因为一般植物只会吸收土壤中的铵离子。

$$\underset{H_2N\ \ NH_2}{\overset{O}{\underset{\|}{C}}} + H_2O \begin{array}{c} \xrightarrow{H^+} NH_4^+ + CO_2\uparrow \\ \xrightarrow{OH^-} NH_3\uparrow + CO_3^{2-} \\ \xrightarrow{尿素酶} NH_3\uparrow + CO_2 \end{array}$$

(3) 与亚硝酸反应　与其他伯酰胺一样，尿素也可以和亚硝酸反应放出氮气，该反应是定量进行的，因此，通过测定反应所放出氮气的量，即可计算出尿素的含量。

$$\underset{H_2N\ \ NH_2}{\overset{O}{\underset{\|}{C}}} + 2NaNO_2 + 2HCl \longrightarrow CO_2\uparrow + H_2O + N_2\uparrow$$

(4) 二缩脲反应　当缓慢加热尿素至其熔点以上时，在两分子尿素之间可以脱去一分子氨，缩合生成二缩脲。

$$2\ \underset{H_2N\ \ NH_2}{\overset{O}{\underset{\|}{C}}} \longrightarrow \underset{H_2N\ \ NH\ \ NH_2}{\overset{O\ \ \ \ \ O}{\underset{\|\ \ \ \ \ \|}{C\ \ \ \ C}}} + NH_3\uparrow$$

二缩脲是一种难溶于水的无色针状结晶，熔点为 160 ℃。二缩脲在碱性溶液中与硫酸铜作用呈现紫红色，称为二缩脲反应，该反应可以用来鉴定尿素。除二缩脲外，凡是分子中含有两个或两个以上酰胺键的化合物，如多肽、蛋白质等，都可以用这个反应来鉴定。

习　题

1. 命名下列化合物：
(1) $CH_3CH_2CH_2NH_2$
(2) $(CH_3)_2NCH_2CH_3$
(3) $(CH_3)_2CHCHNH_2$
　　　　　　　$|$
　　　　　　CH_3
(4) ⌬—CH_2NH_2
(5) ⌬—$NHCH_2CH_3$
(6) ⌬—$N\overset{CH_3}{\underset{CH_2CH_3}{\big|}}$
(7) H_3C—⌬—$NHCH_3$
(8) H_3C—⌬(^{Cl})—NH_2
(9) $[CH_3CH_2N^+(CH_3)_3]Cl$
(10) $[(CH_3)_3N^+C_6H_5]OH^-$
(11) $CH_3CH_2\overset{O}{\underset{\|}{C}}NHCH_3$
(12) $CH_3CH_2CH_2\overset{O}{\underset{\|}{C}}N\overset{CH_3}{\underset{CH_2CH_3}{\big|}}$

2. 写出下列化合物的结构：
(1) 乙酰苯胺
(2) N,N-二甲基甲酰胺

(3) N-溴代丁二酰亚胺   (4) 4-硝基-3-氯苯胺

3. 将下列各组化合物按碱性强弱排序。
(1) 乙酰胺、乙胺、氢氧化四乙铵、尿素、二乙胺
(2) 丙胺、甲乙胺、苯甲酰胺
(3) 苯胺、2,3-二硝基苯胺、对氯苯胺、对甲基苯胺

4. 完成下列反应式：

(1) $CH_3CH_2CH_2NH_2 + CH_3\overset{O}{C}Cl \longrightarrow$

(2) $(CH_3)_3N + CH_3CH_2I \xrightarrow[\triangle]{AgOH}$

(3) $CH_3CH_2\overset{O}{C}NH_2 + HNO_2 \xrightarrow{\triangle}$

(4) $[(CH_3)_3N^+CH_2CH_2CH_3]OH^- \xrightarrow{\triangle}$

(5) $\text{C}_6\text{H}_5\overset{O}{C}Cl \xrightarrow{NH_3} \xrightarrow[\triangle]{Br_2/NaOH} \xrightarrow[0\,℃\sim5\,℃]{NaNO_2/HCl} \xrightarrow[OH^-]{\text{C}_6\text{H}_5-OH}$

(6) $\text{C}_6\text{H}_6 \xrightarrow{HNO_3 \atop H_2SO_4} \xrightarrow{Fe/HCl} \xrightarrow[NaOH]{\text{C}_6\text{H}_5-SO_2Cl}$

5. 用简单化学方法鉴别下列各组化合物：
(1) 苯胺、环己胺、N-甲基苯胺
(2) 异丙胺、二乙胺、三甲胺

6. 以苯为原料合成下列化合物：

(1) $H_2N-C_6H_4-COOH$ (2) 间溴氯苯（Cl 和 Br 间位）

(3) 1,3,5-三溴苯   (4) 间甲基苯甲酸

7. 对苯胺、硝基苯、苯酚、苯甲酸的混合物进行分离。

8. 化合物 $A(C_7H_{15}N)$ 与 2 mol 的 CH_3I 作用形成季铵盐，后用 AgOH 处理得季铵碱，加热得到化合物 $B(C_9H_{19}N)$，B 与 1 mol 的 CH_3I 反应后的产物用 AgOH 处理后加热，可得到三甲胺和化合物 $C(C_7H_{12})$，C 用 $KMnO_4$ 氧化可得到化合物 D，D 的结构为 $(CH_3)_2C(COOH)_2$。试推出 A、B、C 的结构式。

9. 化合物 $A(C_6H_{13}N)$ 能溶于盐酸溶液，并可与 HNO_2 反应放出氮气，同时生成产物 $B(C_6H_{12}O)$。B 与浓 H_2SO_4 共热得到产物 $C(C_6H_{10})$。C 能被 $KMnO_4$ 溶液氧化，生成产物 $D(C_6H_{10}O_3)$。D 和 NaOI 作用可以生成碘仿和戊二酸。试推出 A、B、C、D 的结构式，并写出反应方程式。

第10章 含硫、含磷及含硅有机化合物

第1节 有机硫化合物

有机硫化合物是指分子中有硫原子与碳原子直接相连的有机物。硫原子与氧原子为同一主族的元素,因此有机硫化合物中有一些与含氧有机化合物类似的结构。但硫位于第三周期,其价电子在第三层,与原子核的距离较远,受原子核的吸引也较小,所以硫原子比氧原子的电负性小,而且硫在第三层中同时具有 3s、3p 和 3d 轨道,这些轨道的能量相差不多,3s 或 3p 的电子可以进入 3d 空轨道,其成键更复杂,因此与氧不同,硫还可以形成四价或者六价的化合物。

一、分类和命名

1. 分类

有机硫化合物可分为两大类,一类是类似于含氧有机物的含硫有机物,如硫醇、硫酚、硫醚。例如:

$$CH_3CH_2SH \qquad C_6H_5-SH \qquad CH_3CH_2SCH_2CH_3 \qquad C_6H_5-SCH_3$$
$$\text{乙硫醇} \qquad\qquad \text{苯硫酚} \qquad\qquad \text{乙硫醚} \qquad\qquad \text{苯甲硫醚}$$

另一类则为高价的含硫化合物,这一类没有相类似的含氧化合物。四价的硫化物主要为亚砜类化合物。例如:

$$CH_3-\overset{\overset{O}{\|}}{S}-CH_3$$
$$\text{二甲亚砜(DMSO)}$$

六价的硫化物主要有砜、磺酸及其衍生物等。例如:

$$CH_3CH_2-\overset{\overset{O}{\|}}{\underset{\underset{O}{\|}}{S}}-CH_2CH_3 \qquad CH_3-C_6H_4-\overset{\overset{O}{\|}}{\underset{\underset{O}{\|}}{S}}-OH \qquad CH_3-\overset{\overset{O}{\|}}{\underset{\underset{O}{\|}}{S}}-Cl$$
$$\text{二乙砜} \qquad\qquad \text{4-甲基苯磺酸} \qquad\qquad \text{甲基磺酰氯}$$

2. 命名

硫醇、硫酚和硫醚的命名与相应的含氧化合物类似,只是在相应的母体名称前加一个"硫"字。例如:

$$CH_3SH \qquad C_6H_5-SH \qquad CH_3CH_2SCH_2CH_3$$
$$\text{甲硫醇} \qquad \text{苯硫酚} \qquad \text{乙硫醚(或二乙基硫醚)}$$

复杂有机硫化物中—SH、—SR 可以作为取代基来命名,分别称为巯基和烃硫基。

二、物理性质

室温下,除甲硫醇为气体外,其他的硫醇和硫酚为液体或固体。

硫醇、硫酚分子间没有明显的氢键作用,这是由于硫原子的电负性比氧原子小,且其外层电子距核较远,因而硫醇和硫酚的沸点分别比相应的醇和酚低。如乙硫醇的沸点为 37 ℃,而乙醇的沸点为 78.5 ℃。

巯基与水分子之间也难形成氢键,故硫醇在水中的溶解度比相应的醇低。例如,乙醇与水能以任意比例混溶,而乙硫醇在 100 g 水中的溶解度只有 1.5 g。

硫醇和硫酚的气味都很难闻,它们在空气中即使含量极微,气味也非常大,所以常在燃料气中混入极少量的三级丁硫醇,以便在发生气体泄漏时能够及时发现。

硫醚是有刺鼻性气味的无色液体,不溶于水,可溶于醇和醚中,沸点比相应的醚高。

三、化学性质

1. 硫醇和硫酚的性质

(1) 酸性　硫氢键的离解能比氧氢键的离解能小,这是由于硫比氧的原子半径大,因而硫醇和硫酚的酸性强于相应的醇和酚的酸性。

$$H_2O \quad H_2S \quad C_2H_5OH \quad C_2H_5SH \quad C_6H_5OH \quad C_6H_5SH$$
$$pK_a \quad 15.7 \quad 7.0 \quad 15.9 \quad 10.6 \quad 10.0 \quad 7.8$$

硫氢键易于离解,这也表现在硫醇易与重金属(如 Hg、Cu、Pb、Ag 等)盐作用,生成不溶于水的硫醇盐。

$$2RSH + HgO \longrightarrow (RS)_2Hg\downarrow + H_2O$$

通常所说的汞或铅中毒实际上就是汞盐或铅盐与生物体内酶中的巯基作用,使酶失去活性造成的。临床上常用的一种汞中毒的解毒剂也含有巯基,例如二巯基丙醇,它可以将已经与生物体内酶中巯基结合的重金属离子夺取下来,形成稳定的不溶性盐从尿液中排出,从而达到解毒的效果。

$$2\begin{array}{c}H_2C-SH\\H_2C-SH\\H_2C-OH\end{array} + Hg^{2+} \longrightarrow \begin{array}{c}HO-CH_2\\H_2C-S\quad S-CH\\\quad\quad Hg\\HC-S\quad S-CH_2\\H_2C-OH\end{array}$$

(2) 氧化反应　硫氢键易断裂,硫原子外层又有空的 d 轨道,因此硫醇和硫酚都很容易在硫原子上发生氧化反应。强氧化剂(如过氧化氢、硝酸、高锰酸钾等)可以把硫醇或硫酚氧化成磺酸。例如:

$$CH_3CH_2SH \xrightarrow{KMnO_4, H^+} CH_3CH_2SO_3H$$

弱氧化剂(如三氧化二铁等一些金属氧化物、碘、过氧化氢,甚至空气中的氧气等)都能将硫醇或硫酚氧化成二硫化合物。

$$2RSH \xrightarrow{[O]} RSSR + H_2O$$

二硫化物在强氧化剂作用下可以被氧化为磺酸，在亚硫酸氢钠或者锌与酸等还原剂作用下可以重新转变为硫醇或硫酚。

(3) 亲核取代反应和与羰基化合物的加成　RS^- 的亲核性比 RO^- 的亲核性强得多，因此在碱性条件和极性溶剂中，硫醇很容易与卤代烷发生 S_N2 反应生成硫醚，这也是硫醚制备的常用方法。

$$RS^- + CH_3CH_2Br \longrightarrow RSCH_2CH_3 + Br^-$$

硫醇还可以与醛、酮发生亲核加成反应，生成缩硫醛或缩硫酮。产物缩硫醛或缩硫酮在 $HgCl_2$ 水溶液中可以得到原来的醛或酮，或经催化氢化将原来的羰基还原为亚甲基。

2. 硫醚性质

(1) 氧化反应　硫原子外层有空的 d 轨道，能够接受外来电子，当接受一对电子时，硫原子的氧化态由 +2 价提高到 +4 价，当接受两对电子时，硫原子的氧化态由 +2 价提高到 +6 价。因此，硫醚用适当的氧化剂可分别被氧化成亚砜和砜。例如，在室温下，甲硫醚与过氧化氢等弱氧化剂或高碘酸作用，可以生成二甲亚砜，二甲亚砜在强氧化剂作用下可以生成二甲砜。

$$H_3C-S-CH_3 \xrightarrow{H_2O_2} H_3C-\overset{O}{\underset{}{S}}-CH_3 \xrightarrow{\text{发烟 } HNO_3} H_3C-\overset{O}{\underset{O}{\overset{\|}{S}}}-CH_3$$

二甲亚砜简称为 DMSO，为无色液体，极性很强，既能溶解有机物，又能溶解无机物，是一种优良的非质子极性溶剂。二甲亚砜能迅速透过皮肤，因此，在实验室中使用二甲亚砜时，必须戴手套，以免有毒的化合物随二甲亚砜进入体内。

(2) 脱硫反应　在瑞利镍作用下，硫醚可以被氢气分解失去硫，从而生成相应的烃。例如：

$$C_6H_5CH_2SCH_2C_6H_5 \xrightarrow{H_2/Ni} 2C_6H_5CH_3$$

第 2 节　有机磷化合物

有机磷化合物是指分子中有磷原子与碳原子直接相连的化合物或者含有有机基团的磷酸衍生物。生物体内都含有磷，它们通常是作为磷酸衍生物广泛存在的，其中磷酸酯类化合物之间可以相互转化，在转化过程中伴随着能量的得失，在生命过程中起着非常重要的作用。例如，人体的肌肉收缩、神经兴奋的传导以及物质的合成、吸收和排泄等都要消耗能量。有机磷化合物在有机合成中也非常重要，有机磷化学已成为化学领域中一个重要的研究方向。

磷和氮是同一主族的元素，具有类似的价电子层结构，但其价电子所在的第三层同时具有 3s、3p 和 3d 轨道，这些轨道的能量相差不多，3s 或 3p 的电子可以进入 3d 空轨道，其成键更复杂。它们之间的关系类似于硫与氧的关系，因此有机磷化合物也有一系列与含氮有机物相类似或者不同的含磷化合物。

一、分类和命名

有机磷化合物可分为两大类,一类是类似于含氮有机物的含磷有机物,如膦、鏻、亚磷酸、亚膦酸、次亚膦酸及其衍生物。例如,磷化氢(PH_3)中的氢被烃基取代,则得到与胺相应的下列四种衍生物:

$$RPH_2 \qquad R_2PH \qquad R_3P \qquad R_4P^+X^-$$

一级膦(伯膦)　　二级膦(仲膦)　　三级膦(叔膦)　　季鏻盐

上述化合物中,磷与碳原子直接相连。"膦"(音 lìn)字表示含有 C—P 键的化合物,在表示相当于季铵类化合物的含磷化合物时用"鏻"字。

另一类则为高价的含磷化合物,这一类没有相类似的含氮化合物。五价的磷化物主要有磷烷、磷酸、膦酸、次膦酸及其衍生物等。

磷烷(PH_5)是最高价磷的氢化物,磷上的氢原子可以被烃基取代。

膦酸相当于磷酸分子中的羟基被氢原子取代的化合物,烃基膦酸相当于磷酸分子中的羟基被烃基取代后的产物。

$$\underset{\text{膦酸}}{H-\overset{\overset{O}{\|}}{\underset{\underset{OH}{|}}{P}}-OH} \qquad \underset{\text{一烃基膦酸}}{R-\overset{\overset{O}{\|}}{\underset{\underset{OH}{|}}{P}}-OH} \qquad \underset{\text{二烃基膦酸}}{R-\overset{\overset{O}{\|}}{\underset{\underset{R'}{|}}{P}}-OH} \qquad \underset{\text{氧化三烃基膦}}{R-\overset{\overset{O}{\|}}{\underset{\underset{R'}{|}}{P}}-R''}$$

磷酸中三个—OH 被烃基取代的产物叫氧化三烃基膦或三烃基氧化膦。

膦酸分子中羟基的氢原子被烃基取代生成膦酸酯。例如:

$$\underset{\text{O-甲基甲基膦酸酯}}{CH_3-\overset{\overset{O}{\|}}{\underset{\underset{OH}{|}}{P}}-OCH_3} \qquad \underset{\text{O,O-二乙基甲基膦酸酯}}{H_3C-\overset{\overset{O}{\|}}{\underset{\underset{OC_2H_5}{|}}{P}}-OC_2H_5}$$

磷酸酯是磷酸分子中的氢原子被烃基取代的衍生物。例如:

$$\underset{\text{磷酸烃基酯}}{HO-\overset{\overset{O}{\|}}{\underset{\underset{OH}{|}}{P}}-OR} \qquad \underset{\text{磷酸二烃基酯}}{RO-\overset{\overset{O}{\|}}{\underset{\underset{OH}{|}}{P}}-OR'} \qquad \underset{\text{磷酸三烃基酯}}{RO-\overset{\overset{O}{\|}}{\underset{\underset{OR''}{|}}{P}}-OR'}$$

二、膦的制备

烷基膦化合物的制备与胺比较相似。首先用氢化铝锂还原三氯化磷或者磷化锌与水的反应来制备没有取代基的膦。

$$PCl_3 + LiAlH_4 \xrightarrow{THF} PH_3$$

膦(PH_3)是一种气味难闻、毒性很大的气体。它具有酸性,可以与金属钠反应,生成的膦化钠是制备烷基膦化合物的原料。

$$PH_3 \xrightarrow[(C_2H_5)_2O]{Na} H_2P^-Na^+$$

磷化钠和卤代烷反应可以生成一级膦,生成的一级膦继续与金属钠反应生成取代磷化钠,然后再和卤代烷反应,则可生成二级膦。一级膦也可以直接与卤代烷反应生成三级膦。

$$H_2P^-Na^+ \xrightarrow{RX} RPH_2 + NaX$$

$$R'X \begin{cases} \xrightarrow{RHP^-Na^+} R'RPH + NaX \\ \xrightarrow{RPH_2} R'_2RP + 2HX \end{cases}$$

三级膦也可以采用三氯化磷和格氏试剂的反应来制备。

$$3CH_3MgI + PCl_3 \xrightarrow{乙醚} (CH_3)_3P + 3Mg\begin{cases}Cl\\I\end{cases}$$
$$\text{三甲膦}$$

芳基取代膦通常是在三氯化铝作用下用芳烃与三氯化磷反应制得,先制成二氯芳基膦或者苯基膦,它们再与氢化铝锂反应,可分别得到芳基膦和二芳基膦。

$$PCl_3 + AlCl_3 \begin{cases} \xrightarrow{C_6H_6} C_6H_5PCl_2 \xrightarrow{LiAlH_4} C_6H_5PH_2 \\ \xrightarrow{2C_6H_6} (C_6H_5)_2PCl \xrightarrow{LiAlH_4} (C_6H_5)_2PH \end{cases}$$

三苯基膦通常用三氯化磷和格化试剂反应来制备。三苯基膦是一种非常有用的有机合成试剂。

$$3C_6H_5MgBr + PCl_3 \xrightarrow{乙醚} (C_6H_5)_3P + 3Mg\begin{cases}Cl\\Br\end{cases}$$
$$\text{三苯基膦}$$

三、维蒂希反应

三苯基膦与卤代烷可以发生 S_N2 反应,生成的烷基三苯基膦盐在强碱的作用下脱去氢质子,生成的产物为内鎓盐,称为磷叶立德,也称为维蒂希(Witting)试剂。例如,三苯基膦和溴代甲烷反应生成稳定的溴化甲基三苯基膦盐,该盐在氮气保护下与强碱正丁基锂在干燥的乙醚中反应,即可得到磷叶立德。

$$Ph_3P: + CH_3Br \xrightarrow{苯} Ph_3\overset{+}{P}-\overset{-}{C}H_3Br$$

$$Ph_3\overset{+}{P}-CH_3Br \xrightarrow{n-C_4H_9Li} Ph_3\overset{+}{P}-\overset{-}{C}H_2 \longleftrightarrow Ph_3P=CH_2$$
$$\text{磷叶立德}$$

在磷叶立德分子中有一个碳负离子,因此具有很强的亲核性,可以与醛或酮的羰基发生亲核加成反应,生成烯烃,称为维蒂希反应,磷叶立德也称为维蒂希试剂。例如:

$$Ph_3\overset{+}{P}—\bar{C}H_2 + \text{(cyclohexanone)}=O \xrightarrow{\text{DMSO}} \text{(cyclohexylidene)}=CH_2$$

$$C_6H_5CHO + Ph_3\overset{+}{P}—\bar{C}HCOOC_2H_5 \xrightarrow{C_2H_5OH} C_6H_5CH=CHCOOC_2H_5$$

维蒂希反应条件温和,产率高,可以用于制备烯烃,特别适合于合成用其他方法难以制备的烯烃。

思考题 10-1 什么是磷叶立德？它是如何形成的？有哪些特点？

思考题 10-2 完成下列反应：

(1) $\bigcirc=O + (C_6H_5)_3P=CH_2 \longrightarrow$

(2) $C_6H_5CHO + (C_6H_5)_3P=C\overset{CH_3}{\underset{CH_2CH_3}{|}} \longrightarrow$

四、磷酸酯

磷酸酯通常用三氯氧磷和相应的醇反应来制备。例如,磷酸甲酯通常采用三氯氧磷和甲醇反应来制备。

$$3CH_3OH + POCl_3 \longrightarrow (CH_3O)_3P=O + 3HCl$$

磷是生物体中的一种重要元素。生物体中的磷通常是以磷酸单酯、二磷酸单酯或三磷酸单酯的形式存在的。

磷酸单酯: $RO—\underset{\underset{OH}{|}}{\overset{\overset{O}{\|}}{P}}—OH$ 二磷酸单酯: $RO—\underset{\underset{OH}{|}}{\overset{\overset{O}{\|}}{P}}—O—\underset{\underset{OH}{|}}{\overset{\overset{O}{\|}}{P}}—OH$ 三磷酸单酯: $RO—\underset{\underset{OH}{|}}{\overset{\overset{O}{\|}}{P}}—O—\underset{\underset{OH}{|}}{\overset{\overset{O}{\|}}{P}}—O—\underset{\underset{OH}{|}}{\overset{\overset{O}{\|}}{P}}—OH$

某些三磷酸单酯是生物体内生化反应中极为重要的物质,这些酯在特定酶的作用下可以发生水解反应,反应时释放出的能量可以供给机体各种不同的需要。例如,三磷酸腺苷水解为二磷酸腺苷时,由于发生磷氧键的断裂而释放出能量,在生物化学中将这样的键叫作"高能键"。

腺苷—O—P(O)(OH)—O—P(O)(OH)—O—P(O)(OH)—OH + H₂O ⇌ 腺苷—O—P(O)(OH)—O—P(O)(OH)—OH + H₃PO₄ + 能量

三磷酸腺苷(ATP)   二磷酸腺苷(ADP)

应该指出的是,生物化学中所说的"高能键"并不是指它的强度大,而是说在某些生物化学反应中它可以放出较多的能量。例如,一般磷酸酯水解时放出的能量为 8～16 kJ/mol,而含高能键的磷酸酯水解时则可放出 33～54 kJ/mol 的能量。许多生化过程,如光合作用、肌肉收缩、蛋白质的合成等,都需要依赖这些能量来完成。

思考题 10-3 膦酸、膦酸酯与磷酸、磷酸酯在结构上的差别是什么？

思考题 10-4 磷酸可以形成几种类型的酯？分别用通式表示。

第3节 有机硅化合物

有机硅化合物是指分子中有硅原子与碳原子直接相连的化合物。硅和碳是同一主族的元素，具有类似的价电子层结构，但其价电子所在的第三层同时具有 3s、3p 和 3d 轨道，因此，硅除了可以像碳一样以四价形成化合物以外，也可以形成五价或者六价化合物。同时，由于硅的原子半径比碳的大，硅硅键比碳碳键弱，更容易断裂，硅硅双键和硅碳双键也是很不稳定的，因此硅不能像碳那样形成长链化合物。目前已知含硅最多的、硅链最长的硅烷是六硅烷。

有机硅化合物在有机合成中的作用起初仅限于作为醇的保护基，近几十年来，它已成为有机合成中的重要中间体。

一、分类和命名

1. 分类

有机硅化合物的种类有很多，硅与氢两种元素组成的化合物称为硅烷，最简单的硅烷是甲硅烷。硅烷中的氢被烃基取代后得到有机硅烷，硅烷中氢被卤素、羟基、烷氧基取代后分别得到卤硅烷、硅醇和硅氧烷，含有 Si—O—Si 基团的化合物称为硅醚。

2. 命名

有机硅烷的命名是将取代基写在硅烷的前面。例如

$(CH_3)_4Si$ $CH_3SiH_2\text{—}C_2H_5$ 苯基—SiH_3

四甲基硅烷   甲基乙基硅烷   苯基硅烷

卤硅烷、硅醇、硅氧烷和硅醚的命名如下：

$(CH_3)_3SiCl$ $(CH_3)_3SiOH$ $(CH_3)_2Si(OC_2H_5)_2$ $(CH_3)_3SiOSi(CH_3)_3$

三甲基氯硅烷   三甲基硅醇   二甲基二乙氧基硅烷   六甲基二硅氧烷（六甲基硅醚）

二、化学性质

很多有机硅化合物可以作为有机合成的重要中间体，有多种用途。其中，卤硅烷中由于含有非常活泼的硅卤键，因此，可以通过卤硅烷的反应来制备一系列具有其他官能团的有机硅化合物。

1. 卤硅烷的水解

烃基卤硅烷极易发生水解反应，产物为硅醇。例如：

$$(CH_3)_3SiCl + NaHCO_3 \xrightarrow{H_2O} (CH_3)_3SiOH + NaCl + CO_2$$

在酸或者碱存在下,大多数硅醇会发生分子间的脱水反应生成硅醚,因此,用烃基卤硅烷水解制备硅醇的反应需维持在中性稀溶液中进行。

$$2(CH_3)_3SiOH \xrightarrow{H^+/OH^-} (CH_3)_3SiOSi(CH_3)_3$$

二卤烃基硅烷和三卤烃基硅烷水解分别可以得到硅二醇和硅三醇,它们很容易发生缩聚反应生成聚硅氧烷。例如:

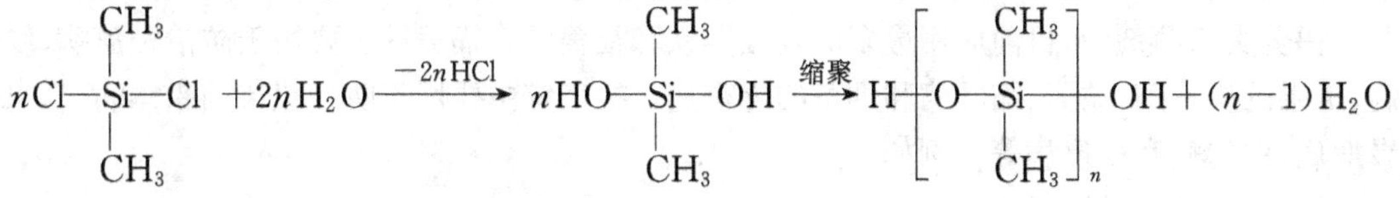

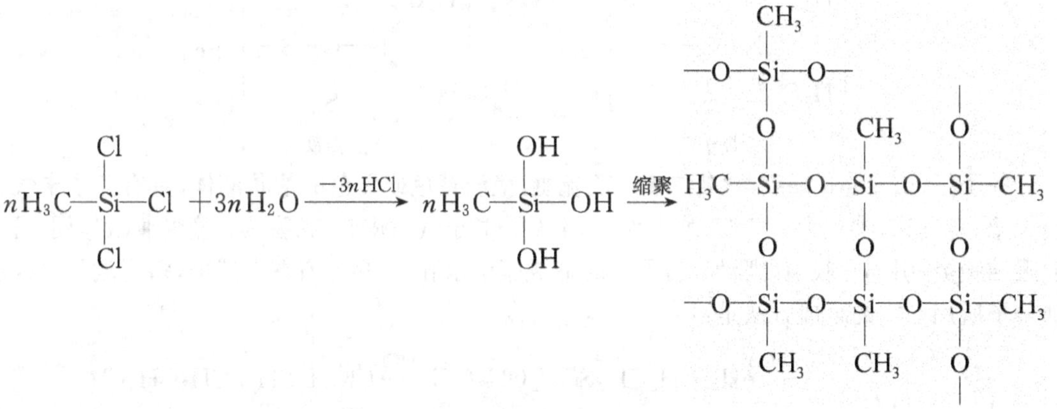

聚硅氧烷是重要的工业产品,在多种领域中都具有重要的用途。例如,硅油、硅漆、硅树脂、硅橡胶等可以作为高级润滑剂、织物防水剂、高级绝缘材料等。

2. 卤硅烷的醇解

烃基卤硅烷在碱性条件下可以与醇发生醇解反应,产物为硅氧烷。例如:

$$(C_2H_5)_2SiCl_2 + 2C_2H_5OH \xrightarrow{\text{C}_6\text{H}_5\text{N(CH}_3)_2} (C_2H_5)_2Si(OC_2H_5)_2$$

在反应过程中采用合适的装置和操作不断除去反应中产生的氯化氢,可以提高反应产率。

3. 卤硅烷与金属有机化合物的反应

卤硅烷与格氏试剂或者有机锂试剂反应可以得到烃基硅烷,这是实验室制备烃基硅烷的常用方法。例如:

$$(CH_3)_3SiCl + C_2H_5MgBr \longrightarrow (CH_3)_3SiC_2H_5$$

4. 卤硅烷的还原反应

在氢化铝锂、氢化锂、氢化钠等还原剂作用下,卤硅烷中的硅卤键可以被还原为硅氢键。例如:

$$C_6H_5SiCl_3 + LiAlH_4 \xrightarrow{N_2 \text{ 保护}} C_6H_5SiH_3$$

第4节 现代有机农药

一、有机硫农药

许多含硫有机化合物在农业上广泛地应用于植物病害的防治,总称为有机硫杀菌剂。此类杀菌剂的特点:杀菌广谱,低毒,安全,兼有保护和治疗作用。此类杀菌剂主要是二硫代氨基甲酸盐化合物(福美类杀菌剂)和三氯甲硫基类化合物(如充菌丹、灭菌丹)。

福美类杀菌剂中,目前应用最多的是福美铁和福美锌。福美铁主要用于防治稻瘟病、纹枯病、瓜果的炭疽病、锈病、缩叶病和烟草的青霉病。福美锌主要用于防治蔬菜的霜霉病、瓜果的炭疽病、白粉病和稻瘟病等。例如

$$\left[\begin{array}{c}H_3C\\ \diagdown\\ H_3C\diagup\end{array}N-C-S-\right]_2 Zn \qquad \left[\begin{array}{c}H_3C\\ \diagdown\\ H_3C\diagup\end{array}N-\underset{\underset{S}{\|}}{C}-S-\right]_2 Fe$$

福美锌 福美铁

芥子气(mustard gas),学名二氯二乙硫醚,呈淡黄色或无色的油状液体,具有芥子末气味或大葱、蒜臭味,沸点为217 ℃,冰点为13.4 ℃。芥子气对皮肤、黏膜具有糜烂刺激作用,可引起眼结膜炎,引起呼吸道黏膜发炎,严重时造成糜烂水肿,并多伴有继发感染,多为战争时或恐怖分子所用。它的合成方法是:

$$\underset{O}{CH_2\text{---}CH_2} \xrightarrow{H_2S} HOCH_2CH_2SCH_2CH_2OH \xrightarrow{HCl} ClCH_2CH_2SCH_2CH_2Cl$$

二、有机磷农药

有机磷农药是一类含磷的有机化合物,种类繁多,农业上广泛用来杀虫、杀菌及杀螨。自德国的希拉台尔(Schrader)等于1937年发现有机磷酸酯化合物对昆虫表现强烈触杀作用,并于1944年合成了对硫磷和甲基对硫磷之后,有机磷农药的研制就开始不断取得突飞猛进的发展。已使用的有机磷农药有膦酸酯类、磷酸酯类、硫代磷酸酯类等。其中以磷酸酯类及硫代磷酸酯类较多。这些有机磷农药遇到碱水解而失去毒性,在使用及保存时应该注意。各类有机磷农药举例如下:

1. 敌百虫

敌百虫(trichlorphon)属于膦酸酯类杀虫剂,它的化学名称是 O,O-二甲基(1-羟基-2,2,2-三氯)乙基膦酸酯,商品名为敌百虫。结构式如下:

$$\begin{array}{c} H_3CO \quad O\\ \diagdown \| \\ P \\ \diagup \diagdown \\ H_3CO \quad HC\text{---}CCl_3\\ |\\ OH \end{array}$$

敌百虫纯品为白色结晶,熔点83 ℃~84 ℃,易溶于水和多种有机溶剂,在中性和酸性溶

液中比较稳定,在碱性水溶液中可以转化为敌敌畏,继而水解失效。

敌百虫对昆虫有较强的胃毒作用,也兼有触杀作用,为应用范围极广的有机磷杀虫剂,可用于农田、园艺、森林、畜牧以及家庭环境卫生等方面。由于敌百虫对人、畜毒性低,残效期又短,故特别适用于环境卫生及防治蔬菜、果树、烟叶、茶、桑等作物的虫害。一般喷洒后一周即可采摘,且不会引起中毒。对大白鼠口服致死中量 LD_{50}(或称半数致死量)为 560～630 mg/(kg 体重)。

2. 敌敌畏

敌敌畏的化学名为 O,O-二甲基-O-(2,2-二氯乙烯基)磷酸酯,商品名敌敌畏(DDVP)。结构式如下:

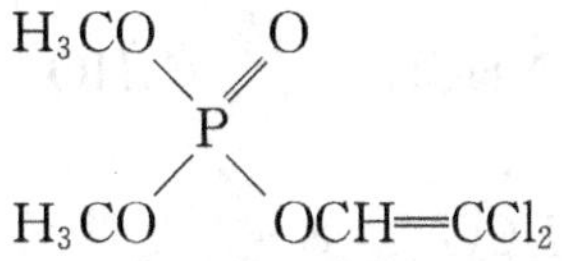

$$\begin{array}{c} H_3CO \quad O \\ \diagdown \! \! \! \nearrow \\ P \\ \diagup \! \! \! \diagdown \\ H_3CO \quad OCH\!=\!CCl_2 \end{array}$$

敌敌畏为无色或浅黄色油状液体,微溶于水,能溶于多种有机溶剂。敌敌畏的挥发性很强,在 20 ℃时,挥发度可达 145 mg/m³。有胃毒、触杀及熏蒸作用;杀虫范围广,作用快,对双翅目、鳞翅目、鞘翅目昆虫及螨类都有很好的防治效果。由于敌敌畏易挥发及易水解,所以残效期很短,主要用于环境卫生、园艺、粮仓等虫害的防治。对大白鼠口服致死中量 LD_{50} 为 56～80 mg/(kg 体重)。

敌百虫在碱的作用下,经过消除和分子重排,可以转变为敌敌畏:

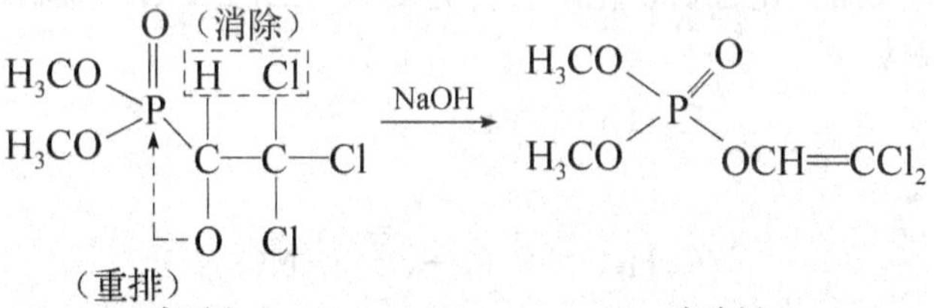

敌百虫   敌敌畏

工业上就是通过上述反应由敌百虫制取敌敌畏的。生物体内也能发生这种转变。一般认为,敌百虫就是通过转变为敌敌畏而发挥其毒性的。

敌敌畏容易水解,水解后产生磷酸二甲酯和二氯乙醛而使其毒性消失:

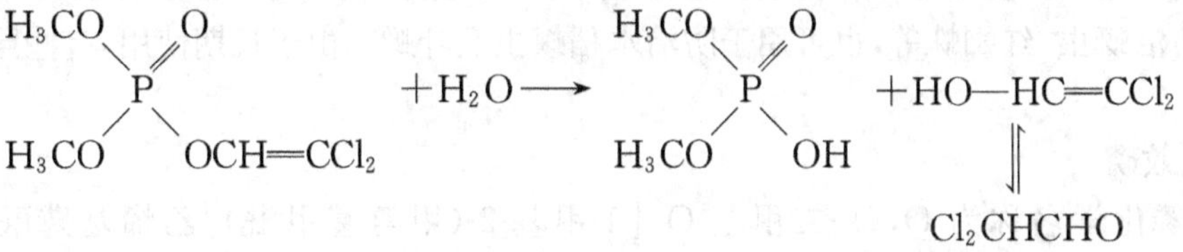

二氯乙醛

植物体内,这种水解作用也能迅速进行,因此敌敌畏在植物体内不能长期滞留。这样,在农业应用上就有药效不能持久的缺点,但也有不至于造成有害残毒的优点,在作物采收近期还可应用。

3. 乐果

乐果化学名称为 O,O-二甲基-S-(甲氨基甲酰)甲基二硫代磷酸酯,商品名乐果。结构式如下:

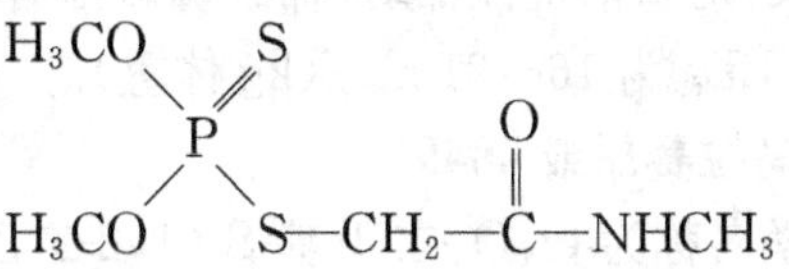

乐果纯品是白色晶体,工业原油是浅黄色液体,熔点 51 ℃~52 ℃,可溶于水和多种有机溶剂。对昆虫有触杀和内吸作用,对大白鼠口服 LD_{50} 为 250 mg/(kg 体重),残效期短,在作物上仅能维持一周左右,主要用于棉花、果树、蔬菜等的害虫防治。

乐果有内吸性,被植物根、茎或叶吸收后,能传导分布到整个植株,昆虫食用非施药部位也能中毒。它在植物体内能被氧化成毒性更强烈的氧化乐果,而在人体或牛胃中则可降解为毒性较小的去甲基乐果或乐果酸。因此,相对而言,它是一种高效低毒的有机磷杀虫剂。

$$\underset{\text{氧化乐果}}{(H_3CO)_2P(=O)-S-CH_2-C(=O)-NHCH_3} \qquad \underset{\text{去甲基乐果}}{(H_3CO)(HO)P(=S)-S-CH_2-C(=O)-NHCH_3}$$

$$\underset{\text{乐果酸}}{(H_3CO)_2P(=S)-S-CH_2COOH}$$

乐果在碱性介质中也能迅速水解而失效。

4. 对硫磷(1605)

对硫磷为硫代磷酸酯类化合物。化学名称为 O,O-二乙基-O-(对硝基苯基)硫代磷酸酯,商品名 1605。结构式如下:

$$(C_2H_5O)_2P(=S)-O-\text{C}_6\text{H}_4-NO_2$$

对硫磷为淡黄色油状液体,工业品呈红棕色或暗褐色,有大蒜气味,难溶于水,而易溶于多种有机溶剂。对硫磷具胃毒、触杀及熏蒸作用;杀虫范围广,作用较快,施药后几十分钟开始生效。对人、畜毒性很大,且对胆碱酯酶的抑制作用有累积性。对大白鼠口服 LD_{50} 为 3.6~13 mg/(kg 体重)。使用时必须特别注意避免吸入及与皮肤接触。对硫磷主要用于棉花、果树,用以防治蚜虫、红蜘蛛等,也可用于防治水稻螟虫及叶蝉。由于长期使用,有些昆虫已产生抗药性。

5. 久效磷

久效磷化学名称为 O,O-二甲基-O-[1-甲基-2-(甲氨基甲酰)]乙烯基磷酸酯。结构式如下:

$$(H_3CO)_2P(=O)-O-C(CH_3)=CH-C(=O)-NHCH_3$$

纯品为白色固体,熔点 54 ℃~55 ℃。工业品为红棕色黏稠液体。久效磷为高效、内吸性、广谱性杀虫剂,残效期较长,对防治抗性棉蚜、棉红蜘蛛特别有效,也可用于水稻螟虫、黑尾叶蝉、稻飞虱等。大白鼠口服 LD_{50} 为 16~21 mg/(kg 体重)。

6. 马拉硫磷(马拉松,或马拉赛昂或 4049)

马拉硫磷(malathior)化学名称为 O,O-二甲基-S-(1,2-二乙氧羰基)乙基二硫代磷酸酯,

商品名马拉松,或马拉赛昂,或 4049。结构式如下:

$$\begin{array}{c} H_3CO \\ \diagdown \\ H_3CO \end{array} \underset{\parallel}{\overset{S}{P}} - S-CHCOOC_2H_5 \\ | \\ CH_2COOC_2H_5$$

为无色油状液体,微溶于水。对昆虫有胃毒和触杀作用,药效高,杀虫范围广,而且对人、畜毒性较低,对大白鼠口服 LD_{50} 为 1 000~1 375 mg/(kg 体重)。它也是一种高效低毒的有机磷杀虫剂。

许多有机磷杀虫剂有内吸性,即可被植物吸收。这样只要害虫吃进含有杀虫剂的植物即可将虫杀死,而不一定需要害虫直接与杀虫剂接触。有机磷杀虫剂在植物体内可以水解而失去毒性,所以不会因残留于作物中而引起人畜中毒。而且水解后还可以转化为植物生长所需的磷肥。应该着重指出,所谓高效低毒只是相对而言的。所有有机磷农药对人、畜都有或大或小的毒性,有机磷农药在人畜体内可与胆碱酯酶相结合,形成磷酰化胆碱酯酶,引起神经麻痹和代谢失常。

有些化合物能使胆碱酯酶从与有机磷农药的结合状态中解脱出来,从而起到解毒作用,可用作有机磷农药中毒的解毒药物。常用的解毒药有辟磷定和双解磷等,它们都是杂环化合物的肟类衍生物。

辟磷定(PAM)　　　　双解磷(TMB4)

习　题

1. 命名下列化合物或写出结构式:

(1) $(CH_3)_3CCH_2CHCH(CH_3)_2$
　　　　　　　　　|
　　　　　　　　　SH

(2) 邻硝基苯硫酚 (结构式:苯环上SH和NO₂邻位)

(3) $O_2N\text{—}\underset{}{\bigcirc}\text{—}SO_3H$

(4) $O_2N\text{—}\underset{}{\bigcirc}\text{—}SO_2Cl$

(5) $CH_3\overset{O}{\underset{\parallel}{C}}\text{—}NH\text{—}SO_2\text{—}\underset{}{\bigcirc}\text{—}NH_2$

(6) $\underset{}{\bigcirc}\text{—}SCH_3$

(7) 二甲亚砜　(8) 甲基膦酸酯　(9) 三乙基膦　(10) 氧化三苯基膦

2. 用化学方法区别下列各组化合物:

(1) C_2H_5SH 和 CH_3SCH_3　(2) $C_2H_5SO_3H$ 和 $CH_3SO_3CH_3$

3. 完成下列反应：

(1) 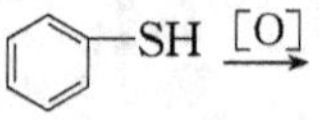 C₆H₅—SH $\xrightarrow{[O]}$

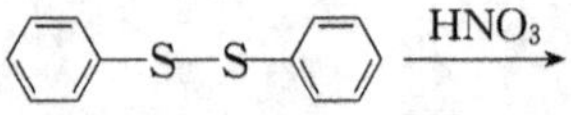

(2) C₆H₅—S—S—C₆H₅ $\xrightarrow{HNO_3}$

(3) H₂C—CH—CH₂ + HgO ⟶
      | | |
      SH   SH   OH

(4) (C₆H₅)₃P + CH₃I ⟶

4. 选择合适的试剂利用维蒂希（Wittig）反应合成下列化合物：

(1) 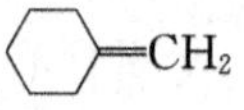 C₆H₁₀=CH₂   (2) CH₃C=CHCOOC₂H₅
                         |
                         CH₃

5. 稻瘟净是一种有机磷杀菌剂，结构式如下：

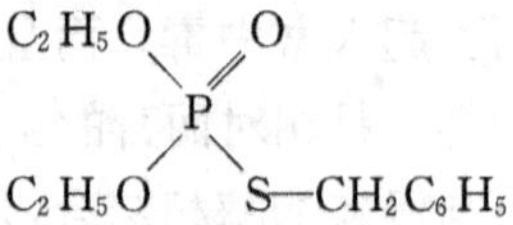

$$\begin{array}{c} C_2H_5O \quad\quad O \\ \quad\ \ \diagdown\!\!/ \\ \quad\quad P \\ \quad\ \ /\,\diagdown \\ C_2H_5O \quad S-CH_2C_6H_5 \end{array}$$

写出它的化学名称及其在碱性介质中彻底水解的产物。

6. 为什么有机磷类杀虫剂既不能与碱性的物质共贮，也不宜加水稀释后长期保存？以敌百虫和乐果为例加以说明。

第 11 章　杂环化合物和生物碱

前面各章讨论的都是开链族化合物和碳环族化合物，本章讨论另一类环状化合物——杂环化合物。杂环化合物是一类构成环的原子除了碳原子外，还有其他原子的化合物。构成环的原子除碳原子外的其他原子都叫作杂原子，最常见的杂原子有氧原子、硫原子和氮原子等。

前面章节涉及的一些环状化合物如环醚、内酸酐、内酯、内酰胺等：

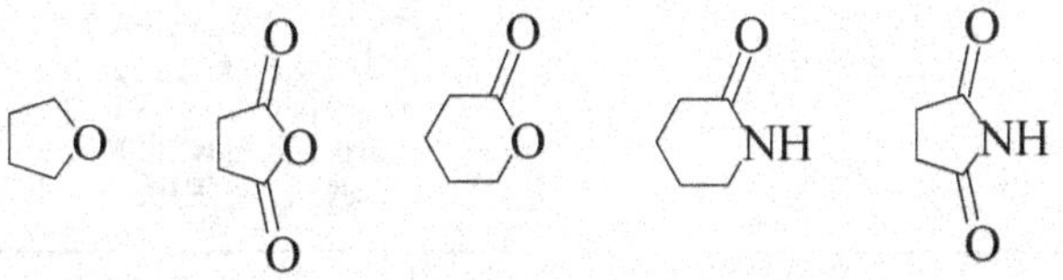

| 1,4-环氧丁烷 | 丁二酸酐 | δ-戊内酯 | 戊内酰胺 | 丁二酰亚胺 |

这些化合物既容易由开链化合物闭环得到，又容易开环生成开链化合物，而且其性质与相应的脂肪族化合物比较接近，所以它们不是本章所讨论的杂环化合物。本章所讨论的杂环化合物是像苯一样，结构比较稳定，具有芳香性的杂环化合物。

杂环化合物广泛存在于自然界中，种类繁多，是数量最大的一类天然有机化合物。杂环化合物大多都具有生物活性，如植物中的叶绿素、动物中的血红素、止痛的吗啡、抗菌消炎的黄连素、抗癌的喜树碱和核酸的碱基等，在生物体的生长、发育、遗传和衰亡等生命活动起着非常重要的生理作用。杂环化合物的应用范围极其广泛，涉及医药、农药、染料、香料、高分子材料、生物薄膜、超导材料、分子器件储能材料等。

第 1 节　杂环化合物

一、杂环化合物的分类和命名

1. 杂环化合物的分类

根据杂环的个数与连接方式的不同，杂环化合物可以分为单杂环和稠杂环。单杂环中最常见、最稳定的杂环是五元杂环和六元杂环。稠杂环又可以分为苯并杂环和杂环并杂环。此外，也可按照杂原子的不同分为氧杂环、硫杂环、氮杂环等，还可根据杂原子的个数分为含有一个杂原子的杂环和含有两个或两个以上杂原子的杂环。一些常见的杂环母体见表 11-1。

表 11-1　常见杂环化合物的分类及命名

类别		含一个杂原子			含两个杂原子		
单杂环	五元杂环	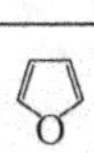 furan 呋喃	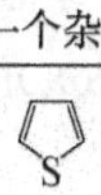 thiophene 噻吩	 pyrrole 吡咯	 pyrazole 吡唑	 imidazole 咪唑	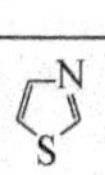 thiazole 噻唑

续表

类别		含一个杂原子			含两个杂原子		
单杂环	六元杂环	pyridine 吡啶	α-pyran α-吡喃	β-pyran β-吡喃	pyridazine 哒嗪	pyrimidine 嘧啶	pyrazine 吡嗪
稠杂环	苯并单杂环	benzofuran 苯并呋喃	indole 吲哚	quinoline 喹啉	benzoimidazole 苯并咪唑	benzothiazole 苯并噻唑	phthalazine 酞嗪
	杂环并杂环		purine 嘌呤	pteridine 喋啶			

2. 杂环化合物的命名

杂环化合物的命名比较复杂，国际上大多采用习惯命名法，我国目前主要采用译音法。译音法是根据其英文名称的译音来命名，选用同音汉字加上口字旁来表示杂环化合物。例如：

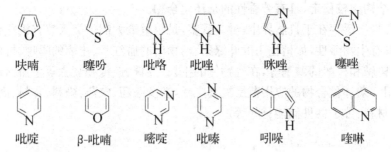

呋喃　　噻吩　　吡咯　　吡唑　　咪唑　　噻唑

吡啶　　β-吡喃　　嘧啶　　吡嗪　　吲哚　　喹啉

当杂环上连有取代基时，命名与芳香烃相似，当杂环上连有—OH、—NH$_2$、—OR、—R、—X、—NO$_2$ 等取代基时，以杂环作为母体；当杂环上连有—COOH、—SO$_3$H、—CN、—CHO、—CO—（酮基）等取代基时，以杂环作为取代基。但与芳香烃不同的是，杂环命名时编号一般从杂原子开始，顺着环编号，依次为 1,2,3,…，或者与杂原子相邻的碳变为 α，依次为 α,β,γ,…。当环上含有两个或两个以上相同的杂原子时，编号从连有氢原子的杂原子开始，并应使杂原子的编号尽可能小；当环上含有两个或两个以上不同的杂原子时，按 O→S→N 的顺序编号。最后，编号要符合最低系列原则。例如：

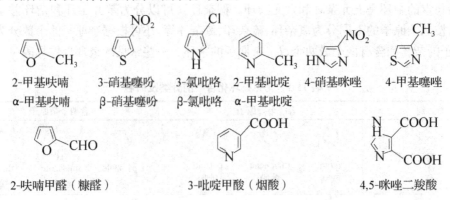

2-甲基呋喃　　3-硝基噻吩　　3-氯吡咯　　2-甲基吡啶　　4-硝基咪唑　　4-甲基噻唑
α-甲基呋喃　　β-硝基噻吩　　β-氯吡咯　　α-甲基吡啶

2-呋喃甲醛（糠醛）　　3-吡啶甲酸（烟酸）　　4,5-咪唑二羧酸稠杂环的编号，一般和稠环芳烃相同，但少数稠杂环有固定的编号顺序。如：

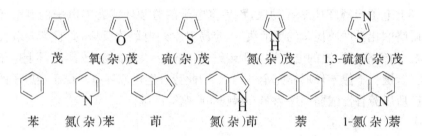

8-羟基异喹啉　　　3-吲哚乙酸　　　6-氨基嘌呤

另一种方法是系统命名法，将杂环化合物看作相应碳环中的碳原子被杂原子取代的产物。命名时其名称只需在碳环母体名称前加上杂原子名称。如：

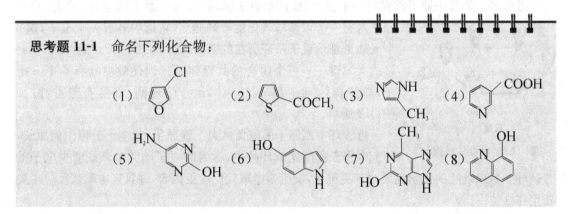

茂　　氧(杂)茂　　硫(杂)茂　　氮(杂)茂　　1,3-硫氮(杂)茂

苯　　氮(杂)苯　　茚　　氮(杂)茚　　萘　　1-氮(杂)萘

思考题 11-1　命名下列化合物：

二、杂环化合物的结构和芳香性

1. 呋喃、噻吩、吡咯

典型的五元杂环有呋喃、噻吩和吡咯，从结构上看，它们应该具有共轭二烯烃的性质，但事实上，它们的许多化学性质与苯的相似，不发生二烯烃的加成反应，而易发生取代反应。

呋喃　　噻吩　　吡咯

近代物理方法证明，呋喃、噻吩和吡咯在结构上有共同点，杂环上的 5 个原子都在同一平面上，彼此都以 σ 键相连；每个原子都是 sp^2 杂化，其中 4 个碳原子各有 1 个未参与杂化的 p 轨道，p 轨道中有 1 个电子，杂原子的 p 轨道中有 2 个电子，这 5 个 p 轨道都垂直于杂环所在的平面，彼此相互平行，"肩并肩"重叠形成大 π 键——一个闭合的共轭体系。因此，呋喃、噻吩和吡咯都具有 6 个 π 电子，都符合休克尔($4n+2=6, n=1$)规则，都具有芳香性，如图 11-1 所示。

图 11-1 呋喃、噻吩和吡咯的结构

呋喃、噻吩和吡咯中的杂原子以未共用电子对参与环的共轭体系，杂原子具有给电子的共轭效应，使环上电子云密度比苯环的大，称为富电子的芳杂环或者多电子的芳杂环。所以呋喃、噻吩和吡咯的化学性质比苯的更活泼，更容易发生亲电取代反应，并且亲电取代反应主要发生在 α 位。由于氧、硫、氮的电负性大于碳原子，电子云会偏向杂原子，杂环上电子云分布不像苯那么均匀，键长不像苯环那样完全平均化，因此芳香性比苯环差。由于杂原子的电负性为氧＞氮＞硫，所以芳香性强弱顺序为苯＞噻吩＞吡咯＞呋喃。

2. 吡啶

吡啶环上的 6 个原子都在同一平面上，彼此都以 σ 键相连；每个原子都是 sp^2 杂化，每个

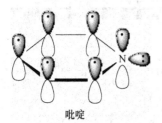

图 11-2 吡啶的结构

原子各有一个未参与杂化的 p 轨道，p 轨道中各有一个电子，这 6 个 p 轨道都垂直于杂环所在的平面，彼此相互平行，"肩并肩"重叠形成大 π 键——一个闭合的共轭体系。因此吡啶具有 6 个 π 电子，都符合休克尔（$4n+2=6,n=1$）规则，都具有芳香性，如图11-2 所示。

吡啶环中氮原子的电负性大于碳原子，使电子云偏向氮原子，环上电子云密度比苯环的小，称为缺电子的芳杂环或者少电子的芳杂环。所以吡啶的化学性质比苯更钝化，发生亲电取代反应更困难，并且亲电取代反应主要发生在 β 位。

其他六元杂环的电子结构与吡啶类似，都是非苯芳香族化合物（吡喃环除外）。

三、杂环化合物的性质

1. 亲电取代反应

呋喃、噻吩和吡咯属于富电子芳杂环，亲电取代反应比苯容易，且亲电取代反应一般发生在电子云密度较大的 α 位。吡啶属于缺电子芳杂环，亲电取代反应比苯困难，一般不发生傅-克反应，吡啶环上的亲电取代反应主要发生在 β 位上。

（1）卤代反应　呋喃、噻吩和吡咯比苯活泼，一般不需要催化剂，在室温下就可与卤素发生卤代反应。例如：

$$\text{呋喃} + Br_2 \xrightarrow[\text{室温}]{\text{二氧六环}} \text{呋喃-Br} + HBr$$

$$\text{噻吩} + Br_2 \xrightarrow{CH_3COOH} \text{噻吩-Br} + HBr$$

吡咯极易发生卤代反应，生成的不是一卤代产物，而是四卤代产物。例如：

$$\underset{H}{\text{pyrrole}} + Br_2 \xrightarrow[0\ ^\circ C]{\text{乙醇}} \underset{H}{\underset{Br}{\overset{Br}{\text{}}}}\text{四溴吡咯} + HBr$$

吡啶发生卤代反应比苯困难,不但需要催化剂,而且需要在较高的温度。例如:

$$\underset{N}{\text{pyridine}} + Br_2 \xrightarrow[300\ ^\circ C]{Br_2, \text{浮石}} \underset{N}{\text{3-溴吡啶}} + HBr$$

(2) 硝化反应　呋喃、噻吩和吡咯很容易被氧化,硝酸是强氧化剂,不能像苯那样用硝酸直接进行硝化。一般用比较温和的非质子硝化试剂乙酰硝酸酯在低温下进行硝化反应。吡啶需在浓硫酸和较高的温度下才能进行硝化反应。

$$\underset{O}{\text{furan}} + CH_3-\overset{O}{\underset{}{C}}-ONO_2 \xrightarrow[-5\ ^\circ C \sim -30\ ^\circ C]{\text{吡啶}} \underset{O}{\text{}}-NO_2 + CH_3COOH$$

$$\underset{N}{\text{pyridine}} + HNO_3 \xrightarrow[300\ ^\circ C]{H_2SO_4} \underset{N}{\overset{NO_2}{\text{}}} + H_2O$$

(3) 磺化反应　与硝化反应一样,呋喃和吡咯不能像苯那样用浓硫酸直接进行磺化,一般用非质子的磺化试剂如吡啶三氧化硫加成物进行磺化:

$$\underset{O}{\text{}} + \underset{\underset{SO_3^-}{N^+}}{\text{}} \xrightarrow[\text{室温}]{C_2H_4Cl_2} \underset{O}{\text{}}-SO_3H + \underset{N}{\text{}}$$

$$\underset{H}{\text{}} + \underset{\underset{SO_3^-}{N^+}}{\text{}} \xrightarrow[100\ ^\circ C]{C_2H_4Cl_2} \underset{H}{\text{}}-SO_3H + \underset{N}{\text{}}$$

噻吩对酸比较稳定,可以用硫酸在室温下直接进行磺化,但产率较低。磺化的噻吩溶于浓硫酸,水解后可将磺酸基去掉,用此法可以除去苯中混有的少量噻吩。吡啶则需要在较高的温度和硫酸汞的催化作用下才能与浓硫酸发生磺化反应。

$$\underset{S}{\text{}} + H_2SO_4 \xrightarrow{25\ ^\circ C} \underset{S}{\text{}}-SO_3H + H_2O$$

$$\underset{N}{\text{}} + H_2SO_4 \xrightarrow[230\ ^\circ C]{HgSO_4} \underset{N}{\overset{SO_3H}{\text{}}} + H_2O$$

(4) 傅-克反应　呋喃、吡咯和噻吩一般用较温和的催化剂,如 $SnCl_4$、BF_3 等,与酸酐可发生傅氏酰基化反应。

$$\underset{O}{\text{}} + (CH_3CO)_2O \xrightarrow{BF_3} \underset{O}{\text{}}-COCH_3 + CH_3COOH$$

思考题 11-2　吡咯、呋喃、噻吩的硝化、磺化反应能否在强酸条件下进行？为什么？

思考题 11-3　吡咯与乙酸酐反应不形成 N-乙酰基吡咯，而形成 α-乙酰基吡咯，为什么？

思考题 11-4　比较苯、吡咯、吡啶环上发生亲电取代反应的活性顺序，并解释之。

2. 加成反应

呋喃、噻吩和吡咯在催化剂的作用下都可以发生加氢反应，生成饱和的杂环化合物。噻吩中的硫能使催化剂中毒，因而需用特殊催化剂，如 MoS_2。

$$\text{噻吩} + 2H_2 \xrightarrow[\Delta]{MoS_2} \text{四氢噻吩}$$

四氢呋喃是非常重要的有机溶剂，工业上也用于合成己二酸和己二胺，它们是制备尼龙-66 的原料。

吡啶在催化剂作用下或与乙醇钠作用，可以加氢还原为饱和的六氢吡啶（哌啶）：

$$\text{吡啶} + 3H_2 \xrightarrow[\text{或Pt,CH}_3\text{COOH}]{Ni, 180\ ℃} \text{哌啶}$$

$$\text{吡啶} + Na \xrightarrow{CH_3CH_2OH} \text{哌啶}$$

六氢吡啶沸点为 106 ℃，能与水、乙醇、乙醚等混溶，具有二级胺的性质（$pK_a = 11.12$），常用作有机溶剂和有机合成的原料。

呋喃具有一定的共轭二烯烃的性质，可以与亲双烯体发生双烯合成反应（狄尔斯-阿尔德反应）。例如：

$$\text{呋喃} + \text{马来酸酐} \xrightarrow{25\ ℃} \text{加成产物}$$

3. 氧化反应

呋喃和吡咯对氧化剂很不稳定，能被空气中的氧气氧化；噻吩相对要稳定一些；吡啶对氧化剂很稳定，比苯更难氧化。例如，吡啶的烃基衍生物在强氧化剂作用下，只发生侧链的氧化，生成吡啶甲酸。

$$\text{3-苯基吡啶} \xrightarrow{KMnO_4/H^+} \text{烟酸}$$

$$\text{喹啉} \xrightarrow[\Delta]{KMnO_4/H^+} \text{2,3-吡啶二甲酸}$$

$$\text{3-甲基吡啶} \xrightarrow{KMnO_4/H^+} \text{烟酸}$$

4. 吡咯、吡啶的酸碱性

吡咯氮原子上的未共用电子对参与整个环上的共轭体系,从而使氮原子上的电子云密度降低,给电子能力减弱,碱性降低($K_b=2.5\times10^{-14}$),比苯胺($K_b=3.8\times10^{-10}$)的碱性弱得多。同时,由于这种共轭作用,N—H 键上的电子云密度也降低,氢原子更容易离解成 H^+ 而显出微弱的酸性,其酸性($K_a\approx10^{-15}$)比乙醇($K_a\approx10^{-16}$)强,而比苯酚($K_a=1.3\times10^{-10}$)弱。吡咯可以与固体氢氧化钾加热生成钾盐:

$$\underset{H}{\underset{|}{\text{吡咯}}} + \text{KOH} \xrightarrow{\triangle} \underset{K^+}{\underset{|}{\text{吡咯}}}$$

吡啶环上氮原子的未共用电子对处在 sp^2 杂化轨道上,未参与整个环的共轭,它可以结合质子而显碱性,与强酸作用生成吡啶盐。吡啶的碱性($pK_b=8.8$)比吡咯($pK_b=13.6$)和苯胺($pK_b=9.3$)强,但比三级胺(如三甲胺,$pK_b=4.2$)弱得多。

$$\text{吡啶} + \text{HCl} \longrightarrow \underset{H}{\underset{|}{\text{吡啶}^+}} \text{Cl}^-$$

思考题 11-5 比较下列化合物的碱性强弱顺序:
(1) 氨 (2) 甲胺 (3) 二甲胺 (4) 苯胺 (5) 吡咯

四、重要的衍生物

1. 呋喃及其衍生物

呋喃是最简单的含氧五元杂环化合物,主要存在于松木焦油中。其为无色、易挥发液体,有温和的香味,熔点 85.6 ℃,沸点 31.4 ℃,相对密度(水=1)为 0.951 4,闪点为 −35 ℃,不溶于水,溶于丙酮、苯,易溶于乙醇、乙醚等多数有机溶剂。主要用于有机合成或用作溶剂。

α-呋喃甲醛,俗称糠醛,可由农副产品大麦壳、麦秆、高粱秆、玉米芯等水解得到。在稀酸作用下,这些原料中的多聚戊糖水解成戊糖,再失水生成糠醛:

$$(\text{C}_5\text{H}_{10}\text{O}_5)_n \xrightarrow[\triangle]{\text{H}_3\text{O}^+} \begin{array}{c}\text{HO—CH—CH—OH}\\ |\quad\quad\quad|\\ \text{H—CH}\quad\text{CH—CHO}\\ |\quad\quad\quad|\\ \text{OH}\quad\quad\text{OH}\end{array} \xrightarrow[\triangle]{\text{H}_3\text{O}^+} \underset{O}{\text{呋喃}}\text{—CHO}$$

糠醛为无色液体,沸点 162 ℃,微溶于水,与醇、醚等能混溶。在空气中遇光、热很快氧化聚合,变为黑褐色。与苯胺醋酸盐溶液作用显深红色,可用于鉴别糠醛。化学性质与苯甲醛相似,不含 α-H,能发生康尼查罗反应(歧化反应)及一些芳香醛的缩合反应,生成许多有用的化合物。其蒸气在催化剂作用下与水蒸气反应可脱去羰基,生成呋喃:

$$\underset{O}{\text{呋喃}}\text{—CHO} + \text{H}_2\text{O} \xrightarrow[400\text{ ℃}\sim415\text{ ℃}]{\text{Zn-Cr}_2\text{O}_3\text{-MnO}_2} \underset{O}{\text{呋喃}} + \text{CO}_2$$

这是我国生产呋喃的主要方法。呋喃在石油工业上可用作优良的溶剂,也可用于制造合成树脂、医药、农药等其他产品,如治疗痢疾的药物痢特灵(呋喃唑酮)和合成抗菌药呋喃妥因等。

5-硝基-2-呋喃甲醛缩氨基四氢噁唑酮　　　1-[[(5-硝基-2-呋喃基)亚甲基]氨基]-2,4-咪唑烷二酮

2. 吡咯及其衍生物

吡咯是最简单的含氮五元杂环化合物。为无色液体,沸点 130 ℃～131 ℃,相对密度为 0.969 1(20/4 ℃)。微溶于水,易溶于乙醇、乙醚等有机溶剂。吡咯在微量氧的作用下就可变黑;松片反应给出红色;在盐酸作用下聚合成吡咯红;对氧化剂一般不稳定。吡咯及其甲基取代的同系物存在于骨焦油内。

吡咯的衍生物极为重要,很多有重要生理作用的物质,如叶绿素、血红素、维生素 B_{12} 以及胆红素等,都是吡咯的衍生物。这些物质分子结构中都含有一个卟吩环,即四个吡咯环的 α-碳原子通过四个次甲基(—CH=)相连而成的环状共轭体系,含有该环的化合物称为卟啉类化合物。

卟吩

卟吩环中的氮原子可以通过配位键与不同的金属离子结合,如在叶绿素中与镁结合、在血红素中与铁结合、在维生素 B_{12} 中则与钴结合。

(1) 叶绿素　叶绿素是一个重要的色素,存在于绿色植物细胞内的叶绿体中,是植物进行光合作用必需的催化剂。自然界的叶绿素由蓝绿色的叶绿素 a(熔点 117 ℃～120 ℃)和黄绿色的叶绿素 b(熔点 120 ℃～130 ℃)组成,二者的比例为 3∶1。

叶绿素的结构式
叶绿素a: R=—CH_3　叶绿素b: R=—CHO

(2) 血红素　血红素存在于高等动物的红细胞中,与血球蛋白质结合成血红蛋白,是输送氧气及二氧化碳的主要物质。

[血红素的结构式]

血红素的结构式

除了运输氧气,血红素还可与一氧化碳结合,并且结合能力比氧强,从而阻止与氧结合,造成机体缺氧而窒息。

(3) 维生素 B_{12} 维生素 B_{12} 是一种深红色的结晶物质,最早于 1948 年从肝的有效成分中提取出来,具有很强的医治贫血的功能。其结构中含有一个类似卟啉结构的环,由 4 个还原的吡咯环组成,但比卟吩环少一个次甲基。其结构于 1954 年用 X 射线衍射方法予以确认,并于 1972 年完成全合成工作。它是第一个发现的含有钴的天然化合物,也是迄今为止人工合成的最复杂的非高分子化合物。

[维生素B₁₂分子结构图]

维生素 B_{12} 分子结构

3. 吡啶及其衍生物

吡啶是最小的含氮六元杂环化合物。可以看作苯分子中的一个(CH)被 N 取代的化合物,故又称为氮苯。吡啶及其同系物存在于骨焦油、煤焦油、煤气、页岩油、石油中。无色或微黄色液体,有恶臭。熔点为 $-41.6\ ℃$,沸点为 $115.3\ ℃$,相对密度(水=1)为 0.982 7,溶于醇、醚等多数有机溶剂。吡啶与水能以任何比例互溶,同时又能溶解大多数极性及非极性的有机化合物,甚至可以溶解某些无机盐类。所以吡啶是一个有广泛应用价值的溶剂。除作溶剂外,吡啶在工业上还可用作变性剂、助染剂,以及合成一系列产品(包括药品、消毒剂、染料、食品调味料、黏合剂、炸药等)的原料。

吡啶衍生物广泛存在于自然界中,而且很多在生物体内具有极为重要的生理作用,其中最常见的有维生素 B_6、维生素 pp、雷米封等。

(1) 维生素 B_6 又称吡多素,广泛存在于动植物体内,如肝、鱼肉、谷物、香蕉、干酵母、白菜等中含量丰富。自然界的维生素 B_6 包括三个组分:

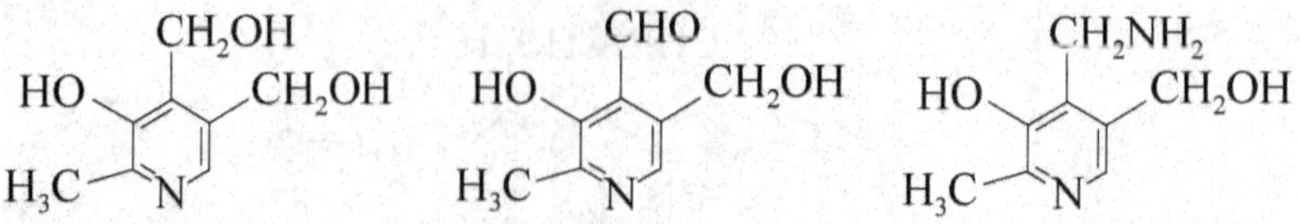

吡多醇　　　　　吡多醛　　　　　吡多胺

维生素 B_6 易溶于水和酒精,对酸、碱稳定,但易被光破坏。它是动物体维持蛋白质正常代谢所必需的维生素,鼠类缺少维生素 B_6 就会患皮肤病。

(2) 雷米封　异烟酰肼,商品名雷米封,白色固体,熔点为 170 ℃~173 ℃,易溶于水,微溶于醇,不溶于乙醚。异烟酰肼可由异烟酸(γ-吡啶甲酸)与肼缩合制得:

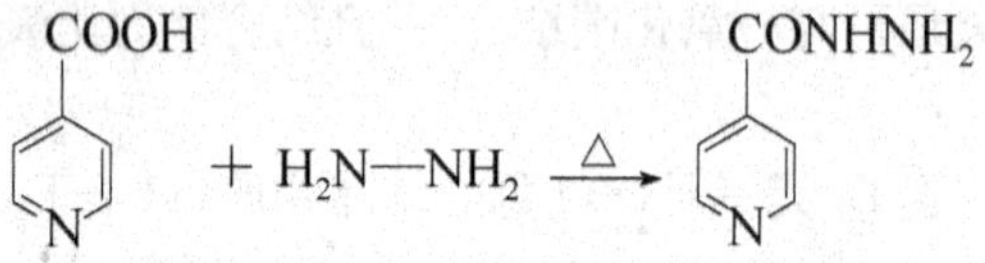

异烟酸　　　　　　　　　　　　　　异烟酰肼

异烟酰肼是治疗结核病的特效药物。

4. 咪唑及其衍生物

咪唑,即 1,3-二氮杂茂,是含有两个氮杂原子的五元杂环化合物。白色棱形或片状结晶,熔点为 89 ℃~91 ℃,微溶于苯、石油醚,溶于乙醚、丙酮、氯仿、吡啶,易溶于水、乙醇。有毒,对皮肤、黏膜有刺激性和腐蚀性。

咪唑是一种重要的精细化工原料,主要用于医药和农药的合成,以及用作环氧树脂的固化剂。在医药中用于咪唑类抗真菌药物,是双氯苯咪唑、益康唑、酮康唑、克霉唑等药物的主要原料之一,还广泛地用于水果的防腐剂。pH 为 6.2~7.8 时是有效的缓冲液,用于天冬氨酸、谷氨酸滴定。

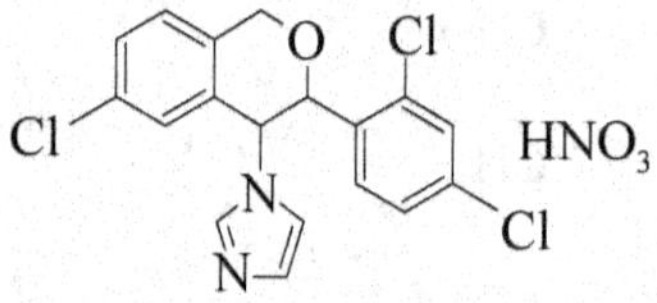

益康唑结构式 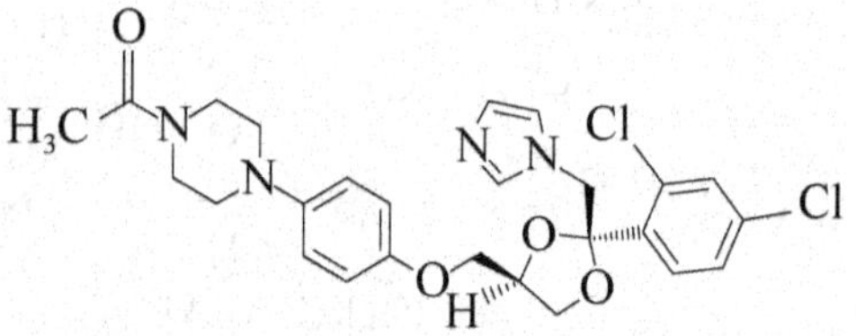　　　　　　　　酮康唑结构式

5. 噻唑及其衍生物

噻唑是含有一个硫和一个氮杂原子的五元杂环化合物。噻唑为淡黄色具有腐败臭味的液体,沸点 116.8 ℃,相对密度 1.998(17/4 ℃)。

噻唑的衍生物比较重要的有维生素 B_1、磺胺噻唑、青霉素等。

维生素 B_1 又名硫胺素,在人体内参与糖的代谢过程。缺乏维生素 B_1,糖代谢受阻,影响神经组织的能量供应,并伴有丙酮酸及乳酸等在神经组织中的堆积,引发健忘,既而出现多发性神经炎,并表现为四肢无力、肌肉疼痛。维生素 B_1 主要存在于米糠、麦麸、花生、豆类、瘦肉及酵母等食物中。

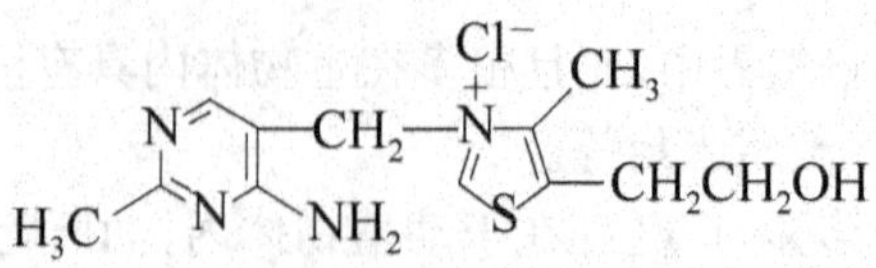

维生素B_1分子结构

磺胺噻唑和青霉素是常用的消炎药物：

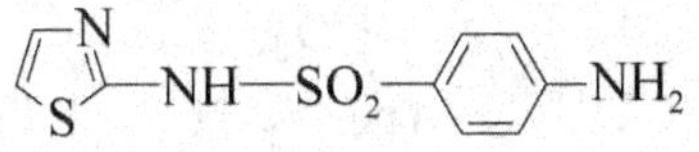

磺胺噻唑 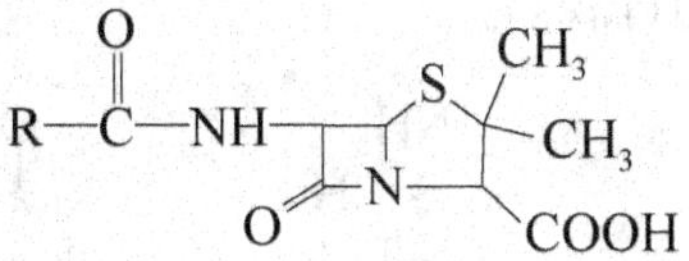　　　　　　　　青霉素

6. 吲哚及其衍生物

吲哚是吡咯与苯稠合而成的杂环化合物，又称为苯并吡咯。有两种并合方式，分别称为吲哚和异吲哚。吲哚及其同系物和衍生物广泛存在于自然界中，主要存在于天然花油如茉莉花、苦橙花、水仙花、香罗兰等中。例如，吲哚最早是由靛蓝降解而得；吲哚及其同系物也存在于煤焦油内；精油（如茉莉精油等）中也含有吲哚；粪便中含有 3-甲基吲哚；许多瓮染料是吲哚的衍生物；动物的一个必需氨基酸色氨酸是吲哚的衍生物；某些生理活性很强的天然物质，如生物碱、植物生长素等，都是吲哚的衍生物。

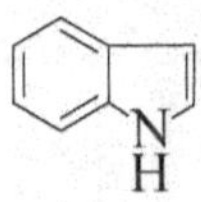

吲哚 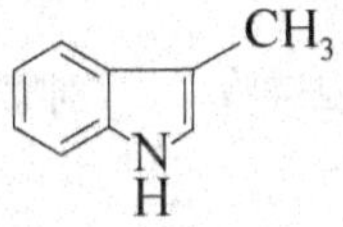　　　　3-甲基吲哚 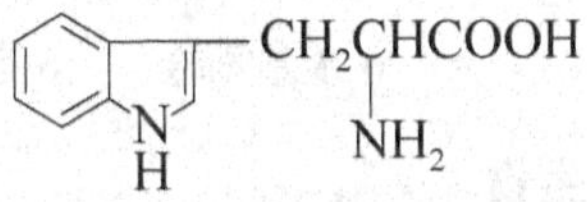　　　　色氨酸

吲哚为白色片状晶体，熔点 52.5 ℃，沸点 253 ℃～254 ℃，溶于 2 体积 70% 乙醇，溶于丙二醇及油类，几乎不溶于石蜡油和水。吲哚浓度大时具有强烈的粪臭味，扩散力强而持久；高度稀释的溶液有香味，可以作为香料使用。

吲哚的衍生物在自然界分布很广，许多天然化合物的结构中都含有吲哚环，有些吲哚的衍生物与生命活动密切相关。吲哚以其独有的化学结构使衍生出的农药具有独特的生理活性，许多生理活性很强的天然物质均为吲哚的衍生物，备受世人瞩目。在农药方面作为高效植物生长调节剂、杀菌剂等，如吲哚乙酸、吲哚-3-丁酸是一种重要的植物调节剂，吲哚乙腈作为植物生长调节剂的使用效果是吲哚乙酸的 10 倍，可用于茶树和桑树等树木根系的生长，仅在日本其商品量就达到 2 000 吨/年以上，国际市场十分畅销。

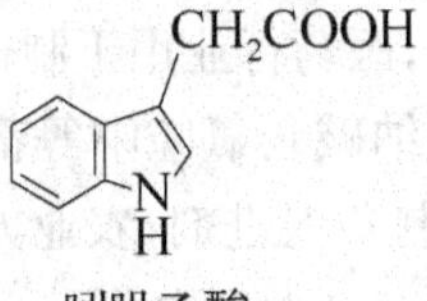

吲哚乙酸 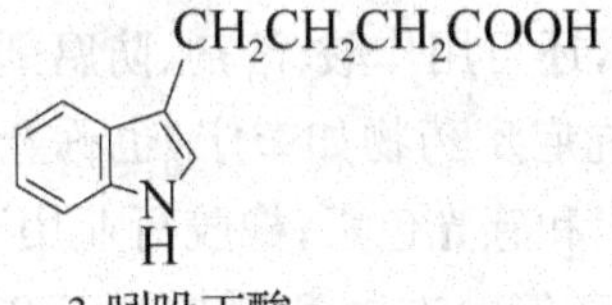　　　　3-吲哚丁酸 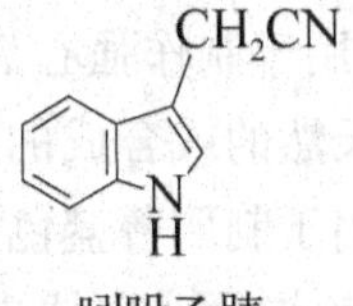　　　　吲哚乙腈

7. 嘌呤及其衍生物

嘌呤是由一个嘧啶环和一个咪唑环稠合而成的杂环，无色晶体，易溶于水，其水溶液呈中性，但能与酸或碱成盐。它有两种互变异构体系：

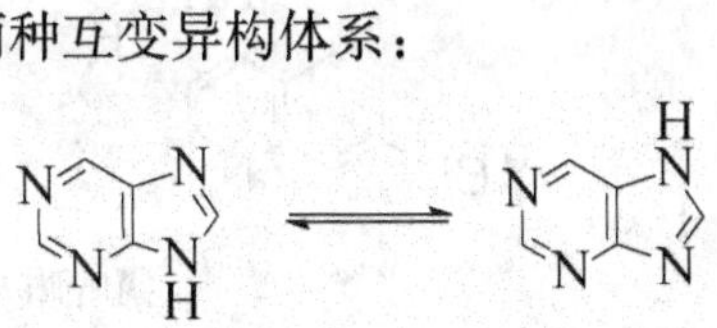

嘌呤本身在自然界中并不存在，但它的衍生物却广泛存在于动植物体中，是核酸的组成成分。DNA 和 RNA 中的嘌呤组成均为腺嘌呤和鸟嘌呤。此外，核酸中还发现有许多稀有嘌呤

碱。核酸中的碱基一共有五个,除嘧啶的三个衍生物外,另两个就是嘌呤的衍生物:腺嘌呤(简称 A)、鸟嘌呤(简称 G)。

6-氨基嘌呤　　2-氨基-6-羟基嘌呤　　2-氨基-6-氧嘌呤
腺嘌呤　　　　　　　　　　　　　　鸟嘌呤

很多药物中也含有嘌呤结构。6-巯基嘌呤具有一定的抗癌药效,尤其用于治疗儿童的急性白血病。别嘌呤醇是治疗痛风的标准疗法。

6-巯基嘌呤　　6-羟基嘌呤　　别嘌呤醇

8. 喹啉及其衍生物

喹啉是由苯和吡啶稠合而成的杂环化合物,有两种稠合方式,分别称为喹啉和异喹啉。存在于煤焦油和骨焦油中,由煤焦油制得的粗喹啉约含 4% 的异喹啉。金鸡纳碱在蒸馏时产生喹啉。

喹啉　　异喹啉

喹啉为无色油状液体,具有特殊气味。凝固点-15.6 ℃,沸点 238 ℃,相对密度 1.092 9 (20/4 ℃)。微溶于水,易溶于乙醇、乙醚等有机溶剂。异喹啉的熔点 26.5 ℃,沸点 242.2 ℃ (743 mmHg),密度 1.098 6 g/cm³(20 ℃),其气味与喹啉的完全不同。二者都具有碱性,异喹啉比喹啉碱性更强,都可以与强酸生成盐,如苦味酸盐和重铬酸盐;与卤代烷形成四级铵盐等。

喹啉主要用于制作强心剂,还可用作酸、溶剂、防腐剂等;医药行业用于制作烟酸类及 8-羟基喹啉药物,天然的或合成的抗疟疾药物如奎宁(也称金鸡纳碱)、氯喹啉等都含有喹啉环结构;印染行业用于制取菁蓝色素和感光色素;橡胶行业用于制备促进剂;农业方面用于制作生产抗滴虫、螺旋体、阿米巴原虫药氯碘喹啉、双碘喹啉等 8-羟基喹啉酮农药。

奎宁　　　　　氯喹啉　　　　氯碘喹啉

9. 苯并吡喃衍生物

苯并吡喃又称为色烯,是由一个苯环和一个吡喃环稠合而成的杂环化合物,有两种稠合方式,分别称为苯并 α-吡喃和苯并-γ-吡喃。苯并-α-吡喃为无色液体,沸点 92 ℃～92.5 ℃ (1.99 kPa),相对密度 1.099 3。苯并-γ-吡喃沸点 77 ℃(1.19 kPa)。

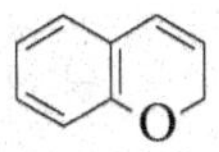

苯并-α-吡喃 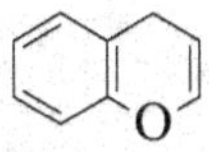　　苯并-γ-吡喃

这两种化合物本身并不重要,但它们的某些衍生物却很重要。例如,色烯的羰基衍生物——苯并-α-吡喃酮和苯并-γ-吡喃酮就存在于许多天然化合物的结构中。

苯并-γ-吡喃酮又称色酮,2-位或 3-位有苯基取代的色酮是一类重要植物成分的母核。2-苯基色酮称为黄酮,3-苯基色酮称为异黄酮,含有这类母核的植物成分通称为黄酮类化合物。

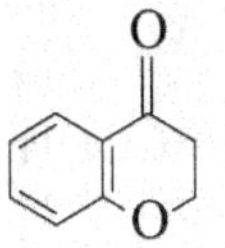

色酮 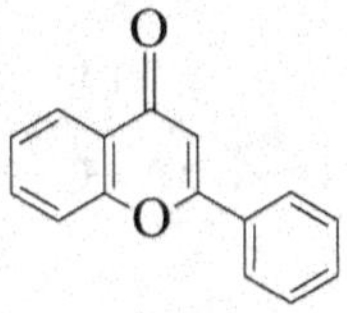　　黄酮 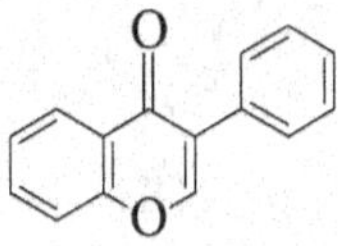　　异黄酮

这类化合物分子中常带有羟基、烷氧基或烷基,并常与糖结合以苷的形式存在于植物中。例如,中药黄芩中就含有黄芩苷(糖部分是葡萄糖醛酸),它是黄芩具有抗菌活性的有效成分;中药葛根含有的葛根素(糖部分是葡萄糖)属于异黄酮类化合物,它具有解痉、扩张冠状动脉、增加冠脉血流量等作用,是葛根的主要有效成分;白果素存在于银杏中,属于双黄酮类化合物,临床上用于治疗冠心病。

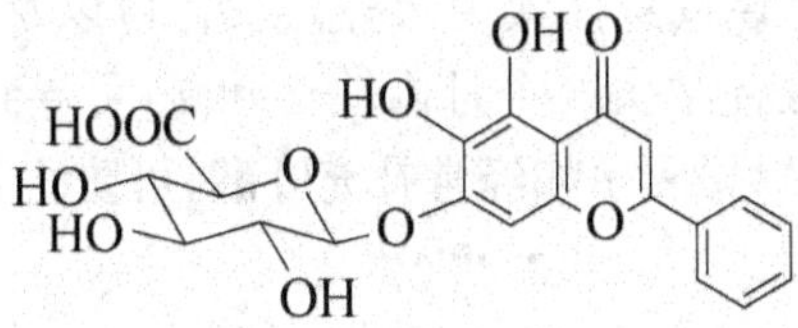

黄芩苷 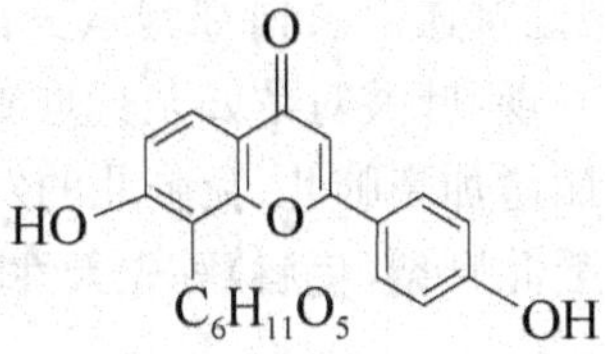　　葛根素

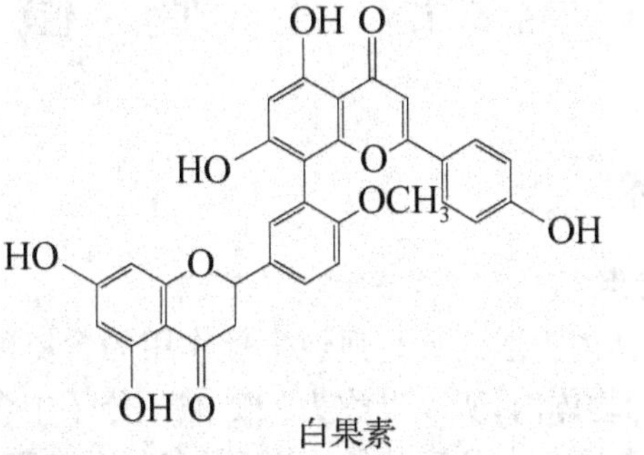

白果素

10. 喋啶及其衍生物

喋啶是由吡嗪和嘧啶稠合而成的杂环化合物。淡黄色片状结晶,熔点 137 ℃～138.5 ℃,溶于水及乙醇。在水溶液中 pH 为 5.8 时的紫外吸收峰 λ_{max} 为 299 μm。在过氧苯甲酸的醇溶液中可被氧化为 N-氧化物,熔点 350 ℃(分解)。存在于菠菜等绿色蔬菜中、人和动物的肝、肾中的叶酸分子中,从蝴蝶翅膀上提取到的黄喋啶、白喋啶等,都是喋啶环的衍生物。

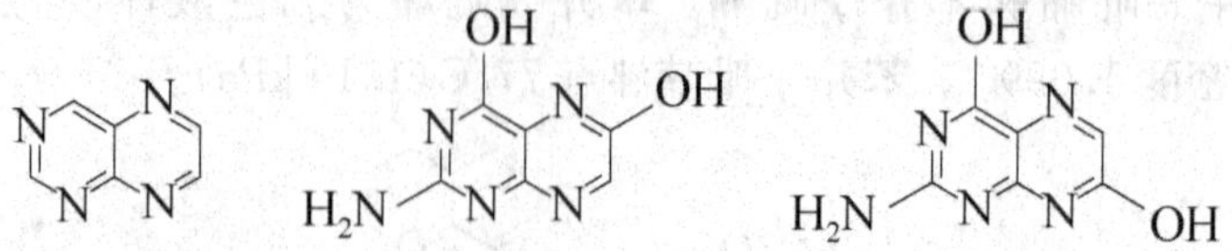

喋啶　　　　黄喋啶　　　　异黄喋啶

叶酸是由喋啶、对氨基苯甲酸和谷氨酸等组成的化合物，是一种水溶性B族维生素。叶酸是米切尔(H. K. Mitchell,1941)从菠菜叶中提取纯化的，故而命名为叶酸。叶酸在自然界中广泛存在于动植物类食品中，尤以酵母、肝及绿叶蔬菜中含量较多，其中猕猴桃中含有高达8%的叶酸，有"天然叶酸大户"的美誉。

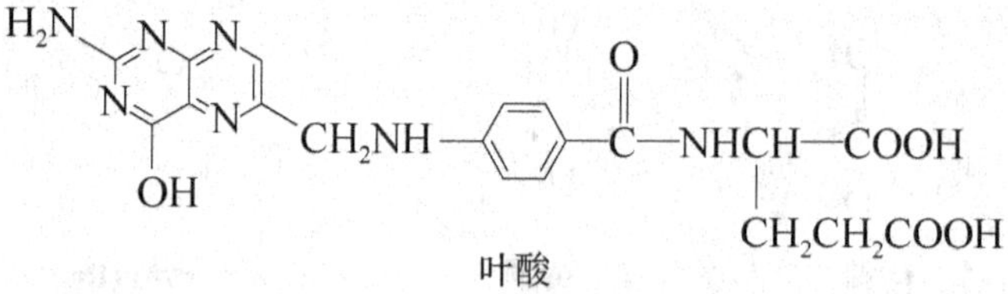

叶酸

叶酸为淡橙黄色结晶或薄片。约250 ℃变暗，不熔融而发生炭化。较易溶于乙醇、酚吡啶、氢氧化碱和碳酸碱溶液，微溶于甲醇，少溶于乙醇和丁醇，不溶于醚、丙酮、氯仿和苯。在25 ℃水中溶解度仅0.001 6 mg/mL，沸水中约溶1%。1 g叶酸于10 mL水中的悬浮液，pH为4.0~4.6。叶酸在空气中稳定，但受紫外光照射即分解失去活力。

叶酸对人体的重要营养作用早在1948年即已得到证实，人类(或其他动物)如缺乏叶酸可引起巨红细胞性贫血以及白细胞减少症，还会导致身体无力、易怒、没胃口以及精神病症状。此外，研究还发现，叶酸对孕妇尤其重要。如在怀孕头3个月内缺乏叶酸，可导致胎儿神经管发育缺陷，从而增加裂脑儿、无脑儿的发生率。另外，孕妇经常补充叶酸，可防止新生儿体重过轻、早产以及婴儿腭裂(兔唇)等先天性畸形。

第2节　生　物　碱

一、生物碱的概述

1. 生物碱的含义与特点

生物碱是指从动植物体内提取的具有强烈生理作用的含氮碱性有机化合物，一般存在于植物体内，极少数存在于动物体内，所以也称为植物碱。分子中含有碳、氢、氧和氮四种元素，也有的不含氧原子。大多数有复杂的环状结构，氮素多包含在环内，有显著的生物活性，是中草药中重要的有效成分之一。具有光学活性。有些不含碱性而来源于植物的含氮有机化合物有明显的生物活性，故仍包括在生物碱的范围内。而有些来源于天然的含氮有机化合物，如某些维生素、氨基酸、肽类，习惯上又不属于"生物碱"。

已知生物碱种类很多，约在2 000种以上，有一些结构式还没有完全确定。它们结构比较复杂，可分为59种类型。随着新的生物碱的发现，分类也将随之更新。由于生物碱的种类很多，各具有不同的结构式,因此彼此间的性质会有所差异。但生物碱均为含氮的有机化合物,总有些相似的性质,因为在其生物合成的过程中氨基酸是起始物,主要有鸟氨酸、赖氨酸、苯丙氨酸、组氨酸、色氨酸等,主要经历两种反应类型:环合反应和碳—氮键的裂解,所以总有些性质相似。

生物碱具有环状结构,难溶于水,与酸可以形成盐,有一定的旋光性和吸收光谱,大多有苦味。呈无色结晶状,少数为液体。生物碱有几千种,由不同的氨基酸或其直接衍生物合成而来,是次级代谢物之一,对生物机体有毒性或强烈的生理作用。

2. 生物碱的分布与存在形式

生物碱主要分布于植物界,绝大多数存在于高等植物的双子叶植物中,已知存在于 50 多个科的 120 多个属中。与中药有关的一些典型的科有毛茛科(黄连、乌头、附子)、罂粟科(罂粟、延胡索)、茄科(洋金花、颠茄、莨菪)、防己科(汉防己、北豆根)、豆科(苦参、苦豆子)等。单子叶植物也有少数科属含生物碱,如石蒜科,百合科、兰科等,百合科中较重要的如贝母属。少数裸子植物,如麻黄科、红豆杉科、三尖杉科等,也存在生物碱。

在植物体内,生物碱一般与有机酸(苹果酸、枸橼酸、酒石酸和鞣酸等)结合成盐类,呈溶解状态存在于液泡中;少数以无机酸盐形式存在,如盐酸小檗碱、硫酸吗啡;有些是与糖结合成苷而存在;少数生物碱是呈游离状存在的,如咖啡碱(caffeine)与秋水仙碱(colchicine)等;其他存在形式还有 N-氧化物、生物碱苷等。

3. 生物碱的生物活性

生物碱多具有显著而特殊的生物活性。如吗啡、延胡索乙素具有镇痛作用;阿托品具有解痉作用;小檗碱、苦参生物碱、蝙蝠葛碱有抗菌消炎作用;利血平有降血压作用;麻黄碱有止咳平喘作用;奎宁有抗疟作用;苦参碱、氧化苦参碱等有抗心律失常作用;喜树碱、秋水仙碱、长春新碱、三尖杉碱、紫杉醇等有不同程度的抗癌作用等。

二、重要的生物碱简介

生物碱的种类很多,结构也比较复杂,一般不是根据其所含杂环来分类,而是根据其来源的植物给以专名。如从毒芹草中提取的生物碱称为毒芹碱,属于四氢吡咯及六氢吡啶环系生物碱;从可可豆中提取的生物碱称可可碱,属于嘌呤环系生物碱。下面简单介绍几种常见的和重要的生物碱。

1. 烟碱

烟碱,俗名尼古丁,是存在于茄科植物(茄属)中的一种吡啶型生物碱,分子式 $C_{10}H_{14}N_2$。烟碱是烟草的主要成分,在烟叶中的含量为 1%～3%,烟草中的生物碱有 12 种,其中最重要的是烟碱和新烟碱。1828 年,德国化学家 Posselt 和 Reimann 首次将尼古丁由烟草中分离出来。1904 年,A. Pictet 和 Crepieux 成功利用合成的方式得到尼古丁。

烟碱   新烟碱

烟碱为无色挥发性液体,有刺激性臭味,熔点 $-79\ ℃$,沸点 $246.7\ ℃(745\ mmHg)$,相对密度 1.009 7(20/4 ℃),比旋光度 $-169°$。可以用水蒸气蒸馏;在空气中易发生变质;易溶于水、乙醇、乙醚、氯仿和石油醚。烟碱能与各种无机酸(如盐酸、硫酸)和有机酸(如酒石酸、苦味酸)生成结晶的单盐和双盐,其中双苦味酸盐的熔点为 278 ℃,常用来鉴别烟碱。烟碱与二氧化汞生成结晶形复合物,此反应可用来纯化烟碱。

烟碱会使人上瘾或产生依赖性(最难戒除的毒瘾之一),人们通常难以克制自己。经常使用尼古丁也会使心脏跳动速度增加和血压升高,并使食欲降低。大剂量的尼古丁会引起呕吐以及恶心,严重时人会死亡。烟草中通常会含有尼古丁,这是许多吸烟者无法戒掉烟瘾的重要原因。由于本身毒性较大,无临床应用价值,在成人体内达 40~60 mg 可急性致死,而每支卷烟含烟碱 20~30 mg。此外,烟草中还有多种其他有毒物质。长时间吸烟会严重损害人体健康,并导致上瘾。同时,肺癌发病率与吸烟密切相关;吸烟还会诱发慢性咽炎、呼吸道疾病、心血管疾病、某些消化道疾病和头痛、失眠、视力损害等神经系统障碍,故应大力提倡戒烟。

2. 可可碱、咖啡碱和茶碱

可可碱、咖啡碱和茶碱都是嘌呤环系生物碱,分别存在于可可豆、咖啡及茶叶里。结构上可可碱比咖啡碱少一个甲基取代基:

可可碱　　　　　咖啡碱　　　　　茶碱

咖啡碱为无色针状晶体,易溶于热水,难溶于冷水,熔点 235 ℃~237 ℃。具有刺激中枢神经的作用,可用作兴奋剂,有止痛、利尿的功效。

茶碱比咖啡碱少一个甲基,是可可碱的异构体,为无色针状晶体,易溶于热水中,难溶于冷水中,熔点 270 ℃~274 ℃。与咖啡碱相似,具有刺激中枢神经的作用,但比咖啡碱弱。

3. 吗啡

吗啡是鸦片中最主要的生物碱(含量 10%~15%)。1806 年,法国化学家泽尔蒂纳首次将吗啡从鸦片中分离出来。纯净吗啡为无色或白色结晶或粉末,难溶于水,难溶于一般有机溶剂,易吸潮。随着杂质含量的增加,其颜色逐渐加深。粗制吗啡为棕褐色粉末。吗啡具有镇痛、解痉、止咳、催眠、麻醉等作用,但容易成瘾。海洛因就是吗啡经乙酸酐处理后生成的二乙酸酯,白色晶体,俗称白粉、白面,是三大毒品之一。其毒性相当于吗啡的 2~3 倍,没有任何医疗作用,吸食后极易上瘾。吗啡族中另两个重要成员是可待因和蒂巴因,可待因成瘾倾向小,被广泛用作局部麻醉剂。

吗啡　　　　　可待因　　　　　蒂巴因

4. 利血平

利血平为一种吲哚环系生物碱。存在于萝芙木属多种植物中,在催吐萝芙木中含量最高,可达1%。无色棱状晶体,熔点264 ℃～265 ℃(分解),比旋光度－117.7°(氯仿)。易溶于氯仿、二氯甲烷、冰醋酸,能溶于苯、乙酸乙酯,稍溶于丙酮、甲醇、乙醇、乙醚、乙酸和柠檬酸的稀水溶液。利血平的溶液放置一定时间后变黄,并有显著的荧光,加酸和曝光后荧光增强。利血平能降低血压和减慢心率,作用缓慢、温和而持久,对中枢神经系统有持久的安定作用,是一种很好的镇静药。1956年,美国化学家伍德沃德(Woodward)全合成利血平。

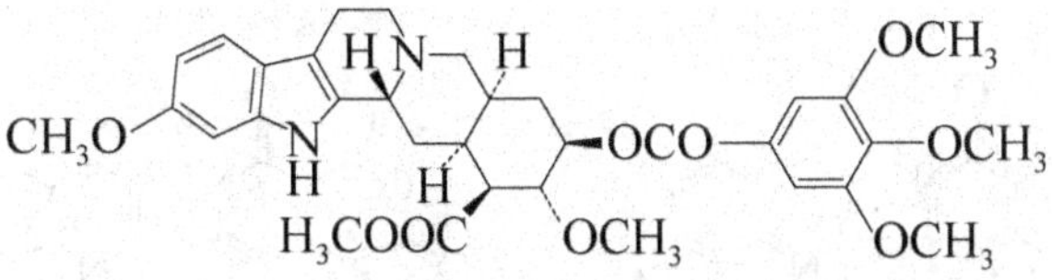

利血平

5. 金鸡纳碱和辛可宁碱

属于喹啉环系生物碱,主要存在于金鸡纳树皮中。二者的区别在于前者比后者多一个甲氧基。金鸡纳碱又称奎宁,无水奎宁熔点177 ℃,三水合奎宁熔点57 ℃,微溶于水,易溶于乙醇、乙醚。金鸡纳碱和辛可宁碱都是良好的抗疟疾药,并有退热作用。由于金鸡纳碱对人类常感染的一种疟疾原虫只有抑制作用而无杀灭效能,因此,人们对其结构类似物的合成进行了大规模的研究,并合成了数千种化合物,其中最有效的是扑疟喹啉、戊喹啉和氯喹啉(氯喹)。

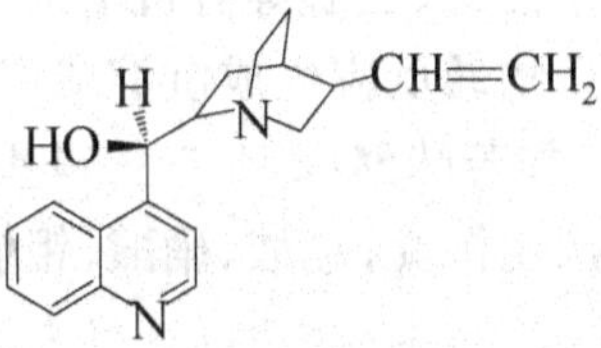

辛可宁碱 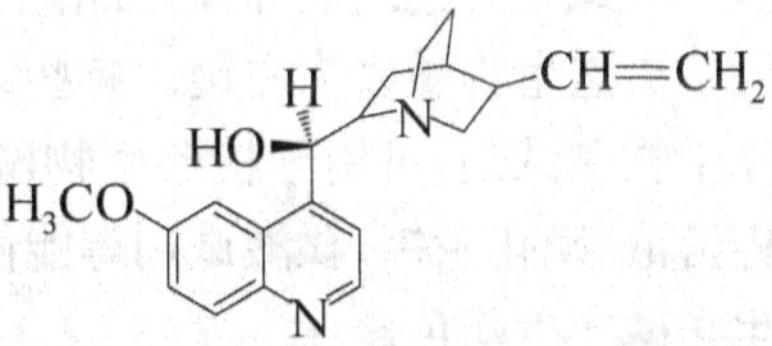　　　　　　　金鸡纳碱

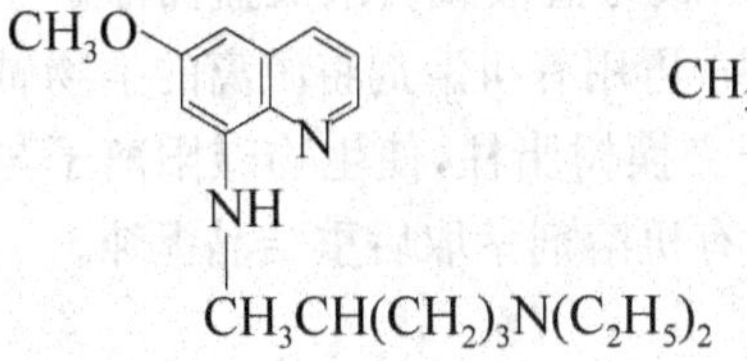

扑疟喹啉 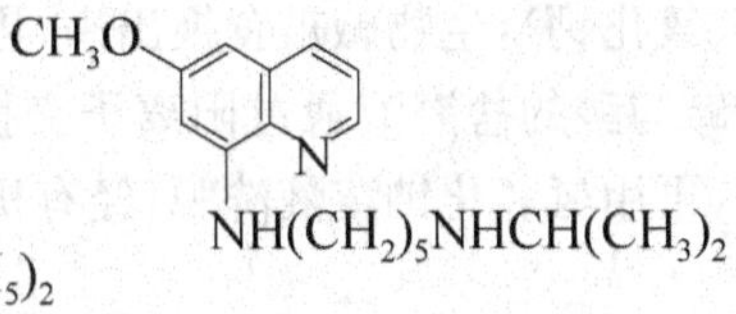　　　　戊喹啉 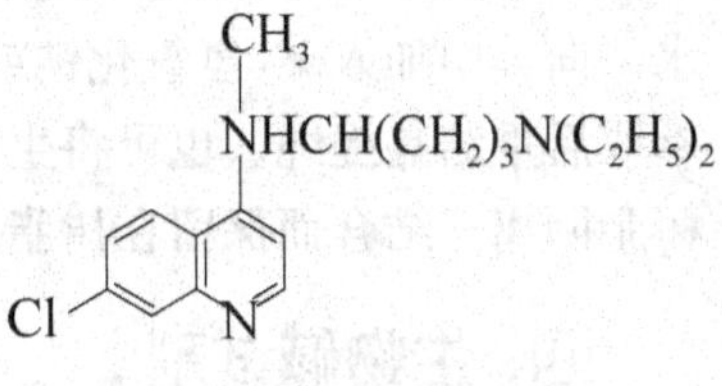　　　　氯喹

6. 黄连素

黄连素又名小檗碱,存在于小檗属植物黄柏、黄连和三颗针中,它属于异喹啉衍生物类生物碱,是一种季铵化合物。

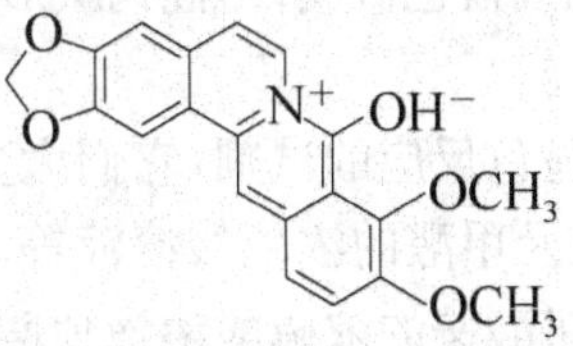

小檗碱(黄连素)

黄连素具有较强的抗菌作用,在临床上常用盐酸黄连素治疗菌痢、胃肠炎等疾病。

7. 喜树碱

喜树碱是一种植物抗癌药物,是从中国中南、西南分布的喜树中提取得到的喹啉族生物碱。浅黄色针状结晶(甲醇-乙腈),分解温度:264 ℃～267 ℃,比旋光度+31.3°(氯仿-甲醇)。在紫外光下表现强烈的蓝色荧光,和酸不能生成稳定的盐。1976 年,中国化学家高怡生等成功合成消旋喜树碱。

喜树碱　　　　　　　　　10-羟基喜树碱

喜树碱临床用于恶性肿瘤、银屑病、治疣、急慢性白血病以及由血吸虫病引起的肝脾肿大等。喜树碱对肠胃道和头颈部癌等有较好的近期疗效,但对少数病人有尿血的副作用。10-羟基喜树碱的抗癌活性超过喜树碱,对肝癌和头颈部癌也有明显疗效,而且副作用较小。

三、生物碱的性质和提取方法

大多数生物碱是无色结晶固体,难溶于水,易溶于乙醇、乙醚等有机溶剂。一般生物碱味苦,有旋光性,天然生物碱多为左旋。有些试剂可与生物碱反应生成沉淀或产生颜色变化,这些试剂称作生物碱试剂,可用于检验生物碱的存在。如苦味酸(2,4,6-三硝基苯酚)、单宁酸、碘的碘化钾溶液、碘化汞钾、鞣酸试剂等能使生物碱产生沉淀;硫酸、硝酸、钼酸铵的浓硫酸溶液等能使生物碱产生颜色。

由于生物碱在生物体内通常与有机酸或无机酸形成盐而存在,因此,一般生物碱的提取方法是先将植物粉碎,加入稀盐酸或稀硫酸浸泡或加热,使生物碱与盐酸或硫酸成盐而溶解于水。向其中加入碱(氢氧化钠或氢氧化钙),生物碱被置换出来,再用有机溶剂将游离的生物碱萃取后重结晶提纯。也可将生物碱与酸的盐溶液通过阳离子交换树脂柱,使生物碱阳离子与树脂阴离子结合而保留在树脂上,再用氢氧化钠溶液洗脱,经有机溶剂萃取后重结晶提纯。

四、生物碱试剂

凡能与生物碱作用生成沉淀或产生颜色的试剂,统称为生物碱试剂。

1. 沉淀试剂

沉淀试剂即能与生物碱作用生成沉淀的试剂,如丹宁、苦味酸、硅钨酸、磷钼酸、碘-碘化钾、碘化汞钾(HgI_2+KI)等,可以使生物碱由水中沉淀出来。某些生物碱能与碘-碘化钾生成棕红色沉淀;与磷钼酸生成黄褐色或蓝色沉淀;与硅钨酸形成白色沉淀。

2. 显色试剂

显色试剂即能与生物碱发生显色反应的试剂,它们大多是氧化剂或脱水剂,如高锰酸钾、重铬酸钾、浓硝酸、浓硫酸、钒酸铵及甲醛的浓硫酸溶液等。重铬酸钾的浓硫酸溶液使吗啡显绿色;浓硫酸使秋水仙碱显黄色;钒酸铵的浓硫酸溶液使吗啡显棕色,而使奎宁显淡橙色。显色反应可用于生物碱的鉴定。

习 题

1. 命名下列化合物或写出结构式：

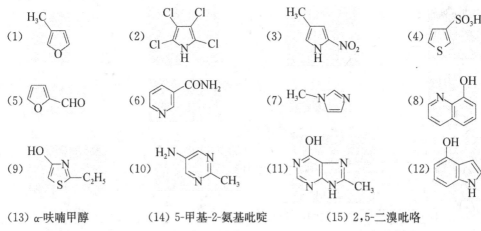

(13) α-呋喃甲醇　　(14) 5-甲基-2-氨基吡啶　　(15) 2,5-二溴吡咯
(16) 5-甲基噻唑　　(17) β-吲哚乙酰胺　　(18) 烟碱

2. 将下列化合物按碱性递增的顺序排列：
(1) 乙胺、氨、苯胺、吡咯、吡啶
(2) 吡啶、嘧啶、吡咯、六氢吡啶
(3) 吡啶、苯胺、环己胺、3-甲基吡啶

3. 试比较下列胺分子中三个氮原子碱性的强弱顺序：

4. 呋喃能与顺-丁烯二酸酐发生双烯合成反应，而噻吩则不能，为什么？
5. 用煤焦油提取的苯中常含有少量噻吩，如何除去噻吩以提纯苯？
6. 什么是生物碱？简述其结构和性质特点。
7. 完成下列各反应：

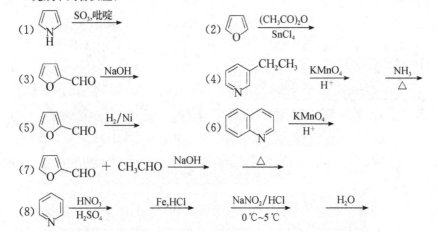

(9) 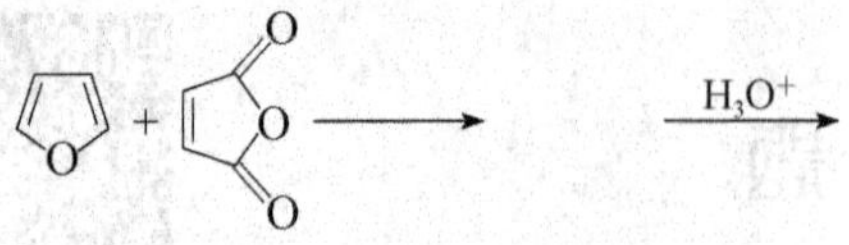 [furan] + [maleic anhydride] $\xrightarrow{\text{H}_3\text{O}^+}$

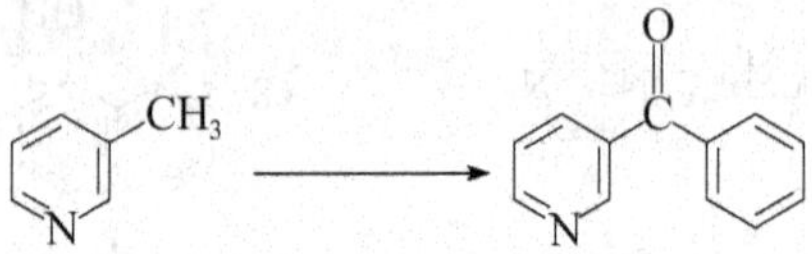

(10) 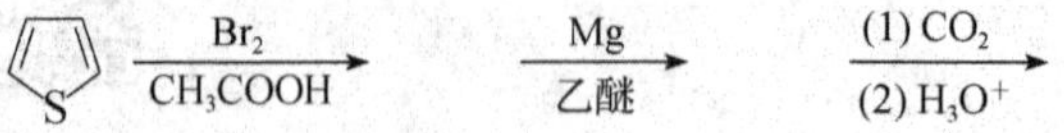 [thiophene] $\xrightarrow{\text{Br}_2 / \text{CH}_3\text{COOH}}$ $\xrightarrow{\text{Mg} / \text{乙醚}}$ $\xrightarrow{\text{(1) CO}_2}{\text{(2) H}_3\text{O}^+}$

8. 完成下列转化。

(1) 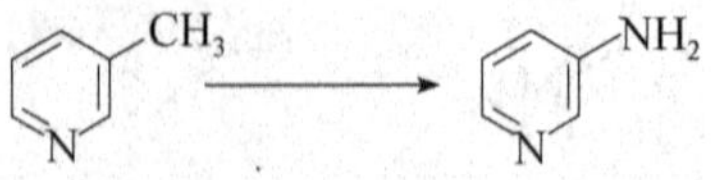 3-甲基吡啶 ⟶ 3-氨基吡啶

(2) 3-甲基吡啶 ⟶ 3-苯甲酰基吡啶

(3) 呋喃-2-甲醛 ⟶ 呋喃-CH=CH—CHO

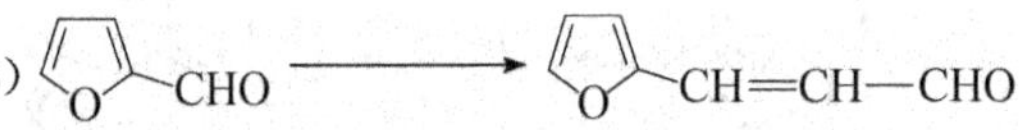

(4) 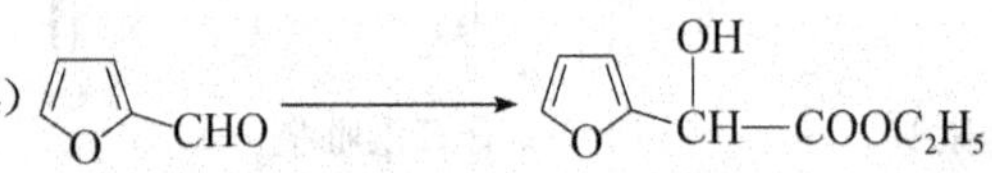 呋喃-2-甲醛 ⟶ 呋喃-CH(OH)—COOC$_2$H$_5$

9. 杂环化合物 A 的分子式为 $C_5H_4O_2$。A 氧化后生成分子式为 $C_5H_4O_3$ 的羧酸 B；羧酸 B 的钠盐与碱石灰作用，转变为分子式为 C_4H_4O 的化合物 C；C 不与金属钠起作用，也不具有醛和酮的性质。试写出 A、B、C 的构造式。

10. 某甲基喹啉经高锰酸钾氧化后得到三元酸，该羧酸在脱水剂的作用下发生分子内脱水，能生成两种酸酐，试推测甲基喹啉的结构式。

第 12 章 糖类化合物

糖类化合物又称碳水化合物,是自然界中分布最广的一类重要的天然有机化合物,几乎所有的动植物及微生物体内都含有糖。糖类化合物是生物体维持生命活动的能量来源之一,是生物体新陈代谢不可缺少的营养物质。

碳水化合物名称的由来,是由于最初发现的葡萄糖、蔗糖、淀粉等糖类物质都是由碳、氢、氧三种元素组成,其中分子中的氢和氧的原子个数之比为 2∶1,可用通式 $C_m(H_2O)_n$ 来表示,即把它们看成碳和水组成的化合物,所以称为碳水化合物。如,葡萄糖的分子式 $C_6H_{12}O_6$,可表示为 $C_6(H_2O)_6$。但后来发现有些碳水化合物如脱氧核糖($C_5H_{10}O_4$)、鼠李糖($C_6H_{12}O_5$)等,分子组成上并不符合上面的通式;而有些化合物如乙酸($C_2H_4O_2$)、乳酸($C_3H_6O_3$)分子组成上虽然符合上面的通式,可是结构和性质上都不属于碳水化合物;有些碳水化合物还含有氮、硫、磷等元素,如甲壳素中的氨基糖等。显然,"碳水化合物"这一名称是不确切的,因沿用已久,故人们习惯将糖类化合物称为碳水化合物,但已失去原来的含义。

从化学结构来看,碳水化合物是一类多羟基醛或多羟基酮以及能水解生成多羟基醛或多羟基酮的有机化合物。

糖类化合物按其结构和性质可分为三类:

(1) 单糖 多羟基醛(称醛糖)或多羟基酮(称酮糖),不能水解成更简单的糖。如葡萄糖、果糖、甘露糖、半乳糖等。

(2) 低聚糖 水解后能生成 2~10 个单糖的化合物统称为低聚糖。水解时根据生成单糖的数目,又可分为二糖、三糖、四糖等。其中最重要的是二糖,如蔗糖、麦芽糖等。

(3) 多糖 水解后能生成 10 个以上单糖的化合物称为多糖。如淀粉、纤维素、果胶质等。

由于糖类的基本结构单位是单糖,因此,研究单糖的结构和性质是研究糖类化合物的结构和性质的基础。本章重点讨论单糖,对低聚糖和多糖只作简单介绍。

第 1 节 单 糖

根据分子中羰基不同,可将单糖分为醛糖和酮糖;还可根据分子中所含碳原子的数目,分为丙糖、丁糖、戊糖和己糖等。这两种分类方法通常合并使用。如核糖是戊醛糖,葡萄糖是己醛糖,果糖是己酮糖等。自然界中常见的单糖是戊糖和己糖,其中最重要的是葡萄糖和果糖。

一、单糖的构型

所有单糖(丙酮糖除外)的分子中都含有手性碳原子,都存在旋光异构体。根据旋光异构体的数目(N)与分子中手性碳原子数(n)的关系 $N \leqslant 2^n$,可算出旋光异构体的数目。如己醛糖分子中有 4 个不同的手性碳原子,有 $2^4=16$ 个旋光异构体,8 对对映体,葡萄糖就是这 16 个异构体中的一个;己酮糖分子中有 3 个不同的手性碳原子,有 $2^3=8$ 个旋光异构体,4 对对映体，果糖就是这 8 个异构体中的一个。

命名单糖时，分子构型可用 R/S 标记法把每一个手性碳原子的构型表示出来，如 D-葡萄糖，IUPAC 法命名为(2R,3S,4R,5R)-2,3,4,5,6-五羟基己醛，但这种命名法不方便；碳水化合物的名称常用俗名，分子构型 D/L 标记法的使用更为普遍。

1951 年以前还没有测定旋光物质绝对构型的方法，只能用相对构型来表示旋光物质之间的关系。相对构型以甘油醛作为标准，甘油醛只含一个手性碳原子，人为规定和 C* 相连的醛基在上面，—OH 处在右边的为 D 构型，处在左边的为 L 构型。它们的构型表示及名称如下：

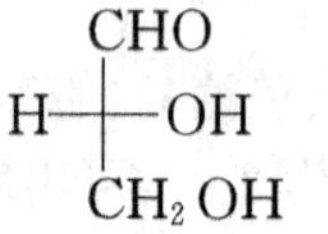
CHO
H
OH
CH_2OH
D-(+)-甘油醛

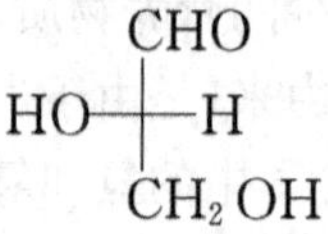
CHO
HO
H
CH_2OH
L-(−)-甘油醛

D、L 只表示构型，(+)、(−)表示旋光方向，两者之间没有必然的联系。将其他糖类的构型与甘油醛比较，离羰基最远的手性碳原子的构型与 D-(+)-甘油醛构型相同，称为 D 型糖；与 L-(−)-甘油醛构型相同，称为 L 型糖。由此可以看出，单糖的构型取决于离羰基最远的手性碳原子的构型。

其他单糖可以由甘油醛用增长碳链的方法推导出来。如从 D-甘油醛出发，经与 HCN 加成，经水解、内酯化和 Na-Hg 还原，可以得到两种 D-丁醛糖。为了书写简便，在费歇尔投影式中，用竖线表示碳链，手性碳原子上的氢省略，用“—”代表不对称碳原子上的羟基，构型推导过程如下：

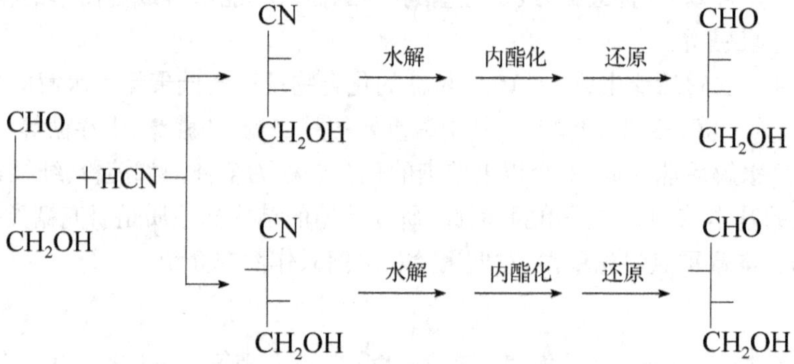
CHO
CH_2OH
+HCN
CN
CH_2OH
水解
内酯化
还原
CHO
CH_2OH
CN
CH_2OH
水解
内酯化
还原
CHO
CH_2OH

用同样的方法，由两种 D-丁醛糖可得到四种 D-戊醛糖，由四种 D-戊糖可得到八种 D-己醛糖，其构型和名称如下：

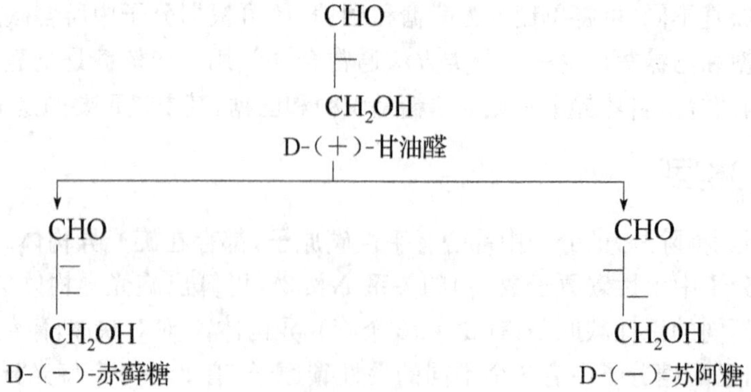
CHO
CH_2OH
D-(+)-甘油醛
CHO
CH_2OH
D-(−)-赤藓糖
CHO
CH_2OH
D-(−)-苏阿糖

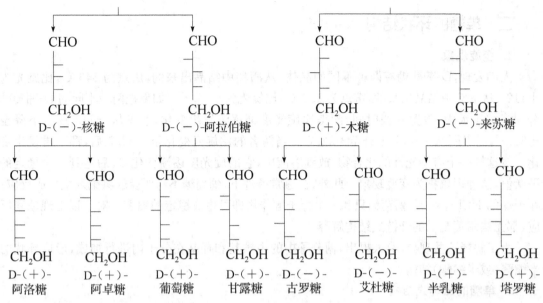

这种从 D-(+)-甘油醛衍生出来的一系列醛糖,有一个共同的特点,即离羰基最远的手性碳原子的构型和 D-(+)-甘油醛分子中的手性碳原子构型一致,所以这些糖都属于 D 型,称为 D-醛糖。从 L-(−)-甘油醛出发,也可得到一系列 L-醛糖,它们与 D-型糖互为对映体。自然界中存在的糖类大多数是 D 型的。

1951 年以后,有了测定绝对构型的方法,证明甘油醛的实际构型和原来人为规定的构型完全符合,因此原来的相对构型又称为绝对构型。

从上面导出的糖可以看出,D-(+)-阿洛糖和 D-(+)-阿卓糖,D-(+)-葡萄糖和 D-(+)-甘露糖的手性碳原子除 C_2 构型不同外,其他碳原子的构型都相同。像这样含有多个手性碳原子的旋光异构体,如果只有一个手性碳原子的构型不同,其他手性碳原子的构型都相同,互称为差向异构体。上述糖中 C_2 构型不同,所以称为 C_2 差向异构体。

自然界中也发现了一些 D-酮糖。它们的结构一般在 2 位上具有酮羰基,比相同碳数的醛糖少一个手性碳原子,旋光异构体数目也相应减少。如存在于甘蔗和蜂蜜中的 D-果糖,有三个手性碳原子,共有八个旋光异构体。同样,它也可以用增长碳链的方法推导出来。D-果糖结构用费歇尔投影式表示如下:

$$
\begin{array}{c}
CH_2OH \\
| \\
C=O \\
| \\
\vdots \\
| \\
CH_2OH
\end{array}
$$

D-(−)-果糖

思考题 12-1 (1) 用 R/S 标记法标出所有 D 型己醛糖的手性碳原子的构型。
(2) 用费歇尔投影式表示出 D-己酮糖的所有旋光异构体,并用 D/L 标记出其构型。

二、单糖的环状结构

1. 变旋现象

人们发现,D-葡萄糖有两种不同的晶体,从酒精中结晶出来的,熔点为 146 ℃,比旋光为 +112°;从吡啶中结晶出来的,熔点为 150 ℃,比旋光为 +18.7°。如果把两种不同的 D-葡萄糖分别溶解于水中,放置一段时间,测得比旋光度都逐渐发生变化,前者从 +112° 逐渐下降至 +52.7°,后者则从 +18.7° 上升至 +52.7°。当两者的比旋光变化至 +52.7° 后,都不再发生变化。像这样一个有旋光性的化合物,放到溶液中,它的旋光度逐渐变化,最后达到一个稳定的平衡值,这种现象称为变旋现象。此外,在通常条件下,葡萄糖不与亚硫酸氢钠发生加成反应;在干燥的 HCl 存在下,葡萄糖只和一个分子醇作用即可生成稳定的缩醛。对于以上现象和反应,都无法用葡萄糖的开链式结构解释。

为了解释这些现象,有人提出,糖分子中的中羰基和羟基在分子内进行加成,形成环状的半缩醛(或半缩酮)结构。

2. 单糖的氧环式结构

单糖分子中含有多个羟基,羰基到底和哪个羟基成环呢?根据环的大小与稳定性关系可知:五元环和六元环是最稳定的环,因此,对于五碳糖和六碳糖来说,在一般情况下形成的都是五元和六元环。组成环的原子除碳外,还有一个氧,所以糖的这种环状半缩醛结构又称为氧环式结构。

例如,D-葡萄糖主要形成六元环,即醛基与 C_5 羟基加成形成半缩醛,从而使醛基碳(C_1)由 sp^2 杂化转变为 sp^3 杂化,成为一个新的手性碳原子,所以羟基加上去的结果是形成了 C_1 构型不同的两种环氧式结构。C_1 上新形成的羟基(也称半缩醛羟基)与决定构型的羟基处于碳链的同一侧,称为称 α-型;处于异侧,称为 β-型。显然,α-D-葡萄糖和 β-D-葡萄糖是非对映体,它们的区别在于 C_1 的构型不同,而其他手性碳原子的构型完全相同,因此 α-D-葡萄糖和 β-D-葡萄糖也称为 C_1 差向异构体。葡萄糖环状结构如下所示:

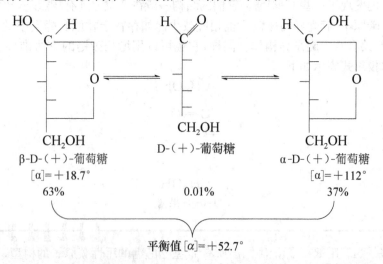

单糖的环状结构能解释它的变旋现象。当 D-葡萄糖的两个环状结构溶于水后,由于活泼的半缩醛羟基的存在,α-D-葡萄糖和 β-D-葡萄糖可以通过开链式结构互相转化,最后达到动态平衡,比旋光度也达到一个平衡值 +52.7°。平衡时,溶液中有约含 37% 的 α-D-葡萄糖和 63%

的β-D-葡萄糖，以及少量的开链葡萄糖。开链式结构在平衡混合物中很少，仅占 0.01%，因此与饱和 $NaHSO_3$ 的加成反应不易发生。由于葡萄糖分子主要以环状半缩醛形式存在，因此只能与一个分子的醇起作用，生成缩醛型结构。

实验证明，除了葡萄糖，其他单糖在溶液中也主要以氧环式结构存在，都有变旋现象。单糖的氧环式结构中，五元环与呋喃环相似，六元环与吡喃环相似。因此将五元环单糖称为呋喃糖，如D-果糖在溶液中主要以五元氧环式结构存在，有 α-D-呋喃果糖和 β-D-呋喃果糖；六元环单糖称为吡喃糖，如 α-D-吡喃葡萄糖和 β-D-吡喃葡萄糖。

3. 哈沃斯(Haworth)式

单糖的氧环式结构不能反映各个原子或基团在空间的相对位置，为了更接近真实和更能形象地表达单糖的环状结构，一般采用哈沃斯透视式(简称哈沃斯式)来表示糖的氧环式结构。现以葡萄糖为例，说明哈沃斯式的书写规则：首先将开链式 D-葡萄糖的费歇尔投影式(Ⅰ)式向右倒成水平的(Ⅱ)式，右侧基团在下面，左侧基团在上面；将(Ⅱ)式中 C_5 上的 H、OH、CH_2OH 按顺时针交换位置，构型保持不变，得到(Ⅲ)式；再将 C_5 上的基团绕着 C_4, C_5 之间的键轴旋转 120°，使 C_5 羟基与醛基接近，得到(Ⅳ)式；C_5 羟基进攻羰基碳形成半缩醛环状结构，得到两种异构体。若新产生的半缩醛羟基与 C_5 上的羟甲基(也称尾基)处在环平面的异侧，则为 α-D-吡喃葡萄糖；若新产生的半缩醛羟基与 C_5 上的羟甲基(也称尾基)处在环平面的同侧，则为 β-D-吡喃葡萄糖。形成过程如下：

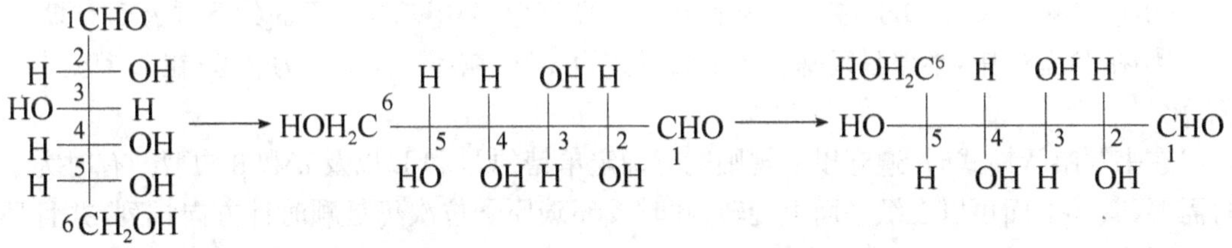

(Ⅰ)　　(Ⅱ)　　(Ⅲ)

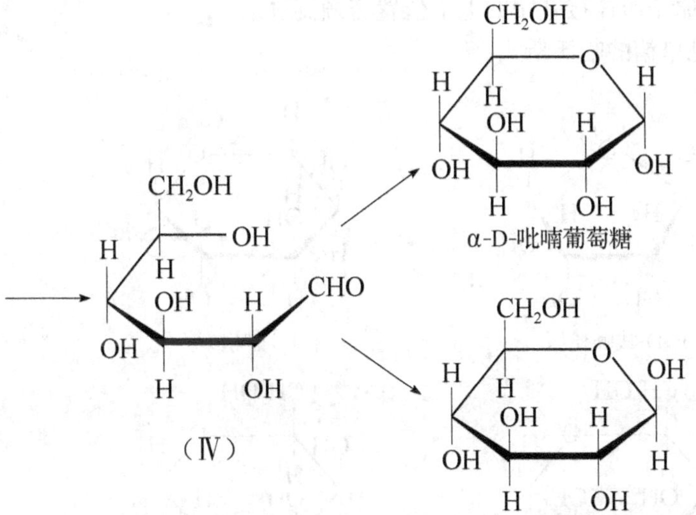

α-D-吡喃葡萄糖

(Ⅳ)

β-D-吡喃葡萄糖

D-果糖也可以形成哈沃斯式，主要有五元环和六元环状结构。五元环是 C_2 上的羰基与 C_5 上的羟基成环；六元环是 C_2 上羟基与 C_6 上羟基成环。自然界中的果糖衍生物以五元环呋呋果糖为主。D-果糖的四种哈沃斯式如下：

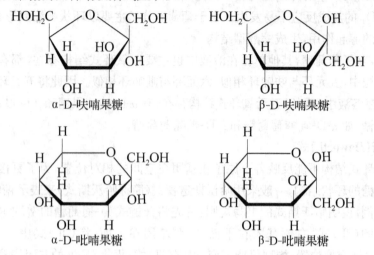

从单糖的链状费歇尔投影式转变成哈沃斯式的一般书写规则：

① 首先写出表示氧环式结构的六元或五元含氧环,把前面的三根链用粗线表示,六元环氧通常写在环中的右上角,五元环氧写在正后方。成环碳原子位次以顺时针方向排列。

② 将费歇尔式碳键右侧基团或原子写在哈沃斯式环平面的下方,左侧基团或原子写在环平面上方。遵循"左上右下"的原则。

③ 羟甲基(—CH₂OH)在环平面的上方为D型糖,羟甲基在环平面的下方为L型糖。

④ 在D型糖中,半缩醛羟基在环平面下方为α型,在环平面上方为β型;在L型糖中正好相反。

在书写哈沃斯式时,遵守以上规则就能确定单糖的D和L以及α和β构型。有时为了书写需要,其环平面可以在纸平面上旋转,此时成环碳原子位次仍是顺时针方向排列,并且环上碳原子连接基团的上下位置不变;环平面也可以翻转,此时成环碳原子位次由顺时针方向排列变为逆时针排列,环上碳原子所连接基团的上下位置需颠倒过来。

下面是其他几种常见单糖的哈沃斯式：

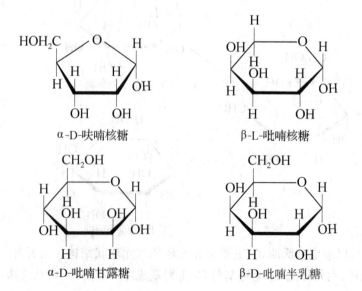

4. 单糖的构象

在哈沃斯式中，吡喃型糖的六元环表示在一个平面上。但实际上，近代 X 射线分析技术对单糖的研究表明，晶体状态的吡喃葡萄糖中成环的碳原子和氧原子不在同一平面，而是与环己烷类似，以椅式构象存在。D-吡喃葡萄糖的两种椅式构象表示如下：

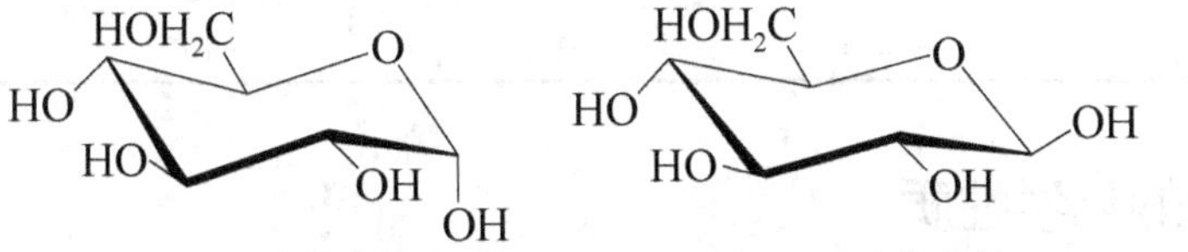

α-D-吡喃葡萄糖   β-D-吡喃葡萄糖

从以上两个构象中可以看出，在 β-型中所有较大基团都占据 e 键，而在 α-型中 C_1 上的半缩醛羟基处于直立键 a 键上，所以 β-型比 α-型更稳定。在变旋平衡体系中，β-D-葡萄糖所占比例（63%）大于 α-D-葡萄糖（37%）。

思考题 12-2 写出下列糖的哈沃斯式。
(1) α-D-吡喃阿洛糖 (2) α-D-吡喃甘露糖 (3) β-D-吡喃半乳糖

思考题 12-3 写出下列单糖的全名称。

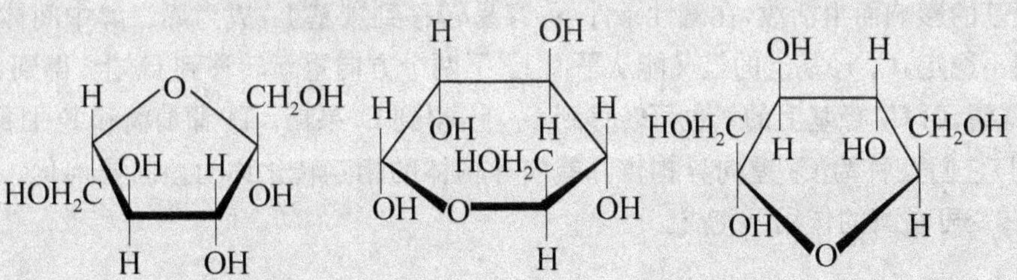

三、单糖的物理性质

单糖都是无色结晶，有吸湿性，因分子中含有多个羟基，所以极易溶于水，并能形成过饱和溶液——糖浆。单糖可溶于乙醇和吡啶，难溶于乙醚、丙酮、苯等有机溶剂。单糖（除丙酮糖外）都有旋光性及变旋现象。

单糖都有甜味，各种糖的甜度不同，一般以蔗糖的甜度为 100 来比较其他糖类的相对甜度。如葡萄糖的甜度为 74，果糖的甜度为 173。果糖是目前已知单糖和二糖中甜度最大的糖。几种常见单糖的物理常数见表 12-1。

表 12-1 常见单糖的物理常数

名称	比旋光度/(°)			糖脎熔点/℃
	α-型	β-型	平衡混合物	
D-葡萄糖	+112	+18.7	+52.7	210
D-甘露糖	+34	−17	+14.6	210
D-半乳糖	+144	+52	+80	186
D-果糖	−21	−133	−92.3	210

名称	比旋光度/(°)			糖脎熔点/℃
	α-型	β-型	平衡混合物	
D-木糖	+92	−20	+19	163
D-核糖	—	—	−21.5	160
D-阿拉伯糖	−54	−175	−105	160

四、单糖的化学性质

单糖是多羟基醛或多羟基酮，因此它的化学性质主要表现在羟基与羰基上，以及分子中羟基和羰基相互影响而产生的一些特殊性质。单糖是处在环状与开链的互变平衡的体系中，因此，单糖有些性质是开链结构表现出来的（如氧化、成脎等），有些是环状结构表现出来的（如成苷、成酯等）。

1. 差向异构化

用稀碱溶液处理 D-葡萄糖、D-甘露糖和 D-果糖中的任意一种，都可以得到三种糖的平衡体系混合物，这种作用称为异构化。

这种异构化是通过烯二醇式中间体完成的。单糖分子中 C_2 上的 α-H 同时受羰基和同碳原子上羟基的影响而很活泼，在碱性条件下，容易转移到羰基上，成为烯二醇中间体。烯二醇中间体很不稳定，C_1 羟基上的氢又能从平面上、下两个方向重新转移到 C_2 上，得到 D-葡萄糖和 D-甘露糖，而 C_2 羟基上的氢也可转移到 C_1 上，得到 D-果糖。D-葡萄糖和 D-甘露糖 C_2 的构型不同，它们互称为 C_2 差向异构体。差向异构体的相互转化称为差向异构化。在生物体内，这种转变可在酶的作用下完成。

思考题 12-4 试写出 D-核糖在稀碱溶液中的差向异构体。

2. 氧化反应

单糖都能被氧化剂所氧化,其氧化过程比较复杂,氧化产物因试剂的种类及溶液的酸碱性等条件的不同而不同。

(1) **碱性溶液中氧化**　酮糖与酮不同,酮糖在碱性溶液中可以通过异构化作用转变为醛糖,因此,所有的单糖都能被斐林试剂、托伦试剂和本尼狄克试剂等碱性弱氧化剂氧化,分别产生银镜或氧化亚铜砖红色沉淀,同时,单糖分子被氧化成小分子羧酸混合物。

$$醛(酮)糖 + Cu^{2+} \xrightarrow[\triangle]{OH^-} Cu_2O\downarrow + 羧酸混合物$$

在有机化学和生物化学中,把糖能还原斐林试剂等碱性弱氧化剂的性质统称为还原性;把具有还原性的糖称为还原性糖,所有的单糖都是还原性糖。还原性糖与本尼狄克试剂的反应常用作糖类的定性或定量测定。

(2) **酸性溶液中氧化**　糖在酸性条件下的氧化根据氧化剂的不同,主要有以下两种:

1) **溴水氧化**　单糖在酸性条件下不发生异构化,因此醛糖和酮糖的反应有些不同。在溴水作用下,醛糖能氧化为糖酸,而酮糖不被氧化,由此可用来区别醛糖和酮糖。

```
    CHO                        COOH
H ──┼── OH                H ──┼── OH
HO ─┼── H     Br₂/H₂O    HO ─┼── H
H ──┼── OH   ────────→    H ──┼── OH
H ──┼── OH                H ──┼── OH
    CH₂OH                      CH₂OH
   D-葡萄糖                   D-葡萄糖酸
```

2) **硝酸氧化**　强氧化剂(如硝酸)不仅能氧化醛基,还能氧化羟甲基,使醛糖氧化成糖二酸。例如,D-葡萄糖被氧化为 D-葡萄糖二酸。

```
    CHO                        COOH
H ──┼── OH                H ──┼── OH
HO ─┼── H      HNO₃      HO ─┼── H
H ──┼── OH   ────────→    H ──┼── OH
H ──┼── OH                H ──┼── OH
    CH₂OH                      COOH
   D-葡萄糖                  D-葡萄糖二酸
```

酮糖在同样条件下氧化时,发生 C_1—C_2 键的断裂,生成比原来糖少一个碳原子的糖二酸。

(3) **生物体内氧化**　在酶的作用下,生物体内某些醛糖羟甲基可被氧化成羧基,而醛基保持不变,生成相应的糖醛酸。单糖如葡萄糖氧化成葡萄糖醛酸,半乳糖氧化成半乳糖醛酸。

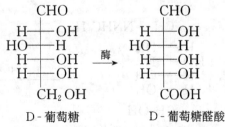

某些糖醛酸是果胶质、半纤维素和黏多糖的重要组成成分,在土壤和微生物的作用下,生

成的糖醛酸类物质是天然土壤结构改良剂。人体内的糖醛酸可与某些有毒物质结合,并从尿中排出体外,有保肝和解毒作用。

思考题 12-5 写出 D-甘露糖与下列氧化剂反应的方程式:
(1) 斐林试剂　　　(2) 溴水　　　(3) 硝酸

3. 还原反应

工业上常以镍、钯、铂为催化剂进行催化加氢,或在实验室中在金属氢化物 $NaBH_4$ 的作用下,单糖中的羰基被还原成羟基,生成相应的糖醇。例如,葡萄糖可以还原成山梨醇,甘露糖可以还原成甘露醇,果糖可以还原成山梨醇和甘露醇的混合物:

甘露醇、山梨醇广泛存在于植物体内,桃李、苹果、樱桃、梨等果实中含有大量的山梨醇,柿子、胡萝卜、葱等植物中含有甘露醇。甘露醇、山梨醇是化妆品和药物生产中用量较大的多元糖醇。如甘露醇、山梨醇有降低颅内压力、治脑水肿和利尿等作用。

思考题 12-6 己醛糖中有哪几种糖的 D-型和 L-型还原生成同一多元醇?

4. 成脎反应

单糖的羰基与苯肼反应生成苯腙。在过量的苯肼存在下,苯腙能继续与苯肼反应生成糖脎。

糖脎分子内通过氢键缔合,形成螯环化合物,从而使 C_3 上的羟基不再与苯肼作用。因此,成脎反应在 C_1 和 C_2 上发生变化,不涉及其他碳原子。含碳原子数相同的单糖,如果只是 C_1、C_2 上所连基团或构型不同,而其他碳原子的构型完全相同,它们必生成同一种糖脎。例如,D-葡萄糖、D-果糖和 D-甘露糖与过量的苯肼反应生成的糖脎是相同的。

  D-葡萄糖   D-甘露糖   D-果糖

糖脎都是不溶于水的黄色结晶,不同的糖脎结晶形状不同,熔点不同,在反应中生成的速度也不同,所以,可以根据糖脎的结晶形状、生成速度及熔点来鉴定糖。

思考题 12-7 试写出能与 D-阿拉伯糖形成相同糖脎的所有 D-型糖的费歇尔投影式。

5. 显色反应

单糖与浓酸作用,发生分子内脱水生成糠醛或它的衍生物。例如,戊醛糖脱水得到糠醛,己糖脱水得到 α-羟甲基糠醛。反应式如下:

戊糖 $\xrightarrow{\text{浓HCl}}$ 糠醛 + $3H_2O$

己糖 $\xrightarrow{\text{浓HCl}}$ 5-羟甲基糠醛 + $3H_2O$

在一定条件下,糠醛及其衍生物能与某些酚类、蒽酮、芳胺等作用生成各种不同的有色物质。虽然这类有色物质的结构还不清楚,但由于反应灵敏,显色明显,故常用来鉴定糖类。重要的显色反应如下:

(1) 莫力许(Molisch)反应 所有的糖(包括二糖和多糖)都能在浓硫酸的作用下和 α-萘酚反应,生成紫色物质。这是鉴别糖类常用的方法。

(2) 西里瓦诺夫(Seliwanoff)反应 酮糖与间苯二酚的浓盐酸溶液反应,加热很快生成红色物质;而醛糖在同样条件下不显色或显微红色。利用这个反应可区别醛糖和酮糖。

(3) 蒽酮反应 所有的糖都能与蒽酮的浓硫酸溶液作用生成绿色物质。这个反应可用来定量测定糖类。

(4) 皮阿耳(Bial)反应　戊糖与5-甲基-1,3-苯二酚的浓盐酸溶液作用,能生成绿色的物质。该反应可用来鉴别戊糖和己糖。

(5) 狄斯克(Diseke)反应　脱氧核糖与二苯胺的乙酸和浓硫酸的混合液共热,可生成蓝色物质,其他糖类在同样条件下无此现象。因此,该反应可用来鉴别脱氧核糖。

思考题 12-8 用化学方法鉴别下列各组物质:
(1) 丙酮、丙醛、甘露糖、果糖
(2) 葡萄糖、果糖、核糖、脱氧核糖

五、重要的单糖及单糖衍生物

1. 几种重要的单糖

(1) D-核糖及 D-2-脱氧核糖　D-核糖和 D-2-脱氧核糖是生物细胞内极为重要的两种戊醛糖,常与磷酸及某些含氮杂环化合物结合而存在于核蛋白中,是核糖核酸及脱氧核糖核酸的重要组成部分,也是多种维生素、辅酶、某些抗生素(如新霉素、巴龙霉素)的成分。它们的结构式如下:

α-D-核糖　　　D-核糖　　　β-D-核糖

α-D-2-脱氧核糖　　D-2-脱氧核糖　　β-D-2-脱氧核糖

(2) D-葡萄糖　葡萄糖是自然界分布最广泛的己醛糖,它为无色结晶,易溶于水,稍溶于乙醇和丙酮,不溶于乙醚和烃类等有机物;有甜味,在植物果实、蜂蜜、动物血液、淋巴中均有游离的 D-葡萄糖,工业上可由淀粉或纤维素水解得到 D-葡萄糖,是最早大量生产的单糖。

葡萄糖是人体新陈代谢不可缺少的营养物质,也是运动所需能量的重要来源。人体血液中的含量为 0.08%~0.1%,也称为血糖。长期低血糖会导致头昏、恶心及营养不良等症状,而高血糖及糖代谢功能减退可导致糖尿病的发生。

葡萄糖在医药上可用作营养剂,并有强心、利尿、解毒作用。在食品工业上用于制糖浆、糖果等。在印染工业上用作还原剂。它还是合成维生素 C 的原料。

(3) D-果糖　果糖存在于水果和蜂蜜中。果糖为无色结晶,易溶于水,可溶于乙醇和乙醚中。果糖是自然界中存在的最甜的糖,比蔗糖甜一倍,广泛用于食品工业,如制糖果、糕点、饮料等。工业上可利用蔗糖在稀盐酸或转化酶作用下大规模生产果糖,或者以淀粉为原料,淀粉水解后经固定化葡萄糖异构酶转化为转化糖,其中含有42%的果糖和58%的葡萄糖,这种商品称为果葡糖浆或高果糖浆。

2. 糖苷

糖苷同缩醛(酮)一样,分子中无半缩醛羟基,不能再转变成开链式结构,因此,无变旋现象,不能被斐林试剂、托伦试剂等氧化剂氧化,与过量的苯肼不能生成糖脎。但是糖苷在稀酸或酶的作用下却易发生水解,水解时苷键断裂,形成原来的糖和非糖化合物。

糖苷广泛存在于动植物体中,尤其在植物的根、茎、叶、花和种子中含量较多。天然糖苷大多属于β-型。例如：

水杨苷是由β-D-葡萄糖和水杨醇形成的糖苷。水杨苷口服后在体内水解,氧化变成水杨醇、水杨酸等,因此水杨苷有解热、镇痛、抗风湿作用。结构式如下：

水杨苷

3. 糖酯

单糖中的羟基,在适当的条件下都能酯化。例如,葡萄糖与乙酐作用,在催化剂($ZnCl_2$或$HClO_4$)存在下,生成五乙酸葡萄糖酯。

α-D-葡萄糖 + CH₃CO-O-COCH₃ $\xrightarrow{HClO_4, 30\ ℃\sim 35\ ℃}$ 五乙酸-α-D-葡萄糖酯

在生物体内,α-D-吡喃葡萄糖在酶的催化下能与磷酸酯化,生成1-磷酸-α-D-葡萄糖和1,6-二磷酸-α-D-葡萄糖,它们在生物代谢过程中起着重要作用。

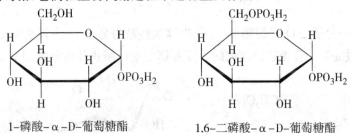

1-磷酸-α-D-葡萄糖酯   1,6-二磷酸-α-D-葡萄糖酯

单糖磷酸酯是生物体糖代谢过程中重要的中间产物。作物施磷肥,就是为作物提供磷酸酯所必需的磷。如果作物缺磷,就无法合成磷酸酯,光合作用和呼吸作用就不能正常进行。

4. 维生素C

维生素C广泛存在于新鲜瓜果及蔬菜中,在柑橘、柠檬、番茄中含量尤为丰富。人体自身

不能合成维生素 C，必须从食物中获得。人体若缺乏维生素 C，会出现坏血病，故维生素 C 又称为抗坏血酸。维生素 C 不属于糖类，但它可由 D-葡萄糖来合成，在结构上可以看成是不饱和糖酸内酯，所以常将维生素 C 当作单糖的衍生物。

维生素 C 是白色结晶，味酸，易溶于水，稍溶于乙醇，不溶于乙醚等有机溶剂。它的构型是 L-型。由于分子中烯醇式羟基上的氢较易离解，使它呈现明显的酸性，并且易被氧化成脱氢抗坏血酸，所以它是一种较强的还原剂，可用作食品的抗氧化剂；脱氢抗坏血酸还原又重新变成抗坏血酸，所以，它在动物体内生物氧化过程中具有电子传递和氢传递的作用。

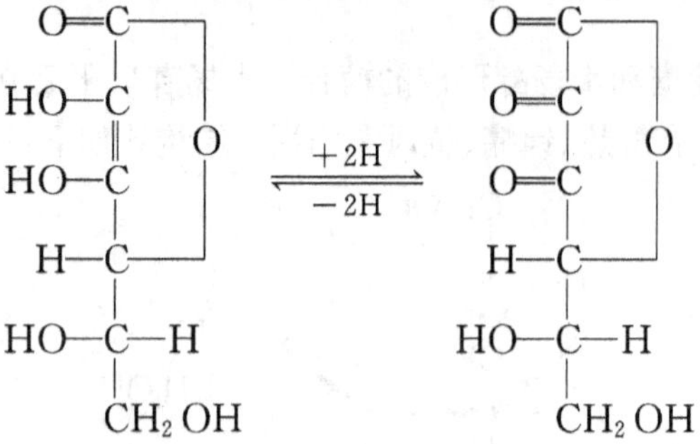

抗坏血酸　　　　脱氢抗坏血酸

第 2 节　二　　糖

低聚糖是两个（包括两个）以上、十个以下的单糖通过分子间的脱水缩合而成的。其中二糖是最重要的低聚糖。二糖是由两分子单糖通过糖苷键连接而成的化合物。自然界中存在的二糖可分为还原性二糖和非还原性二糖。

一、还原性二糖

还原性二糖是由一个单糖的半缩醛羟基和另一个单糖的非半缩醛羟基脱水生成的二糖，因此，分子中还保留着一个半缩醛羟基，能变成开链式结构，这就决定了它具有单糖的一般性质。如，有变旋现象，与过量苯肼能生成糖脎，能与斐林试剂产生砖红色沉淀，因此，具有还原性，故这类二糖称为还原性二糖，如麦芽糖、乳糖、纤维二糖等。

1. 麦芽糖

麦芽糖是由一分子 α-D-葡萄糖 C_1 上的半缩醛羟基与另一个 D-葡萄糖 C_4 上的非半缩醛羟基脱水后，通过 α-1,4-苷键连接而成的。麦芽糖的哈沃斯式及构象式如下：

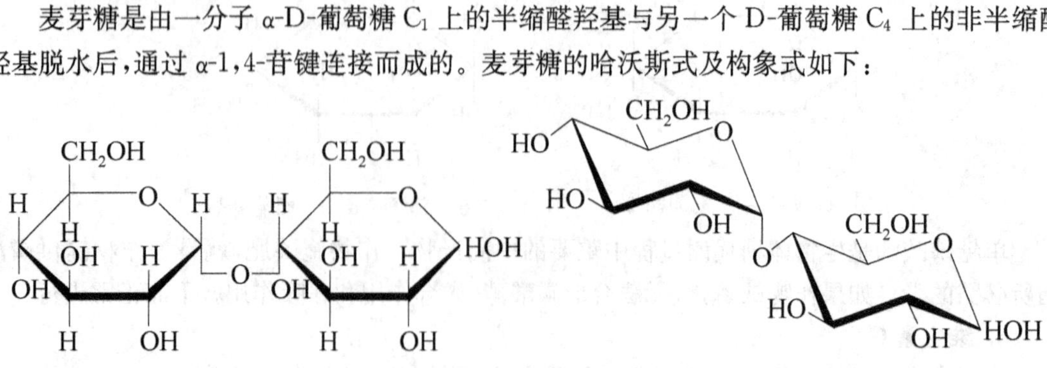

麦芽糖

麦芽糖是淀粉的基本组成单元,在淀粉酶或唾液酶的作用下,淀粉水解得到麦芽糖。麦芽糖继续水解产生 D-葡萄糖。麦芽糖主要存在于发芽的种子中,特别是麦芽中含量最高。在用大麦酿造的啤酒中,麦芽糖的含量为 10%～12%,甜度为蔗糖的 40%,是饴糖的主要成分,常用作营养剂和培养基。

2. 纤维二糖

纤维二糖由两分子 D-葡萄糖通过 β-1,4-苷键连接而成。纤维二糖的哈沃斯式及构象式如下:

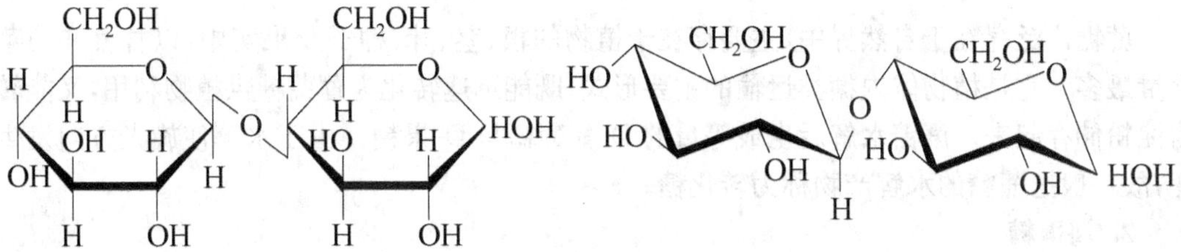

纤维二糖

纤维二糖是纤维素的基本组成单位,可由纤维素部分水解得到,在自然界并不以游离状态存。同麦芽糖一样,水解产生两分子 D-葡萄糖,所不同的是,水解纤维二糖必须用 β-葡萄糖苷酶(苦杏仁酶)。

3. 乳糖

乳糖是由一分子 β-D-半乳糖和一分子 D-葡萄糖通过 β-1,4-苷键连接而成的。乳糖的哈沃斯式及构象式如下:

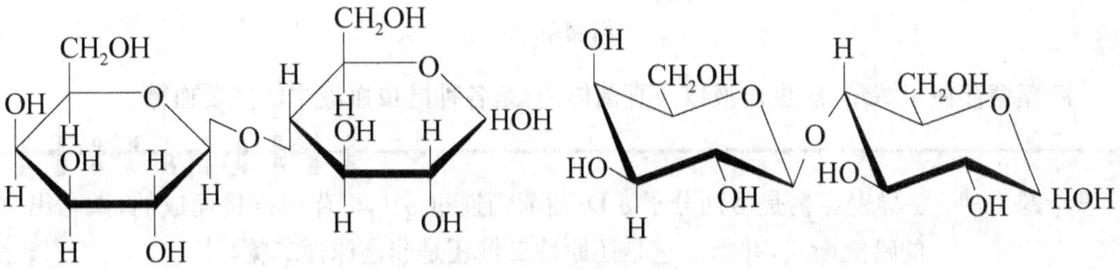

乳糖

乳糖存在于哺乳动物的乳汁中,含量约为 5%,是牛乳制奶酪时所得的副产物。牛奶变酸就是乳糖在乳糖杆菌作用下氧化成乳酸的缘故。乳糖是二糖中水溶性较小,没有吸湿性的一种,用于食品及医药工业。

二、非还原性二糖

非还原性二糖是两个单糖都用半缩醛羟基脱水生成的二糖,分子中无半缩醛羟基,当然也就不能变成开链结构,也不具备单糖的一些性质。如,无变旋现象,与过量苯肼不能产生糖脎,与斐林试剂无砖红色沉淀产生,不具有还原性,故这类二糖称为非还原性二糖,如蔗糖、海藻糖等。

1. 蔗糖

蔗糖是由一个分子 α-D-葡萄糖 C_1 上的半缩醛羟基和一个分子 β-D-果糖 C_2 上的半缩醛羟基脱去一个分子水,通过 α-1-β-2-苷键连接而成的。蔗糖的哈沃斯式及构象式如下:

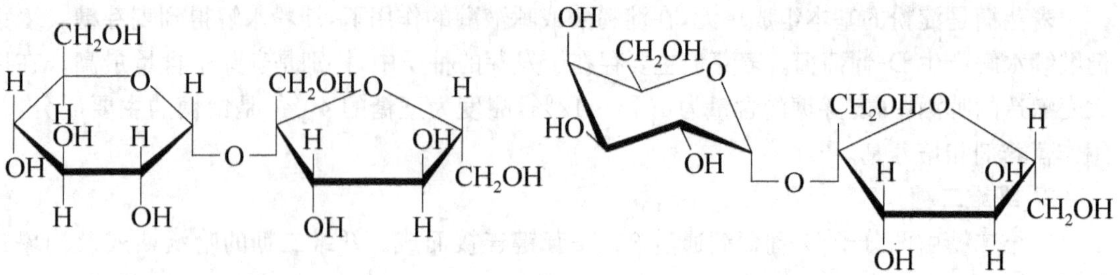

蔗糖

蔗糖广泛存在于自然界中,主要存在于植物的根、茎、叶、种子及果实中,以甘蔗和甜菜中含量最多。它是植物体内糖类运输的主要形式,既能迅速转化为葡萄糖供植物利用,又能转化为淀粉储存起来。蔗糖水解后生成等量的D-葡萄糖与D-果糖。由于水解使旋光方向发生改变,故一般把蔗糖的水解产物称为转化糖。

2. 海藻糖

海藻糖又称为酵母糖,是由两个 α-D-葡萄糖通过 α-1,1-苷键连接而成的。海藻糖的哈沃斯式及构象式如下:

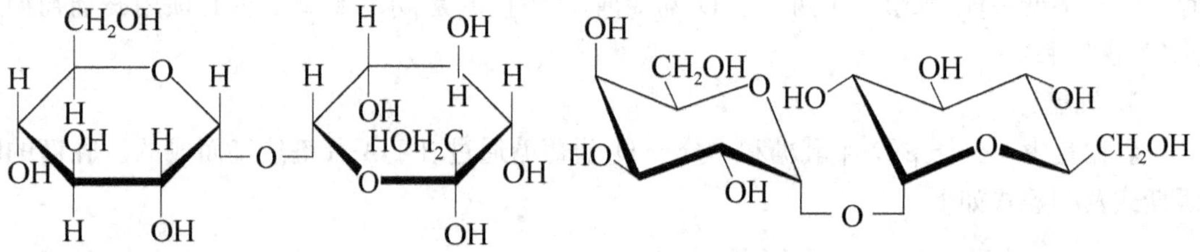

海藻糖

海藻糖存在于海藻、昆虫血液以及真菌体内,是各种昆虫血液中的主要血糖。

思考题 12-9 α-异麦芽糖是由两分子 α-D-葡萄糖通过 α-1,6-苷键连接而成的,试写出它的哈沃斯式,并指出它是还原性二糖还是非还原性二糖。

第3节 多 糖

多糖是由许多单糖及单糖的衍生物以苷键结合而成的一类高分子化合物,在自然界中分布极为广泛,糖类总量的90%以上以多糖的形式存在。

有些多糖可作为动植物储备养料,如植物中的淀粉、动物中的糖元;有些多糖是构成植物骨干的物质,如纤维素和果胶质等。多糖按其水解产物可分为均多糖和杂多糖两类。均多糖是指水解产物只有一种单糖,如淀粉、纤维素等;杂多糖是指水解产物为一种以上的单糖或单糖衍生物,如半纤维素、果胶质和黏多糖等。

多糖虽然由单糖组成,但性质上与单糖或低聚糖有较大的差异。多糖没有还原性和变旋现象,也不具有甜味,大多数多糖不溶于水,少数能与水形成胶体溶液。

一、淀粉和糖元

淀粉和糖元分别为植物体和动物体内的多糖,都是由D-葡萄糖通过α-苷键缩聚而成的天然高分子化合物。

1. 淀粉

淀粉广泛分布于自然界,是人类碳水化合物的主要来源,又是植物的储存物质,主要存在于植物块根和种子中。例如,稻米中含淀粉62%~82%,小麦含57%~75%,玉米含65%~72%,马铃薯含12%~14%。

淀粉由直链淀粉和支链淀粉两部分组成,直链淀粉约占淀粉的20%,支链淀粉约占淀粉的80%。这两种淀粉的结构和理化性质都有差别。

(1) 淀粉的结构　淀粉主要有以下两种结构。

1) 直链淀粉　直链淀粉由1 000个以上α-D-葡萄糖通过α-1,4-苷键连接而成的链状化合物,平均相对分子质量为1.5×10^5~6×10^5。直链淀粉实际上并不是线型分子,而是由于分子内氢键作用,使链卷曲盘旋呈螺旋状。直链淀粉的结构式如下:

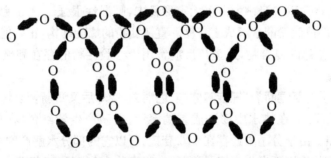

直链淀粉的结构

直链淀粉的螺旋结构

2) 支链淀粉　支链淀粉相对分子质量比直链淀粉相对分子质量更大,平均相对分子质量为10^6~6×10^6,它是一个高度分支化的结构,每隔20~25个D-葡萄糖短链,就有一个α-1,6-苷键分支。在这些短链里,D-葡萄糖是以α-1,4-苷键连接的。支链淀粉的结构式如下:

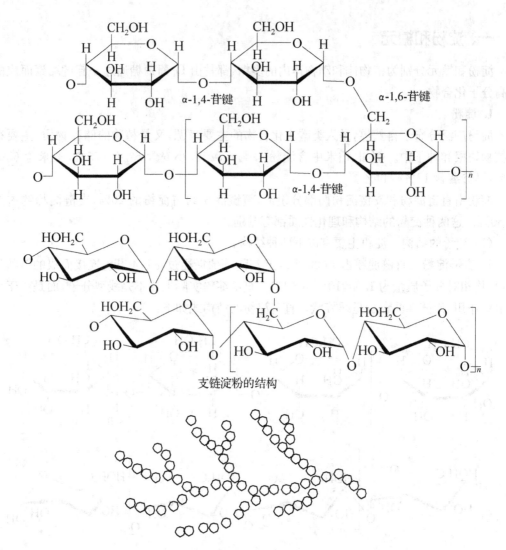

支链淀粉的结构

支链淀粉的分支结构

(2) 淀粉的理化性质 淀粉为白色无定形粉末,吸湿性很强。直链淀粉容易溶解在热水里不成糊状,可全部被淀粉酶水解成麦芽糖。直链淀粉的螺旋结构,正好能使碘分子钻入螺旋空隙中,与碘形成蓝色的复合物,此显色反应常用于检验淀粉的存在和碘量法分析终点的指示,反应迅速、灵敏。

当加热时,分子内氢键断裂,螺旋解体,蓝色消失,冷却后又重新恢复螺旋结构,蓝色重现。

支链淀粉不溶于水,在热水中膨胀成黏稠溶液,遇碘产生紫红色,在淀粉酶作用下只有62%水解成麦芽糖。由于分子中还存在1,6-苷键,所以它的部分水解产物中还有异麦芽糖。

淀粉在酸或酶的作用下发生水解,得到的中间产物有糊精和麦芽糖。根据它们遇碘产生的不同颜色,可分为蓝糊精、红糊精、无色糊精,麦芽糖,最后水解为 D-葡萄糖。

```
           淀粉──→蓝糊精──→红糊精──→无色糊精──→麦芽糖──→葡萄糖
遇碘颜色      蓝       蓝       红       碘色      碘色     碘色
                   淀粉酶催化                   麦芽糖酶催化
```

在淀粉分子中，尽管末端葡萄糖保留了半缩醛羟基，但在整个分子中所占的比例极小，所以淀粉无还原性、无变旋现象，不能形成糖脎。

思考题 12-10 用化学方法鉴别直链淀粉和支链淀粉。

2. 糖元

糖元又称为动物淀粉或肝糖，存在于动物体的肝脏和肌肉中。糖元的结构和支链淀粉相似，不过组成糖元的葡萄糖单位更多，平均相对分子质量为 100 万～1 000 万。由于糖元的支链更多、更短，因此糖元分子结构比较紧密，整个分子团成球形。

糖元为无定形粉末，有甜味，能溶于三氯乙酸，但不溶于乙醇及其他有机溶剂。糖元遇碘呈紫红色，在酸或酶的作用下最终水解成 D-葡萄糖。

糖元在动物体内的重要功能是调节血液中的含糖量。当动物血液中葡萄糖含量较高时，它就结合成糖元，储存在肝脏和肌肉中；当血液中葡萄糖含量降低时，糖元可分解为葡萄糖，供给肌体能量。

二、纤维素

1. 纤维素的结构

纤维素是由 1 000～10 000 个 β-D-葡萄糖通过 β-1,4-苷键连接而成的直线型高分子化合物，其相对分子质量为 100 万～200 万或更高，结构式如下：

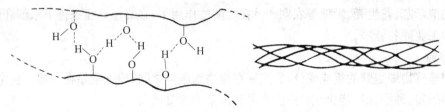

纤维素的分子结构

与直链淀粉不同，纤维素长链分子不是卷曲为螺旋状，而是略带弯曲的长丝状，这些长链的分子，靠氢键形成牢固的纤维素胶束，这种结构具有很高的力学强度和化学稳定性。若干个纤维素胶束相互绞在一起形成绳索状结构，这种绳索状结构按一定规律排列起来形成肉眼所见的植物纤维纹理。纤维素链间分子间氢键及形成的纤维素胶束示意图如下：

链间分子间氢键及形成的纤维素胶束

纤维素是自然界中分布最广的一种多糖。它是植物细胞壁的主要成分,在植物体内起支撑作用。

2. 纤维素的理化性质

纤维素是白色纤维状固体,不溶于水,但能吸水膨胀,也不溶于一般的有机溶剂,但能溶于氢氧化铜的氨溶液、氯化锌的盐酸溶液以及氢氧化钠和二硫化碳中,形成黏稠状溶液。利用这种溶胶性,可以制造各种人造棉和人造丝等。

纤维素水解比淀粉难,一般需在稀酸加热下水解。由于人体内不含有能水解 β-1,4-苷键的纤维素酶,纤维素不能被唾液酶水解而作为人的营养物质,因此纤维素不能被人消化,但同时又是必不可少的,因为它可以帮助肠子蠕动,促进排泄。某些食草动物,如牛、羊等,可以用纤维素作为食物,因为它们的消化道中的微生物可产生能水解 β-1,4-苷键的纤维素酶,使纤维素水解,所以纤维素是食草动物的主要饲料。纤维素还可以作为重要的工业原料,纺织、造纸、人造丝、无烟火药、胶片等都离不开纤维素。

三、杂多糖

1. 半纤维素

半纤维素是与纤维素共存于植物细胞壁的一类多糖,是和纤维素结构完全不同的物质,主要起着支撑物质的作用,同时也起着储藏物质的作用。一般认为半纤维素主要是多缩戊糖和多缩己糖的混合物,多缩戊糖主要是多缩木糖和多缩 L-阿拉伯糖,结构式如下:

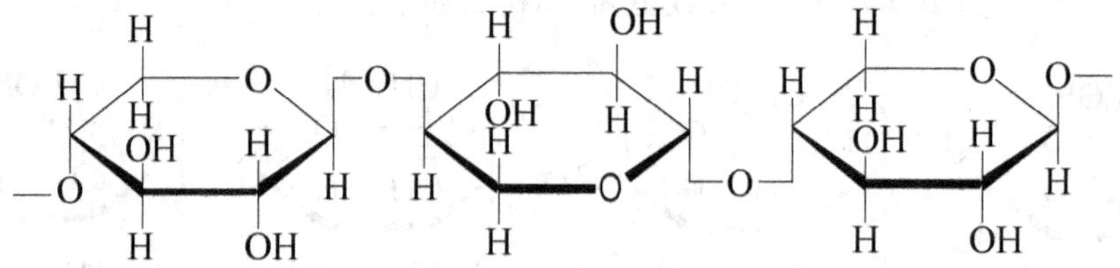

多缩木糖

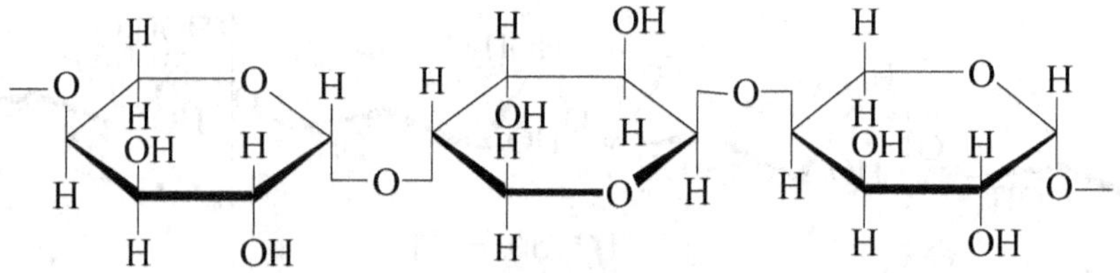

多缩阿拉伯糖

多缩己糖主要是多缩半乳糖、多缩半乳糖醛酸及多缩甘露糖,它们也是主要通过 β-1,4-苷键缩合而成的链状分子。

半纤维素不溶于水,但能溶于稀碱,在稀酸的作用下比纤维素更易水解。工业上常用含多缩戊糖的玉米芯、花生壳、米糠等农副产品在稀酸的作用下,在高温高压条件下水解和脱水,制取重要的工业原料糠醛。

2. 果胶

果胶是植物细胞壁的组成成分,它充塞在植物细胞壁之间,使细胞粘在一起。它主要存在于植物的果实、种子、根、茎、叶中,一般水果和蔬菜中含量较高。

果胶质是一类多糖的总称,主要包括原果胶、果胶酯酸(又称为可溶性果胶)和果胶酸等。

原果胶主要存在于未成熟的水果和植物的茎与叶子中,它是可溶性果胶与纤维素缩合而成的高聚物,是水不溶性的果胶。它在稀酸或酶的作用下可水解产生果胶酯酸(水溶性果胶);果胶酯酸的分子主链是由 α-D-半乳糖醛酸甲酯及少量的半乳糖醛酸通过 α-1,4-苷键连接而成的高分子化合物,其结构式如下:

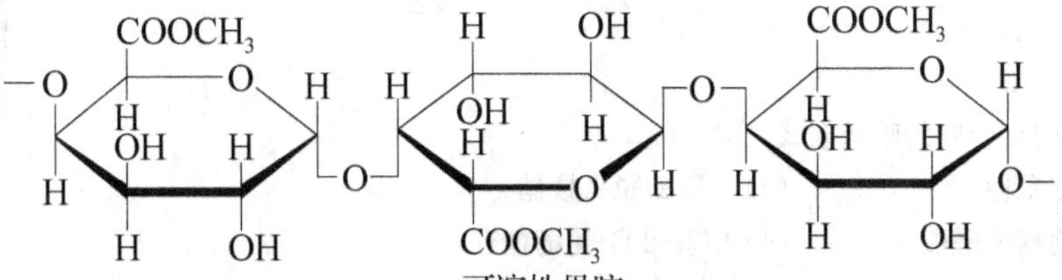

可溶性果胶

果胶酯酸是原果胶通过果胶酶和果胶酯酶的作用而生成的,它能溶于水;水果成熟后由硬变软,主要原因就是原果胶转变为可溶性果胶。果胶酸是果胶酯酸在稀酸或果胶甲酯酶的连续作用下,游离出的多聚半乳糖醛酸,甲酯基被完全除去。果胶酸的结构式如下:

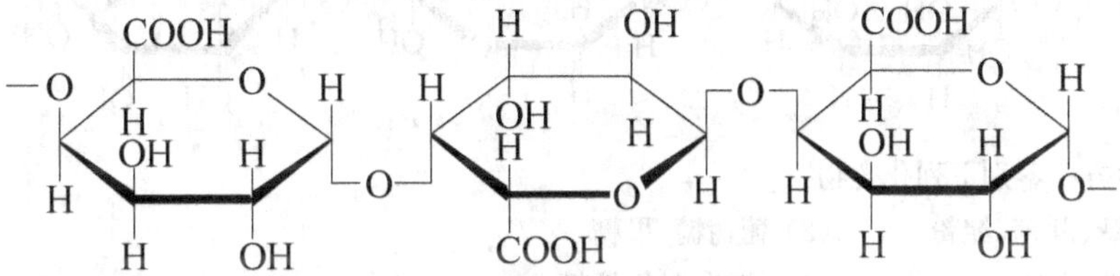

果胶酸

果胶酸分子中含有羧基,能与 Ca^{2+} 或 Mg^{2+} 生成不溶性的果胶酸钙和果胶酸镁,该反应可用于测定果胶质的含量。

果胶是一种耐酸的胶凝剂和完全无毒无害的天然食品添加剂,它是优良的胶凝剂、稳定剂、增稠剂、悬浮剂、乳化剂。具有水果风味,加入少量果胶,就可显著提高食品质量、口感。用于制药工业,对高血压、便秘等慢性病有一定疗效,并可降低血糖、血脂,减少胆固醇,解除铅中毒,同时还具有防癌、抗癌等作用。制成药用胶囊,有较好的增效性;可制成果胶铋,是治疗胃病的良药。用于化妆品工业,可增强皮肤的抵抗力,防止紫外线及其他辐射。

3. 甲壳素

甲壳素又名几丁质、甲壳质,分布于虾、蟹及许多昆虫的硬壳、昆虫体表以及真菌的细胞壁中。地球上的生物每年可合成 10 亿吨甲壳素,是仅次于纤维素的生物物质。

甲壳素是 N-乙酰氨基葡萄糖以 β-1,4-苷键连接而成的多糖。其结构式如下:

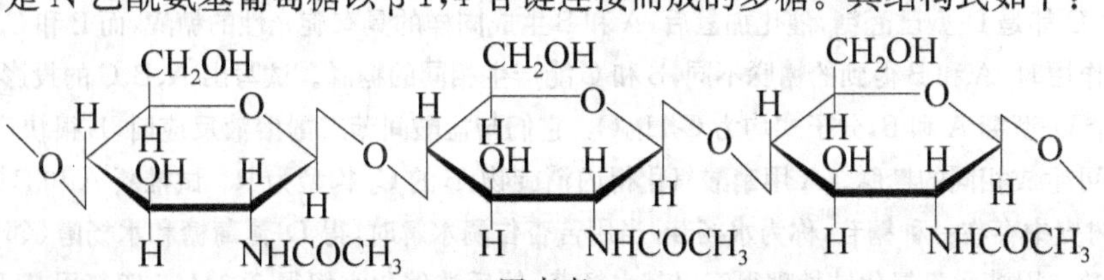

甲壳素

甲壳素是白色半透明固体,不溶于水、乙醇、乙醚等有机溶剂;强酸能使甲壳素水解,水解产物为氨基葡萄糖。在强碱条件下,脱去分子中的乙酰基得到壳聚糖,即为氨基葡萄糖的高聚物,其溶解性较好,称为可溶性壳聚糖。

目前,甲壳素和壳聚糖已广泛应用于医药(人造肾膜)、农药(杀虫抑菌、植物生长调节剂等)、化妆品领域(调理肌肤等)、食品果蔬(防腐保鲜等)、环保(吸附工业废水中的金属离子等)方面。可抑制癌症、肝病、糖尿病、降低胆固醇,增强人体免疫力等重要生理活性。

习 题

1. 画出下列化合物的哈沃斯式:
   (1) β-D-甘露糖　　　　　　(2) α-D-2-脱氧核糖
   (3) β-D-葡萄糖醛酸　　　　(4) 甲基-β-D-葡萄糖苷

2. 试用 R、S 标记法标出 D-葡萄糖的所有手性碳原子的构型。

3. 写出下列化合物的名称:

4. 用化学方法鉴别下列化合物:
   (1) 葡萄糖、蔗糖、淀粉　　(2) 葡萄糖、果糖
   (3) 麦芽糖、蔗糖　　　　　(4) 核糖、脱氧核糖

5. 写出 D-(+)-半乳糖与下列试剂反应的主要产物:
   (1) 甲醇(干燥 HCl)　(2) 过量苯肼试剂　(3) 溴水　(4) 硝酸　(5) 乙酐

6. 下列哪组物质能形成相同的糖脎?
   (1) 葡萄糖、甘露糖、果糖　(2) 果糖、半乳糖、核糖

7. 有如下两个单糖结构式:

   分别写出这两种单糖在稀碱条件下的差向异构体的平衡混合物。

8. 有两个具有旋光性的 D-丁醛糖 A 和 B,与苯肼生成相同的糖脎。用硝酸氧化后,A 和 B 都生成含有四个碳原子的二元酸,但前者具有旋光性而后者不具有旋光性。试推断 A 及 B 的结构式。

9. A,B,C 都是 D-型己醛糖,催化加氢后,A 和 B 生成同样的具有旋光性的糖醇,而 B 和 C 生成不同的糖醇。与苯肼作用时,A 和 B 得到的糖脎不同,B 和 C 能产生相同的糖脎。试写出 A、B、C 的投影式及名称。

10. 两个 D-型糖 A 和 B,分子式均为 $C_5H_{10}O_5$,它们与盐酸间苯二酚溶液反应时,B 很快产生红色,而 A 慢。A 和 B 可生成相同的糖脎。A 用硝酸氧化得内消旋物,B 的 C_3 构型为 R。试推断 A 和 B 的结构式。

11. 椰树皮中存在一种糖苷,称为水杨苷,当用苦杏仁酶水解时,得 D-葡萄糖和水杨醇(邻羟基苯甲醇)。水杨苷用硫酸二甲酯和氢氧化钠处理得五甲基水杨苷,然后酸催化水解得 2,3,4,6-四氧甲基-D-葡萄糖和邻甲氧基苯酚,根据以上事实推断水杨苷的结构。

12. 支链淀粉部分水解时可以得少量麦芽糖异构体的异麦芽糖,异麦芽糖为一还原糖,进一步水解时也得到 D-葡萄糖。它能被麦芽糖酶水解,但不能被苦杏仁酶水解,如用溴水氧化后,再彻底甲基化,酸解后可得到 2,3,4,6-四甲基-D-葡萄糖和 2,3,4,5-四甲基-D-葡萄糖酸。试推出异麦芽糖的可能结构。

第 13 章　氨基酸、蛋白质和核酸

蛋白质和核酸都是重要的生物大分子,是细胞结构中重要的组成部分。蛋白质是构成生物体的基本材料,动物的肌肉、骨骼、皮肤、毛发、血红蛋白、激素、酶等都是蛋白质。蛋白质在生物体内体现出各种生物功能,如运输和储藏物质、调节生物机体的新陈代谢、传递遗传信息、防御疾病等。核酸带着遗传信息,对生物的生长、发育、繁殖和遗传变异起着非常重要的作用;同时,决定着蛋白质的合成。

蛋白质分子在酸、碱或酶的作用下发生水解,最终产生为氨基酸。氨基酸是组成蛋白质的基本单位,因此,要研究蛋白质,首先就要了解氨基酸。

第 1 节　氨　基　酸

从各种生物体中发现的氨基酸有 180 多种,但是参与组成蛋白质的常见氨基酸只有 20 种,这些氨基酸称为蛋白质氨基酸;不参与蛋白质组成的氨基酸称为非蛋白质氨基酸。

一、氨基酸的构型、分类和命名

氨基酸是羧酸分子中烃基上的氢原子被氨基($-NH_2$)取代后的有机化合物。根据氨基取代羧酸中烃基的不同位置,氨基酸有 α-氨基酸、β-氨基酸、γ-氨基酸等;天然蛋白质水解的最终产物都是 α-氨基酸(脯氨酸除外),其结构通式表示为:

$$R-\underset{\underset{NH_2}{|}}{CH}-COOH$$

除甘氨酸($R=H$)外,其他 α-氨基酸都含有手性碳原子,都具有旋光性。氨基酸的构型可用 R/S 表示法,但习惯上更常用的是 D/L 标记法。在费歇尔投影式中,氨基在右侧为 D-型;反之为 L-型,其构型可表示为:

$$H_2N-\overset{COOH}{\underset{R}{|}}-H$$

L-氨基酸

天然的 α-氨基酸绝大多数为 L-型,但在有些生物体内特别是细菌中,也含有 D-型氨基酸。

根据 R 基团的不同,α-氨基酸分为脂肪族氨基酸、芳香族氨基酸和杂环族氨基酸。根据分子中氨基和羧基的数目不同,α-氨基酸分为中性氨基酸(氨基和羧基数目相等)、酸性氨基酸(氨基数目少于羧基数目)和碱性氨基酸(氨基数目多于羧基数目)。根据 R 基团的极性不同,又可分为极性氨基酸和非极性氨基酸两大类。

组成蛋白质的 20 种氨基酸的分类、名称结构和缩写见表 13-1。

表 13-1　蛋白质中常见的氨基酸

分 类	名 称	结 构	缩 写
中性氨基酸	甘氨酸	NH_2CH_2COOH	Gly(甘)
	丙氨酸	$CH_3CH(NH_2)COOH$	Ala(丙)
	*缬氨酸	$(CH_3)_2CHCH(NH_2)COOH$	Val(缬)
	*亮氨酸	$(CH_3)_2CHCH_2CH(NH_2)COOH$	Leu(亮)
	*异亮氨酸	$C_2H_5CH(CH_3)CH(NH_2)COOH$	Ile(异亮)
	脯氨酸	(吡咯烷-COOH, NH)	Pro(脯)
	*苯丙氨酸	$C_6H_5CH_2CH(NH_2)COOH$	Phe(苯丙)
	酪氨酸	$HO-\langle\rangle-CH_2CH(NH_2)COOH$	Tyr(酪)
	*色氨酸	(吲哚)-$CH_2CH(NH_2)COOH$	Try(色)
	丝氨酸	$HOCH_2CH(NH_2)COOH$	Ser(丝)
	*苏氨酸	$CH_3CH(OH)CH(NH_2)COOH$	Thr(苏)
	天冬酰胺	$H_2NCOCH_2CH(NH_2)COOH$	Asn(天酰)
	谷酰胺	$H_2NCO(CH_2)_2CH(NH_2)COOH$	Gln(谷酰)
	半胱氨酸	$HSCH_2CH(NH_2)COOH$	Cys(半胱)
	*蛋氨酸	$H_3CS(CH_2)_2CH(NH_2)COOH$	Met(蛋)
酸性氨基酸	天冬氨酸	$HOOCCH_2CH(NH_2)COOH$	Asp(天冬)
	谷氨酸	$HOOC(CH_2)_2CH(NH_2)COOH$	Glu(谷)
碱性氨基酸	*赖氨酸	$H_2N(CH_2)_4CH(NH_2)COOH$	Lys(赖)
	精氨酸	$H_2NCNH(CH_2)_3CH(NH_2)COOH$, $\|$ NH	Arg(精)
	组氨酸	(咪唑)-$CH_2CH(NH_2)COOH$	His(组)

表中标有*号者为必需氨基酸，这些氨基酸在生物体内不能合成，必须从食物中摄取。如果食物中缺乏这些氨基酸，动物的生长和发育就会受到影响。

氨基酸的命名可按照系统命名法，即把氨基酸作为取代基，羧酸作为母体来命名。例如：

$$\underset{NH_2}{CH_2COOH} \qquad \underset{NH_2}{CH_3CHCOOH} \qquad \underset{NH_2}{HOOC(CH_2)_2CHCOOH} \qquad \underset{NH_2}{H_2C(CH_2)_3}\underset{NH_2}{CHCOOH}$$

α-氨基乙酸　　α-氨基丙酸　　2-氨基戊二酸　　2,6-二氨基己酸
甘氨酸　　　　丙氨酸　　　　谷氨酸　　　　　赖氨酸

天然氨基酸常按俗名命名。例如，氨基乙酸又称为甘氨酸，为了书写方便，常用中文缩写或英文缩写符号来表示，见表 13-1。

思考题 13-1 写出下列化合物的结构式。
(1) L-缬氨酸　　(2) L-丝氨酸　　(3) L-亮氨酸　　(4) L-苯丙氨酸

二、α-氨基酸的物理性质

α-氨基酸一般为无色的结晶固体，熔点比相应的羧酸或胺类都要高，一般在 200 ℃～300 ℃，有些氨基酸在加热至熔点温度时便分解。除了甘氨酸外，其他的 α-氨基酸都有旋光性。氨基酸一般易溶于水，难溶于有机溶剂。某些氨基酸具有鲜味，如味精的主要成分就是谷氨酸钠盐，也有些氨基酸无味或有苦味。组成蛋白质的 α-氨基酸的物理常数见表 13-2。

表 13-2　常见氨基酸的物理常数

氨基酸名称	熔点/℃	比旋光度$[\alpha]_D^{25}$	等电点(20 ℃)
甘氨酸	290	—	5.97
丙氨酸	297	+1.8	6.00
缬氨酸	292～295	−5.6	5.96
亮氨酸	337	−11.0	5.98
异亮氨酸	284	+12.4	6.02
丝氨酸	228	−7.5	5.68
苏氨酸	253	−28.5	5.60
天冬氨酸	270	+5.05	2.77
谷氨酸	249	+12.0	3.22
赖氨酸	224～225	+13.5	9.74
精氨酸	238	+12.5	10.76
蛋氨酸	283	−10.0	5.74
半胱氨酸	178	−16.5	5.07
天冬酰胺	236	−5.6	5.41
谷氨酰胺	185	+6.3	5.65
苯丙氨酸	284	−34.5	5.48
酪氨酸	344	—	5.66
组氨酸	277	−38.5	7.59
色氨酸	282	−33.7	5.89
脯氨酸	222	−86.2	6.30

三、α-氨基酸的化学性质

氨基酸分子内含有氨基、羧基，因此，它们既具有氨基的性质，又具有羧基的性质。同时，由于这两种官能团在分子内的相互影响，因而氨基酸又表现出某些特殊的性质。

1. 氨基酸的两性性质和等电点

由于氨基酸分子中既含有碱性的氨基，又含有酸性的羧基，因此，氨基酸能与酸生成铵盐，也能与碱成羧酸盐，具有两性性质。同时，还能在分子内形成内盐。

$$\begin{array}{c}\text{RCHCOOH} \\ | \\ \text{NH}_2\end{array} \rightleftharpoons \begin{array}{c}\text{RCHCOO}^- \\ | \\ ^+\text{NH}_3\end{array}$$

内盐（偶极离子）

由于内盐分子既带正电荷，又带负电荷，同时具有两种离子的性质，所以又称其为偶极离子或两性离子。

氨基酸分子是偶极离子，在酸性溶液中发生碱式离解，氨基酸带正电荷；在碱性溶液中发生酸式离解，氨基酸带负电荷。存在如下平衡：

$$\begin{array}{c}\text{RCHCOOH} \\ | \\ \text{NH}_2\end{array}$$

$$\underset{\text{pH}<\text{pI}}{\underset{\text{正离子}}{\begin{array}{c}\text{RCHCOOH} \\ | \\ ^+\text{NH}_3\end{array}}} \underset{\text{H}^+}{\overset{\text{OH}^-}{\rightleftharpoons}} \underset{\text{pH}=\text{pI}}{\underset{\text{偶极离子}}{\begin{array}{c}\text{RCHCOO}^- \\ | \\ ^+\text{NH}_3\end{array}}} \underset{\text{H}^+}{\overset{\text{OH}^-}{\rightleftharpoons}} \underset{\text{pH}>\text{pI}}{\underset{\text{负离子}}{\begin{array}{c}\text{RCHCOO}^- \\ | \\ \text{NH}_2\end{array}}}$$

如果把氨基酸置于电场中，带正电荷的氨基酸在电场中向阴极移动，带负电荷的氨基酸在电场中向阳极移动。如果调解节溶液的 pH，使酸式离解和碱式离解相等，氨基酸以偶极离子形式存在，所带净电荷为零，在电场中既不向阳极移动，也不向阴极移动，此时溶液的 pH 称为氨基酸的等电点，用 pI 表示。应当注意的是，氨基酸的 pI 不等于 7。

对于中性氨基酸，一般羧基的离解略大于氨基的离解；在水溶液中，氨基酸的负离子多于氨基酸的正离子；在电场中，氨基酸向阳极移动。要使氨基酸在电场中不发生移动，需要加入适量的酸抑制羧基的电离，使氨基酸以偶极离子的形式存在，这时溶液的 pI 小于其本身的 pH。所以，中性氨基酸的等电点都小于 7，一般为 5～6.3。酸性氨基酸在水溶液中主要是以负离子形式存在，调等电点时需加酸，酸性氨基酸的 pI 小于本身的 pH，一般为 2.8～3.2；碱性氨基酸在水溶液中主要以正离子形式存在，调等电点时需加碱，碱性氨基酸的 pI 大于本身的 pH，一般为 7.6～10.8。

氨基酸在等电点时的溶解度最小，因此可以通过调节溶液 pH 来分离等电点不同的氨混合物。

思考题 13-2 已知某氨基酸在水溶液中的 pH 为 6，试问其 pI 是大于 6，等于 6，还是小于 6？

思考题 13-3 已知某氨基酸的等电点为 5，试问在 pH＝2 和 pH＝8 的水溶液中，该氨基酸分别以什么离子形式存在？在电场中向哪极移动？

2. 氨基酸中氨基的反应

（1）与亚硝酸的反应 大多数氨基酸中含有伯氨基，能与亚硝酸发生定量反应，生成羟基酸并放出氮气。

$$\underset{\underset{NH_2}{|}}{RCHCOOH} + HNO_2 \longrightarrow \underset{\underset{OH}{|}}{RCHCOOH} + N_2\uparrow + H_2O$$

通过测定放出氮气的体积,可以计算氨基酸的含量。这种方法称为范斯莱克(Van Slyke)氨基测定法。

(2) 与甲醛的反应 氨基酸分子中的氨基作为亲核试剂在甲醛的羰基上进行加成反应,生成 N,N-二羟甲基氨基酸:

$$\underset{\underset{NH_2}{|}}{RCHCOOH} + 2HCHO \longrightarrow \underset{\underset{N(CH_2OH)_2}{|}}{RCHCOOH}$$

由于羟基是吸电子基,使氮原子上的电子云密度降低,氮失去了接受质子的能力,这样就可以用碱来滴定氨基酸中的羧基,间接测定氨基酸的含量。

(3) 与 2,4-二硝基氟苯的反应 α-氨基酸与 2,4-二硝基氟苯(DNFB)在弱碱性溶液中反应,生成黄色的 2,4-二硝基苯氨基酸(N-DNP-氨基酸)。N-DNP-氨基酸可用于氨基酸的比色测定。

DNFB 是英国化学家桑格(Sanger)于 1945 年发现的,因此称为桑格试剂。桑格试剂是用来鉴定多肽或蛋白质 N 端的重要试剂。

$$O_2N-\underset{NO_2}{\underset{|}{C_6H_3}}-F + H_2N\underset{\underset{R}{|}}{CHOOH} \xrightarrow{\text{弱碱}} O_2N-\underset{NO_2}{\underset{|}{C_6H_3}}-NH\underset{\underset{R}{|}}{CHCOOH} + HF$$

(4) 氧化脱氨的反应 氨基酸分子中的氨基能被双氧水或高锰酸钾等氧化剂氧化成酮酸,同时放出一分子氨气。

$$\underset{\underset{NH_2}{|}}{RCHCOOH} \xrightarrow[-H_2O]{[O]} \underset{\underset{NH}{\|}}{RCCOOH} \xrightarrow[-NH_3]{H_2O} \underset{\underset{O}{\|}}{RCCOOH}$$

生物体内在酶的催化下,也可发生氧化脱氨反应,这是生物体内蛋白质分解代谢的重要反应之一。

3. 氨基酸中羧基的反应

(1) 与醇反应 氨基酸在无水乙醇中通入干的氯化氢,加热回流生成 α-氨基酸酯。

$$\underset{\underset{NH_2}{|}}{RCHCOOH} + C_2H_5OH \xrightarrow{\text{干 HCl}} \underset{\underset{NH_2}{|}}{RCHCOOC_2H_5} + H_2O$$

α-氨基酸酯在醇溶液中又可与氨反应,生成氨基酸酰胺。

$$\underset{\underset{NH_2}{|}}{RCHCOOC_2H_5} + NH_3 \longrightarrow \underset{\underset{NH_2}{|}}{RCHCOONH_2} + C_2H_5OH$$

这是生物体内以谷氨酰胺和天冬酰胺形式储存氮素的一种主要方式。

(2) 脱羧反应 将氨基酸缓慢加热或与氢氧化钡混合加热时,可发生脱羧生成伯胺。

$$\underset{\underset{NH_2}{|}}{RCHCOOH} \xrightarrow{\triangle} RCH_2NH_2 + CO_2$$

在脱羧酶的作用下，生物体内氨基酸也能发生脱羧反应，如赖氨酸脱羧生成戊二胺（尸胺），鸟氨酸脱羧生成丁二胺（腐肉胺），这是蛋白质腐败变质的主要原因。

4. 氨基酸中氨基和羧基共同参与的反应

（1）与水合茚三酮的反应　α-氨基酸与水合茚三酮在弱酸性溶液中加热，发生氧化、脱氨、脱羧等反应，最终生成蓝紫色物质。

$$\text{茚三酮} + \text{RCHCOOH} \longrightarrow \text{2-氨基茚二酮} + \text{RCHO}$$

$$\text{2-氨基茚二酮} + \text{水合茚三酮} \longrightarrow \text{蓝紫色产物}$$

蓝紫色

这个反应非常灵敏，可用于 α-氨基酸的定性定量分析，因为生成的蓝紫色溶液在 570 nm 有强吸收，可测定 α-氨基酸的含量。多肽和蛋白质也能发生此显色反应，但脯氨酸和羟脯氨酸与茚三酮反应则显黄色。

（2）配位反应　某些氨基酸能与某些金属离子（如 Cu^{2+}、Hg^{2+}、Ag^+ 等）形成配位键而生成稳定的配合物，有时可用来分离或鉴定氨基酸。如氨基酸与 Cu^{2+} 能生成蓝色配位化合物结晶：

$$\text{氨基酸-Cu}^{2+}\text{配合物结构}$$

思考题 13-4　写出下列反应的主要产物。

(1) $CH_3CH_2\underset{\underset{NH_2}{|}}{C}HCOOH + HNO_2 \longrightarrow$

(2) $CH_3\underset{\underset{NH_2}{|}}{C}HCOOH \xrightarrow[H_2O_2]{[O]}$

(3) $CH_3\underset{\underset{NH_2}{|}}{C}HCOOH \xrightarrow[\triangle]{Ba(OH)_2}$

(4) $CH_3\underset{\underset{NH_2}{|}}{C}HCOOH + HCHO \longrightarrow$

第2节 蛋 白 质

蛋白质是一类重要的生物高分子化合物，广泛存在于生物体内，是生物体内一切组织的基础物质，并且有着异常广泛的生物功能。有机体内几乎所有的化学反应都是由称为酶的特异蛋白质催化的。蛋白质能作为载体输送氧气、作为抗体预防疾病，还能作为激素控制细胞的生长和活动等。

蛋白质的相对分子质量一般在一万至数十万，有的甚至可达几千万。蛋白质的元素组成比较简单，主要有 C、H、O、N、S 五种元素，有些蛋白质还有 P、Fe、Mn、Zn、I、Mo 等元素。

各种蛋白质的含氮量很接近，平均为 16% 左右，即每克氮相当于含 6.25 g 蛋白质。因此，生物体中蛋白质含量的测定，常用定氮法先测出生物体中的含氮量，然后计算出蛋白质的近似含量，称为粗蛋白含量。即

$$w(粗蛋白) = w(N) \times 6.25$$

一、蛋白质的分类

天然蛋白质的种类繁多，结构复杂，一般可以按照它们的化学组成、形状和功能进行分类。

根据蛋白质的化学组成不同，可分为单纯蛋白质和结合蛋白质两类。单纯蛋白质水解后只能产生氨基酸，例如球蛋白、白蛋白、清蛋白、硬蛋白、组蛋白等；结合蛋白是指水解后，除了生成氨基酸，还有非蛋白质物质，非蛋白物质称为辅基。表 13-3 举了一些结合蛋白质的例子。

表 13-3 结合蛋白质的分类

类 别	辅 基	例 子
糖蛋白	碳水化合物	γ-球蛋白、干扰素
核蛋白	核酸	核蛋白体、病毒
磷蛋白	磷酸	酪蛋白、卵黄磷蛋白
脂肪蛋白	脂肪、胆固醇	高密度脂肪蛋白
金属蛋白	金属离子	细胞色素、铁蛋白

根据蛋白质的形状不同，可分为纤维蛋白和球蛋白。纤维蛋白是丝状的、有韧性的蛋白，通常不溶于水，如丝蛋白、角蛋白等。球状蛋白大部分能卷曲成球形，一般能溶于水，如胰岛素、核糖核酸酶、血红蛋白等。

根据蛋白质的功能不同，可分为酶、激素、抗体、输送蛋白、收缩蛋白等。

二、蛋白质的结构

蛋白质的分子是 α-氨基酸的氨基和羧基通过分子间的缩合，脱水形成的酰胺化合物，称为肽。蛋白质分子则是由很多氨基酸通过肽键连接形成的多肽长链，肽链在三维空间具有特定的复杂而精细的结构。这种结构不仅决定蛋白质的理化性质，还是生物学功能的基础。通常将蛋白质的结构层次分为四级，即一级结构、二级结构、三级结构和四级结构。

1. 一级结构

蛋白质的一级结构是指氨基酸在蛋白质分子中的排列顺序。这些氨基酸通过酰胺键形成多肽链,多肽链是蛋白质的基本结构,一般认为形成肽链的氨基酸单位大于 50 的为蛋白质。各种蛋白质的生物活性首先是由一级结构决定的。

1955 年,桑格首次确定了胰岛素的完整结构,之后相继获得了许多蛋白质的一级结构。蛋白质的一级结构决定其生理功能,例如,正常人血红蛋白 β 亚基的第 6 位氨基酸-谷氨酸被缬氨酸代替,则会导致镰刀形红细胞贫血,仅此一个氨基酸之差,其生理功能发生了极大改变。

2. 二级结构

蛋白质分子中的多肽链并不是直线形的,而是呈折叠状态,这些折叠的多肽链基团之间氢键的相互作用,就形成了蛋白质的二级结构。氢键的有序排列形成两种二级结构:α-螺旋和 β-折叠。

α-螺旋是蛋白质二级结构的主要形式。天然蛋白质的 α-螺旋几乎都是右手螺旋,每圈螺旋中有 3.6 个氨基酸残基,每上升一圈,沿纵轴的间距为 0.54 nm,每个残基上升高度为 0.15 nm,沿轴上升 0.15 nm,螺旋中氨基酸残基的侧链均伸向外侧。螺旋的稳定性是靠链内的氢键维持的,肽键上的 N—H 与前面第四个氨基酸残基上的 C=O 之间形成氢键,链上的每一个肽链都能参与氢键的形成(图 13-1)。

β-折叠是肽链的一种伸展结构,其特点是肽链伸展成锯齿形,相邻的肽链平行排列,可以分为平行式(N 端到 C 端是同向的)和反平行式两种类型,它们通过肽链间或肽段间的氢键维系,氢键的方向与肽键伸展方向接近垂直。氨基酸中的侧链 R 交替伸向面的上下。许多肽分子的这种肩并肩有序排列形成了规整的二维片状结构。图 13-2 给出这种折叠片状结构。

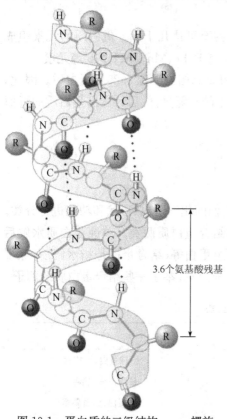

图 13-1 蛋白质的二级结构——α-螺旋

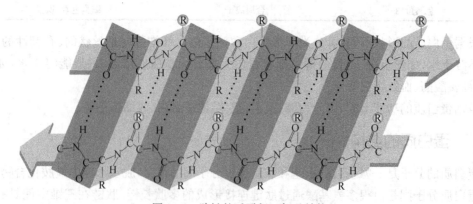

图 13-2 肽链的反平行 β-折叠结构

3. 三级结构

蛋白质的三级结构是具有二级结构的多肽链,通过各种副键(次级键主要有二硫键、氢键、离子键、疏水键等)相互作用进一步卷曲折叠,构成具有特定构象的紧凑结构。三级结构包含了所有二级结构及其中间的弯曲与折叠部分。图 13-3 所示是一个典型球形蛋白的三级结构。

图 13-3　一个典型的球形蛋白的三级结构

4. 四级结构

蛋白质的四级结构是指两条或多条具有三级结构的多肽链之间以非共价键互相连接,形成复杂的空间排布的蛋白质大分子。这些肽链也称为亚基,可以相同,也可以不同,且各自具有特定的一、二、三级结构。如血红蛋白由四个亚基组成,其中两个为α-亚基、两个为 β-亚基。血红蛋白四级结构示意图如图 13-4 所示。

由于蛋白质的构象对揭示生命本质具有重要的理论和实践意义,目前,有机化学家及生物化学家对蛋白质的构象进行了大量的研究工作。我国科学工作者于 1965 年在世界上首次人工合成了牛胰岛素后,1971 年完成了 0.25 nm 分辨率的猪胰岛素晶体

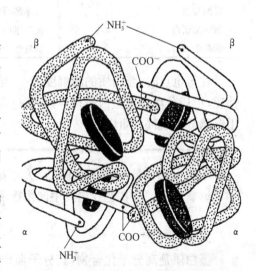

图 13-4　血红蛋白四级结构示意图

结构的测定,1975 年进一步完成了分辨率为 0.18 nm 的胰岛素晶体结构的分析。这些工作对蛋白质的构象做出了很大的贡献。

三、蛋白质的理化性质

1. 两性性质和等电点

蛋白质多肽链上 N 端有氨基、C 端有羧基,其侧链上也常含游离的碱性基团和酸性基团等。因此,和氨基酸相似,蛋白质也具有两性性质和等电点。蛋白质溶液在不同的 pH 溶液中以不同的形式存在,其平衡体系如下(Pr 表示蛋白质分子):

$$
\text{Pr}\begin{matrix}\text{NH}_2\\\text{COOH}\end{matrix}
$$

$$
\text{Pr}\begin{matrix}\text{NH}_3^+\\\text{COOH}\end{matrix} \underset{\text{H}^+}{\overset{\text{OH}^-}{\rightleftharpoons}} \text{Pr}\begin{matrix}\text{NH}_3^+\\\text{COO}^-\end{matrix} \underset{\text{H}^+}{\overset{\text{OH}^-}{\rightleftharpoons}} \text{Pr}\begin{matrix}\text{NH}_2\\\text{COO}^-\end{matrix}
$$

蛋白质阳离子　　　　偶极离子　　　　蛋白质阴离子
pH < pI　　　　　　 pH < pI　　　　　 pH < pI

调节溶液 pH,使蛋白质分子主要以两性离子存在,此时溶液的 pH 称为该蛋白质的等电点(pI),不同的蛋白质具有不同的等电点,见表 13-4。

表 13-4　几种蛋白质的等电点

蛋白质	pI	蛋白质	pI	蛋白质	pI
胃蛋白酶	2.5	麻仁球蛋白	5.5	马肌红蛋白	7.0
乳酪蛋白	4.6	玉米醇溶蛋白	6.2	麦麸蛋白	7.1
蛋卵清蛋白	4.9	麦胶蛋白	6.5	核糖核酸酶	9.4
胰岛素	5.3	血红蛋白	6.7	细胞色素 C	10.8

在等电点时,蛋白质的溶解度最小,导电性、黏度、渗透压等也都最低。利用蛋白质的这些性质,可以分离提纯蛋白质;也可以通过调节蛋白质溶液的 pH,使其颗粒带上某种净电荷,利用电泳分离或提纯蛋白质。

思考题 13-5　乳酪蛋白的等电点为 4.6,问在 pH=3 和 pH=5 的溶液中以什么离子形式存在？在电场中向阳极还是向阴极移动？

2. 胶体性质

蛋白质是高分子化合物,其分子颗粒直径在 1~100 nm,属于胶体,因而具有胶体溶液的特性,如布朗运动、光散射现象、电泳现象、不能透过半透膜等。

蛋白质能够形成稳定的亲水胶,一是因为蛋白质分子表面带有各种极性基团,能与水形成氢键而发生水化作用,在蛋白质颗粒外围形成一层水化膜,使粒子碰撞时不易聚集发生沉淀;另一原因是蛋白质在非等电状态时,其粒子都带有同性电荷,颗粒之间相互排斥,不易产生凝聚和沉淀。

利用胶体对半透膜的不可渗透性,可将蛋白质溶液中小分子物质与蛋白质分离,得到较为纯净的蛋白质。这种以半透膜分离和提纯蛋白质的方法称为透析法。

3. 蛋白质的沉淀

蛋白质在水溶液中的稳定性是相对的,如果改变各种相对稳定的条件,除去水化膜和电荷,蛋白质分子就会发生凝聚而产生沉淀。按蛋白质沉淀的性质不同,分为可逆沉淀和不可逆沉淀两种。

(1) 可逆沉淀　可逆沉淀指沉淀出来的蛋白质分子构象基本上没有发生改变,仍然保持原有的生物活性,只要除去沉淀因素,则蛋白质仍能保持原有的溶解状态。

盐析是常用于分离提纯蛋白质的方法,属于可逆沉淀。即在蛋白质溶液中加入足量的中性盐,夺取蛋白质分子外围的水化膜,同时,电解质离子能削弱蛋白质所带电荷,使蛋白质分子相互聚集,从而沉淀出来。不同蛋白质盐析所需盐的最低浓度不同,因此,在含有不同蛋白质的溶液中,可以通过调节盐浓度,分离纯化蛋白质。

(2) 不可逆沉淀　不可逆沉淀指沉淀出来的蛋白质分子构象已发生改变,并失去了原有的活性,即使除去沉淀因素,沉淀的蛋白质也不会重新溶解。许多物理或化学因素都能引起蛋白质的不可逆沉淀。常用的方法有:

1) 有机溶剂沉淀法　在蛋白质溶液中加入适量的水溶性有机溶剂,如乙醇、丙酮等,由于这些溶剂的水合力大于蛋白质,能夺取蛋白质分子外围的水化膜,使蛋白质粒子脱去水化膜而沉淀。这种作用在短时间和低温时,沉淀是可逆的,但若时间较长或温度较高时,则为不可逆。

2) 重金属盐沉淀法　重金属离子如 Hg^{2+}、Ag^+、Pb^{2+} 及 Fe^{3+} 等,能与蛋白质阴离子结合,形成不溶性盐而沉淀。例如:

$$Pr\begin{matrix}NH_2\\COOH\end{matrix} + Ag^+ \longrightarrow Pr\begin{matrix}NH_2\\COOAg\end{matrix} \downarrow + H^+$$

3) 生物碱试剂沉淀法　苦味酸、磷钨酸、三氯乙酸等都能与蛋白质阳离子结合成不溶性盐而沉淀。例如:

$$Pr\begin{matrix}NH_2\\COOH\end{matrix} + Cl_3CCOOH \longrightarrow Pr\begin{matrix}\overset{+}{N}H_3\ OOCCCl_3\\COOH\end{matrix} \downarrow$$

当发生重金属盐中毒时,可口服大量生牛奶和生鸡蛋,利用的就是这一原理。

此外,强酸、强碱、紫外线、加热和 X 射线照射等物理因素,都可以使蛋白质发生不可逆沉淀。

4. 蛋白质的变性

由于物理和化学因素的影响,导致蛋白质空间结构改变了,它的理化和生物活性也随之发生改变,这种现象称为蛋白质的变性。蛋白质变性时,其一级结构不变,而是氢键等副键遭到破坏,使原来有序的、紧密的特定构象变为无序的、松散的伸展结构。

蛋白质变性分为可逆变性和不可逆变性,在大多情况下,变性是不可逆的。如果蛋白质在变性初期,分子构象未遭到深度破坏(只破坏了三级结构,二级结构未变),那么还有可能恢复原来的结构和性质,则这种变性是可逆的。需注意的是蛋白质沉淀与变性之间的区别。沉淀不一定变性,如蛋白质的盐析;反之,变性也不一定沉淀,如蛋白质受强碱或强酸作用后,常因其颗粒带同性电荷,能保持在溶液中而无沉淀现象。然而,蛋白质的不可逆沉淀一定是变性蛋白质。

蛋白质的变性作用在生活实践中有重要的意义。如对于酶制剂与蛋白类激素,要尽力防止变性,以免丧失生物活性;而使高温、高压或酒精等消毒方法都是为了使细菌蛋白质变性。

思考题 13-6 蛋白质的变性与蛋白质的沉淀有何区别?
思考题 13-7 若重金属盐中毒,为什么可用牛乳或鸡蛋清解毒?
思考题 13-8 不同等电点的蛋白质混合时常常发生沉淀,例如胰岛素(pI=5.3)和鱼精蛋白质(pI=10),两者混合于纯水中即有沉淀生成,为什么?
思考题 13-9 用化学方法鉴别下列化合物:
(1) 蛋白质水溶液　　(2) α-氨基酸　　(3) 淀粉

第3节　核　　酸

核酸是生物体内重要的生物大分子,任何有机体,包括动植物、细菌、病毒等,都含有核酸。瑞士生理学家米歇尔(Miescher F)于1868年从细胞核中首次分离到一种有酸性的物质,故得名为核酸。核酸可以分为核糖核酸(RNA)和脱氧核糖核酸(DNA)两类,RNA主要存在于细胞质中,控制生物体内蛋白质的合成;DNA主要存在于细胞核中,决定生物体的繁殖、遗传及变异。因此,核酸化学是分子生物学和遗传学的基础。

一、核酸组成

核酸是由碳、氢、氧、氮、磷五种元素组成。其中磷的含量较为恒定,平均约为 9.5%。即样品中含有 1 g 磷就相当于含核酸 100/9.5=10.5(g)。10.5 即为核酸的换算系数。如测得样品的含磷量为 $w(P)$,则可计算出核酸的大约含量:

$$w(粗核酸)=w(P)\times 10.5$$

构成核酸的基本结构单位是核苷酸。核苷酸可以分解成碱基、戊糖和磷酸,因此核酸完全水解的产物也不止一种。按水解的程度不同,依次可生成下列产物:

核苷酸中的戊糖主要为核糖和脱氧核糖,所以核酸也分为核糖核酸(RNA)和脱氧核糖核酸(DNA)两大类。核糖和脱氧核糖结构式如下:

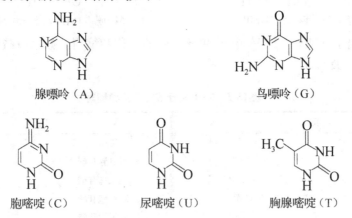

β-D-核糖　　　　　　β-D-2-脱氧核糖

构成核苷酸的碱基分为嘌呤碱和嘧啶碱两类。前者主要指腺嘌呤和鸟嘌呤,后者主要指胞嘧啶、胸腺嘧啶和尿嘧啶。其结构式如下:

腺嘌呤(A)　　　　　　鸟嘌呤(G)

胞嘧啶(C)　　　尿嘧啶(U)　　　胸腺嘧啶(T)

二、核苷和核苷酸

1. 核苷

核苷是由 β-D-核糖或 β-D-脱氧核糖和一分子含氮碱(嘌呤碱或嘧啶碱)缩合而成的。戊糖与碱的连接方式是嘧啶环1位氮原子或嘌呤环9位氮原子上的氢与戊糖1′位碳原子的羟基失去水而生成β-糖苷键。

核苷命名时,如果糖组分是核糖,词尾用"苷"字,前面加上碱基名称(如腺苷);如为脱氧核糖,则在词首加上"脱氧"(如脱氧胞苷)。核苷分为两类:核糖核苷和脱氧核糖核苷。核糖核苷是由 β-D-核糖和含氮碱形成的,有 4 种:腺苷(A)、鸟苷(G)、胞苷(C)和尿苷(U),存在于 RNA 中。脱氧核糖核苷是由 β-D-脱氧核糖和含氮碱形成的,包括脱氧腺苷(dA)、脱氧鸟苷(dG)、脱氧胞苷(dC)和脱氧胸苷(dT)4 种,是 DNA 中的核苷。核苷易在酸性条件下水解,生成相应的含氮碱与戊糖,但对碱稳定。如腺苷和脱氧胞苷的结构式如下:

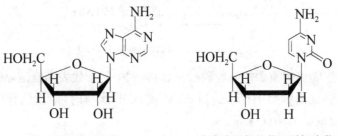

腺嘌呤核苷(腺苷)　　　　胞嘧啶脱氧核苷(脱氧胞苷)

2. 核苷酸

核苷酸是核苷中戊糖上的3′位或5′位的羟基和磷酸所生成的酯。核苷酸根据所含戊糖的不同,可分为核糖核苷酸和脱氧核糖核苷酸。

核苷酸常命名为某核苷酸,并加撇号以表明磷酸与核苷中戊糖的相连位置。例如:

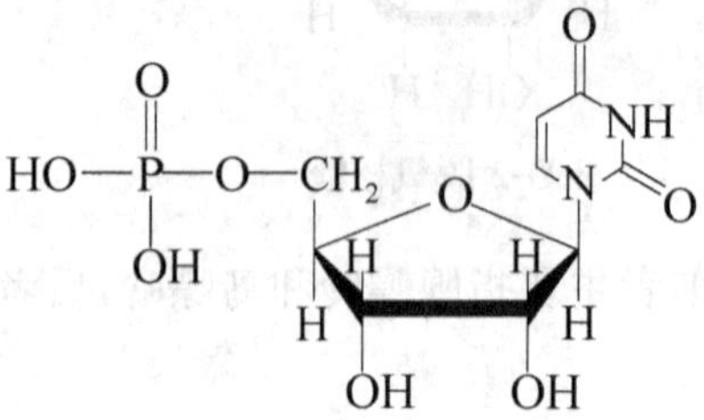

5′-尿苷酸(5′-UMP) 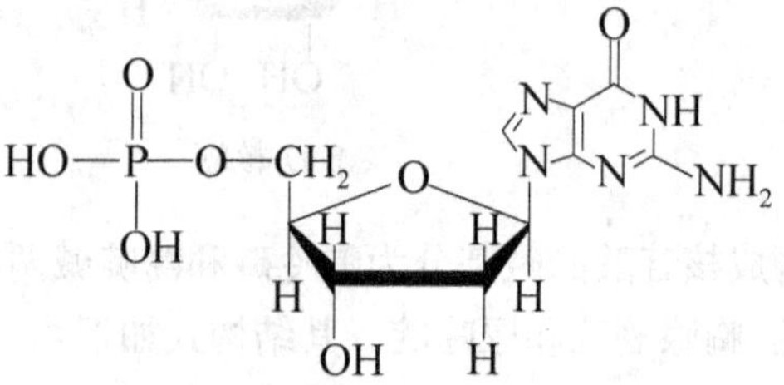　　　　　5′-脱氧鸟苷酸(5′-dGMP)

表 13-5 列出了 RNA 和 DNA 中 5′-单核苷酸的名称和缩写。如果磷酸连接在戊糖的 3′ 位,则名称中的 5′ 改为 3′。

表 13-5　5′-单核苷酸的名称和缩写

RNA		DNA	
名称	缩写	名称	缩写
5′-腺苷酸	5′-AMP	5′-脱氧腺苷酸	5′-dAMP
5′-鸟苷酸	5′-GMP	5′-脱氧鸟苷酸	5′-dGMP
5′-胞苷酸	5′-CMP	5′-脱氧胞苷酸	5′-dCMP
5′-尿苷酸	5′-UMP	5′-脱氧胸苷酸	5′-dTMP

核苷酸除作为构成核酸的基本单位外,在动植物体内,常存在游离的 AMP、GMP、CMP、UMP 等单核苷酸,同时还存在多磷核苷酸。如细胞内腺苷一磷酸(AMP)、腺苷二磷酸(ADP)和腺苷三磷酸(ATP)。

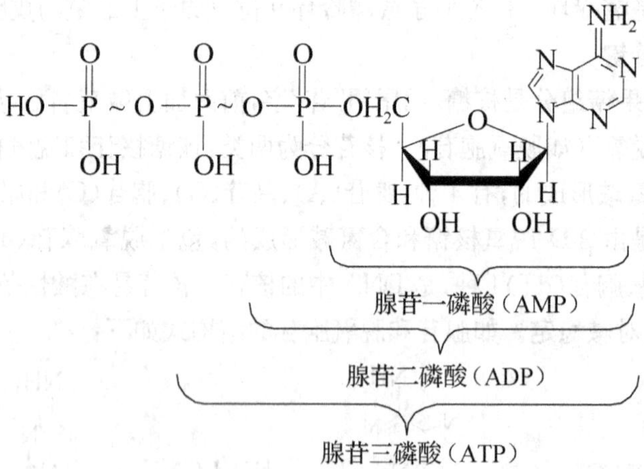

腺苷一磷酸(AMP)
腺苷二磷酸(ADP)
腺苷三磷酸(ATP)

ADP、ATP 是生物体内重要的高能磷酸化合物,式中"~"代表高能键,细胞代谢过程中释放出的能量储存在高能磷酸键中;反之,当 ATP 或 ADP 水解时,能量就释放出来,传递给需要能量的反应,如合成肽链的反应等。

三、核酸的结构

核酸是由许多核苷酸相互连接而成的多核苷酸长链。RNA 主要由 AMP、GMP、CMP、

UMP 四种核苷酸组成,相对分子质量为 10^6 左右;DNA 主要由 dAMP、dGMP、dCMP、dTMP 四种核苷酸组成,相对分子质量为 $10^6 \sim 10^9$。

核酸是具有三维结构的高分子化合物,结构很复杂,目前尚未完全了解清楚。这里只对一级结构和二级结构作简单介绍。

1. 一级结构

核酸的一级结构是指核酸分子中核苷酸的排列顺序。无论是 RNA 还是 DNA,都是由一个核苷酸中戊糖 $3'$ 位羟基和另一个核苷酸 $5'$ 位磷酸之间,通过 $3',5'$-磷酸二酯键连接而成的长链化合物。链的走向一般是从 $5'$ 端到 $3'$ 端。DNA 和 RNA 的一级结构片段如图 13-5 所示。

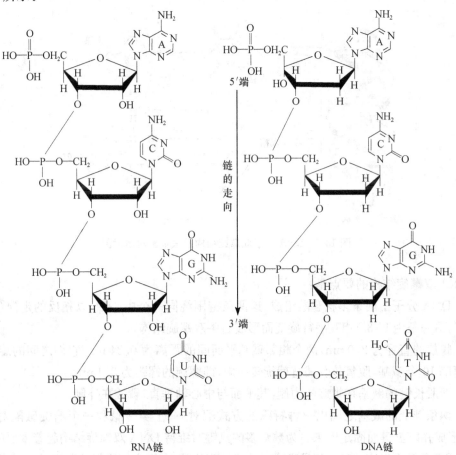

图 13-5　DNA 与 RNA 一级结构片段

为了书写方便,常用简化式来表示核酸的长链结构。其表示方法是:垂直线表示戊糖基,它的一端(C_1')与碱基相连,另一端(C_5')与磷酸相连,垂线中间的斜线表示核糖的 $3'$ 位与磷酸基相连。P 表示磷酸的酯基。RNA 和 DNA 的一级片段结构简式如图 13-6 所示。

2. 二级结构

1953 年,沃森(James D. Watson)和克里克(Francis C. Crick)在前人大量工作的基础上,根据 DNA 纤维的 X 射线衍射图谱提出了 DNA 分子的双螺旋结构模型(图 13-7),较好地描述了 DNA 的二级结构。

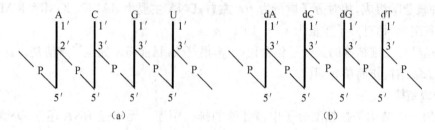

图 13-6　RNA 和 DNA 一级片段结构简式
(a) RNA 一级片段结构简式；(b) DNA 一级片段结构简式

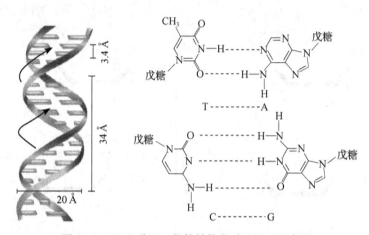

图 13-7　DNA 分子双螺旋结构及碱基配对示意图

DNA 双螺旋结构的要点是：

① DNA 分子由两条多核苷酸组成，这两条链围绕同一个中心轴，以相反的走向（即一条由 3'-5'，另一条由 5'-3'）相互平行旋绕而形成右手双螺旋结构。

② 螺旋的直径为 2.0 nm，两个相邻碱基平面间的距离为 0.34 nm，它们之间的旋转角为 36°。每隔 10 个碱基，脱氧核苷酸链就旋转一周，即螺旋的螺距为 3.4 nm。

③ 两股长链的碱基在螺旋的内侧，其平面与中心轴垂直，磷酸在外侧。

④ 两条链上的碱基之间以一种特殊的方式配对：一个嘌呤碱和一个嘧啶碱配对（A-T、G-C），形成并以氢键而固定下来。为数众多的氢键对维持 DNA 双螺旋结构起着重要的作用。

如果两条链上对应的碱基都是嘌呤碱或都是嘧啶碱，会因它们之间的距离过小或过大而不能形成氢键。只有 A 与 T 配对，其间形成两个氢键；G 与 C 配对，形成三个氢键（图 13-7），这一规律叫作碱基配对或碱基互补规则。

由于一个碱基只能与另一特定的碱基配对，所以一条链上碱基的顺序就决定了另一条链上的碱基顺序。如果 DNA 双链间的氢键断裂，双链分开，然后以每一条链为模板，分别复制出与其互补的子代链，从而使一个 DNA 分子转变为与之完全相同的两个 DNA 分子。显然每个子代双链 DNA 分子中，都有一条来自亲代的旧链和一条新合成的 DNA，把这种复制方式称为半保留复制。DNA 的这种复制性能，在遗传学中具有重要意义。

对 RNA 的构象目前还不很清楚，RNA 基本上是以单链状态存在的。多数 RNA 分子的长链有许多区域发生自身回褶。在回褶区域,碱基由于相互靠近并互补,从而形成氢键。RNA 分子中碱基配对是 A-U、G-C。同时,RNA 分子中碱基既不彼此平行,也不垂直于螺旋的中心轴。

思考题 13-10 如果一条 DNA 双螺旋多核苷酸链中某一片段中碱基的次序为 A-C-G-T-A,写出另一条对应的多核苷酸的碱基次序。

习　题

1. 写出下列化合物的费歇尔投影式,并用 R,S 法标记氨基酸的构型:
   (1) L-谷氨酸　　(2) L-丝氨酸　　(3) L-亮氨酸　　(4) L-脯氨酸

2. 将下列氨基酸按等电点由大到小排列:

   (1) $CH_3CHCOOH$　　　　(2) $HSCH_2CHCOH$
   　　　$|$　　　　　　　　　　　　　$|$
   　　　NH_2　　　　　　　　　　　NH_2

   (3) $H_2N(CH_2)_4CHCOH$　　(4) $HOOCCH_2CH_2CHCOOH$
   　　　　　　　$|$　　　　　　　　　　　　　　$|$
   　　　　　　NH_2　　　　　　　　　　　　　NH_2

3. 将丙氨酸、脯氨酸、赖氨酸、酪氨酸、甘氨酸、谷氨酸的混合液置于 pH=6 的溶液中,混合液在电场中分别向哪极移动?

4. 写出下列反应的主要产物:

   (1) $HSCH_2CHCOOH \xrightarrow{HNO_2}$
   　　　　　　$|$
   　　　　　NH_2

   (2) $CH_3CHOOH + $ [2,4-二硝基氟苯] $\xrightarrow{\triangle}$
   　　　　$|$
   　　　NH_2

   (3) $H_2NCH_2COOH + H_2NCHCOOH \xrightarrow[\text{成肽}]{-H_2O}$
   　　　　　　　　　　　　　　$|$
   　　　　　　　　　　　　　CH_3

   (4) $CH_3-CH-CONH-CH-CONH-CH_2COOH \xrightarrow[H^+]{H_2O}$
   　　　　　$|$　　　　　　$|$
   　　　　NH_2　　　$CH_2-C_6H_5$

5. 胰岛素的等电点 pI=5.3,将其置于 pH 为 3.0、5.3 和 7.0 的缓冲溶液中,它分别带何种电荷?在哪一种溶液中溶解度最小?

6. 解释下列问题:
   (1) 做实验时,皮肤不慎溅上硝酸会留下黄色的痕迹。
   (2) 用煮沸法消毒医疗器械。
   (3) 重金属盐中毒时,用牛奶或鸡蛋清解毒。
   (4) 提取某种酶时,应防止其变性。

7. 某化合物的分子式 $C_3H_7O_2N$,有旋光性,能与 HCl 和 NaOH 作用生成盐;能与醇生成酯;与 HNO_2 作用放出氮气,试写出该化合物的构造式。

8. 某化合物 A 的分子式为 $C_5H_{10}O_3N_2$,有旋光性,用亚硝酸处理,经酸性水解后得到 α-羟基乙酸和丙氨酸,写出 A 的结构式。

9. 在 DNA 完全或部分水解后,得到哪些化合物?

10. 某 DNA 的一条多核苷酸链中核苷酸排列为 ACCTGG,写出与其互补的另一条多核苷酸链中核苷酸的排列方式。

第14章 脂类、萜类和甾类化合物

自然界生物体中存在着形态各异的有机化合物,有大分子的高聚物,有小分子的低聚物,其中脂类、萜类和甾类是典型的低分子天然化合物。这些物质广泛存在于动植物体内,是生物体维持正常生命活动不可缺少的物质之一。这些化合物在化学组成、化学结构和生理功能方面差别很大,但它们在溶解性能方面具有共同特点:不溶于水,易溶于乙醚、苯、氯仿等有机溶剂。

第1节 油 脂

油脂是高级脂肪酸的甘油酯,一般在室温下是液体的称为油,是固体或者半固体的称为脂。油脂不仅可以用于饮食,还是重要的化工原材料。将油脂用氢氧化钠水溶液水解,即得到甘油和高级脂肪酸,后者可加工成洗涤化学品;也可通过与甲醇酯化,形成生物柴油,替代不可再生的化石燃料。因此,油脂对于日用品化工和能源化工均具有非常重要的意义。

一、油脂的分布与功能

油脂广泛存在于动植物体内。在动物体内主要存在于内脏、皮下组织、骨髓之中;在植物中主要存在于果实及种子里,而花、叶、茎、根部位含量较少。油料植物的种子和藻类植物中油脂含量尤为突出,有的可高达70%左右。常见油料植物组织中含油量见表14-1。

表14-1 常见油料植物中含油量

植物名称	含油量/%	植物名称	含油量/%
大豆	17~20	向日葵	50
棉子	14~25	蓖麻	60
油菜	37~40	椰子	65~70
花生	40~50	海藻	40~60

油脂是生物体维持生命活动所需能量的主要来源,1 g 油脂在体内氧化可产生约 39 kJ 的热量,比 1 g 糖(17.6 kJ)或 1 g 蛋白质(16.7 kJ)产生的能量总和还多。油脂能供给人体其不能合成又必不可缺少的脂肪酸,如亚油酸、油酸等;有助于脂溶性维生素(如维生素 A、D、E、K 等)的吸收和运输;还有防止体温散失和使内脏免受震动等功能。

二、油脂的结构与组成

天然油脂因来源不同,其组成不尽相同,有熔点较高的牛脂和一些动物脂,也有熔点较低的植物油。它们都是偶数碳长链脂肪酸与甘油成的酯,一般以 14~22 个碳原子的直链脂肪酸较为常见,其中十六碳、十八碳的脂肪酸最多。法国科学家贝特洛(Berthelot)证明了油脂的结

构,通式为

$$\begin{array}{c} O \\ \| \\ H_2C-O-C-R \\ O \\ \| \\ HC-O-C-R' \\ O \\ \| \\ H_2C-O-C-R'' \end{array}$$

式中,R、R'、R''代表脂肪酸的烃基。如果 R、R'、R''完全相同,则称为单纯甘油酯,不同则称混合甘油酯。例如:

$$\begin{array}{c} O \\ \| \\ H_2C-O-C-(CH_2)_{16}CH_3 \\ O \\ \| \\ HC-O-C-(CH_2)_{16}CH_3 \\ O \\ \| \\ H_2C-O-C-(CH_2)_{16}CH_3 \end{array} \quad 和 \quad \begin{array}{c} O \\ \| \\ H_2C-O-C-C_{17}H_{31} \\ O \\ \| \\ HC-O-C-(CH_2)_{14}CH_3 \\ O \\ \| \\ H_2C-O-C-(CH_2)_7CH=CH(CH_2)_7CH_3 \end{array}$$

三硬脂酸甘油脂   α-硬脂酸-β-软脂酸-α'-油酸甘油脂

  三硬脂酸甘油脂为单纯甘油酯,不具有旋光性质;α-硬脂酸-β-软脂酸-α'-油酸甘油脂属于混合甘油酯,而且由于三个烃基不相同,从而具有旋光特性。天然油脂大多是混合甘油酯的混合物,绝大多数是手性分子,而且其相对构型主要是 L-型。重要的油脂组成见表 14-2。

表 14-2 常见油脂中的羧酸组成与含量

油脂名称	油脂中脂肪酸的含量/%					
	豆蔻酸	软脂酸	硬脂酸	油酸	亚油酸	其他酸类
奶油	7~8	23~26	10~13	30~10	4~5	3~4(丁酸)
猪油	1~2	28~30	12~18	41~48	6~7	
牛油	2~3	24~32	14~32	35~48	2~4	
蓖麻油		0~1		0~9	3~7	80~92(蓖麻油酸)
花生油		6~9	2~6	50~70	13~26	2~5(二十碳酸)
棉籽油	0~2	19~24	1~2	23~33	40~48	
大豆油	0~1	6~10	2~4	21~29	50~59	4~8(亚麻油酸)
亚麻油		4~7	2~5	9~38	3~43	25~58(亚麻油酸)
桐油		2~6	4~16	0~1		74~91(桐油酸)

  组成油脂的高级脂肪酸种类很多,从动物、植物、微生物油脂水解产物中分离出的脂肪酸已经有数百种,有饱和的,也有不饱和的。固态的油脂中烃基多为饱和的,以软脂酸分布最广,几乎存在于所有油脂中。液态的油脂中,烃基则多为不饱和的,以油酸、亚油酸和亚麻酸等十六和十八个碳的烯酸分布最广,而且在不饱和脂肪酸中双键多为顺式结构。

  某些多烯脂肪酸具有重要的生理活性,被称为"血管清道夫"的二十碳五烯酸(EPA)有降低血脂、降低血清胆固醇含量、防止动脉粥样硬化等药理作用;二十二碳六烯酸(DHA)有"脑黄金"之称,它是大脑细胞形成和发育不可缺少的物质,DHA 对促进智力、加强记忆功能、延缓大脑衰老等有重要作用,DHA 只存在于鱼和贝类水生动物中,在鱼油中含量最高。

人体可以合成大多数脂肪酸,但少数不饱和脂肪酸如亚油酸和亚麻酸不能在人体合成,花生四烯酸虽能在体内合成,但数量不能完全满足人体生命活动的需求,像这些人体不能合成或合成不足,必须从食物中摄取的不饱和脂肪酸,称为必需脂肪酸。油脂中常见的重要脂肪酸见表14-3。

表 14-3　油脂中常见的饱和脂肪酸

类别	俗名	分子结构式	熔点/℃	结构特征	分布
饱和脂肪酸	羊蜡酸	$CH_3(CH_2)_8COOH$	32	10碳直链	椰子油、奶油
	月桂酸	$CH_3(CH_2)_{10}COOH$	44	12碳直链	鲸蜡、椰子油
	豆蔻酸	$CH_3(CH_2)_{12}COOH$	58	14碳直链	肉豆蔻脂
	软脂酸	$CH_3(CH_2)_{14}COOH$	63	16碳直链	动、植物油脂
	硬脂酸	$CH_3(CH_2)_{16}COOH$	71.2	18碳直链	动、植物油脂
	花生酸	$CH_3(CH_2)_{18}COOH$	77	20碳直链	花生油
不饱和脂肪酸	油酸	$CH_3(CH_2)_7CH=CH(CH_2)_7COOH$	16.3	18碳一个双键顺式	动、植物油
	亚油酸*	$CH_3(CH_2)_4CH=HCH_2CH=CH(CH_2)_7COOH$	−5	18碳两个双键顺式	植物油
	亚麻酸*	$CH_3CH_2CH=CHCH_2CH=CHCH_2CH=CH(CH_2)_7COOH$	−11.3	18碳三个双键顺式	亚麻仁油
	桐酸	$CH_3(CH_2)_3CH=CHCH=CHCH=CH(CH_2)_7COOH$	49	18碳三个共轭双键 顺、反、反	桐油
	花生四烯酸*	$CH_3(CH_2)_4CH=CHCH_2CH=CHCH_2CH=CHCH_2CH=CH(CH_2)_3COOH$	−49.5	20碳四个双键顺式	卵磷脂
	芥酸	$CH_3(CH_2)_7CH=CH(CH_2)_{11}COOH$	33.5	22碳一个双键顺式	菜油
	蓖麻酸	$CH_3(CH_2)_5CH(OH)CH_2CH=CH(CH_2)_7COOH$	5.5	18碳一个羟基、一个双键顺式	蓖麻籽仁
	大风子酸	⟨环戊烯⟩-$(CH_2)_{12}COOH$	68.5	18碳一个环戊烯基	大风子

注:带 * 为必需脂肪酸。

三、油脂的命名

高级脂肪酸的命名多采用俗名,如月桂酸、亚油酸等。脂肪酸的系统命名与一元羧酸系统命名法基本相同,不同之处是脂肪酸有三种编码体系(表14-4):Δ 编码体系是从脂肪酸羧基端的碳原子开始计数编号;ω 编码体系是从脂肪酸甲基端的甲基碳原子开始计数编号;希腊字母编号规则与羧酸的相同,离羧基最远的碳原子为 ω 碳原子。

表 14-4　脂肪酸碳原子三种编号体系

	$CH_3CH_2CH_2CH_2CH_2CH_2CH_2CH_2CH_2CH_2CH_2CH_2CH_2COOH$													
Δ 编码体系	14	13	12	11	10	9	8	7	6	5	4	3	2	1
ω 编码体系	1	2	3	4	5	6	7	8	9	10	11	12	13	14
希腊字母编号	ω	⋯⋯⋯⋯⋯⋯⋯⋯⋯⋯⋯⋯⋯⋯⋯⋯⋯⋯⋯⋯⋯⋯⋯⋯⋯⋯⋯⋯⋯⋯								δ	γ	β	α	

在系统命名时,根据分子中的碳原子数称为"某碳酸"或"某碳烯酸"。对于不饱和脂肪酸,

需在母体名称前标出双键的位次和数目;常用"Δ"号代表双键,双键的位置以上标形式写在"Δ"号的右上角。例如:

$$\text{CH}_3(\text{CH}_2)_4\text{CH}=\text{CHCH}_2\text{CH}=\text{CHCH}_2\text{CH}=\text{CHCH}_2\text{CH}=\text{CH}(\text{CH}_2)_3\text{COOH}$$

顺,顺,顺,顺-$\Delta^{5,8,11,14}$-二十碳四烯酸
(5Z,8Z,11Z,14Z)-$\Delta^{5,8,11,14}$-二十碳四烯酸
花生四烯酸

油脂的命名通常把甘油名称写在前面,脂肪酸的名称写在后面,称为甘油某酸酯,如甘油三软脂酸酯。有时也可将脂肪酸的名称放在前面,甘油名称放在后面,又称为三软脂酰甘油。油脂的分子中各种脂肪酸的位置可用 α、β、α′表示。甘油两端的碳为 α 或 α′,中间为 β。如果 α,α′碳上连接的脂肪酸不同,则 β 碳原子是不对称碳原子,该油脂具有旋光性。

$$\begin{array}{l}
\alpha \quad \text{H}_2\text{C}-\text{O}-\overset{\text{O}}{\underset{\|}{\text{C}}}-(\text{CH}_2)_{16}\text{CH}_3 \\
\beta \quad \text{HC}-\text{O}-\overset{\text{O}}{\underset{\|}{\text{C}}}-(\text{CH}_2)_{14}\text{CH}_3 \\
\alpha' \quad \text{H}_2\text{C}-\text{O}-\overset{\text{O}}{\underset{\|}{\text{C}}}-(\text{CH}_2)_7\text{CH}=\text{CH}(\text{CH}_2)_7\text{CH}_3
\end{array}$$

α-硬脂酸-β-软脂酸-α′-油酸甘油脂

思考题 14-1 写出有软脂酸、油酸和亚油酸三种高级脂肪酸组成的甘油酯的可能结构式。

四、油脂的物理性质

纯净的油脂是无色、无味的中性化合物,但天然油脂,有的带有香味,有的带有特殊气味,并且有色,这是因为其中溶有维生素和色素。油脂的密度都小于 1 g/cm³(相对密度为 0.86~0.95),不溶于水,易溶于乙醚、氯仿、丙酮、苯和热乙醇等有机溶剂。天然油脂是混甘油酯的混合物,所以没有固定的熔点和沸点。不饱和脂肪酸中碳碳双键具有顺式结构,分子呈弯曲形,互相不能靠近,结构比较松散,因此熔点较低;而饱和脂肪酸具有锯齿形的长链结构,分子间能够互相靠近,吸引力较强,因此熔点较高。各种油脂都有一定的折光率,可用来鉴定油脂的纯度,如芝麻油的折光率为 1.470 7~1.471 7。

组成油脂的高级脂肪酸的饱和程度对油脂的物理状态影响很大,含有较多不饱和脂肪酸的油脂在常温下多为液体,含较多饱和脂肪酸的油脂在常温下为固体。如固态的奶油中不饱和脂肪酸含量只有 30%~40%,液态的棉籽油中不饱和脂肪酸含量高达 75%。

五、油脂的化学性质

油脂的化学性质与它的结构密切相关。油脂属于酯类,因此可发生水解、醇解等反应;油脂结构中的碳碳双键则可发生氧化、加成、聚合等反应。

1. 油脂的水解及皂化

在酸或酶的催化下,油脂可水解成甘油和脂肪酸。在碱性条件下,油脂可以完全水解,生

成甘油和高级脂肪酸盐。高级脂肪酸钠盐就是肥皂。因此,油脂在碱性溶液中的水解反应也称皂化反应。

$$\begin{array}{c} H_2C-O-\overset{O}{\underset{\|}{C}}-R \\ HC-O-\overset{O}{\underset{\|}{C}}-R' \\ H_2C-O-\overset{O}{\underset{\|}{C}}-R'' \end{array} + 3KOH \longrightarrow \begin{array}{c} H_2C-OH \\ HC-OH \\ H_2C-OH \end{array} + \begin{array}{c} RCOOK \\ R'COOK \\ R''COOK \end{array}$$

1 g 油脂完全皂化时所需氢氧化钾的毫克数称为皂化值。根据皂化值的大小可检验油脂的纯度,还可以计算出油脂的平均相对分子质量。

$$平均相对分子质量 = \frac{3 \times 56 \times 1\,000}{皂化值}$$

式中,3 为皂化 1 mol 油脂需 3 mol KOH;56 为 KOH 的相对分子质量。

皂化值越小,油脂的平均相对分子质量就越大;反之,则平均相对分子质量就越小。

各种油脂有各自正常的皂化值范围。皂化值是检验油脂质量的一个重要指标。如果测得某油脂的皂化值低于或高于正常范围,则表明油脂不纯或发生变质。一些常见油脂的皂化值见表 14-5。

表 14-5 一些常见油脂的分析数据

油 脂	皂化值	酸 值	碘 值
蓖麻子油	177~187	0.8~1	81~91
花生油	186~196	0.5~0.8	83~93
芝麻油	188~193	9.8	103~117
豆油	189~194	0.3~1.8	124~136
亚麻油	190~195	1~3.5	173~205
桐油	190~197	2	160~180
棉籽油	191~196	0.6~1.5	103~115
棕榈油	196~205		53~58
鱼肝油	168~190		135~198
羊油	192~196	2~3	33~34
牛油	193~200	0.7~0.9	35~47
猪油	195~203	0.5~0.8	47~53
奶油	221~233		25~50

2. 油脂的加成反应

含不饱和脂肪酸的油脂可以和氢、卤素等起加成反应。

(1) 加氢 在催化剂(Ni、Pt 等)作用下,不饱和油脂加氢生成饱和油脂。

$$\begin{array}{l}H_2C-O-\overset{O}{\underset{\|}{C}}-(CH_2)_7CH=CH(CH_2)_7CH_2\\HC-O-\overset{O}{\underset{\|}{C}}-(CH_2)_7CH=CH(CH_2)_7CH_2\\H_2C-O-\overset{O}{\underset{\|}{C}}-(CH_2)_7CH=CH(CH_2)_7CH_2\end{array} \xrightarrow[3H_2]{Ni} \begin{array}{l}H_2C-O-\overset{O}{\underset{\|}{C}}-(CH_2)_{16}CH_3\\HC-O-\overset{O}{\underset{\|}{C}}-(CH_2)_{16}CH_3\\H_2C-O-\overset{O}{\underset{\|}{C}}-(CH_2)_{16}CH_3\end{array}$$

三油酸甘油酯　　　　　　　　　　　三硬脂酸甘油酯

含较多不饱和键的油脂为液体,通过加氢而变成固态的脂肪,这个过程称为油脂的氢化或硬化。油脂氢化后可制得奶油或猪油的代用品(人造脂肪)供食用,可以防止使用天然脂肪而摄入过多的胆固醇,而且油脂氢化后不易变质,也便于储存和运输,还能改善它的品质,如鱼油加氢之后能除去腥味。

在用化学方法对油进行加工时,有时加入的氢原子位于两侧,变成了反式脂肪酸。脂肪酸的结构发生改变,其性质也跟着起了变化。在降低血胆固醇方面,反式脂肪酸没有顺式脂肪酸有效;含有丰富反式脂肪酸的脂肪表现出促进动脉硬化的作用。此外,反式脂肪酸会降低高密度脂蛋白胆固醇(HDL,有益的胆固醇)水平,这说明反式脂肪酸比饱和脂肪酸更有害。反式脂肪摄入量越多,患心脏病危险就越大。反式脂肪酸可增加患心脏病的风险,所以对于心脏病、肥胖和相关慢性病患者来说,应谨慎食用带有氢化植物油、精炼植物油、氢化棕榈油等字样的食品。

(2) 加碘及碘值　不饱和油脂可以与碘发生加成反应,由于碘与 C=C 加成反应的速度很慢,常用氯化碘或溴化碘的冰醋酸溶液来替代。根据碘的消耗量可以估算油脂的不饱和程度。在油脂分析中,将 100 g 油脂所能吸收碘的最大克数称为碘值。碘值越大,油脂的不饱和程度也越大。碘值是油脂性质的重要常数,也是评价油脂品质的重要指标。一些常见油脂的碘值见表 14-5。

3. 油脂的酸败

油脂在空气中放置过久,常会变质,产生难闻的气味,这种变化称为酸败。酸败的主要原因是油脂中不饱脂肪酸的双键在空气中的氧、水分和微生物的作用下,发生氧化,生成过氧化物,这些过氧化物继续分解或氧化,生成有臭味的低级醛和酸等。光或潮湿可加速油脂的酸败。油脂酸败的另一个原因是饱和脂肪酸的氧化。油脂中的饱和脂肪酸比较稳定,含量极少,但在微生物的作用下,油脂发生水解,生成饱和脂肪酸,饱和脂肪酸在霉菌或微生物作用下,发生 β-氧化,生成 β-酮酸,β-酮酸经酮式和酸式分解生成酮或羧酸。饱和脂肪酸的 β-氧化过程包括脱氢、水化、再脱氢和降解等反应。

油脂酸败后不仅变味,而且具有不同程度的毒性。食用酸败变质的油脂对人体健康极为不利。为了防止油脂酸败,保存油脂需要密闭、干燥、低温、避光等条件。另外,在油脂中,可加入少量抗氧化剂,如维生素 E 等抑制酸败。

油脂中游离脂肪酸的含量与油脂的品质有关,油脂中游离脂肪酸的含量越高,酸败程度越大。油脂的酸败程度可用酸值来表示。中和 1 g 油脂中的游离脂肪酸所需氢氧化钾的毫克数称为油脂的酸值。一般来说,酸值超过 6 的油脂不宜食用。

皂化值、碘值和酸值是油脂重要的理化指标,药典对药用油脂的皂化值、碘值和酸值均有严格的要求。一些常见油脂酸值见表 14-5。

> **思考题 14-2** 油脂的皂化值和酸值有何不同？为什么皂化值偏高或偏低意味着油脂不纯或发生变质？

4. 油脂的干化作用

某些油脂（如桐油、亚麻油等）暴露在空气中，其表面能形成一层坚韧有弹性不透水的薄膜，这种现象称为油脂的干化作用。具有这种性质的油称为干性油。

油脂的干化是一个复杂的过程，至今还未完全了解其化学本质，一般认为是氧化引起聚合而形成了韧性的薄膜。油脂分子中含共轭双键的数目越多，干化作用越强。如桐油分子中的桐油酸含有三个共轭双键，是很好的干性油，它形成的油膜富有弹性，耐潮湿，不怕冷热，抗腐蚀，是最理想的天然涂料，我国桐油的产量占世界总量的 90% 以上。

油脂的干化在油漆工业中具有重要意义。一般油脂的干化作用与其成分的不饱和程度有关，通常按碘值大小不同，将油脂分成三种：干性油（碘值在 130 以上的油），如桐油；半干性油（碘值在 100～130 的油），如棉籽油；非干性油（碘值在 100 以下的油），如花生油。

5. 油脂的酯交换

油脂在催化剂的作用下，与甲醇等小分子醇发生酯交换反应，生成甘油和脂肪酸甲酯。这些脂肪酸甲酯中的烃基的碳原子数目与化石燃料的柴油相当，使其物化特性和柴油的特性非常相近，一般可直接添加到柴油中供发动机使用。因此，一般将油脂酯交换得到的脂肪酸甲酯混合物称为生物柴油。

$$\begin{array}{c}H_2C-O-CO-R\\|\\HC-O-CO-R'\\|\\H_2C-O-CO-R''\end{array} + 3CH_3OH \xrightarrow[\Delta]{\text{催化剂}} \begin{array}{c}H_2C-OH\\|\\HC-OH\\|\\H_2C-OH\end{array} + \begin{array}{c}RCOOCH_3\\R'COOCH_3\\R''COOCH_3\end{array}$$

生物柴油是一种洁净的生物燃料，也称为"再生燃油"，被列为生物质能之一。采用生物柴油，可减少对石油的需求量和进口量，而且更环保。生物柴油尾气中有毒有机物排放量仅为普通柴油的 10%，颗粒物为 20%，一氧化碳和二氧化碳排放量为 10%，混合生物柴油可将排放含硫物浓度从 500 ppm 降低到 5 ppm。

目前，生物柴油原料由大豆油、菜籽油等食用油逐渐转移到废弃油或不易被人体消化的廉价油脂，实现变废为宝。此外，利用"工程微藻"是生物柴油生产的一个值得注意的新动向。它是通过基因工程技术建构的微藻，将其油脂转化为生物柴油，为生产生物柴油开辟了一条新的技术途径。美国国家可再生能源实验室（NREL）通过现代生物技术建成"工程微藻"，在实验室条件下可使脂质含量增加到 60% 以上。

随着改革开放的不断深入，在全球经济一体化的进程中，中国的经济水平将进一步提高，对能源的需求有增无减。柴油是目前城乡使用较为普遍的燃料，通过生物途径生产柴油是扩大生物资源利用的一条最经济的途径，是生物能源的开发重要方向之一。只要把关于生物柴油的研究成果转化为生产力,形成产业化,"无污染生物柴油"必将得到更广泛的应用。

第2节 肥皂及合成表面活性剂

一、肥皂的去污作用

天然油脂在碱性条件下水解可制得肥皂,通常是钠盐和钾盐。日常使用的肥皂是高级脂肪酸的钠盐——钠皂,其易于结块,能溶于水,制造成本低,含有70%的高级脂肪酸、0.2%~0.5%的盐及30%的水分。其加入香料及颜料就成为家庭用的香皂,加入甲苯酚或其他防腐剂就成为药皂。洗涤肥皂通常加入某些泡沫剂如松香酸钠来增加泡沫。

钾盐呈浆状而难以结块,称为软皂,其制造成本高,多用作洗发水和医用的乳化剂。

肥皂的去污功能是由高级脂肪酸盐的分子结构决定的。它的分子可分为两部分:一部分是极性的羧基,它易溶于水,是亲水而憎油的,叫作亲水基;另一部分是非极性的烃基,它不溶于水而溶于油,是亲油而憎水的,叫作憎水基。当肥皂溶于水时,在水面上,肥皂分子中亲水的羧基部分倾向于进入水分子中,而憎水的烃基部分则被排斥在水的外面,形成定向排列的肥皂分子。这种高级脂肪酸盐层的存在,削弱了水表面上水分子与水分子之间的引力,所以肥皂可以强烈地降低水的表面张力,因而是一种表面活性剂。当肥皂在水中的浓度较低时,肥皂分子是以单分子形式存在的,这些分子聚集在水的表面,即亲水基团进入水中,憎水基团被排斥在水的外面。当水中肥皂的浓度逐渐增大时,水的表面聚集的肥皂分子逐渐增多而形成单分子层。继续增大肥皂的浓度时,由于水的表面已被占满,水溶液内部的肥皂分子中憎水的烃基开始彼此靠范德华力聚集在一起,而亲水的羧基包裹在外面,形成胶体大小的聚集粒子,称为胶束。肥皂的胶束呈球形,如图14-1所示。形成胶束的最低浓度称为临界胶束浓度。达到临界胶束浓度时,水的表面已被占满,水的表面张力降至最低。如超过了临界胶束浓度,再增大水中肥皂的浓度,只能增加溶液中胶束的数量。

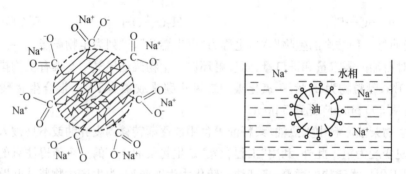

图14-1 肥皂的胶束与乳化作用

在洗涤衣物时,肥皂分子中憎水的烃基部分就溶解进入油污内,而亲水的羧基部分则伸在油污外面的水中,油污被肥皂分子包围形成稳定的乳浊液。衣服上的油污用肥皂处理后,经摩擦、振动,便逐渐在附着物上移动,以至脱离,形成乳化油滴,悬浮在水中,随水流去,这就是肥皂的去污作用。

肥皂有很好的去污作用，但遇酸和硬水则不宜使用。因为肥皂遇酸形成难溶于水的高级脂肪酸，遇硬水中的 Ca^{2+}、Mg^{2+} 则生成难溶性盐沉淀，这不仅降低肥皂去污的能力，而且也损坏织物，使其变黄、变硬。

二、合成表面活性剂

日常生活中对肥皂的需求量很大，生产肥皂要消耗大量的天然油脂。为了降低资源的压力和提高乳化的效率，根据肥皂的洗涤原理，近年来国内外研制了许多具有表面活性作用的物质，目前日常使用的表面活性剂一般都是人工合成的。

肥皂的乳化和去污等作用都是肥皂表面活性作用的体现。具有乳化、去污等性能的物质统称为表面活性剂。表面活性剂在结构上与肥皂有类似之处，也有疏水基和亲水基两部分，但它与 Ca^{2+}、Mg^{2+} 不能生成沉淀，因而使用时不受水质的影响。合成表面活性剂种类很多，按其结构特点分为阴离子型表面活性剂、阳离子型表面活性剂和非离子型表面活性剂。常用的表面活性剂见表14-6。

表14-6 常见表面活性剂

类别	名称	结构	主要用途
阴离子表面活性剂	肥皂	$RCOONa(R=C_9 \sim C_{20})$	洗涤、乳化
	烷基苯磺酸盐	$RSO_3M(R=C_{12} \sim C_{18})$	洗涤、乳化、聚合、分散
	烷基磺酸盐	$R-\text{C}_6\text{H}_4-SO_3^-Na^+$	洗涤
	烷基硫酸酯盐	$R-O-SO_3M(R=C_{12} \sim C_{18})$	乳化、聚合
阳离子表面活性剂	氯化季铵盐	$[R_2N(CH_3)_2]^+Cl^-$	乳化、分散、杀菌
	溴化二甲基-苯氧乙基-十二烷基铵	$[\text{C}_6\text{H}_5-OCH_2CH_2N(CH_3)_2(C_{12}H_{25})]^+Br^-$	乳化、杀菌、防治口腔炎咽炎的药物
	溴化二甲基-苄基-十二烷基铵	$[\text{C}_6\text{H}_5-CH_2N(CH_3)_2(C_{12}H_{25})]^+Br^-$	乳化、杀菌、消毒剂
非离子表面活性剂	烷基聚乙二醇醚	$R-O(CH_2CH_2O)_nH$ $(R=C_{12} \sim C_{18}, n=6 \sim 12)$	乳化、洗涤
	脂肪酸单甘油酯	$RCOOCH_2-CH(OH)-CH_2OH$	食品乳化
	聚氧乙烯烷基酚醚	$R-\text{C}_6\text{H}_4-O(CH_2CH_2O)_nH$ $(R=C_{12} \sim C_{18}, n=6 \sim 12)$	洗涤乳化

1. 阴离子表面活性剂

阴离子型表面活性剂是应用最广泛的一类合成洗涤剂，它的组成和肥皂相似，溶于水时形成具有表面活性作用的阴离子。其中一端是憎水的烃基，另一端是亲水基。较常见的有烷基磺酸钠和烷基苯磺酸钠。烷基中的碳原子数一般以12左右为好，过大则油溶性太强，水溶性减弱；过小则油溶性减弱，水溶性增强，影响洗涤效果。

这类合成表面活性剂可用作起泡剂、洗涤剂、分散剂等。如十二烷基硫酸钠具有优良的起泡性能，对皮肤作用温和且无毒，常用于牙膏、化妆品和洗涤剂中。现在国内外广泛使用的一种阴离子表面活性剂是十二烷基苯磺酸钠，是常用的良好洗涤剂，也是洗衣粉的主要成分。这类化合物都属于强酸盐，而且它们的钙、镁盐一般在水中溶解度较大，故可在酸性溶液及硬水中使用而不会影响去污效果。

2. 阳离子表面活性剂

阳离子表面活性剂是指溶于水时形成具有表面活性作用的是阳离子的表面活性剂。属于这一类的主要为季铵盐，还有某些含硫或含磷的化合物。阳离子表面活性剂洗涤能力很差，但具有较好的乳化作用和杀菌作用，常用作消毒乳化剂、杀菌剂等。例如，新洁尔灭常用作医用洁净杀菌剂，杜灭芬用于预防和治疗口腔炎、咽炎等，苯扎溴铵主要用于外科手术时的皮肤及器械消毒。

3. 非离子型表面活性剂

非离子表面活性剂在水中不离解，是中性化合物，其亲水部分都含有羟基及多个醚键。其不与金属离子或硬水作用，对酸碱也较稳定，因此广泛用于纺织工业和家庭用品的洗涤。可由醇或酚与环氧乙烷反应合成。此类化合物为黏稠液体，易溶于水，洗涤效果也很好，是目前使用较多的洗涤剂。非离子表面活性剂在工业上常用作洗涤剂、乳化剂、润湿剂，也可用作印染固色剂和矿石浮选剂等。

第3节 类　　脂

类脂是一类与油脂共存于生物体内，并且具有多种重要的生理功能的化合物。本节主要介绍蜡和磷脂。

一、蜡

蜡的化学结构也属于酯类，但与油脂不同，它是由高级脂肪酸和高级饱和一元醇组成的酯，一般是由含16～26个偶数碳原子的长碳链脂肪酸和含16～36个偶数碳原子的长链脂肪醇所组成的酯的混合物。

蜡在常温下为固体，性质稳定，在空气中不易变质，也难以皂化，因而不能被消化吸收而无营养价值。

根据来源，蜡可分为动物蜡和植物蜡。动物蜡常存在于动物的分泌腺、皮肤、毛皮、羽毛和昆虫外骨骼的表面；植物蜡则常存在于植物的茎、干、叶和果实等表面。存在于动、植物表面的蜡大多数都具有防止水分侵入体内、减少水分蒸发以及微生物危害的功能。试验表明，若除去果实表面的蜡层，它在储存期间很快就会腐败；昆虫表皮的蜡层若被破坏，就会因失水而死亡。另外，由于植物及昆虫的体表有一蜡层，因此，在施用农药时应选用脂溶性的药剂，以破坏蜡质层，达到良好的治虫效果。蜡经加工可制成蜡烛、鞋油、蜡纸、软膏、光泽剂等。某些蜡的性质和主要成分见表14-7。

表 14-7　主要蜡的组成与性质

分类	名称	来源	物态	熔点/℃	主要成分的结构简式
植物蜡	巴西蜡	巴西棕榈叶	黄绿色脆硬	83～90	$C_{25}H_{51}COOC_{30}H_{61}$
	棕榈蜡	棕榈树干	黄绿色脆硬	100～103	$C_{15}H_{31}COOC_{30}H_{61}$ $C_{25}H_{51}COOC_{26}H_{53}$
动物蜡	蜂蜡	蜜蜂分泌物	黄褐色	62～65	$C_{15}H_{31}COOC_{30}H_{61}$
	白蜡	白蜡虫	黄白色	80～83	$C_{25}H_{51}COOC_{26}H_{53}$

二、磷脂

磷脂是含磷的脂类,广泛存在于植物的种子,动物的脑、卵、肝和微生物体中。蛋黄、植物种子及胚芽、大豆中都含有丰富的磷脂。磷脂可形成内盐,在磷脂内盐结构中,脂肪酸的长碳链是疏水基,而偶极离子部分是亲水基,所以具有乳化作用。在生物体内能使油脂乳化,有助于油脂的输送、消化和吸收。与油脂不同,磷脂不是储藏物质,它常以结合状态,作为一种组成物质存在于活细胞中。如与蛋白质一起构成细胞膜,对细胞的透性和渗透作用有很大影响。

磷脂也作为重要的营养添加剂、抗氧化剂和乳化剂,可降低血清胆固醇及中性脂肪,去除附着于血管壁的胆固醇沉积,改善脂质代谢;可促进脂溶性维生素的吸收;卵磷脂是抗脂肪肝的因素之一,可用以防止、治疗肝中脂肪的堆积;此外,磷脂与神经信息传递有关,磷脂不足,细胞膜结构受影响,会遗漏传递信息,加速人的老化,摄入足够的磷脂可减轻这种现象;磷脂可转化为乙酰胆碱(传导联络暂神经元之间的重要神经递质),可以改善人的大脑机能,增强记忆力。

根据磷脂的组成和结构,可分为磷酸甘油酯和神经鞘磷脂两大类。

1. 磷酸甘油酯

磷酸甘油酯脂和油脂有相类似的地方。油脂分子中一个高级脂肪酸被磷酸代替,就得到磷脂酸。磷脂酸中磷酸部分的一个羟基再与含氮化合物酯化就生成磷脂。不同的含氮化合物生成不同的磷脂。

$$\begin{array}{ccc}
H_2C-OCOR & H_2C-OCOR & H_2C-OCOR \\
| & | & | \\
HC-OCOR' & HC-OCOR' & HC-OCOR' \\
| & | \quad O & | \quad O \\
H_2C-OCOR'' & H_2C-O-P-OH & H_2C-O-P-O-\boxed{含氮化合物} \\
& | & | \\
& OH & OH \\
\text{油脂} & \text{磷脂酸} & \text{磷脂酸}
\end{array}$$

磷酸连在甘油的 α 或 β 位,就有 α 与 β 磷脂之分。如果磷酸连在 α 位,不论 R、R′是否相同,β 碳一定是不对称碳原子,应有两种旋光异构体存在,自然界中常见的都是 L-α-磷脂。

$$\begin{array}{c}
H_2C-OCOR \\
| \\
R'COO-C-H \\
| \quad O \\
H_2C-O-P-O-\text{含氮化合物} \\
| \\
OH
\end{array}$$

磷酸甘油酯脂种类很多,最重要的是卵磷脂和脑磷脂,它们因在动物卵黄、大脑中含量较多而得名。

卵磷脂中的含氮化合物是胆碱([HOCH$_2$CH$_2$N(CH$_3$)$_3$]$^+$OH$^-$),脑磷脂中的含氮化合物是胆胺(HOCH$_2$CH$_2$NH$_2$)。它们的结构式分别为

$$\begin{array}{c} H_2C-OCOR \\ R'COO-CH \\ | \\ H_2C-O-P-O-CH_2CH_2N^+(CH_3)_3\ OH^- \\ | \\ OH \end{array} \qquad \begin{array}{c} H_2C-OCOR \\ R'COO-CH \\ | \\ H_2C-O-P-O-CH_2CH_2NH_2 \\ | \\ OH \end{array}$$

L-α 卵磷脂   L-α 脑磷脂

卵磷脂和脑磷脂都是白色固体,有吸水性,在空气中易被氧化而变成棕褐色。易溶于乙醚、氯仿,不溶于丙酮。它们都能水解,彻底水解产物为甘油、脂肪酸、磷酸、胆碱、胆胺。

2. 神经磷脂

神经磷脂与卵磷脂和脑磷脂不同之处是,与磷酸成酯的醇不是甘油,而是神经氨基醇。神经氨基醇的结构如下:

$$\begin{array}{c} H_3C(H_2C)_{11}\quad H_2C\qquad H \\ \diagdown\quad\ \diagup \\ C=C \\ \diagup\qquad\ \diagdown \\ H\qquad\qquad CH-CH-CH_2OH \\ |\quad\ \ | \\ OH\ NH_2 \end{array}$$

反-2 氨基-4-十八碳烯-1,3-二醇

神经磷脂的结构式为:

$$CH_3(CH_2)_{12}-CH=CH-CH(OH)-CH(NH-CO-R)-CH_2-O-\overset{O^-}{\underset{O}{P}}-O-CH_2CH_2N^+(CH_3)_3$$

其中"NH-CO-R"为酰胺键,右端方框为磷酸胆碱部分。

其中的"R"多为硬脂酸、软脂酸、棕榈酸、神经酸(顺-Δ^{15}-二十四碳烯酸)的烃基。

神经磷脂是白色晶体,在空气中较稳定。不溶于水和丙酮,但能溶于乙醚,可水解。主要存在于动物的神经和脑中。

第 4 节 萜类化合物

萜类化合物是自然界存在的一类以异戊二烯为结构单元的化合物的统称,也称为类异戊二烯。该类化合物在自然界中分布广泛、种类繁多,迄今人们已发现了近 3 万种萜类化合物,

其中有半数以上是在植物中发现的。植物的芳香油、树脂、松香等便是常见的萜类化合物,许多萜类化合物具有很好的药理活性,是中药和天然植物药的主要有效成分。有些萜类化合物已经开发出临床广泛应用的有效药物,如青蒿中的倍半萜青蒿素被用于治疗疟疾,红豆杉的二萜紫杉醇被用于治疗乳腺癌。

一、萜类化合物结构与分类

萜类化合物也称为萜烯类化合物,除极个别的例外,萜类化合物在结构上都具有一个共同的特点,就是这些分子可以看作是两个或两个以上的异戊二烯单位以头尾相连的方式结合而成。一个萜类化合物,不论其结构多复杂,它们的碳架结构都可以划分为若干个头尾相连的异戊二烯单位,简称为异戊二烯规律。

$$CH_2=C(CH_3)-CH=CH_2 \qquad C-C-C-C$$
$$\text{异戊二烯} \qquad\qquad \text{头} \qquad \text{尾}$$

一般来说,含有两个异戊二烯单位骨架的萜类称为单萜;含有三个异戊二烯单位骨架的萜类称为倍半萜;含有四个异戊二烯单位骨架的萜称为双萜;依此类推,有三萜、四萜等。此外,按萜类化合物是否含有环状结构,又将其再分为无环萜(开链萜)、单环单萜、双环单萜、四环三萜等(表 14-8)。

表 14-8 萜类化合物的分类

类别	单萜	倍半萜	二萜	三萜	四萜	多萜
异戊二烯单位数	2	3	4	6	8	>8
碳原子数	10	15	20	30	40	>40

二、重要的萜类化合物

萜类化合物分子结构可以是开链的,也可以是单环或多环的;可以是烯烃,也可以是其氢化物或含氧衍生物。下面简单介绍几种常见萜类化合物的结构。

1. 单萜

单萜是由两个异戊二烯单位首尾相连而成的。由于碳架的不同,单萜分为开链单萜、单环单萜和双环单萜。

(1) 开链单萜　开链单萜又称为无环单萜,有很多是非常珍贵的香料,如:

α-月桂烯　　β-月桂烯　　牻牛儿醇　　柠檬醛a　　柠檬醛b

月桂烯主要存在于月桂油中,在啤酒花、松节油中也有发现。柠檬醛存在于柠檬草油、柠檬油和山苍子油中,具有柑橘类水果的清香,在食用香精中极为重要。牻牛儿醇(香叶醇)和牻牛儿醛是开链单萜中的另一类重要的化合物。牻牛儿醇是玫瑰油的主要成分（占40%～60%），具有玫瑰花的香味，是一种名贵的香料；对黄曲霉菌和癌细胞有强大的抑制活性。

(2) 单环单萜　单环单萜也是由两个异戊二烯单位相连而成的化合物，其区别在于它的分子中含有一个碳环，主要的单环单萜有宁和萜醇等。宁就是1,8-萜二烯，它较广泛地存在于自然界中，主要存在于柠檬油中。萜醇的羟基连在C_3上，称为3-萜醇。3-萜醇有3个手性碳原子（C_1、C_3、C_4），有8个旋光异构体；自然界存在的主要是薄荷醇，它的C_1、C_3、C_4都是以e键连接取代基。薄荷醇是薄荷油的主要成分。薄荷油具有芳香、清凉气味，有杀菌、消炎和防腐作用，熔点为42℃～44℃。它广泛用于医疗、食品工业，是驰名的清凉剂，是配制清凉油、十滴水、人参、痱子水的主要成分之一。薄荷醇氧化后得到薄荷酮，是一种单环单萜酮。

柠檬烯　　薄荷醇　　薄荷酮

(3) 双环单萜　双环单萜可以看作桥环化合物，最重要的莰族和蒎族化合物，母体分别为莰和蒎。α-蒎烯与β-蒎烯互为异构体，它们都存在于松节油中，α-蒎烯是松节油的主要成分，含量达80%，而β-蒎烯的含量较少。蒎烯是无色的液体，不溶于水，有特殊气味。将松树皮割开后，从开口处分泌出一种胶态物质，叫作松脂。松脂经水蒸气蒸馏，可以得到固态的松香和液态的松节油。松节油在工业上是重要的油漆溶剂，也可用作合成樟脑的原料。医药上用作祛痰剂，亦可用作舒筋活血的外用药。

莰酮（樟脑）有两个手性碳原子，应有两对对应异构体，但由于碳桥只能在环的一侧，桥的存在限制了桥头两个碳原子的构型，因此，樟脑只有一对对映体。自然界存在的樟脑是右旋体，人体合成的是外消旋体。樟脑是白色闪光结晶性粉末或无色半透明结晶块，不溶于水而易溶于有机溶剂。它有独特的穿透性怡人香气，易升华。主要存在于樟树中，将樟树枝叶切细进行水蒸气蒸馏，得到的樟脑油经减压分馏得到樟脑粗品，再经连续升华法可得到精制的樟脑。

α-蒎烯　β-蒎烯　莰醇　莰酮

莰酮和莰醇都具有很好的药用价值。莰醇俗称龙脑，又称冰片，味似薄荷，可以发汗、镇痉、止痛、灭菌，是人丹和冰硼散的主要成分。莰酮又称樟脑，具有强烈的樟木气味和辛辣的味道，在医药上用于制强心药、清凉油、十滴水等，也可在国防工业中制无烟火药。此外，还可以用作防腐剂。

2. 倍半萜

倍半萜是指分子中含15个碳原子的天然萜类化合物。倍半萜类化合物分布较广，在木兰目、芸香目、山茱萸目及菊目植物中最丰富。在植物体内常以醇、酮、内酯等形式存在于挥发油中，是挥发油中高沸点部分的主要组成部分。多具有较强的香气和生物活性，是医药、食品、化妆品工业的重要原料。

姜烯　　　α-山道年　　　β-山道年

姜烯存在于生姜、莪术、姜黄、百里香等挥发油中。其药效是祛风散寒、温味解表。既可以增进食欲,又有镇呕止吐的作用。山道年是山道年草或蛔蒿未开放的头状花序或全草中的主成分。山道年是强力驱蛔剂,但有一定毒性。β-山道年为 α-山道年的异构体。

3. 二萜

二萜是由四个异戊二烯单位聚合成的衍生物,具有多种类型的结构。多数已知的二萜类都是二环和三环的衍生物。二萜类由于分子比较大,多数不能随水蒸气挥发,是构成树脂类的主要成分。

维生素 A_1

维生素可以分为 A_1、A_2 两种,都是二萜醇类化合物。一般所说的维生素 A 是指 A_1。维生素 A 又称为视黄醇,是一种油溶性维生素。缺乏维生素 A 会妨碍人的正常生长,可导致人的皮肤粗糙、眼角膜硬化和夜盲症。

紫杉醇是红豆杉植物的次生代谢产物,也是近年来世界范围内抗肿瘤药物研究领域的重大发现。早年主要用于治疗晚期卵巢癌和乳腺癌。后来发现紫杉醇及由紫杉烷半合成的泰索帝对非小细胞肺癌、食道癌及其他癌症亦有较好的疗效。由于紫杉醇结构复杂,化学全合成步骤多,产量低,而且成本很高,难以实现批量生产。目前,临床上使用的紫杉醇,主要从红豆杉属植物的树皮、枝叶等组织中分离提取获得,也有部分是以红豆杉组织粗提液中的紫杉烷类物质为前体,通过化学半合成得到。红豆杉植物生长十分缓慢,紫杉醇的含量非常少,大量的砍伐、毁坏,必然导致红豆杉资源趋于灭绝。我国已将红豆杉列为国家一级保护植物。事实上,目前通过砍伐天然资源得到紫杉醇已不可能。为寻找紫杉醇及其半合成前体的稳定供应的渠道,人们纷纷把眼光转向生物技术方法,如组织器官培养、细胞大规模培养、微生物发酵等。

4. 多萜

萜类化合物的分类主要是根据分子中含有的异戊二烯单位数或构成碳架的碳原子数目而定。对多萜的定义目前尚未完全统一，一般认为分子结构中具有6个及6个以上单位异戊二烯的就可称多萜或复萜。具体来说，又可分为三萜、四萜及其他多萜，其中主要以三萜和四萜居多。

这类化合物种类繁多，在自然界分布很广，尤其在植物中存在较多。它们在植物体内具有重要的生理功能。有些是对植物生长发育和生理功能起重要作用的成分，有些在调节植物与环境之间的关系上发挥重要的生态功能。许多多萜类化合物还具有很好的药理活性，是中药和天然植物药的主要有效成分，其中某些化合物已经被开发成临床广泛应用的有效药物，如人参主要活性成分属三萜化合物及其衍生物，而人体所需的维生素 A 则是由四萜成分胡萝卜素在人体内转化而来；泽泻萜醇 A 和 B 被开发用于治疗高血脂降低胆固醇；齐墩果酸被用于治疗肝炎等。这些使人们对植物中多萜类化合物产生了浓厚的兴趣并引起了广泛的重视，尤其是近年来随着分子生物学的发展，以及代谢工程和基因工程等技术的应用，研究开发具有药理活性的萜类化合物已成为当前热点之一。

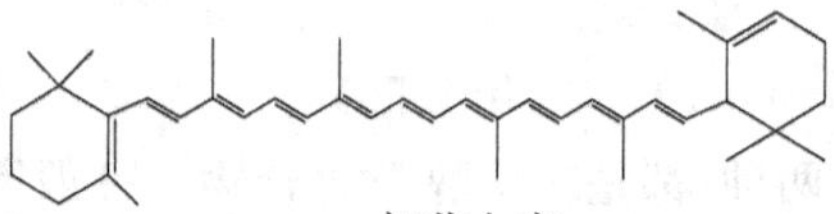

α-胡萝卜素

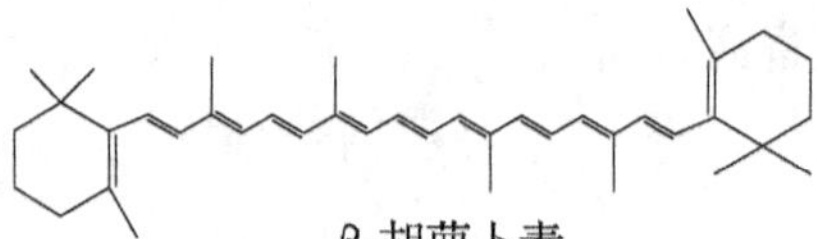

β-胡萝卜素

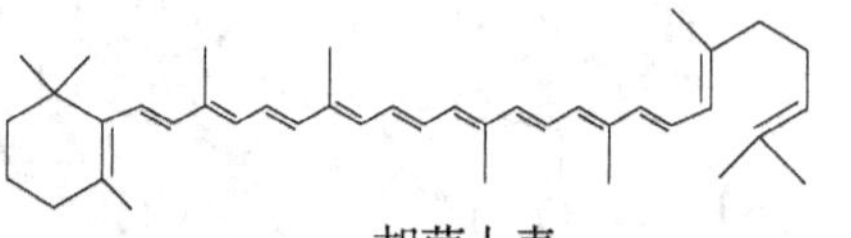

γ-胡萝卜素

胡萝卜素是四萜的代表化合物，有 α、β、γ 三种异构体，其中以 β-异构体含量最高。胡萝卜素广泛存在于植物的叶、花、果实和动物的乳汁、脂肪中，在动物体内可以转变为维生素 A。所以胡萝卜素也称为维生素 A 原。

第5节 甾族化合物

一、甾族化合物概述

甾族化合物广泛存在于动植物体内，对动、植物的生命活动起着极其重要的作用。这类化合物在结构上的共同特点是具有一个环戊烷多氢菲的基本骨架。环上碳原子的编号方法如下：

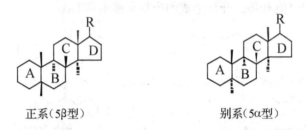

在甾族化合物中一般含有三个侧链，C_{10}、C_{13} 上各连接一个甲基(角甲基)，C_{17} 上连接一个烃基或含其他基团的烃基侧链。这个由四环、三个取代基构成的体系，是一般甾族化合物都具有的结构，称为甾环，甾音"灾"，是个象形字，"<<<"代表三个取代基，"田"代表四个环，以甾环为基本骨架的化合物都是甾族化合物。

甾族化合物中有 A、B、C、D 四个环，它们两两之间都可以有顺反两种构型。但自然界中存在的甾族化合物，B 与 C、C 与 D 环之间绝大多数都是反式稠合的。只有 A、B 两环间存在顺式和反式两种稠合方式。一般把 A、B 两环顺式稠合称为正系，也称 5β 型，即 C_5 上的氢原子和 C_{10} 上的角甲基都在环平面前，A、B 两环反式稠合称为别系，也称 5α 型，即 C_5 上的氢原子和 C_{10} 上的角甲基不在同一边，而是 C_5 上的氢原子在环平面后。

正系(5β型)　　　　　别系(5α型)

甾族化合物的种类很多，结构上的差异一是甾环的饱和程度不同，二是 C_{17} 所连 R 的不同以及环上其他位置上所连基团的不同。

二、重要甾族化合物

1. 胆固醇(胆甾醇)

胆固醇是最早发现并且含量最多的甾族化合物之一，广泛存在于动物的血液、脂肪、脑、脊髓和胆汁中，在动物体胆石中的含量最高，高达 90% 以上。由于其是固体醇类，所以称为胆固醇。胆固醇是无色或略带黄色的结晶，微溶于水，易溶于乙醚、氯仿等有机溶剂。

胆固醇不仅参与形成细胞膜，而且是合成胆汁酸、维生素 D 以及甾体激素的原料，因此适量的胆固醇有益于人体健康。但若体内胆固醇代谢发生障碍，或从食物中吸收的胆固醇太多，会引起胆结石、高血压和动脉硬化等疾病。胆固醇的结构如下：

胆固醇

2. 麦角固醇

麦角固醇是一种重要的植物甾醇,存在于酵母、麦角和真菌等中,它也是青霉素生产中的一种副产物,因最初来自麦角而得名。它与胆固醇的区别是 C_7、C_8 之间,C_{22}、C_{23} 之间为双键,C_{24} 上有一个甲基,这个结构是我国化学家庄长恭 1933 年确定的。麦角固醇在紫外光照射下,C_9、C_{10} 之间开环,形成维生素 D_2。

如果把麦角固醇侧链上 C_{22}、C_{23} 间的双键氢化,再用紫外光照射,就得到维生素 D_4。

维生素 D_2、D_4 只差在 C_{22}、C_{23} 之间有无双键,其他结构完全一样。

麦角固醇 $\xrightarrow{h\nu}$ 维生素 D_2

3. 7-去氢胆固醇

7-去氢胆固醇存在于动物表皮里。与胆固醇相比,它只在 $C_7 \sim C_8$ 多一个双键,在紫外光照射下,$C_9 \sim C_{10}$ 之间也能开环。开环生成的产物是维生素 D_3。

7-去氢胆固醇 $\xrightarrow{h\nu}$ 维生素 D_3

维生素 D 广泛存在于鱼肝油、牛奶、蛋黄等中。有 D_2、D_3、D_4、D_5 等一系列,生理作用相似,以 D_2 和 D_3 的生理效应最强。维生素 D 能促使机体对钙、磷的吸收,防止软骨症,因此维生素 D 又称为骨化醇或称抗佝偻病维生素。某些甾醇在紫外光照射下可转变成维生素 D,所以患软骨症者或儿童必须多服一些维生素 D,并且需要多晒太阳。

4. 甾族激素

激素是由动物体内各种内分泌腺分泌的一类微量的但具有重要活性的化合物,主要是控制生长、营养和性的机能等。许多激素都具有甾环结构,称为甾族激素。根据功能不同,甾族激素分为性激素、肾上腺皮质激素和昆虫蜕皮激素等。

(1) 性激素 分为雄性激素和雌性激素两类,数量虽少,但作用甚大。常见的性激素有睾丸酮、黄体酮和雌二醇等。它们的结构式如下:

睾丸酮   黄体酮   雌二醇

睾丸酮是由睾丸分泌的激素,具有促进雄性动物的发育、生长以及维持雄性特征的作用。

由于睾丸酮在体内不稳定,作用不能持久。现在临床上多用它的较稳定的衍生物,如甲基睾丸酮(供口服用)和丙酸睾丸酮(供肌肉注射用)。

黄体酮是卵巢中黄体的分泌物。生理作用是抑制排卵,并使受精卵在子宫中发育以及使乳腺发育。临床上治疗习惯性流产、子宫出血、痛经和月经失调等。

(2) 肾上腺皮质激素　是哺乳动物肾上腺皮质的分泌物。目前为止,用人工方法从肾上腺皮质中分离出三十多种甾族化合物,其中七种具有显著的生理活性,其中大家熟悉的可的松、氢化可的松即是这类化合物,结构如下:

可的松　　　　　　　　　　氢化可的松

肾上腺皮质激素具有促进糖代谢及电解质代谢等功能,可的松、氢化可的松具有抗炎、抗病毒、抗过敏等药理作用,临床上用于控制严重中毒感染和风湿病。近年来,合成了一大批比可的松更有效的药物——醋酸可的松和醋酸强的松。

(3) 昆虫蜕皮激素　由昆虫的前胸腺分泌,其作用是诱导蜕皮,它与保幼激素协同作用控制昆虫的蜕皮和变态。蜕皮激素可用于防治害虫。它的结构如下:

α-蜕皮激素

现在已从昆虫和甲壳动物体内分离出若干种昆虫蜕皮激素,并且人工合成了许多种与蜕皮激素有类似结构和功能的化合物,用于养蚕和防治害虫。

(4) 人工合成激素　除了从动植物中分离得到的几百种类固醇之外,为了寻找新药,人们已在药物实验室中合成了上千种类固醇。其思路在于,以天然激素为研究起点,先对其分子结构进行化学修饰,再分析化学修饰后的类固醇具有的生物特性。

经典的合成类固醇有口服避孕药以及促蛋白合成类固醇药剂。大多数避孕药是两种化合物的混合物,一种是合成雌激素如乙炔雌二醇,另一种是合成黄酮体如炔诺酮。促蛋白合成类固醇如美雄酮,是一种合成的雄性荷尔蒙,能模仿天然睾丸激素的组织构建效应。

乙炔雌二醇　　　　　炔诺酮　　　　　美雄酮

习 题

1. 命名下列化合物：

(1) $CH_3(CH_2)_{16}COOH$ (2) $CH_3CH_2CH=CHCH_2CH=CHCH_2CH=CH(CH_2)_7COOH$

(3) 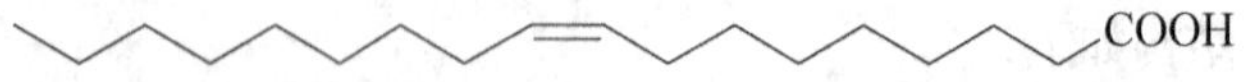 结构式：含一个双键的长链羧酸 COOH

(4) 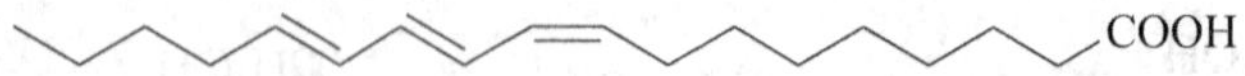 结构式：含两个双键的长链羧酸 COOH

(5) 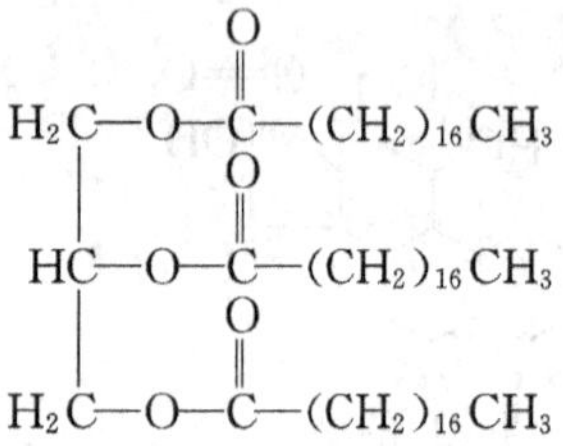 三硬脂酸甘油酯结构式

(6) 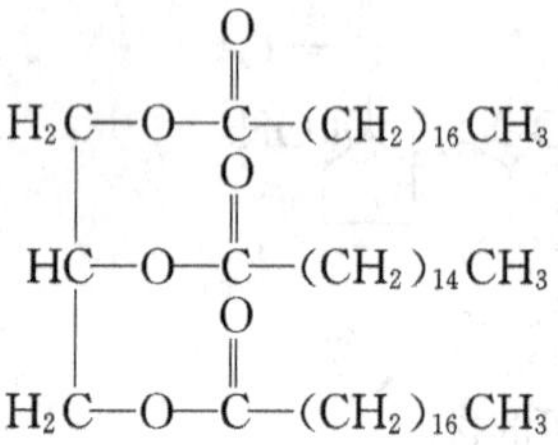 混合甘油三酯结构式（含 $(CH_2)_{16}CH_3$ 和 $(CH_2)_{14}CH_3$ 链）

2. 下列化合物哪个有表面活性剂的作用？

(1) $CH_3(CH_2)_6CH(CH_2CH_3)(CH_2)_3OSO_3K$ (2) $CH_3(CH_2)_{16}CH_2OH$

(3) $CH_3(CH_2)_{18}COOH$ (4) 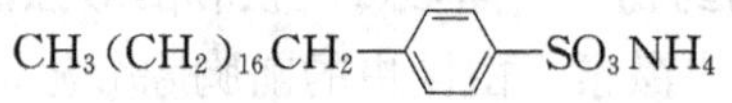 $CH_3(CH_2)_{16}CH_2$—C$_6$H$_4$—SO_3NH_4

3. 完成下列反应式：

(1) 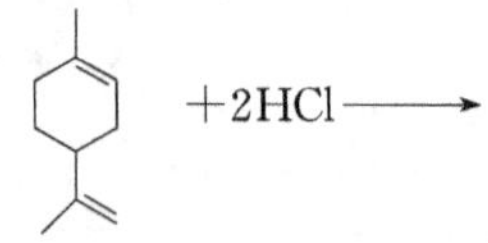 柠檬烯 + 2HCl ⟶

(2) 胆固醇 + Br_2 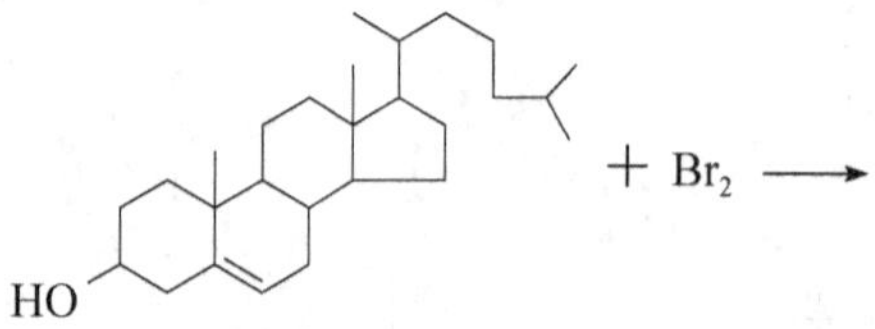 ⟶

(3) 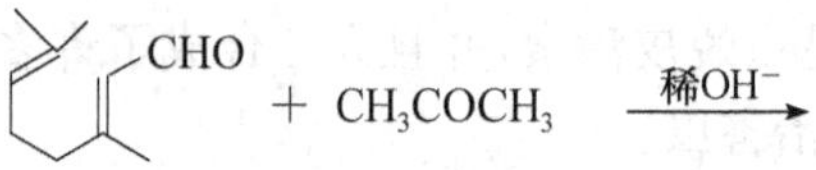 含 CHO 的萜烯化合物 + CH_3COCH_3 —稀 OH^-→

(4) 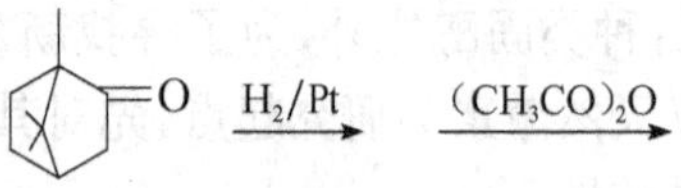 樟脑类酮 —H_2/Pt→ —$(CH_3CO)_2O$→

4. 在巧克力、冰激凌等许多高脂肪含量的食品，以及医药和化妆品中，常用卵磷脂来防止油和水分层，这根据的是卵磷脂的什么特性？

5. 下列每组两个词的含义有何不同？

(1) 油脂和类脂   (2) 蜡和石蜡   (3) 磷脂酸和磷酸酯   (4) 菜油和汽油

6. 如何分离雌二醇和睾丸酮的混合物？

7. 用化学方法鉴别下列各组物质：

(1) 硬脂酸、亚油酸、三硬脂酸甘油酯

(2) 牛油和石油

8. 某化合物 A 的分子式为 $C_{57}H_{106}O_6$，有旋光性，可被水解，水解后生成甘油和脂肪酸。脂肪酸中约有

2/3 的化合物 B,B 可使溴的四氯化碳溶液褪色。其余 1/3 为化合物 C,C 无以上反应。B 可被氧化,产物为壬酸和壬二酸。试推测 A、B、C 的结构,写出主要反应式,并标出 A 分子中的手性碳原子。

9. 一未知结构的高级脂肪酸甘油酯,有旋光活性。将其皂化后再酸化,得到软脂酸及油酸,其物质的量之比为 2:1。写出此甘油酯的结构式。

10. 某单萜 A 的分子式为 $C_{10}H_{18}$,催化氢化后得分子式为 $C_{10}H_{22}$ 的化合物。用高锰酸钾氧化 A,得到 $CH_3COCH_2CH_2COOH$、CH_3COOH 及 CH_3COCH_3,推测 A 的结构。

11. 香茅醛是一种香原料,分子式为 $C_{10}H_{18}O$,它与推伦试剂作用得到香茅酸 $C_{10}H_{18}O_2$。以高锰酸钾氧化香茅醛得到丙酮与 $HO_2CCH_2CH(CH_3)CH_2CH_2CO_2H$。写出香茅醛的结构式。

第15章 有机化合物的波谱分析

有机化合物结构的测定,是从分子水平认识物质世界的基本手段,是研究物质性质和作用的基础,是有机化学研究非常重要的内容。现代有机化合物的结构测定广泛地使用紫外光谱(UV)、红外光谱(IR)、核磁共振(NMR)和质谱(MS)等波谱方法,利用这些方法提供的各种波谱数据和结构信息成功地鉴定了大量有机化合物的结构。随着光谱科学的迅速发展,通过精密仪器、运用现代物理手段测定有机化合物结构的物理方法在有机化学研究中广泛应用,有机化合物结构测定技术发生了革命性的变化,加快了人们对有机化合物的认识和了解,促进了有机化学及其相关领域的迅速发展。

与经典的化学测定方法相比,波谱方法不仅具有快速、灵敏、准确、重现性好等优点,而且需要样品量少(1 μg~20 mg)。除质谱外,用过的样品还可以回收利用。现在波谱法的应用范围已经扩大到了整个有机化学及其相关领域。随着农林科学研究进入分子水平,波谱法在农林科学上的应用必将与日俱增。另外,由于波谱仪的不断改进,性能越来越完备,灵敏度和分辨率越来越高,使过去难以做到的事如今可迎刃而解。例如,色谱-质谱联用技术,可以分析人尿中兴奋剂的微量代谢产物;用激光和场解吸作用产生的分子离子质谱,可显示 DNA 片段聚合物的分布情况等。

本章对现在已经得到广泛应用的紫外光谱、红外光谱、核磁共振和质谱作简单介绍。

第1节 电磁波和吸收光谱

将一束波长连续变化的电磁波照射到某样品,会发现样品能选择吸收一定波长的电磁波,若用仪器把它记录下来,便可得到一根根谱线或一条连续变化的曲线,这就是所谓的吸收光谱。

物质吸收光能后,引起分子内能级的跃迁,即从低能状态跃迁到高能级状态,并产生相应的吸收光谱。例如,有机分子吸收了可见-紫外光后,其价电子能级跃迁而产生可见-紫外光谱;吸收红外光后,引起价键振动能级跃迁,产生红外光谱;分子吸收了无线电波后,则引起原子核自旋能级的跃迁,产生核磁共振谱。各种波谱吸收波长范围及能级跃迁情况见表15-1。

表15-1 各种波谱吸收波长范围及跃迁方式

区 域	波长 λ	原子或分子跃迁类型
γ 射线	0.01~10 pm	核裂变
X 射线	0.01~10 nm	内层电子
远紫外	10~200 nm	中层电子
近紫外	200~400 nm	外层(价)电子
可见光	400~800 nm	外层(价)电子
近红外	0.75~2.5 μm	分子振动与转动

续表

区 域	波长 λ	原子或分子跃迁类型
中红外	2.5～25 μm	分子振动与转动
远红外	25～1 000 μm	分子转动
微波	1～100 mm	电子自旋共振谱
无线电波	0.1～1 000 m	核磁共振

波长与频率的关系式：$E=h\nu=hc/\lambda$，则波数为波长的倒数。

物质对光的吸收与其分子结构紧密相关。因为各种分子的结构互不相同，所以每种分子对光都有自己的特征吸收，因而能产生自己的特征光谱。这就是利用光谱技术测定分子结构的理论基础。

质谱是分子及其发生裂分后碎片的质量谱，本质上不属于波谱范畴，但它可以提供许多与分子有关的结构信息，是现代分子结构测定中必不可少的技术。它与上述各种光谱方法集合起来使用能更顺利和更准确地解决结构测定问题，特别是它与现代分离技术（如气相色谱技术、高压液相色谱技术）和电脑技术的联用，不但简化了测定有机化合物分子结构的步骤，而且大大加快了有机化合物分子结构测定的速度。

第2节 紫外光谱

一、基本原理

紫外光区域的波长范围是 10～400 nm，分为远紫外区（10～200 nm）和近紫外区（200～400 nm）。紫外光谱通常指近紫外区的吸收光谱。

若控制光源，使紫外光按波长由短到长的顺序依次照射分子，则外层价电子就吸收了与激发能相应波长的光，从基态跃迁到能量高的激发态。将吸收强度随波长的变化记录下来，得到的吸收曲线就是紫外吸收光谱。吸收光谱又称吸收曲线，最大吸收值所对应的波长称为最大吸收波长（λ_{max}）。吸收强度遵循朗伯-比尔（Lambert-Beer）定律：

$$A=-\lg\frac{I}{I_0}=\lg\frac{1}{T}=\varepsilon\cdot c\cdot l$$

式中，c 为溶液的物质的量浓度；l 为样品池长度，cm。

紫外光谱图的横坐标一般以波长（nm）表示，纵坐标为吸光度 A、透光度 T 或消光系数 ε。例如，图 15-1 所示为对甲基苯乙酮的紫外吸收光谱图。

分子经可见光或紫外光照射时，电子就从基态跃迁到能量高的激发态。此时，电子就吸收了与激发能相应波长的光。

原子之间的键有 σ 与 π 键。σ 键的电子云重叠程度大，故键结合较强；而 π 键是电子云侧面重叠，

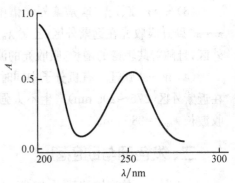

图 15-1 对甲基苯乙酮的紫外光谱图

故键结合较弱。此外,在氧、氮、卤素原子中有两个电子不与其他原子结合,称为孤对电子,是原子内的非键电子。非键电子(n电子)比成键电子受原子核束缚小,一般活动性大。

虽然各种电子在基态时都处于稳定态,但一经可见光或紫外光从外部照射,各种电子不再停留在基态,而是发生激发。

UV谱的吸收位置取决于电子跃迁的能量大小。存在共轭π键的化合物中,由于π电子活动性大,电子跃迁容易,故可吸收较小的能量从基态跃迁到激发态;相反,σ键的电子难以被激发,跃迁需要吸收较大的能量。电子能级与电子跃迁示意如图15-2所示。

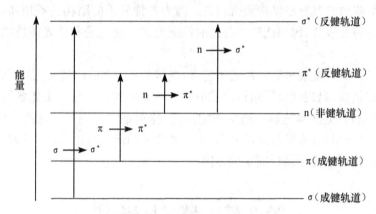

图 15-2 电子能级及跃迁示意

电子的跃迁有 σ→σ* 跃迁、n→σ* 跃迁、π→π* 跃迁和 n→π* 跃迁四种情况,一般使用的分光光度计由于波长范围在 200 nm 以上,所以只能观察到跃迁能量小的 π→π* 及 n→π* 吸收带。π→π* 吸收带在短波长一端观察到强吸收,n→π* 吸收带在长波长一端观察到的是弱吸收。四种电子跃迁所需能量大小顺序为:σ→σ* > n→σ* > π→π* > n→π*。

(1) σ→σ* 跃迁 有机分子中 σ 键电子结合得比较牢固,σ→σ* 跃迁是能级最大的跃迁,需要的能量最大,一般发生在小于 200 nm 的远紫外区,所以饱和烃一般可以作为紫外光谱分析的溶剂。

(2) n→σ* 跃迁 在醇、醚、胺、卤代烃等化合物中,氧、氮、卤素原子中的孤对电子吸收紫外光可以发生 n→σ* 跃迁。跃迁所需要的能量与原子的电负性有关,电负性越大,跃迁时需要的能量越大,n→σ* 电子跃迁能级一般也在远紫外区。

(3) π→π* 跃迁 这是紫外光谱中最常见、最重要的电子跃迁形式。孤立 π 键的电子,π→π* 跃迁吸收光在远紫外区(乙烯 λ_{max}=185 nm)。但共轭双键 π 电子跃迁吸收光进入近紫外区,且随着共轭链的增长,吸收光的波长也随之增长。

(4) n→π* 跃迁 有机分子中同时存在双键和孤对电子,如醛、酮等,可发生 n→π* 跃迁,在近紫外区(275～295 nm)产生不太强的吸收带。例如,丙酮在环己烷中的紫外光谱最大吸收波长 λ_{max}=280 nm。

二、发色团与助色团

一般具有不饱和键的基团,如 C═C,C═O,C═N 和 N═O 等,吸收紫外光或可见光能引起价电子跃迁,称为发色团。本身在紫外光或可见光区没有吸收,但当连接到发色团上时,使发色团的吸收峰移向长波,并可能使其吸收强度增大的原子或基团,称为助色团,如—OH、—NH_2、—OR、—X等。由于取代基或溶剂的影响,使吸收峰向长波方向移动的现象称为红移;反之,称为蓝移。发色团的共轭程度增加,或者是—NH_2、—OH和卤素一类助色基团与发色基团发生共轭时,则发生红移,并且消光系数增大。从吸收带的位置可以估计化合物中共轭体系的大小。从吸收带强度可以判断不同类型的吸收带,如 $\varepsilon_{max} \geqslant 10^4$,表明该吸收带是共轭的 $\pi \rightarrow \pi^*$ 跃迁产生,常称为 K 带;如果 $\varepsilon_{max} \leqslant 100$,则表明该吸收带是 $n \rightarrow \pi^*$ 跃迁产生的,常称为 R 带。

孤立存在的发色团分子几乎不受周围影响,而以一定的消光系数吸收那些由发色团所特定的波长的光,表 15-2 列出了单一发色团吸收带。

表 15-2　单一发色团的吸收带

发色团	吸收带/nm(ε_{max})	
	$\pi \rightarrow \pi^*$	$p \rightarrow \pi^*$
C=C	170~200(~13 000)	
—CHO	~190①(~10 000)	290~295(~20)
—C=O	~180②(~20 000)	~280(~20)
—COOH		~205(~50)
—COOR		~210(~70)
—$CONH_2$		~205(~70)
—NO_2	~210~(16 000)	~280(~20)
C=N	~170(~7 000)	~240(~80)

注:① 是指 $p \rightarrow \pi^*$ 吸收带;② $\pi \rightarrow \pi^*$ 为更短波长。

溶剂对紫外光谱的吸收峰位置有一定影响。在极性溶剂中,$n \rightarrow \pi^*$ 吸收带发生蓝移;非极性溶剂中,$\pi \rightarrow \pi^*$ 吸收带发生红移。比如,羰基的氧原子上的 n 电子在基态时处于定域状态,被激发到 π^* 轨道时电子向碳原子一方跃迁。即对 $n \rightarrow \pi^*$ 跃迁来说,与激发态相比,基态为极性结构。在极性溶剂中,化合物与溶剂静电的相互作用或氢键作用都可使基态或激发态趋于稳定,因此,极性溶剂中,由于溶剂影响造成的基态稳定化能比激发态大。所以,在 $n \rightarrow \pi^*$ 跃迁时,可使紫外光谱向短波长一端移动。相反,$\pi \rightarrow \pi^*$ 跃迁是 π 电子从电子云密集在 C—O 键之间的基态向着电子云完全分开的激发态进行的跃迁。这时,激发态的极性比基态的大,因此吸收波长向长波一端移动。表 15-3 给出了丙酮 $n \rightarrow \pi^*$ 跃迁时的溶剂效应。

表 15-3　丙酮 $n \rightarrow \pi^*$ 跃迁时的溶剂效应

溶　剂	吸收位置/nm
H_2O	265
CH_3OH,C_2H_5OH	270
二噁烷(1,4-二氧六环)	277
$CHCl_3$	278
环己烷	280

三、紫外谱图解析

紫外吸收光谱反映了分子中发色团和助色团的特性,主要用于推测不饱和基团的共轭关系,以及共轭体系中取代基的位置、种类和数目等。仅用紫外光谱图不能确定分子结构,但与其他波谱联合使用,对许多骨架比较确定的分子,如萜类、甾族、天然色素、各种染料和维生素等结构的鉴定,有着重要的作用。

对一未知化合物的紫外光谱图,可依据经验规律先进行初步解析:

① 化合物在紫外区内无吸收,说明该化合物分子中不存在共轭体系,也不含醛基、酮基、溴或碘。可能是脂肪族碳氢化合物或它们的简单衍生物(氯化物、醇、胺、腈等)。

② 如果在 210~250 nm 内有强吸收(ε 接近 10 000 或更大),这表明 K 带的存在,则可能含有两个双键的共轭体系,如共轭二烯或 α,β-不饱和醛、酮。同样,如果在 260 nm、300 nm、330 nm 处有高强的 K 吸收带,则表示有三个、四个和五个共轭体系存在。

③ 260~300 nm 范围内有中等强度吸收($\varepsilon=200\sim1\ 000$),则表示有 B 带吸收,体系可能含有苯环或某些芳杂环结构。

④ 250~300 nm 范围内有弱吸收带(R 吸收带),可能含有简单的非共轭并含有 n 电子的生色基团,如羰基等。

⑤ 300 nm 以上的高强度的吸收,说明该化合物具有较大的共轭体系。若高强度吸收具有明显的精细结构,说明有稠环芳烃、稠环杂芳烃或其衍生物存在。

常见含不饱和杂原子基团的紫外吸收见表 15-4。

表 15-4 不饱和杂原子基团的紫外吸收

化合物	λ_{max}/nm	ε_{max}	溶 剂
丙酮	279	15	己烷
乙醛	290	16	庚烷
乙酸	204	62	水
乙酸乙酯	207	69	石油醚
乙酰氯	235	53	己烷
丙酮肟	190	5 000	水
乙腈	<160	—	—
重氮甲烷	347	12	1,4-二氧六环
硝基甲烷	271	19	乙醇
环己基甲基亚砜	210	1 500	乙醇
二甲亚砜	<180	—	—

第3节 红外光谱

一、基本原理

红外光谱是物质吸收红外区光,引起分子中振动能级、转动能级跃迁所测得的吸收光谱。一般红外光谱仪使用的波数为 400~4 000 cm^{-1},属于中红外区。红外光谱就是分子中不同的共价键吸收红外光后发生振动能级跃迁而产生的。由于一分子振动能级跃迁时,伴随着分子转动能级的改变,因而试剂测得的振动光谱也含有转动光谱,使谱线变宽而成吸收带,所以红外光谱又称为振动-转动光谱。

分子的振动可以分为两类：伸缩振动(ν)和弯曲振动(δ)。

伸缩振动(ν)是改变键长的振动，包含对称伸缩振动(ν_s)和不对称伸缩振动(ν_{as})。弯曲振动(δ)是指键长不变而键角改变的振动，包括剪式振动、面内摇摆、面外摇摆和扭曲振动等。图15-3列出了亚甲基的各种振动方式：

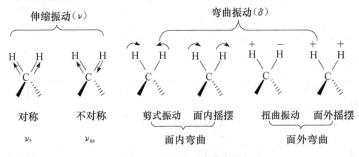

图15-3　亚甲基的各种振动方式

产生红外吸收光谱需要两个条件：一是红外辐射光的能量能满足分子振动能级跃迁需要的能量，也就是辐射光的频率与分子振动的频率相当，才能被吸收产生吸收光谱；二是在振动过程中能引起分子偶极矩的变化，才能产生红外吸收光谱。比如H_2、O_2、N_2等双原子分子内电荷分布是对称的，振动中不引起分子偶极矩的变化，实验中观测不到它们的红外光谱。另外，对称炔烃的碳碳三键伸缩振动也不引起分子偶极矩变化，因此，也观测不到碳碳三键的伸缩振动红外吸收。

红外光谱图中，在 4 000～1 300 cm^{-1} 范围内，每一红外吸收峰都和一定的官能团相对应，这个区域称为官能团区。1 300～650 cm^{-1} 区域中，虽然一些吸收也对应于一定的官能团，但大量的吸收峰并不与特定官能团相对应，仅仅显示化合物的红外特征，犹如人的指纹，称为指纹区。其结构的细微变化都会引起指纹区吸收的变化，不同的化合物指纹吸收式不同，因此指纹区吸收的峰形和峰强度对判断化合物结构有着重要的作用。

各种官能团具有一个或多个特征吸收，为了方便记忆和检索，可以将红外谱图划分为4个区域：

1. 4 000～2 500 cm^{-1} 区域

这是 Y—H 伸缩振动区（其中 Y 为 C、N、O、S 等），主要是 O—H、N—H、C—H 等单键伸缩振动。

2. 2 500～2 000 cm^{-1} 区域

此处为三键和累积双键伸缩振动区，主要有 C≡C、C≡N、C=C=C、C=N=O 等键伸缩振动。

3. 2 000～1 600 cm^{-1} 区域

此处为双键伸缩振动区，主要有 C=C、C=O 等键的伸缩振动。其中羰基的吸收最为重要，大部分羰基集中在 1 900～1 650 cm^{-1}，往往是谱图的最强峰或次强峰，碳碳双键的吸收为 1 670～1 600 cm^{-1}，强度中等，此外，还有苯环的骨架振动，另外，C=N、N=O 的伸缩振动也出现在此区域。

4. 1 500～600 cm^{-1} 区域

此区域内除 C—C、C—N、C—O 等单键的伸缩振动外，还有 C—H 弯曲振动的信息。

表 15-5 是各类基团的红外吸收特征频率。

表 15-5 各类基团的红外吸收特征频率

化合物类型	基团		频率范围/cm^{-1}
烷烃	C—H	(ν)	2 960～2 850(s)
		(δ)	1 470～1 350(s)
烯烃	=C—H	(ν)	3 080～3 020(m)
		(δ)	1 100～675(s)
芳烃	=C—H	(ν)	3 100～3 000(m)
		(δ)	870～675(s)
炔烃	≡C—H	(ν)	3 300(s)
烯烃	C=C	(ν)	1 680～1 640(v)
芳烃	C=C	(ν)	1 600,1 500(v)
炔烃	C≡C	(ν)	2 260～2 100(v)
醇、醚、羧酸、酯	C—O	(ν)	1 300～1 080(s)
醛、酮、羧酸、酯	C=O	(ν)	1 760～1 690(s)
一元醇、酚(游离)	O—H	(ν)	3 640～3 610(v)
(缔合)	O—H	(ν)	3 600～3 200(b)
羧酸	O—H	(ν)	3 300～2 500(b)
胺、酰胺	N—H(NH$_2$)	(ν)	3 500～3 300(b)
		(ν)	3 500～3 300(m)
		(δ)	1 650～1 590(s)
	C—N	(ν)	1 360～1 180(s)
腈	N≡C	(ν)	2 260～2 210(v)
硝基化合物	—NO$_2$	(ν)	1 560～1 515(s)
		(δ)	1 380～1 345(s)

二、红外光谱的表示方法

红外光谱图的纵坐标反映红外光被吸收的强弱,常用透过率(T,0%～100%)表示,横坐标常用波数 $\sigma(\text{cm}^{-1})$ 或波长 $\lambda(\mu\text{m})$ 表示,如图 15-4 所示。

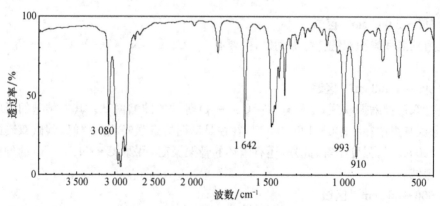

图 15-4 红外吸收光谱示意图

波长和波数的关系是：

$$\sigma = \frac{1}{\lambda}$$

红外谱图中,通常各峰的吸收位置在 4 000~650 cm^{-1},波数大的能量高。吸收强度用透光度 T 表示,"谷"越深,吸光度越强。红外谱图各峰的强度一般用相对强弱来表示,符号为：vs(很强)、s(强)、m(中)、w(弱)、v(可变的)、b(宽的)。

三、图谱解析

例1：未知物分子式为 C_3H_6O,其红外谱图如图 15-5 所示,试推其结构。

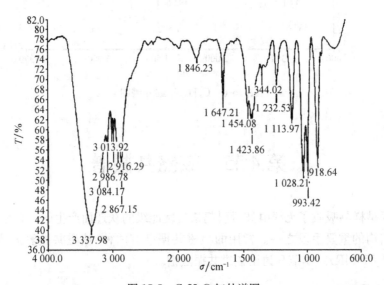

图 15-5　C_3H_6O 红外谱图

解：

(1) 由其分子式可计算出该化合物不饱和度为 1。

(2) 由 3 084 cm^{-1}、3 014 cm^{-1}、1 647 cm^{-1}、993 cm^{-1}、919 cm^{-1} 等处的吸收峰,可判断出该化合物具有端取代乙烯。

(3) 因分子式含氧,在 3 338 cm^{-1} 处又有吸收强、峰形圆而钝的谱带,因此该未知化合物应为醇类化合物。再结合 1 028 cm^{-1} 的吸收,知其为伯醇。

综合上述信息,未知物结构可能为：$CH_2=CH-CH_2-OH$。

例2：未知物分子式为 $C_6H_8N_2$,其红外谱图如图 15-6 所示,试推其结构。

解：

(1) 由其分子式可计算出该化合物不饱和度为 4。

(2) 可能有苯环,此推测由 3 031 cm^{-1}、1 593 cm^{-1}、1 502 cm^{-1} 的吸收峰所证实。由 750 cm^{-1} 的吸收知该化合物含邻位取代苯环。

(3) 3 285 cm^{-1}、3 193 cm^{-1} 的吸收是伯胺吸收(对称伸缩振动和反对称伸缩振动)。

综合上述信息及分子式,可知该化合物应为邻苯二胺。

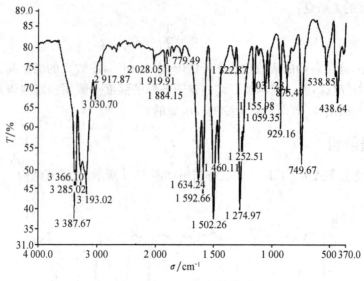

图 15-6 $C_6H_8N_2$ 红外谱图

第 4 节 核磁共振谱

核磁共振是样品吸收了无线电波后引起核自旋能级的跃迁而产生的。它是当今研究有机化合物分子结构的重要手段之一。常用的核磁共振谱有两种：核磁共振氢谱（^{1}HNMR）和核磁共振碳谱（^{13}CNMR）。本节只讨论核磁共振氢谱。

一、基本原理

核磁共振研究的对象是具有磁矩的原子核，原子核和电子一样，是自旋的。原子核带电，自旋时必然产生自旋磁场。在外加磁场（其强度为 H_0）的作用下，原子核自旋产生的磁矩有两种取向：一是与外加磁场方向同向平行的稳定能级，二是与外加磁场方向逆向平行的不稳定能级。其稳定状态与不稳定状态之间的能级差（ΔE）为：

$$\Delta E = \gamma \frac{h}{2\pi} H_0$$

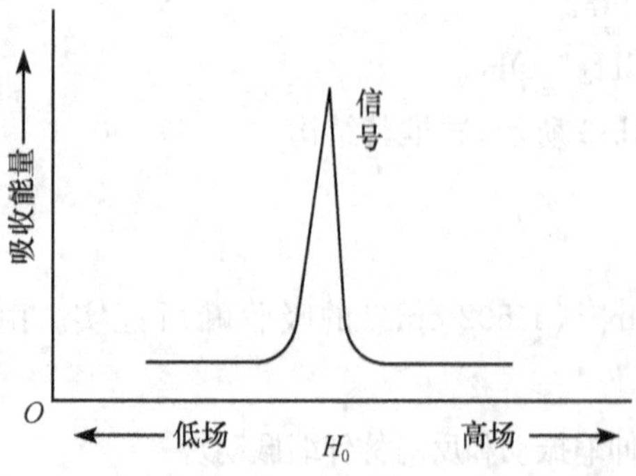

当原子核在磁场中受到不同频率的电磁波照射时，只要能满足两个相邻自旋态能级之间的能量差 ΔE，原子核就吸收该电磁波的能量，从稳定能级跃迁到不稳定能级，即发生核磁共振。核磁共振谱的横坐标为外加磁场强度，纵坐标为吸收强度。核磁共振谱示意图如图 15-7 所示。

从核磁共振仪上获取的化学信号有化学位移、自旋偶合常数和峰面积等。如乙酸乙酯的核磁共振氢谱如图 15-8 所示。

图 15-7 核磁共振谱示意图

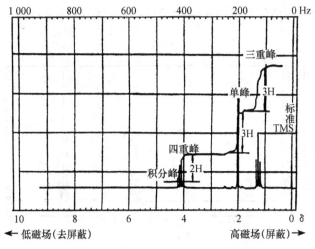

图 15-8　$CH_3COOC_2H_5$ 的 ^1HNMR

测定核磁共振的仪器叫作核磁共振仪，其主要部件是磁体、样品管、射频振荡器、扫描发生器、信号接收和记录系统，如图 15-9 所示。

磁体的作用是对样品提供强而均匀的磁场，常用的磁体有：永久磁体、电磁体和超导磁体；样品管（内装待测的样品溶液）放置在磁体两极间的狭缝中，并以一定速度旋转，是样品感受到的磁场强度平均化，以克服磁场不均匀所引起的信号峰加宽；射频振荡器的线圈在样品管外，方向与外磁场垂直，其作用是向样品发射固定频率（如 100 MHz、200 MHz）的电磁波，射频波的频率越大，仪器的分辨率越高，性能越好；扫描发生器线圈安装在磁极上，用于进行扫描操作，使样品除接受磁体所提

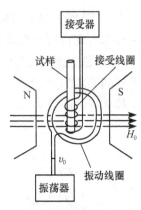

图 15-9　核磁共振仪组成示意图

供的强磁场外，再感受一个可变的附加磁场，在扫描过程中，样品中不同的化学环境的同类磁核相继满足共振条件，产生核磁共振吸收；信号接收和记录系统会把吸收信号经放大并记录成核磁共振图谱，一般的仪器都有信号积分的功能，会把各种吸收峰进行面积积分，并给出积分曲线。

二、化学位移

有机化合物的原子核周围都有电子。当原子核周围的电子处于外加磁场中时，电子在垂直于外加磁场的平面内产生环流运动，产生感应磁场，方向与外加磁场方向相反。这样，外加磁场 H_0 被电子的感应磁场 H' 屏蔽，原子核的实际磁场 H 为

$$H = H_0 - H'$$

这种现象称为屏蔽效应。原子核周围的电子密度越大，感应磁场的强度就越大，屏蔽效应也就越大。处于不同化学环境中的原子核，受到的屏蔽效应大小不同，引起在核磁共振谱上吸收信号的位置不同，这种位置的变化称为化学位移。为了表示方便，通常采用相对位移表示。在氢谱中，通常用屏蔽效应很大的四甲基硅 $(CH_3)_4Si$（简写 TMS）作为标准物质，将其分子中质子的化学位移值规定为零。在谱图中，以 TMS 的吸收峰为原点，其他质子的化学位移与其

对照,二者之间的相对距离就是该质子的化学位移,通常用 δ(ppm) 表示。氯乙烷的 ¹HNMR 谱如图 15-10 所示。

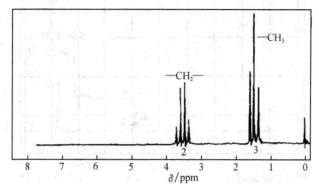

图 15-10 氯乙烷的 ¹HNMR

因为 TMS 的屏蔽效应很大,吸收峰出现在高场处(谱图中的最右边),有机分子的吸收信号一般都出现在它的低场处(TMS 吸收峰的左边),因此,δ 值越大,表示该质子受到的屏蔽越小,产生核磁共振所需要的外加磁场强度越低,吸收峰距原点的距离越远;δ 值越小,表示该质子受到的屏蔽越大,产生核磁共振所需要的外加磁场强度越高,吸收峰距原点的距离越近。化学位移和屏蔽的关系如图 15-11 所示。

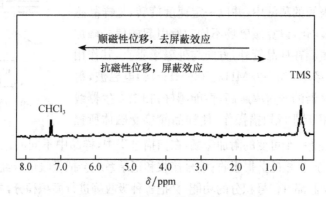

图 15-11 化学位移和屏蔽的关系示意图

各种常见特征质子的化学位移见表 15-6。

表 15-6 各种常见的特征原子化学位移

质子类型	化学位移	质子类型	化学位移
$(CH_3)_4Si$,(TMS)	0.0	HO—CH	3.4~4.0
R—CH$_3$	0.9	RO—CH	3.3~4.0
R$_2$CH$_2$	1.3	RCOO—CH	3.7~4.1
R$_3$CH	1.5	ROOC—CH	2.0~2.2
C=C—H	4.6~5.9	HOOC—CH	2.0~2.6
C≡C—H	2.0~3.0	O=C—CH	2.0~2.7
Ar—H	6.0~8.5	RCHO	9.0~10

质子类型	化学位移	质子类型	化学位移
Ar—C—H	2.2~3.0	RO—H	1.0~5.5
C=C—CH$_3$	1.7	ArO—H	4.0~12
F—C—H	4.0~4.5	C=C—OH	15~17
Cl—C—H	3.0~4.0	RCOOH	10.5~12
Br—C—H	2.5~4.0	R—NH$_2$	1.0~5.0
I—C—H	2.0~4.0	Ar—NH$_2$	3.0~6.0
N—CH$_3$	2.3	RCONH$_2$	5.0~12

三、自旋——自旋偶合与裂分

在有机分子中,化学环境相同的一组质子在核磁共振谱中的化学位移相同,称为磁等性质子,如 TMS、苯、环己烷、甲烷、丙酮等分子中的质子;而化学环境不同的一组质子在核磁共振谱中的化学位移不同,称为磁不等性质子,如乙醇、卤乙烷分子中的甲基上的质子与亚甲基上的质子。

我们知道,质子的自旋产生的磁场有两个方向:一是与外磁场相同,一是与外磁场相反。假设一个质子自旋产生的磁场为 H',如果方向和外磁场 H_0 相同,则其邻近碳上质子感受到的磁场就是 H_0+H',其吸收信号就会移向低场;如果 H' 的方向与 H_0 相反,则其邻近碳上质子感受到的磁场就是 H_0-H',其吸收信号就会移向高场,这样,邻近碳上的质子就会在原来应给出吸收信号位置的偏左和偏右给出两个吸收信号,强度基本相当。像这种分子内相邻碳上的磁不等性质子自旋的相互作用称为自旋偶合,由于自旋偶合而引起的吸收峰的分裂现象称为自旋裂分。

一个质子的自旋可以把相邻非等性质子的共振吸收信号裂分成两个吸收峰,称为双峰(doublet,d);两个质子的自旋把相邻非等性质子的共振吸收信号以 1:2:1 的强度比例分成三个吸收峰,称三重峰(triplet,t);三个等价质子可使相邻质子以 1:3:3:1 的强度比裂分成四个吸收峰,称四重峰(quartet,q);依此类推,n 个等性质子可使相邻质子产生 $n+1$ 重峰,小峰的强度比等于 $(a+b)^n$ 展开式中各项系数之比,这称为 $n+1$ 规律。另外,一个吸收峰,称为单峰(singlet,s),裂分成许多吸收峰,称多重峰(multiplet,m)。异丙基苯核磁氢谱中的偶合裂分如图 15-12 所示。

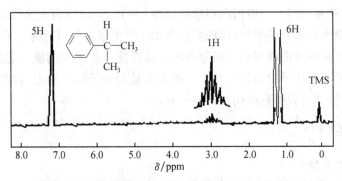

图 15-12 异丙基苯核磁氢谱中吸收峰的偶合裂分

互相偶合的两组峰 a 和 b,每组峰中各峰间的距离称为偶合常数,用 J_{ab} 表示,单位为 Hz,

下标 a、b 表示 a、b 两组磁等性质子互相偶合。偶合常数的大小与外加磁场强度无关,也与使用仪器的频率无关。彼此间相互作用的两组峰的自旋偶合常数相等。由偶合常数可以判断是哪些质子间的相互偶合。

自旋与自旋的相互作用越大,自旋偶合常数也越大。自旋偶合主要是指同一碳上或者相邻碳上氢核相互间作用。更远距离的氢核,自旋偶合的相互作用几乎观察不到,不同偶合的具体数据见表 15-7。

表 15-7 自旋偶合常数　　　　　　　　　　　　　　　　Hz

氢位置	J_{ab}	氢位置	J_{ab}
饱和同碳氢	12~15	烯烃同碳氢	0.5~3
邻位饱和碳上氢	2~9	苯环邻位氢	7~8
不相邻饱和碳上氢	~0	苯环间位氢	2~3
烯烃中反式氢	11~18	苯环对位氢	0~1
烯烃中顺式氢	6~14		

四、核磁共振氢谱的表示方法

图 15-13 所示是乙醇的核磁共振氢谱。

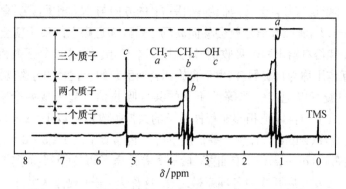

图 15-13　乙醇的 ^{1}HNMR 和它的三种不同质子积分曲线

横坐标为质子的核磁共振吸收峰的位置,用化学位移 δ 表示,TMS 信号峰位置为 0,谱图的左侧是低场,右侧是高场。一般谱图扫描宽度是 0~15 ppm,因为大多数化合物的共振吸收都在这一范围。纵坐标是峰的强度,用峰面积表示。它可以用仪器上的电子积分仪测量出来,在谱图上用一阶梯式积分曲线表示。积分曲线纵总高度与分子中的质子总数目成正比;各阶梯的高度比与各峰所含质子数目之比相等。如果样品的分子式已确定,据此可以推定出分子中各种质子数目,进而可以得到结构片段的信息。

五、图谱解析

一般图谱解析步骤:

① 由图上吸收峰的组数,可以知道分子结构中磁等性质子组数目。
② 由峰的强度(积分曲线)可以知道分子中磁不等性质子的比例。
③ 由峰的裂分数可知相邻磁等性质子数目。

④ 由峰的化学位移(δ 值)可以判断各种磁等性质子的归属。
⑤ 由裂分峰的外观或偶合常数可知哪些磁等性质子是相邻的。

例 1: 某化合物的分子式为 C_3H_7Cl,其 ^1HNMR 如图 15-14 所示,试推断该化合物的结构。

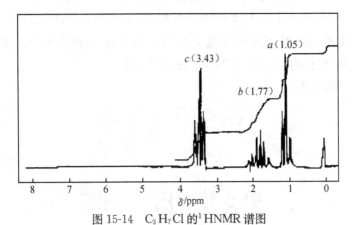

图 15-14　C_3H_7Cl 的 ^1HNMR 谱图

解:
(1) 由分子式可知,该化合物是一个饱和化合物。
(2) 有三组吸收峰,说明有三种不同类型的氢核。
(3) 该化合物有七个氢,由积分曲线的阶高可知,a、b、c 各组吸收峰的质子数分别为 3、2、2。
(4) 由化学位移值可知:H_a 的共振信号在高场区,其屏蔽效应最大,该氢核离 Cl 原子最远;而 H_c 的屏蔽效应最小,该氢核离 Cl 原子最近。
故化合物的结构应为 1-氯代丙烷。

例 2: 一个化合物的分子式为 $C_{10}H_{12}O$,其 ^1HNMR 如图 15-15 所示,试推断该化合物的结构。

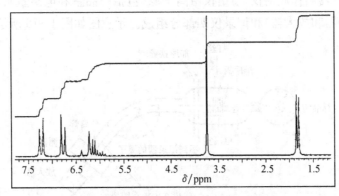

图 15-15　$C_{10}H_{12}O$ 的 ^1HNMR 谱图

解:
(1) 由分子式 $C_{10}H_{12}O$ 可知化合物的不饱和度为 5,化合物可能含有苯基、C=C 或 C=O 双键。
(2) ^1HNMR 谱无明显干扰峰;由低场至高场,积分简比为 4∶2∶3∶3,其数字之和与分子式中氢原子数目一致，故积分比等于质子数目之比。

(3) $\delta=6.5\sim7.5$ 的多重峰对称性强，可知含有 $X—C_6H_5—Y$（对位或邻位取代）结构。其中两个氢的 $\delta<7$ ppm，表明苯环与推电子基（—OR）相连。

(4) $\delta=3.75$ ppm(s,3H)为 CH_3O 的特征峰。

(5) $\delta=1.83$ ppm(d,3H)为 $CH_3—CH=$，$\delta=5.5\sim6.5$ ppm(m,2H)为双取代烯氢（C=CH$_2$ 或 HC=CH）的四重峰，其中一个氢又与 CH_3 邻位偶合，排除=CH$_2$ 基团的存在。

由上分析可知，化合物应存在 —CH=CH—CH$_3$ 基。

故化合物的结构应为：

$$H_3COC-\underset{}{\underset{H}{\overset{}{\bigcirc}}}-\overset{6.28}{\underset{\underset{6.08}{H}}{C}}=C-CH_3$$

第 5 节 质 谱

质谱是近几年来发展起来的一种快速、方便、准确地测定化合物相对相对分子质量及其分子结构信息的方法。高分辨质谱仪甚至可以给出分子式，起到元素分析的作用。如果将色谱仪和质谱仪联合使用，还可以测出混合物各组分的相对分子质量及组成比例。质谱不是波谱。

一、基本原理

有机物分子经高能电子束轰击之后，会产生各种质量不同的碎片离子，这些离子在前进中受到电场和磁场的综合作用，根据其质荷比（质量和电荷的比值 m/e）的大小彼此分离，并按其顺序排列成谱，记录下来的即为质谱，常缩写为"MS"。

测定质谱的仪器叫作质谱仪，质谱仪由离子源（包括样品室和电离室）、质量分析器、离子捕集器（包括检测器和放大器）和记录仪四部分组成。示意图如图 15-16 所示。

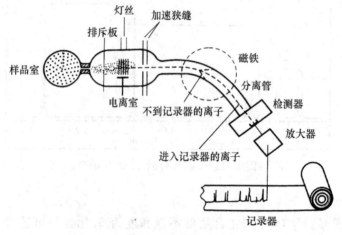

图 15-16 质谱仪示意图

质谱仪进行分析时,汽化的待测样品在高真空的作用下通过电离室,受到高能(通常为 70 eV)电子轰击,如果仅失去一个电子变成阳离子自由基称为分子离子(用 M^+ 表示),生成的分子离子 M^+ 如果再受到电子束轰击,还会根据不同官能团的价键键合强弱顺序进一步裂解,生成各种大小、带不同电荷的离子以及不带电荷的中性分子或自由基,统称为碎片离子(用 M^+ 表示)。分子断裂示意如图 15-17 所示。

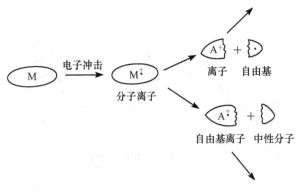

图 15-17 分子断裂示意图

它们在电场中加速后通过磁场,在磁场的作用下,离子前进的轨道被弯曲成弧形,弯曲的程度与离子的质荷比有关,质荷比越大,弯曲的程度越小;而出口是一条很小的狭缝,在一定的磁场下只能让一种质荷比的离子通过。改变磁场强度可以使各种不同质荷比的离子依次通过,经过放大器和自动记录器得到质谱图。由于不带电的离子碎片不被电场加速,带负电的离子虽可被加速,但在磁场中的偏转方向却与正离子的偏转方向相反,所以它们均不会出现在质谱图中,因此,一般所说的质谱都是正离子形成的质谱。样品在进入电离室前必须汽化,故不易汽化或汽化时会分解的有机物进行质谱分析时有一定的困难。

质谱中常见碎片及其可能来源见表 15-8。

表 15-8 常见碎片及其可能来源

碎片离子	可能来源	碎片离子	可能来源
M-1,M-2	醛、醇等	M-33	硫氢基
M-15	甲基	M-35,M-36	含氯化合物
M-16	胺基	M-43	丙基,乙酰基
M-17,M-18	羟基,水	M-45	乙氧基,羧基
M-25	乙炔基	M-57	丁基
M-26	氰基	M-77	苯基
M-28	一氧化碳,乙烯基	M-79,M-80	含溴化合物
M-29	乙基,甲醛基	M-91	苄基
M-31	甲氧基	M-127,M-128	含碘化合物

二、质谱图的表示方法

在质谱图中,每种质荷比的离子都给出一个峰,称为离子峰,在图中用一根竖线表示,线的高度表示各种离子的丰度。质谱图中横坐标为质荷比,纵坐标为离子的相对峰度即相对强度。由于离子的电荷一般为1,故质谱的横坐标实际上为离子的质量。相对丰度即将图中峰值最强的峰定位基峰(标准峰),其值定为100,其余峰的强度用和基峰的相对值来表示,如图15-18所示。

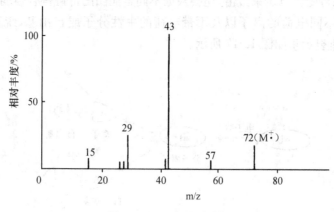

图 15-18　丁酮的质谱图

三、谱图解析

在解析质谱时,首先要找出分子离子峰(M^+峰),它的质荷比就是该化合物准确的相对分子质量。判断分子离子峰的方法是:在质谱图中必须是质量最高的碎片离子(同位素峰除外);必须是奇电子离子;符合氮律:当化合物不含氮或含偶数个氮时,该化合物的分子离子峰质量数为偶数,当化合物含奇数个氮时,该化合物的分子离子峰质量数为奇数;分子离子峰能失去合理的中性碎片。此外,有的化合物分子离子很小,甚至根本看不到分子离子峰,如醚等。

峰的相对强度直接与分子离子的稳定性有关。通常,分子离子在最弱或较弱处断裂形成碎片,给出特征离子峰,从而可辨认出分子中一些结构单元。碎片离子的元素组成通常表明分子中存在的一些较稳定的基团。故解析谱图时一般先找强度较高、能辨认的离子峰。

例1:某化合物的质谱如图15-19所示。该化合物的^{1}HNMR在2.3 ppm左右有一个单峰,试推测其结构。

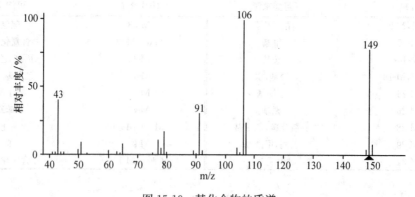

图 15-19　某化合物的质谱

解:由质谱图可知:

(1) 分子离子峰 m/z 149是奇数,说明分子中含奇数个氮原子。

(2) m/z 149 与相邻峰 m/z 106 质量相差 43,为合理丢失,丢失的碎片可能是 CH₃CO 或 C₃H₇。

(3) 碎片离子 m/z 91 表明分子中可能存在苄基结构单元。

综合以上几点及题目所给的 ¹HNMR 数据得出该化合物可能的结构为:

例 2:试由图 15-20 所示质谱图推出该未知化合物结构。

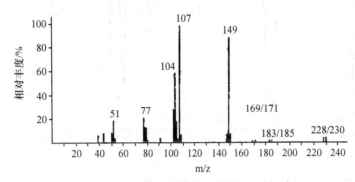

图 15-20 例 2 质谱图

解:

(1) 从该图可看出 m/z 228 满足分子离子峰的各项条件,可考虑它为分子离子峰。

(2) 由 m/z 228、230;183、185;169、171 几乎等高的峰强度比可知该化合物含一个 Br。

(3) m/z 149 是分子离子峰失去溴原子后的碎片离子,由 m/z 149 与 150 的强度比可估算出该化合物不多于 10 个碳原子。

(4) 从 m/z 77、51、39 可知该化合物含有苯环。

(5) 从存在 m/z 91,但强度不大可知苯环被碳原子取代而非 CH₂ 基团。

(6) m/z 183 为 M-45,m/z 169 为 M-45-14。

(7) 45 与 59 很可能对应羧基—COOH 和—CH₂—COOH。

(8) 把现有的基团质量加起来共 227,因此可推出苯环上取代的为 CH。

则该化合物结构应为:

习 题

1. 紫外光谱可以测定哪类化合物的特征峰?
2. 红外光谱可以测定哪类化合物的特征峰?
3. 核磁共振与质谱联合使用,怎样确定化合物的结构?

4. 分子式为 $C_{10}H_{12}O_2$ 的化合物,其 IR 谱为:$3010\ cm^{-1}$,$2900\ cm^{-1}$,$1735\ cm^{-1}$,$1600\ cm^{-1}$,$1500\ cm^{-1}$ 等吸收峰;其 ^{1}HNMR 化学位移为:$\delta 1.3$(三重峰 3H),$\delta 2.4$(四重峰 2H),$\delta 5.1$(单峰 2H),$\delta 7.3$(单峰 5H)。写出该化合物的构造式,并归属 IR 和 ^{1}HNMR 峰。

5. 化合物 $A(C_3H_6Br_2)$ 与 NaCN 反应生成化合物 $B(C_5H_6N_2)$;B 酸性水解生成 C,C 与乙酸酐共热生成乙酸和化合物 D;D 的 IR 在 1820、$1755\ cm^{-1}$ 处有强吸收;NMR,$\delta_H\ 2.0$(五重峰 2H),$\delta_H\ 2.8$(三重峰 4H)处有吸收。请写出 A、B、C、D 的结构式,并标明各吸收峰的归属。

6. 分子式为 C_6H_{14} 的化合物,其红外光谱如下,试推其结构。

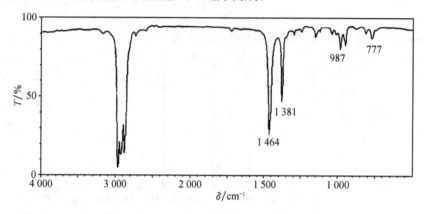

7. 某化合物分子式为 C_8H_7N,红外光谱如下,试推其结构。

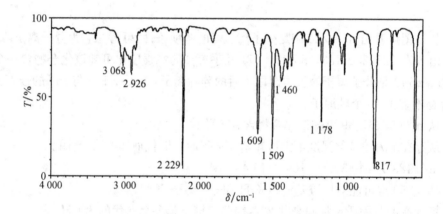

8. 一化合物分子式为 $C_4H_6O_2$,红外光谱如下,试推其结构。

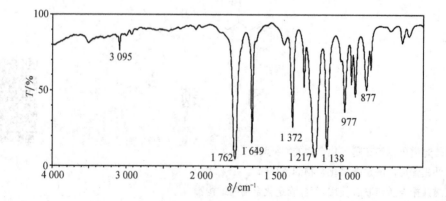

9. 化合物的 IR、^{1}HNMR 数据如下,试推测其相应结构:

(1) C_8H_{10},δ_H:1.2(t,3H),2.6(q,2H),7.1(b,5H)ppm;

(2) $C_{10}H_{14}$,δ_H:1.3(s,9H),7.3~7.5(m,5H)ppm;

(3) C_6H_{14},δ_H:0.8(d,12H),1.4(h,2H)ppm

(4) $C_9H_{12}O$,IR:3 350 cm^{-1},3 070 cm^{-1},1 600 cm^{-1},1 490 cm^{-1},1 240 cm^{-1},830 cm^{-1};δ_H:0.9(t,3H),1.5(m,2H),2.4(t,2H),5.5(b,1H),6.8(q,4H)ppm;

(5) $C_{10}H_{14}O$,IR:3 350 cm^{-1},1 600 cm^{-1},1 490 cm^{-1},710 cm^{-1},690 cm^{-1};δ_H:1.1(s,6H),1.4(s,1H),2.7(s,2H),7.2(s,5H)ppm;

(6) $C_{10}H_{14}O$,IR:3 340 cm^{-1},1 600 cm^{-1},1 490 cm^{-1},1 380 cm^{-1},1 230 cm^{-1},830 cm^{-1};δ_H:1.3(b,9H),4.9(b,1H),7.0(q,4H)ppm;

10. 有一化合物分子式为 $C_9H_{12}O$,其 ^{1}HNMR 为:$\delta7.5$(单峰,5H),$\delta4.3$(单峰,2H),$\delta3.4$(四重峰,2H),$\delta1.2$(三重峰,3H),试推测其结构。

11. 化合物 A($C_6H_{14}O$)的 ^{1}HNMR 如下:$\delta0.9$(9H,单峰),$\delta1.10$(3H,双峰),$\delta3.40$(1H,四重峰),$\delta4.40$(1H,单峰)。A 与酸共热生成 B(C_6H_{12}),B 经臭氧化和还原水解生成 C(C_3H_6O),C 的 ^{1}HNMR 只有一个信号:$\delta2.1$,单峰。请写出 A、B、C 的构造式。

参考文献

[1]　高鸿宾.有机化学[M].北京:高等教育出版社,2006.
[2]　邢其毅,等.基础有机化学(第三版)[M].北京:高等教育出版社,2005.
[3]　王积涛,等.有机化学(第二版)[M].天津:南开大学出版社,2002.
[4]　傅建熙.有机化学(第三版)[M].北京:中国农业出版社,2011.
[5]　胡宏纹.有机化学(第三版)[M].北京:高等教育出版社,2006.
[6]　李贵深,等.有机化学(第二版)[M].北京:中国农业出版社,2009.
[7]　徐寿昌.有机化学[M].北京:高等教育出版社,2001.
[8]　伍越寰,等.有机化学[M].北京:中国科技大学出版社,2002.
[9]　黄长干.有机化学[M].南昌:江西高校出版社,2000.
[10]　徐雅琴,等.有机化学[M].北京:中国农业出版社,2009.
[11]　汪小兰.有机化学(第四版)[M].北京:高等教育出版社,2004.
[12]　谷文祥.有机化学(第二版)[M].北京:科学出版社,2007.
[13]　[美]K. Peter C. Vollhardt,等.有机化学结构与功能[M].戴立信,等,译.北京:化学工业出版社,2006.
[14]　荣国斌.大学有机化学基础.[M].上海:华东理工大学出版社,2000.
[15]　夏百根,等.有机化学[M].北京:中国农业出版社,2002.
[16]　杨丰科,等.系统有机化学[M].北京:化学工业出版社,2003.
[17]　魏宝荣.有机化学[M].天津:天津大学出版社,2003.
[18]　章烨.有机化学[M].北京:科学出版社,2006.